KB182181

간식
조리기능사
[필기]

예문사

저자소개

김경옥(이학박사)

- **약력**
  동아대학교 대학원 졸업
  소상공인시장진흥공단 비법전수전문가
  신라대학교 식품영양학과 겸임교수(현)
  부산동아요리커피학원장(현)

- **저서**
  핵심 조리기능사
  김경옥의 조리산업기사
  한국요리 외 다수

신지해

- **약력**
  한국외국어대학교 졸업
  Johnson & Wales University
      Culinary Arts & Food Service Management 학사
      Master of Business Administration (MBA)
  부산동아요리커피학원 부원장

- **저서**
  한식조리 외

한 나라의 문화 수준은 국민의 식생활에서도 알 수 있으며, 조리업무는 국민건강과 직결되므로 조리사의 자질은 매우 중요합니다.

아무리 컴퓨터가 발달하고 자동화가 이루어지더라도 음식을 만드는 일만은 사람의 손으로 이루어지고, 사람의 오묘한 손놀림에서 나오는 정성이 담긴 음식은 우리의 삶을 행복하게 할 것입니다.

날로 발전하는 한국요리도 오랜 역사 속에서 이루어진 것으로 사회의 변화에 따라 음식의 맛이나 모양새도 크게 변하고 있습니다. 오늘날의 조리는 보다 과학적이고 합리적으로 이루어지며, 먹는 즐거움만이 아닌 보는 즐거움도 함께 즐길 수 있어야 합니다. 시대의 흐름을 알고 앞서가는 조리사가 되기 위해서 끊임없는 노력과 배움의 열정이 필요한 까닭입니다.

정부는 능력중심사회 실현을 위한 국가직무능력표준(NCS)을 통하여 직업훈련을 실무중심교육으로 강화하고 현장에서 필요로 하는 체계적인 직무훈련을 통한 능력중심의 전문인력 양성을 표방하고 있습니다.

이에 따라 한국산업인력공단에서는 그동안 시행해오던 기능사 자격검정 출제기준을 대폭 변경하여 2020년부터 시행하게 되었습니다.

본 교재는 한국산업인력공단의 새로운 출제기준에 맞추어 한국직업능력개발원의 NCS 학습모듈을 참고문헌으로 30여 년간 학원과 대학에서의 강의를 토대로 하여 한 권의 교재로 필기시험과 실기시험을 준비할 수 있도록 하였습니다. 필기시험에 대비하여 예상문제의 각 문항마다 설명을 달아 쉽게 이해할 수 있도록 하였으며, 실기시험은 조리과정을 상세한 사진과 함께 설명함으로써 쉽게 이해하고 실습이 가능하도록 하였습니다.

오랫동안 준비하였지만 부족한 부분은 계속해서 보완하도록 하겠습니다. 끝으로 이 책을 내는 데 수고하신 동아요리커피학원의 훈련교사와 도서출판 예문사 정용수 사장님 외 임직원을 비롯한 모든 분들께 감사의 마음을 전합니다.

저자 드림

CONTENTS

 한식조리기능사 필기

CONTENTS

한식조리기능사 실기 공개문제

국가직무능력표준

1. NCS의 정의

국가직무능력표준(NCS : National Competency Standards)은 산업현장에서 직무를 수행하기 위해 요구되는 지식 · 기술 · 태도 등의 내용을 국가가 체계화한 것이다.

현재	NCS
• 직업교육훈련 및 자격제도가 산업현장과 불일치 • 인적자원의 비효율적 관리운용	• 각각 따로 운영되던 교육훈련을 국가직무능력표준 중심 시스템으로 전환(일 · 교육 · 훈련−자격 연계) • 산업현장직무 중심의 인적 자원 개발 • 능력중심사회 구현을 위한 핵심 인프라 구축 • 고용과 평생직업능력개발 연계를 통한 국가경쟁력 향상

2. 국가직무능력표준 개념도

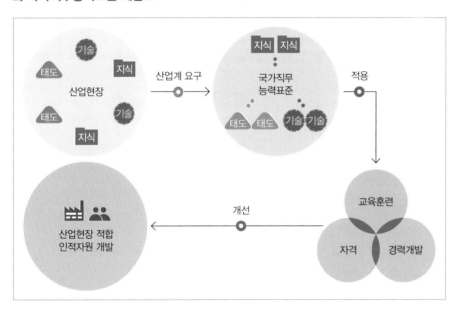

3. NCS에 따른 직업훈련기준(음식서비스)

(1) 직무명 : 한식조리

(2) 직무 정의 : 한식조리는 조리사가 메뉴를 계획하고 식재료를 구매 · 관리 · 손질하여 정해진 조리법에 의해 조리하며 식품위생과 조리기구, 조리시설을 관리하는 일이다.

(3) 훈련이수체계

대분류	중분류	소분류	세분류
13. 음식서비스	01. 식음료조리 · 서비스	01. 음식조리	01. 한식조리 02. 양식조리 03. 중식조리 04. 일식 · 복어조리

■ 훈련이수체계(음식조리)

수준	직종	한식 조리	양식 조리	중식 조리	일식·복어 조리
5	Master Chef	• 한과 조리	• 조리외식경영		• 일식 모둠 초밥 조리 • 복어 회 학모양 조리 • 복어 회 국화모양 조리
4	Head Chef	• 한식 면류 조리 • 한식 찜·선 조리 • 한식 구이 조리 • 김치 조리 • 장아찌 조리 • 한식 메뉴관리 • 한식 전골 조리 • 한식 볶음 조리 • 한식 튀김 조리 • 한식 숙채 조리	• 양식 소스 조리 • 양식 수프 조리 • 양식 어패류 조리 • 양식 육류 조리 • 양식 파스타 조리 • 양식 메뉴관리 • 양식 사이드 디쉬 조리 • 양식 디저트 조리 • 연회 조리 • 푸드 플레이팅	• 중식 냉채 조리 • 중식 딤섬 조리 • 중식 수프·탕 조리 • 중식 볶음 조리 • 중식 찜 조리 • 중식 구이 조리 • 중식 후식 조리 • 중식 메뉴관리 • 중식 식품조각	• 일식 냄비 조리 • 일식 튀김 조리 • 일식 굳힘 조리 • 복어 껍질굳힘 조리 • 복어 튀김 조리 • 복어 찜 조리 • 일식 메뉴관리 • 일식 흰살생선 회 조리 • 일식 붉은살생선 회 조리 • 일식 패류 회 조리 • 일식 롤 초밥 조리 • 일식 알 초밥 조리 • 복어 메뉴관리 • 복어 선별·손질관리 • 복어 샤브샤브 조리 • 복어 맑은탕 조리 • 복어 초밥 조리 • 복어 구슬초밥 조리
3	Cook	• 음청류 조리 • 한식 구매관리 • 한식 조림·초 조리	• 양식 구매관리	• 중식 면 조리 • 중식 구매관리	• 일식 초회 조리 • 일식 찜 조리 • 일식 구이 조리 • 복어 구이 조리 • 일식 구매관리 • 복어 구매관리
2	Cook Helper	• 한식 국·탕 조리 • 한식 위생관리 • 한식 안전관리 • 한식 재료관리 • 한식 기초 조리실무 • 한식 밥 조리 • 한식 죽 조리 • 한식 찌개 조리 • 한식 전·적 조리 • 한식 생채·회 조리	• 양식 스톡 조리 • 양식 전채 조리 • 양식 샐러드 조리 • 양식 조식 조리 • 양식 위생관리 • 양식 안전관리 • 양식 재료관리 • 양식 기초 조리실무 • 양식 샌드위치 조리	• 중식 절임·무침 조리 • 중식 육수·소스 조리 • 중식 튀김 조리 • 중식 조림 조리 • 중식 밥 조리 • 중식 위생관리 • 중식 안전관리 • 중식 재료관리 • 중식 기초 조리실무	• 일식 무침 조리 • 일식 국물 조리 • 일식 조림 조리 • 일식 면류 조리 • 일식 밥류 조리 • 복어 부재료 손질 • 복어 양념장 준비 • 복어 껍질초회 조리 • 복어 죽 조리 • 복어 술제조 • 일식 위생관리 • 일식 안전관리 • 일식 재료관리 • 일식 기초 조리 실무 • 복어 위생관리 • 복어 안전관리 • 복어 재료관리 • 복어 기초 조리실무
−		직업기초능력			

※ 해당 직종(음영)의 훈련과정을 편성하는 경우 훈련과정별 목표에 부합한 수준으로 해당 직종에서 제시한 능력단위를 기준으로 과정/과목을 편성하고, 이외 직종의 능력단위를 훈련과정에 추가 편성하려는 경우 유사 직종의 동일 수준의 능력단위를 추가할 수 있음

한식조리기능사 자격증 취득 순서

1. 응시자격
제한 없음

2. 응시절차

(1) 필기시험 원서접수
① Q-net을 통한 인터넷 접수만 가능(http://www.q-net.or.kr)

회원 가입 → 사진 등록 → 원서 접수 → 검정 수수료 납부

② 연간 계획에 의하여 상시 검정으로 진행하며, 접수 기간 내 수험원서를 인터넷으로 제출하여야 함
(원서접수 기간 내에 선착순 마감이므로 주의)

③ 사진[(6개월 이내에 촬영한 3.5cm×4.5cm, 120×160픽셀 사진파일(JPG)], 수수료 전자결제

④ 시험장소는 본인 선택(선착순 마감)

(2) 필기시험
① 60문항 4지 선택형 객관식 출제 / CBT시험(컴퓨터 기반 시험)으로 진행

② 수험표, 신분증, 필기구 지참

(3) 합격자 발표
① 100점 만점에 60점 이상이면 합격

② CBT시험으로 진행하므로 답안지 제출 후 즉시 합격 여부를 알 수 있음

③ Q-net을 통한 합격 확인(마이페이지 등)

(4) 실기시험 원서 접수
① 실기접수기간 내 수험원서를 인터넷(www.Q-net.or.kr)으로 제출

② 시험일시, 장소는 본인 선택(선착순 마감)

(5) 실기시험
실기시험 수험자 준비물, 수험표, 신분증, 필기구 지참

(6) 최종 합격자 발표
Q-net을 통한 합격 확인(마이페이지 등)

(7) 자격증 발급
① '상장형 자격증' 발급을 원칙으로 함. 인터넷으로 신청하고 무료로 자가 프린터를 통해 즉시 발급
(출력) ※ 방문 및 우편 배송 불가

http://www.q-net.or.kr 로그인 → 자격증/확인서 → 자격증 발급 → 자격증 발급 신청

② 희망하는 경우 '수첩형 자격증' 발급 가능
• 인터넷 : 공인인증 등을 통한 발급, 택배 가능(수수료 및 배송비 납부)
• 방문수령 : 사진(6개월 이내에 촬영한 3.5cm×4.5cm 사진) 및 신분 확인 서류, 수수료 지참

3. 기타
필기시험 합격 시 2년간 필기시험 면제자로 실기시험에 응시할 수 있음

한식조리기능사 필기시험 출제기준

직무 분야	음식 서비스	중직무 분야	조리	자격 종목	한식조리 기능사

• 직무내용 : 한식메뉴 계획에 따라 식재료를 선정, 구매, 검수, 보관 및 저장하며 맛과 영양을 고려하여 안전하고 위생적으로 음식을 조리하고 조리기구와 시설관리를 수행하는 직무이다.

필기검정방법	객관식	문제수	60	시험시간	1시간

필 기 과목명	출 제 문제수	주요항목	세부항목	세세항목
한식 재료관리, 음식조리 및 위생관리	60	1. 한식 위생관리	1. 개인 위생관리	1. 위생관리기준 2. 식품위생에 관련된 질병
			2. 식품 위생관리	1. 미생물의 종류와 특성 2. 식품과 기생충병 3. 살균 및 소독의 종류와 방법 4. 식품의 위생적 취급기준 5. 식품첨가물과 유해물질
			3. 주방 위생관리	1. 주방위생 위해요소 2. 식품안전관리인증기준(HACCP) 3. 작업장 교차오염발생요소
			4. 식중독 관리	1. 세균성 식중독 2. 자연독 식중독 3. 화학적 식중독 4. 곰팡이 독소
			5. 식품위생 관계법규	1. 식품위생법 및 관계법규 2. 제조물책임법
			6. 공중보건	1. 공중보건의 개념 2. 환경위생 및 환경오염 관리 3. 역학 및 감염병 관리
		2. 한식 안전관리	1. 개인 안전관리	1. 개인 안전사고 예방 및 사후 조치 2. 작업 안전관리
			2. 장비 · 도구 안전작업	1. 조리장비 · 도구 안전관리 지침
			3. 작업환경 안전관리	1. 작업장 환경관리 2. 작업장 안전관리 3. 화재예방 및 조치방법

필기 과목명	출제 문제수	주요항목	세부항목	세세항목
한식 재료관리, 음식조리 및 위생관리	60	3. 한식 재료관리	1. 식품재료의 성분	1. 수분 2. 탄수화물 3. 지질 4. 단백질 5. 무기질 6. 비타민 7. 식품의 색 8. 식품의 갈변 9. 식품의 맛과 냄새 10. 식품의 물성 11. 식품의 유독성분
			2. 효소	1. 식품과 효소
			3. 식품과 영양	1. 영양소의 기능 및 영양소 섭취기준
		4. 한식 구매관리	1. 시장조사 및 구매관리	1. 시장조사 2. 식품 구매관리 3. 식품 재고관리
			2. 검수관리	1. 식재료의 품질 확인 및 선별 2. 조리기구 및 설비 특성과 품질 확인 3. 검수를 위한 설비 및 장비 활용방법
			3. 원가	1. 원가의 의의 및 종류 2. 원가분석 및 계산
		5. 한식 기초 조리실무	1. 조리 준비	1. 조리의 정의 및 기본 조리조작 2. 기본 조리법 및 대량 조리기술 3. 기본 칼 기술 습득 4. 조리기구의 종류와 용도 5. 식재료 계량방법 6 조리장의 시설 및 설비 관리
			2. 식품의 조리원리	1. 농산물의 조리 및 가공 · 저장 2. 축산물의 조리 및 가공 · 저장 3. 수산물의 조리 및 가공 · 저장 4. 유지 및 유지 가공품 5. 냉동식품의 조리 6. 조미료와 향신료
		6. 한식 밥 조리	1. 밥 조리	1. 밥 재료 준비 2. 밥 조리 3. 밥 담기
		7. 한식 죽 조리	1. 죽 조리	1. 죽 재료 준비 2. 죽 조리 3. 죽 담기
		8. 한식 국 · 탕 조리	1. 국 · 탕 조리	1. 국 · 탕 재료 준비 2. 국 · 탕 조리 3. 국 · 탕 담기

필기 과목명	출제 문제수	주요항목	세부항목	세세항목
한식 재료관리, 음식조리 및 위생관리	60	9. 한식 찌개 조리	1. 찌개 조리	1. 찌개 재료 준비 2. 찌개 조리 3. 찌개 담기
		10. 한식 전 · 적 조리	1. 전 · 적 조리	1. 전 · 적 재료 준비 2. 전 · 적 조리 3. 전 · 적 담기
		11. 한식 생채 · 회 조리	1. 생채 · 회 조리	1. 생채 · 회 재료 준비 2. 생채 · 회 조리 3. 생채 · 담기
		12. 한식 조림 · 초 조리	1. 조림 · 초 조리	1. 조림 · 초 재료 준비 2. 조림 · 초 조리 3. 조림 · 초 담기
		13. 한식 구이 조리	1. 구이 조리	1. 구이 재료 준비 2. 구이 조리 3. 구이 담기
		14. 한식 숙채 조리	1. 숙채 조리	1. 숙채 재료 준비 2. 숙채 조리 3. 숙채 담기
		15. 한식 볶음 조리	1. 볶음 조리	1. 볶음 재료 준비 2. 볶음 조리 3. 볶음 담기

한식조리기능사
필기

CHAPTER 01

한식 위생관리

01 개인 위생관리

1 위생관리 기준

1. 위생관리의 필요성
① 식중독 위생사고 예방
② 식품위생법 및 행정처분 강화
③ 상품의 가치 상승(안전한 먹거리)
④ 점포의 이미지 개선(청결한 이미지)
⑤ 고객 만족(매출 증진)
⑥ 브랜드 이미지 관리

2. 위생관리 기준
① 정기적으로 건강진단(연 1회)과 위생교육을 받아야 한다.
② 피부병, 화농성 질환이 있는 경우 식품취급을 금한다.
③ 조리복, 조리모, 앞치마, 안전화 등을 청결한 상태로 착용한다.
④ 식품을 나누어 담거나 배식할 때에는 마스크를 착용하도록 하고, 적당한 배식기구를 사용하여 배식하도록 한다.
⑤ 조리작업 시에는 항상 손을 30초 이상 깨끗이 씻고 마스크를 착용하며 머리 및 코 등의 신체부위를 만지지 않는다.
⑥ 진한 화장 및 시계, 반지, 귀걸이 등의 착용을 하지 않는다.
⑦ 조리 관계자 이외의 조리장 출입을 삼가고, 근무수칙을 준수한다.

2 식품위생에 관련된 질병

식품위생과 관련된 대표적 질병으로 식중독 및 수인성 감염병 등을 들 수 있다.

1. 식중독

1) 세균성 식중독

(1) 감염형 세균성 식중독 : 식품 중에서 증식한 세균에 의해 발생하는 살모넬라, 장염비브리오, 병원성 대장균, 웰치균 식중독 등이 있다.

(2) 독소형 세균성 식중독 : 식품 중에서 증식한 세균의 독소에 의해 발생하는 포도상구균, 보툴리누스균 식중독 등이 있다.

2) 자연독 식중독

식품이 함유한 유독성분에 의해 발생하며 동물성 자연독 식중독과 식물성 자연독 식중독이 있다.

3) 화학성 식중독

식품첨가물이나 잔류농약, 중금속 등에 오염된 음식물을 통해 발생한다.

4) 곰팡이에 의한 식중독

식품 중에 발생하는 곰팡이를 통해 발생한다.

2. 수인성 감염병(경구감염병)

식품이나 음용수를 통해 감염되는 질병으로 콜레라, 장티푸스, 파라티푸스, 이질, 폴리오(소아마비) 등이 있다.

3. 인축공통 감염병

동일 병원체에 의하여 사람이나 동물이 공히 감염되는 감염병을 말한다.

4. 기생충 감염병

회충, 구충, 요충, 편충, 간디스토마, 폐디스토마, 유구조충, 무구조충 등 기생충을 통한 감염병을 말한다.

02 식품 위생관리

1 식품위생의 정의, 행정기구

1. 식품위생의 정의

1) 세계보건기구(WHO)의 정의

식품위생이란 식품의 생육 · 생산 · 제조에서부터 최종적으로 사람이 섭취할 때까지의 모든 단계에 있어서 식품의 안전성 · 건전성 및 악화 방지를 보장하기 위한 모든 수단을 말한다.

2) 식품위생법상의 정의

식품 · 식품첨가물 · 기구 또는 용기 · 포장을 대상으로 하는 음식에 관한 위생을 말한다.

2. 식품위생 행정기구

고려의 성종과 목종 때 상식국(尚食局)을 설치한 것이 우리나라 식품위생행정의 시초라 할 수 있다.

행정기관		담당 업무
중앙기구	식품의약품안전처	식품 · 의약품 · 의료기기의 시험, 검정, 평가, 독성연구, 안전관리 등
	식품위생심의위원회	식품의약품안전처장의 조사 · 심의, 자문기구
	국립보건연구원	조사 · 연구 및 시험 · 검정
지방기구	지방자치단체 식품안전 관련 부서	식품위생에 관한 지도 감독
	시 · 군 · 구청 위생과	식품위생행정의 일선업무
	시 · 군 · 구 보건소	건강진단, 역학조사 등
	지방 식품의약품안정청	식품의약품안전처의 업무를 분담
	시 · 도 보건환경연구원	시험 · 연구

❷ 미생물의 종류와 특성

미생물이란 개체가 매우 작아 육안으로는 볼 수 없는 미세한 생물로 병원성 미생물과 비병원성 미생물이 있다. 식품위생과 관련된 미생물은 일반적으로 병원성 미생물로 세균(bacteria 박테리아), 리케차(rickettsia), 바이러스(virus), 곰팡이(mold 진균) 및 원충성 미생물 등이 있다.

1. 미생물의 종류

1) 곰팡이(mold)

균사체를 발육기관으로 하는 진균류를 총칭하여 사상균 또는 곰팡이라고 한다.

(1) 누룩곰팡이(Aspergillus 아스퍼질러스) 속 : 전분 분해력과 당화력이 강하여 탁주, 약주, 간장, 된장 등의 제조에 이용되지만 유해한 것도 있다.

(2) 푸른곰팡이(Penicillium 페니실리움) 속 : 식품에서 가장 흔히 볼 수 있는 곰팡이로 페니실린을 생산하는 유용한 곰팡이도 있으나 과일이나 치즈 등을 변질시키거나 황변미를 만드는 것도 있다.

(3) 거미줄곰팡이(Rhizopus 리조푸스) 속 : 딸기, 채소, 밀감 등의 변패와 관계되며 빵에 잘 번식하므로 빵 곰팡이라고도 부른다.

(4) 털곰팡이(Mucor 무코) 속 : 전분의 당화 및 치즈의 숙성에 이용되지만 과실의 변패에도 관여한다.

2) 효모(yeast)
곰팡이와 세균의 중간 크기의 단세포 미생물로 출아법으로 번식하며 최적발육온도는 25~30℃이다.

3) 세균(bacteria 박테리아)
단세포 미생물로 주로 분열증식을 하며, 형태는 크게 세 종류로 둥근 모양의 구균, 막대 모양의 간균, 나사 모양의 나선균이 있다.

4) 리케차(rickettsia)
세균과 바이러스의 중간에 속하는 미생물로 살아 있는 세포 내에서만 증식한다.

5) 바이러스(virus)
미생물 가운데 크기가 가장 작아 세균여과기를 통과하기 때문에 여과성 미생물이라고도 한다.

 미생물의 크기
곰팡이 > 효모 > 세균 > 리케차 > 바이러스의 순서이다.

2. 미생물의 발육에 필요한 조건
미생물의 발육에는 영양소, 온도, 수분, 산소, 삼투압, 수소이온농도(pH) 등의 환경조건이 갖추어져야 한다.

1) 영양소
미생물의 발육 · 증식에는 탄소원, 질소원, 무기염류, 발육소 등의 영양소가 필요하다.

2) 온도
(1) 고온균 : 발육 가능 온도 40~75℃, 최적온도 55~60℃

(2) 중온균 : 발육 가능 온도 15~55℃, 최적온도 25~37℃

(3) 저온균 : 발육 가능 온도 0~25℃, 최적온도 15~20℃

3) 수분
곰팡이는 건조식품에 잘 번식하는데 수분함량을 13% 이하로 하면 곰팡이의 번식을 억제할 수 있다.

4) 산소

(1) 편성 호기성 세균 : 반드시 산소가 있어야만 증식한다.

(2) 편성 혐기성 세균 : 산소가 있으면 증식에 장애를 받는다.

(3) 통성 호기성 세균 : 산소가 있어야 하지만 없어도 발육이 가능하다.

(4) 통성 혐기성 세균 : 산소가 없어야 하지만 있어도 이용하지 않는다.

5) 삼투압

보통 1~2% 정도의 염분 농도에서 미생물의 생육은 저해되지만 10~20%에서 생육하는 것도 있으며 이러한 미생물을 내염성 미생물이라고 한다.

6) 수소이온농도(pH)

곰팡이와 효모는 pH 4.0~6.0(약산성)에서 잘 자라며, 세균은 pH 6.5~7.5(중성 또는 약알칼리성)에서 잘 자란다.

> **TIP** 수소이온농도(pH)란 용액 속의 수소 이온 농도로 보통 pH로 나타낸다. pH 7을 기준으로 값이 클수록 알칼리성이 강하고 작을수록 산성이 강하다.

3. 미생물에 의한 식품의 변질과 보존

식품 본래의 성질이 변하여 먹을 수 없는 상태가 되는 현상을 변질이라고 한다.

1) 식품의 변질

(1) 부패 : 단백질 식품이 혐기성 미생물에 의하여 분해되는 현상을 부패라 하며 악취가 발생한다. 호기성 미생물에 의하여 분해되는 현상을 후란(decay)이라고 하며 악취가 발생하지 않는다.

(2) 산패 : 지방이 산화되어 변질되는 현상이다.

(3) 변패 : 단백질 이외의 당질 및 지질이 미생물 또는 기타의 영향으로 변질되는 현상이다.

(4) 발효 : 당질이 미생물에 의해 분해되어 알코올 또는 각종 유기산을 생성하는 경우로, 발효는 생산물을 식용으로 유용하게 사용하기 때문에 변질과는 다르다.

> **TIP**
> • 식품의 신선도를 알기 위해 생균수를 측정하는데 식품 1g당 10^7~10^8이면 초기 부패로 본다.
> • 암모니아, 트리메틸아민(trymethylamine), 히스타민(histamine) 등은 생선 및 육류의 신선도가 떨어져 부패하여 단백질을 부패·분해시킬 때 생성되는 악취로 트리메틸아민 함량이 30~40mg%이면 초기 부패이다.
> • 식품이 부패하거나 변질되면 아미노산과 아민이 생산되며, 황화수소, 암모니아, 인돌, 메탄과 같은 악취가 나는 가스를 발생한다.

2) 식품보존법

(1) 건조법

① 일광건조 : 햇볕을 이용하는 방법으로 농산물 및 해산물의 건조에 주로 이용한다.

② 열풍건조 : 가열한 공기를 이용하여 식품을 건조하는 방법으로 육류, 어류, 달걀류, 채소류 등의 건조에 주로 이용한다.

③ 고온건조 : 식품을 90℃ 이상의 고온에서 건조시키는 방법으로 전분의 α화에 주로 이용한다.

④ 배건법 : 식품을 직접 불로 건조하는 방법으로 보리차, 커피, 차 등의 건조에 이용되며 향기를 증가시킨다.

⑤ 분무건조 : 액상식품을 열풍에 분무하여 건조하는 방법으로 분유제조에 이용되며 그 외 유병건조법, 피막건조법 등을 이용하기도 한다.

⑥ 냉동(동결)건조 : 식품을 냉동하여 저온에서 건조하는 방법으로 식품의 신선도를 보존할 수 있다. 당면, 건조두부, 한천 등의 제조에 이용된다.

(2) 저온저장

① 움저장 : 고구마, 감자, 무, 배추, 과일 등을 약 10℃의 움 속에 저장하는 방법을 말한다. 수분과 당분이 많은 고구마의 경우는 쿠링(curing) 저장법을 이용한다.

② 냉장법 : 식품을 0~10℃로 저장하는 방법으로, 일반적으로 과실 및 채소류는 0~4℃, 육류는 -6~-12℃가 적당하다.

③ 냉동법 : 냉동법은 -15℃ 이하로 급속히 동결하는 방법으로, 급속동결을 하면 얼음 결정이 미세하게 형성되고 완만동결을 하면 얼음 결정이 커진다. 생성된 얼음 결정이 크면 해동할 때 드립(drip)이 많이 발생하여 식품의 품질을 저하시키므로 급속동결법이 좋으며, 품질 저하를 방지하려면 최대빙결정생성대(-1~-5℃)를 빨리 통과시키는 것이 좋다.

(3) 가열살균법

① 저온살균법 : 62~65℃에서 30분간 가열하는 방법으로 우유, 술, 주스, 맥주 등의 살균에 주로 이용한다. 병원균의 사멸과 영양소의 보존에 목적이 있다.

② 고온순간살균법(HTST) : 71.1℃에서 15초간 가열하는 방법으로 우유, 주스 등의 살균에 주로 이용한다.

③ 초고온순간살균법(UHT) : 130~150℃에서 0.75~2초간 가열하는 방법으로 우유, 주스 등의 살균에 주로 이용한다.

④ 고온장시간살균법 : 95~120℃에서 30~60분간 가열하는 방법으로 통조림 등의 살균에 주로 이용한다.

⑤ 자비살균법 : 100℃의 끓는 물에서 10분간 가열한다.

(4) 조사살균법

　　① 자외선 : 식품의 품질에 거의 영향을 미치지 않으나 투과력이 약하여 식품의 내부까지 살균하지는 못한다.

　　② 방사선 : 식품의 발아 억제, 부패 방지, 해충 구제 등을 목적으로 식품에 방사선을 조사하는 방법으로 방사선조사식품에는 반드시 그 표시를 하여야 한다.

(5) 훈연법

　수지가 적은 벗나무, 떡갈나무, 참나무, 왕겨 등을 불완전 연소시키면 연기 속에 살균력을 지닌 포름알데히드(formaldehyde), 메탄올(methanol), 페놀(phenol) 등이 식품에 침투하여 식품이 건조되어 저장성이 향상되고 제품에 향기와 맛을 상승시키는 효과도 있다. 저장을 주목적으로 하는 냉훈법과 풍미 향상을 주목적으로 하는 온훈법이 있다.

(6) 염장법 : 소금물에 식품을 담그는 염수법(물간법)과 식품에 직접 소금을 뿌리는 건염법이 있다.

(7) 당장법 : 일반적으로 미생물은 당 농도가 50% 이상이면 발육이 억제된다.

(8) 산저장 : pH가 낮은 초산이나 젖산 등을 이용하여 식품을 저장하는 방법으로 오이, 마늘 등의 채소류의 저장에 많이 이용한다.

(9) 가스저장법(CA 저장) : 이산화탄소(CO_2), 질소(N_2) 등의 불활성 기체를 이용하여 채소류 및 과일류 등의 호흡작용을 억제하는 저장법이다.

(10) 식품첨가물을 이용한 저장법 : 식품첨가물인 보존제(방부제), 산화방지제, 살균제, 살충제, 방충제 등을 첨가하는 방법으로 식품위생법에 의한 기준을 준수하여야 한다.

(11) 통조림 : 제조과정은 크게 탈기, 밀봉, 살균, 냉각의 4대 공정으로 나눌 수 있다.

　　① 통조림의 표시 : 통조림은 그 뚜껑 위에 기호를 3단으로 찍어 상단은 품명·품종·형태를 표시하고, 중단은 제조회사, 하단은 보통 네 자리의 숫자로 표시하는데 첫 번째는 연도의 끝자리이고, 두 번째는 월(단, 10월은 O, 11월은 N, 12월은 D로 표시한다), 세 번째와 네 번째는 일자를 표시한다(최근에는 일반인이 알기 쉽게 6자리로 표시하는 경우가 많다).

　　② 통조림 검사 : 외관검사, 타관검사, 가온검사, 진공검사, 개관검사 등이 있다.

(12) 레토르트 파우치(retort pouch) : 비닐주머니에 식품을 넣고 밀봉하여 가열 살균한 저장성을 가진 것으로 통조림보다 ① 살균시간의 단축 ② 색·조직·풍미·영양가 등의 손실이 적고 ③ 냉장 및 냉동, 방부제가 필요 없으며 ④ 가열·가온 시 시간 절약 등의 특징이 있다.

❸ 식품과 기생충병

1. 기생충의 중간숙주

회충 · 구충 · 요충 · 편충은 중간숙주가 없으며, 채소류는 이들 기생충의 매개체가 되고 말라리아 · 아니사키스충은 사람이 중간숙주 구실을 하기도 한다.

2. 중간숙주가 없는 기생충

(1) 회충 : 우리나라에서 가장 높은 감염률을 나타내는 기생충으로 경구침입하여 소장에서 75일이면 성충이 된다. 충란은 건조, 저온, 부패, 화학약제에는 저항력이 강하나 직사일광 및 열에는 약하다.

(2) 구충 : 경피침입하므로 인분을 사용한 밭에서 작업 시 맨발로 다니지 말아야 한다.

(3) 요충 : 집단감염 기생충으로 성숙한 충란이 경구침입하여 소장에서 부화하여 맹장 부위에서 성충이 될 때까지 발육하여 항문 주위에 나와 산란한다.

3. 중간숙주가 있는 기생충

기생충	제1중간숙주	제2중간숙주
간흡충(간디스토마)	왜우렁이	민물고기(붕어, 잉어 등)
폐흡충(폐디스토마)	다슬기	가재, 게
횡천흡충(요코가와흡충)	다슬기	민물고기(은어, 잉어 등)
광절열두조충(긴촌충)	물벼룩	민물고기(송어, 연어 등)
스팔가눔	물벼룩	담수어 및 뱀, 개구리 등
무구조충(민촌충)	소고기	
유구조충(갈고리촌충)	돼지고기	
선모충	돼지고기	
톡소플라스마	돼지고기	
아니사키스	연안어류	

 임산부가 톡소플라스마(toxoplasma)에 감염될 경우 유산이나 조산의 원인이 되며, 특히 임신 초기에 감염되면 사산을 일으키는 경우가 있다.

4 살균 및 소독의 종류와 방법

1. 살균 및 소독

(1) 소독 : 병원균의 생활력을 파괴하여 감염력을 억제하는 것

(2) 멸균 : 강한 살균력으로 병원균, 비병원균, 아포 등 모든 미생물을 멸살하는 것

(3) 방부 : 미생물의 성장을 억제하여 식품의 부패 및 발효를 억제하는 것

2. 물리적 살균 및 소독법

종류	소독방법	소독대상물
화염법	불꽃 속에 20초 이상 접촉	금속류, 도자기류, 유리봉 등
소각법	재사용할 가치가 없는 물품을 소각	붕대, 구토물, 분비물 등
건열멸균법	150~160℃에서 30분간 가열	유리그릇, 사기그릇 및 금속제품 등
간헐살균법	1일 1회 15~30분씩 3일간 가열	–
고압증기멸균법	• 고압솥을 이용하여 2기압(15파운드), 121℃에서 15~20분간 소독 • 아포를 포함한 모든 균을 사멸할 수 있음	초자기구, 의류, 고무제품, 배지, 시약 등의 멸균에 이용
자비살균법	100℃의 물에서 15~20분간 자비	식기류, 행주, 의류 등

 자외선 살균

- 살균력은 260nm에서 최대인데 가장 적합한 파장은 253.7nm이다.
- 투과력이 없어 표면살균에 효과적이며, 단백질 등의 유기물이 존재하는 경우 살균력이 떨어진다.
- 결핵균은 2~3시간이면 살균효과를 얻을 수 있다.

3. 화학적 살균 및 소독법

1) 소독약품이 갖추어야 할 조건

① 살균력이 강하고, 불쾌한 냄새가 없을 것

② 가격이 저렴하고, 인축에 대한 독성이 적을 것

③ 침투력과 소독력이 강할 것

④ 사용법이 간편하고, 소독대상물에 손상을 주지 않을 것

2) 소독작용에 영향을 미치는 각종 조건

접촉시간이 길수록, 온도가 높을수록, 농도가 짙을수록 효과가 크다. 유기물이 있을 때에는 효과가 감소된다.

3) 소독약품의 종류

종류	사용농도	소독대상물
석탄산	3%	기구, 용기, 의류, 오물 등
크레졸	3%	손, 오물 등
승홍	0.1%	피부소독. 금속부식성이 있으므로 주의해야 한다.
알코올	68~70%	손, 피부소독, 기구
과산화수소	2.5~3.5%	구내염, 인두염, 입안 세척, 상처
역성비누	0.01~0.1%	식품 및 식기소독, 조리자의 손
요오드(옥소)	–	피부
생석회	–	변소
염소	–	음료수, 채소, 과일, 식기류 등
표백분	–	소규모의 물 소독(우물)
차아염소산나트륨	–	음료수, 식기, 채소, 과일 등

TIP **석탄산**

소독약의 소독력을 나타내는 기준이 되며, 석탄산계수로 나타낸다. 소독약품은 석탄산계수가 높을수록 소독력이 높다.

$$석탄산계수 = \frac{소독약의 \ 희석배수}{석탄산의 \ 희석배수}$$

역성비누(양성비누)

보통 원액(10% 용액)을 200~400배 희석하여 0.01~0.1% 액을 만들어 사용한다. 알칼리에 불안정하여 보통 비누와 동시에 사용하든지 유기물이 존재하면 살균력이 떨어지므로 세제로 씻은 후 역성비누를 사용하는 것이 살균력이 증대된다.

5 식품의 위생적 취급기준

① 식품 등을 취급하는 원료보관실, 제조가공실, 조리실, 포장실 등의 내부는 청결하고 위생적으로 관리하여야 한다.

② 식품 등의 원료 및 제품 중 부패와 변질되기 쉬운 것은 냉동·냉장시설에 보관·관리하여야 한다.

③ 식품 등의 운반·보관·진열 시에는 식품 등의 기준 및 규격이 정하는 바에 따라 보존 및 유통기준에 적합하도록 관리하여야 하고 이 경우 냉동·냉장시설 및 운반시설은 정상적으로 작동하여야 한다.

④ 식품 등의 제조, 가공, 조리 또는 포장에 직접 종사하는 자는 개인위생관리를 철저히 하여야 한다.

⑤ 식품 등의 제조 · 가공 · 조리에 직접 사용하는 기계, 기구 및 음식기는 사용 후에 세척 · 살균하는 등 항상 청결하게 유지 · 관리하여야 하며 어류, 육류, 채소류를 취급하는 칼 · 도마 등은 각각 구분하여 사용하여야 한다.

⑥ 유통기한이 경과된 식품 등을 사용하거나 판매 또는 판매의 목적으로 진열 · 보관하여서는 안 된다.

6 식품첨가물과 유해물질

식품첨가물이란 식품 본래 성분 이외의 것을 뜻하며, 의도적 식품첨가물과 비의도적 식품첨가물로 나누는데 일반적으로 의도적 식품첨가물을 말한다. 식품첨가물은 천연의 것도 있으나 화학적 합성품이 대부분이다.

1. 식품첨가물의 정의

1) WHO(세계보건기구) 및 FAO(세계식량농업기구) 정의

식품첨가물이란 식품의 외관 · 향미 · 조직 또는 저장성을 향상시키기 위한 목적으로 보통 적은 양이 식품에 첨가되는 비영양물질을 말한다.

2) 우리나라 식품위생법의 정의

"식품첨가물"이란 식품을 제조 · 가공 · 조리 또는 보존하는 과정에서 감미, 착색, 표백 또는 산화방지 등을 목적으로 식품에 사용되는 물질을 말한다. 이 경우 기구 · 용기 · 포장을 살균 · 소독하는 데에 사용되어 간접적으로 식품으로 옮아갈 수 있는 물질을 포함한다.

2. 식품첨가물의 구비조건

① 인체에 유해한 영향을 미치지 않아야 한다.

② 사용방법이 간편하고, 미량으로 효과가 있어야 한다.

③ 물리 · 화학적 변화에 안정해야 한다.

④ 가격이 저렴하고, 식품에 나쁜 영향을 주지 않아야 한다.

3. LD50

실험 대상동물 50%가 사망할 때의 투여량으로, 식품첨가물의 급성 독성을 나타내며 그 수치가 낮을수록 독성이 강함을 의미한다.

4. 식품첨가물의 종류와 용도

1) 보존제(방부제)

미생물의 증식을 억제하여 식품의 부패와 변질을 방지하기 위하여 사용한다.

 ① 데히드로초산(DHA) : 치즈, 버터, 마가린 등
 ② 소르빈산(sorbic acid) : 식육제품, 어육제품, 된장, 고추장, 각종 절임식품 등
 ③ 안식향산(benzoic acid) : 청량음료(탄산음료 제외), 간장 등
 ④ 프로피온산 : 빵 및 생과자 등
 ⑤ 파라옥시안식향산부틸 : 주류 등

2) 살균제(소독제)

미생물을 사멸시키는 작용을 하며 음료수 · 식기류 · 손 등의 소독에 사용되며 표백분, 차아염소산나트륨, 에틸렌옥사이드 등이 있다.

3) 방충제 및 살충제

곡류의 저장 중에 생기는 곤충의 피해를 방지하기 위해 사용하며 피페로닐부톡사이드(곡류 이외에 사용 금지) 등이 있다.

4) 산화방지제

산화에 의한 변질을 방지할 목적으로 사용하며 수용성은 주로 색소의 산화방지에 사용되고, 지용성은 유지 또는 유지를 함유하는 식품의 산화방지에 사용된다.

 ① 수용성 : 에리소르빈산(erythorbic acid), 아스코르빈산(ascorbic acid) 등
 ② 지용성 : 부틸히드록시아니졸(BHA), 디부틸히드록시톨루엔(BHT), 몰식자산프로필
  (propyl gallate) 등

5) 착색제

변색 또는 퇴색된 색을 복원하거나 외관을 아름답게 한다. 타르(tar)계와 비타르계 색소가 있으며 타르색소는 수용성이므로 물에 용해시켜 사용하는데 일부 식품에는 사용이 금지되어 있다.

 ① 타르 색소 사용금지 식품 : 면류, 겨자류, 단무지, 차류(분말청량음료 제외), 젓갈류, 고춧가루, 후춧가루, 케첩, 식빵, 묵류, 식용유, 버터, 마가린, 천연식품 등
 ② 타르 색소 이외의 합성착색제 : 황산동, 3 · 2산화철, 이산화티타늄 등
 ③ β-카로틴 : 특이한 냄새와 맛이 있는 천연색소로 마가린, 버터, 치즈, 과자, 아이스크림등에 사용한다.

6) 발색제

그 자체는 색이 없으나 식품 중의 색소와 작용해서 색을 안정시키거나 발색을 촉진한다.

    ① 육류 발색제 : 아질산나트륨, 질산나트륨, 질산칼륨 등
    ② 과실류 및 채소류 발색제 : 황산제일철, 소명반 등

7) 착향료(향료)

식품의 냄새를 강화 또는 변화시키거나 좋지 않은 냄새를 없애기 위하여 사용한다.

    ① 에스테르류 : 초산부틸, 낙산부틸, 낙산에틸 등
    ② 비에스테르류 : 계피알코올, 시트로네랄 등

8) 조미료

음식물의 맛난 맛을 증진시킬 목적으로 사용하며 구연산나트륨, 호박산, 글리신산, 글루타민산나트륨(MSG) 등이 있다.

9) 감미료

사카린나트륨, 글리실리친산 2 · 3나트륨, D-솔비톨, 스테비오사이드(stevioside) 등이 있다. 식빵, 이유식, 백설탕, 포도당, 물엿, 벌꿀, 알사탕 등에는 인공감미료를 사용하지 못한다.

10) 산미료

식품에 신맛을 주는 동시에 청량감과 상쾌한 자극을 주는 것으로, 미각의 자극이나 식욕 증진을 위해 필요하며 식초가 대표적이다.

11) 표백제

식품의 가공 또는 제조 시 식품 중의 색소가 변화되어 외관을 나쁘게 하는 경우 색소를 파괴하여 무색으로 만들거나 착색하기 전에 일단 표백하여 착색시키기 위해 사용한다. 산화표백제(과산화수소 등)와 환원표백제(아황산나트륨, 무수아황산 등)로 나눈다.

12) 밀가루 개량제

밀가루의 표백과 숙성을 위해 사용하는데 과산화벤조일, 과황산암모늄, 브롬산칼륨, 스테아릴젖산칼륨, 스테아릴젖산나트륨 등이 있다.

13) 품질개량제(결착제)

식품의 점탄성, 보수성, 결착성 등을 증진시켜 맛과 풍미를 향상시키는 첨가물로 햄 · 소시지 등 육제품의 가공에 많이 사용하며 인산염 등이 대표적이다.

14) 피막제

과일이나 과채류의 표면에 피막을 만들어 호흡작용과 수분증발을 억제하여 선도를 장기간 유지하기 위하여 사용하며 몰호린지방산염, 초산비닐수지 등이 있다.

15) 유화제(계면활성제)

물과 기름처럼 서로 잘 섞이지 않는 것을 혼합시키거나 각종 고체의 용액을 다른 액체에 분산하는 기능을 가진 것을 유화제라고 한다. 아이스크림, 빵, 마요네즈 등의 제조에 많이 사용하며 대두인지질, 글리세린지방산에스테르 등이 있다.

16) 호료(증점제)

식품에 점성이나 안정성을 향상시키며, 식품 형태의 유지와 촉감을 좋게 할 목적으로 첨가하며 알긴산나트륨, 카제인나트륨, 메틸셀룰로오스, 한천 등이 있다.

17) 이형제

빵이 형틀에 달라붙지 않게 하고 모양을 그대로 유지하기 위하여 사용하는데, 유동파라핀이 허용되어 있다.

18) 용제

식품첨가물을 첨가할 때 잘 용해시켜 식품에 균일하게 흡착시키기 위하여 사용하는 것을 용제라고 한다. 허용되어 있는 것으로 글리세린(glycerine)과 프로필렌글리콜(propylene glycol)이 있다.

19) 추출제

천연식물 등에서 그 성분을 용해하여 추출하기 위해 쓰인다. n-헥산만이 허용되어 있으며 식용유지의 추출에 사용한다.

20) 팽창제

팽창효과와 함께 부드럽고 소화율을 높이는 효과도 있다. 명반, 염화암모늄, 제1인산칼슘, 중탄산나트륨(중탄산소다), 탄산암모늄, 탄산수소암모늄 등이 있다.

21) 소포제

식품의 제조과정에서 생기는 거품을 소멸하거나 억제할 목적으로 사용한다. 우리나라에서 허용되어 있는 소포제는 규소수지(silicon resin 실리콘수지)뿐이다.

22) 강화제

부족한 영양성분을 보충하여 영양을 강화시키는 데 사용하며, 식품에 강화제를 사용할 때에는 '영양강화식품'이라는 표시를 하여야 하고 제품검사를 받아야 한다. 우리나라에서 허가된 강화제에는 크게 비타민류, 필수아미노산류, 철염류, 칼슘염류 등이 있다.

23) 껌 기초제

껌에 적당한 점성과 탄력성을 가지게 하여 껌의 독특한 풍미를 유지시키는 데 중요한 역할을 하는 식품첨가물로 에스테르껌, 초산비닐수지 등이 있다.

24) 식품제조용 첨가물

어느 특정한 목적에 사용되는 것이 아니고 식품의 제조·가공 공정에서 가수분해, 중화, 응고, 여과, 흡착, 기타 물질의 제거 등의 목적으로 사용하는 첨가물로 최종식품의 완성 전에 제거 또는 중화시켜 식품에 남지 않도록 하여야 한다.

(1) 사용기준이 없는 것 : 염화마그네슘, 염화칼륨, 초산나트륨, 탄산나트륨, 탄산칼륨, 활성탄 등

(2) 사용기준이 있고 최종식품의 완성 전에 제거해야 하는 것 : 이온교환수지, 수산, 수산화나트륨, 염산, 황산 등

03 주방 위생관리

1 주방위생 위해요소

주방위생의 위해요소로 개인위생, 식품위생, 시설위생 등을 들 수 있다.

1. 교차오염 방지

① 주방에 시설되어 있는 장비와 기구 및 기물을 안전하게 배치하고 위생적으로 관리해야 한다.

② 반입되는 식품을 검수하고 운반·보관하여 조리하는 과정에서 오염이 일어날 수 있으므로 주의한다.

③ 주방 내 교차오염을 방지하기 위해서는 기물 및 도구를 철저하게 관리하고 정해진 위치에 보관하는 것이 중요하다.

2. 주방시설 및 도구관리

① 위생해충의 발생지를 제거하고 서식하지 않도록 한다.

② 주방시설 및 도구의 관리기준에 따라 관리한다.

③ 소독제 사용 시 허가된 소독약품을 용도에 맞게 사용해야 한다.

④ 전기를 사용하는 도구와 장비는 반드시 전원을 차단한 후 점검과 소독을 실시한다.

2 식품안전관리인증기준(HACCP)

1. 위해요소중점관리기준(HACCP)

HACCP은 식품의 원료 생산에서부터 최종제품의 생산과 저장 및 유통의 각 단계에 최종제품의 위생안전 확보에 반드시 필요한 관리점을 설정하고, 적절히 관리함으로써 식품의 위생 안전성을 확보하는 예방적 차원의 식품위생관리 방식이다.

2. HACCP 의무적용 대상 식품

    ① 어육가공품 중 어묵·어육소시지

    ② 냉동수산식품 중 어류·연체류·조미가공품

    ③ 냉동식품 중 피자류·만두류·면류

    ④ 빙과류

    ⑤ 과자·캔디류·빵류·떡류

    ⑥ 음료류[다류(茶類) 및 커피류는 제외]

    ⑦ 레토르트식품 등

    ⑧ 김치

    ⑨ 초콜릿류

    ⑩ 생면·숙면·건면

    ⑪ 특수용도식품

    ⑫ 즉석섭취식품, 순대

    ⑬ 전년도 총매출액이 100억 원 이상인 영업소에서 제조·가공하는 식품

3. 위해요소중점관리기준(HACCP) 수행절차

(1) HACCP은 위해분석(HA : Hazard Analysis)과 중요관리점(CCP : Critical Control Points)으로 구분된다.

(2) HA는 위해가능성 요소를 찾아 분석·평가하고, CCP는 해당 위해요소를 방지·제거하고 안전성을 확보하기 위해 다루어야 할 중점관리점을 말한다.

(3) HACCP은 7원칙 12절차에 의한 체계적인 접근방식을 적용하고 있다.

절차순서	내용	절차순서	내용
절차 1	HACCP팀 구성	절차 7(원칙 2)	중요관리점(CCP) 결정
절차 2	제품설명서 작성	절차 8(원칙 3)	CCP 한계기준 설정
절차 3	용도 확인	절차 9(원칙 4)	CCP 모니터링 체계 확립
절차 4	공정흐름도 작성	절차 10(원칙 5)	개선조치방법 수립
절차 5	공정흐름도 현장 확인	절차 11(원칙 6)	검증절차 및 방법 수립
절차 6(원칙 1)	위해요소분석	절차 12(원칙 7)	문서화, 기록유지방법 설정

③ 작업장 교차오염발생요소

1. 작업장 교차오염발생요소

① 도마, 주방바닥, 트렌치, 식재료의 전처리 등에서 교차 오염이 발생하기 쉬우므로 매뉴얼에 따라 위생적으로 취급 관리한다.

② 사용하는 도마와 칼, 위생장갑 등은 식품과 조리의 종류에 따라 구분하여 사용하고, 사용 후에는 정해진 매뉴얼에 따라 소독한다.

04 식중독 관리

식중독이란 미생물·유독물질 등이 식품에 첨가되거나 오염되어 급성위장염 등의 생리적 이상을 초래하는 것을 말한다.

① 세균성 식중독

세균성 식중독은 식중독균에 의해 발병하므로 예방을 위해서는 음식물을 저온보관하고 가열 즉시 섭취하도록 한다.

1. 감염형 세균성 식중독

식중독균이 오염된 식품 내에서 증식하거나 체내에서 증식하여 다량의 균이 원인이 되어 발생한다.

1) 살모넬라(salmonella)균 식중독

통성 혐기성 세균으로 열에 약하여 60℃에서 20분간 가열하면 사멸이 가능하다.

(1) 잠복기 및 증상 : 잠복기는 보통 12~48시간(평균 20시간)이며 주요 증상은 구토, 메스꺼움, 설사, 복통, 급격한 발열(38~40℃) 등이다.

(2) 원인식품 : 육류와 생선류 및 샐러드, 마요네즈 등 알을 사용한 식품과 우유 및 유제품 등으로 일반적인 원인식품은 동물성이다.

(3) 예방대책 : 방충 · 방서 철저, 식품의 저온보관, 식품의 가열섭취 등

2) 장염비브리오(vibrio)균 식중독

통성 혐기성의 해수세균으로 3~4%의 염분농도에서 가장 잘 살며, 열에 약하여 60℃에서 15분간 가열하면 사멸한다.

(1) 잠복기 및 증상 : 잠복기는 8~20시간(평균 12시간)이며, 복통과 설사가 주 증상이다.

(2) 원인식품 : 어패류 등

(3) 예방대책 : 여름철 어패류의 생식을 금하고, 조리기구에 의한 2차 감염을 예방하기 위해 어패류 전용의 칼이나 도마 · 행주 등을 사용하고 살균과 소독을 철저히 한다.

3) 병원성 대장균 식중독

대장균은 장내 상재균으로 병원성은 없으며, 병원성 대장균은 유아에게는 설사를 일으키고 어른에게는 급성장염을 일으킨다.

(1) 잠복기 : 10~30시간(평균 12시간)이고 두통, 설사, 발열, 구토, 복통 등의 증세가 있다.

(2) 원인식품 : 동물의 분변으로 오염된 조리식품은 모두 원인식품이 될 수 있으며 특별히 원인식품이 한정되어 있지는 않다.

(3) 예방대책 : 동물의 배설물이 오염원으로 중요하므로 분변오염이 되지 않도록 주의한다.

4) 웰치균(clostridium welchii) 식중독

웰치균은 토양, 물, 식품 등 자연계에 널리 분포되어 있으며, 그람양성간균으로 아포를 형성하고 편성 혐기성균이다.

(1) 잠복기 : A~F까지 6형이 있으며 식중독을 일으키는 것은 A형이다. A형의 경우 8~20시간(평균 12시간)이며, 설사와 복통이 주 증상으로 구토나 발열은 거의 없다.

(2) 원인식품 : 고기류와 그 가공품, 어패류와 그 가공품 등 주로 동물성 단백질 식품이 원인식품이다.

(3) 예방대책 : 조리 후 즉시 섭취하고, 보관하는 경우 가열조리 후 급랭하여 보관한다.

5) 장구균 식중독

장구균은 사람이나 동물의 장내상재균으로 냉동식품의 경우 대장균군은 빨리 사멸되지만 장구균은 오랫동안 생존하므로 냉동식품에 있어 분변 오염 상태를 알기 위해서는 장구균을 지표로 한다.

(1) 잠복기 : 1~36시간(평균 5~10시간)이며, 임상증상은 포도상구균 식중독과 비슷하다.

(2) 원인식품 : 추정 원인식으로 소고기, 크로켓, 치즈, 파이, 소시지, 햄, 두부 등이 있다.

6) 노로바이러스(norovirus)

바이러스성 장염을 일으키는 식중독균으로 주로 구강이나 분변을 통하여 감염되며, 잠복기는 24~48시간이다. 초기에는 메스꺼움, 복부경련, 구토, 설사 등이 발생하고 오한, 근육통, 두통 등이 동반된다. 대부분의 사람은 1~2일 내에 호전된다.

7) 알레르기(allergy)성 식중독

부패산물의 하나인 히스타민(histamine)에 의한 식중독으로, 부패식중독이라고도 한다. 히스티딘(histidine) 함량이 많은 꽁치나 전갱이 같은 붉은살 생선에 모르가니균(proteus morganii)이 증식하여 발생한다.

- 살모넬라균 식중독은 급격한 발열(38~40℃) 증상이 있으며, 원인식품은 동물성 식품이다.
- 비브리오균은 호염성의 해수세균으로, 3~4%의 염분농도에서 가장 발육이 왕성하다.
- 대장균군은 분변오염 지표균으로, 냉동식품의 경우는 장구균이 분변오염 지표균이다.
- 알레르기성 식중독은 부패산물인 히스타민에 의해 발생하며 항히스타민제의 복용으로 쉽게 치료된다.

2. 독소형 세균성 식중독

세균이 생성하는 독소에 의하여 발생하는 식중독이다.

1) 포도상구균 식중독

화농성 질환의 대표적인 원인균으로 병원성인 것은 황색포도상구균으로, 포도상구균이 생성하는 장독소인 엔테로톡신(enterotoxin)에 의하여 발생한다. 포도상구균은 열에 약하여 60℃에서 30~60분간의 가열로 사멸하지만, 독소는 열에 강해 120℃에서 20분간 가열해도 사멸되지 않아 보통의 조리법으로는 독소의 파괴가 어렵다.

(1) 잠복기 : 1~6시간(평균 3시간)으로 비교적 짧은 편이다.

(2) 주요 증상 : 급성위장염으로 급격히 발병하며 오심, 구토, 복통, 설사 등의 증세가 있고 발열 증상은 거의 없다.

(3) 원인식품 : 우리나라에서는 도시락·떡류 및 곡류가공품 등이 해당하며, 우유 및 유제품도 주요 원인식품의 하나이다.

(4) 예방대책 : 화농성 질환자의 식품취급을 금하고, 식품 및 조리기구를 위생적으로 관리한다. 또한 식품을 저온보관하고, 조리한 식품은 가급적 빨리 먹도록 한다.

2) 보툴리누스균(clostridium botulinum) 식중독

보툴리누스균이 생성하는 신경독소인 뉴로톡신(neurotoxin)에 의해 발생한다. 균형은 A~G까지 7형이 있으나 식중독을 일으키는 것은 A·B·E의 3형으로, 세균성 식중독 가운데 치명률이 가장 높다. 아포는 내열성이 강하나 독소는 열에 약해 80℃에서 10분간 가열하면 파괴되므로 가열섭취하면 예방할 수 있다.

(1) 잠복기 : 일반적으로 12~36시간이나 2~4시간에 신경증상이 나타나기도 하며, 72시간 후에 나타나는 경우도 있는데 잠복기간이 짧을수록 중증이다.

(2) 주요 증상 : 신경증상으로 시력장애, 연하곤란, 손발의 운동마비가 일어나며 심한 경우는 호흡곤란을 일으켜 사망한다.

(3) 원인식품 : 소시지·햄·통조림·병조림 등 혐기성 상태의 밀봉식품이 원인이 되는 경우가 많다.

(4) 예방대책 : 보툴리누스균은 토양 및 동물의 분변·어류 등이 주 오염원이므로 이들의 오염을 방지하고 통조림·병조림 및 가공식품 등은 가열 후에 섭취한다.

TIP **포도상구균 식중독**
① 장독소인 엔테로톡신(enterotoxin)에 의하여 발생한다.
② 포도상구균은 열에 약하여 60℃에서 30~60분간의 가열로 사멸되지만 독소는 열에 강해 120℃에서 20분간의 가열로도 사멸되지 않으므로 보통의 조리법으로는 파괴가 어렵다.
③ 피부병, 상처, 화농이 있는 경우 조리를 금지한다.

보툴리누스균 식중독
① 신경독소인 뉴로톡신(neurotoxin)에 의해 발생하며, 독소는 열에 약해 80℃에서 10분간의 가열로 파괴된다.
② 균형은 A~G까지 7형이 있으나 식중독의 원인이 되는 것은 A·B·E의 3형으로 세균성 식중독 가운데 치명률이 가장 높다.
③ 통조림·병조림 등의 밀봉식품이 원인이 된다.

---

② 자연독 식중독

자연적으로 생성되거나 축적된 유독·유해성분이 함유된 동식물을 섭취함으로써 발생하는 식중독을 말한다.

1. 식물성 자연독 식중독

1) 독버섯중독

식물성 식중독 가운데 우리나라에서 가장 많이 발생하며 9~10월경에 다발한다.

(1) 독버섯의 종류 : 알광대버섯, 무당버섯, 화경버섯, 미치광이버섯, 광대버섯, 끈적버섯 등

(2) 독성물질 : 무스카린(muscarine)이 대표적이며, 무스카리딘(muscaridine), 뉴린(neurine), 콜린(choline), 팔린(phalline), 아마니타톡신(amanitatoxin) 등

(3) 증상 : 알광대버섯, 독우산버섯, 마귀곰보버섯 등은 팔린(phaline), 아마니타톡신(amanitatoxin) 등의 유독성분을 함유하여 콜레라와 비슷한 증세를 나타낸다.

(4) 독버섯 감별법
    ① 버섯의 살이 세로로 쪼개지는 것은 독이 없다.
    ② 독버섯은 색이 아름답고 선명하다.
    ③ 악취와 쓴맛이 있으며 유즙을 분비하고 점액이 있다.
    ④ 은수저로 문질렀을 때 은수저가 검게 변한다.

2) 감자중독

녹색 부위와 발아 부위의 솔라닌(solanine) 독소에 의해 발생하며, 솔라닌 독소는 열에 강하여 보통의 조리법으로는 파괴되지 않는다. 부패한 감자에서는 셉신(sepsin)이라는 독성물질이 생성되어 중독을 일으킨다.

3) 기타 식물성 식중독

식품명	유독성분
목화씨	고시폴(gossypol)
피마자	리신(ricin)
청매, 살구, 은행	아미그달린(amygdalin)
대두	사포닌(saponin)
독맥(독보리)	테무린(temuline)
독미나리	시큐톡신(cicutoxin)
맥각	에르고톡신(ergotoxin)
미치광이풀	아트로핀(artropine)

2. 동물성 자연독 식중독

1) 복어 중독

동물성 자연독 식중독 가운데 가장 많이 발생한다. 독성물질은 테트로도톡신(tetrodotoxin)으

로 열에 대한 저항력이 강해 100℃에서 4시간 가열해도 파괴되지 않으며, 난소 > 간 > 내장 > 표피의 순서로 다량 함유되어 있다. 겨울철에서 봄철 산란기인 5~6월에 가장 독성분이 강하다.

(1) 증상 : 구토, 근육마비, 보행곤란, 호흡곤란, 의식불명 등이며 식후 30분~5시간 이내에 증상이 나타나고, 치사량은 2mg으로 사망률이 50~60%에 이른다.

(2) 치료 : 구토, 위세척, 설사를 하도록 하여 위장 내의 독소를 제거하도록 한다.

(3) 예방대책 : 전문조리사만이 조리를 하도록 하며 유독부위는 먹지 않도록 한다.

2) 조개류 중독

(1) 굴, 모시조개, 바지락 : 베네루핀(venerupin) 독소에 의한 것으로 열에 강해 100℃에서 1시간 가열하여도 파괴되지 않는다.

(2) 섭조개(검은 조개) : 처음에는 미틸로톡신(mytilotoxin)이라 하였으나 후에 분리하여 삭시톡신(saxitoxin)이라 명명하였다. 5~9월 특히 한여름에 독성이 가장 강하다.

③ 화학적 식중독

식품 본래 성분 이외의 물질의 첨가나 혼입, 남용, 잔류 등으로 인하여 발생하는 식중독을 말한다.

1. 유해 감미료

1) 파라니트로올소톨루이딘(ρ-nitro-o-toluidine)

황색 결정으로 설탕보다 200배의 단맛이 있으며 살인당 또는 원폭당이라는 별명이 있다. 혈액독, 신경독 등을 일으킨다.

2) 둘신(dulcin)

백색 결정으로 설탕보다 약 250배 정도 단맛이 강하며 소화효소에 대한 억제작용, 신경계 자극, 혈액독 생성, 간종양 등을 일으킨다.

3) 사이클라메이트(cyclamate)

무색의 결정성 분말로 감미도는 설탕의 약 40~50배 정도이나 발암성 때문에 사용이 금지되었다.

4) 에틸렌글리콜(ethylene glycol)

자동차 엔진의 냉각수 부동액으로 사용되는 무색무취의 점성 액체로 감미가 있어 감미료로 사용된 적이 있으며, 신경장애를 일으키는 것으로 알려져 있다.

5) 페릴라틴(perillartine)

설탕보다 약 2,000~5,000배의 단맛이 있으며 독성은 신장을 자극하여 염증을 일으킬 우려가 있다.

2. 유해 착색제

1) 아우라민(auramine)

황색의 염기성 색소로 과자류, 면류, 단무지, 카레가루 등에 널리 사용되었으나 독성이 강하여 사용이 금지되었다.

2) 로다민 B(rhodamine B)

핑크빛의 색소로 과자 및 어묵 등의 착색에 사용되어 문제를 일으키는 경우가 있으며, 다량 섭취하면 전신착색과 색소뇨를 일으킨다.

3) 파라니트로아닐린(ρ-nitroaniline)

황색 결정으로 무미 · 무취이고 물에 녹지 않는다. 두통, 청색증, 혼수, 맥박감소, 황색뇨 배출 등의 증세가 있다.

3. 유해 보존제 및 살균제

붕산(boric acid, H_3BO_3), 포름알데히드(formaldehyde, HCHO), 플루오르화합물, 유로트로핀(urotropine) 등이 있다.

4. 유해 표백제

롱가릿(rongalite), 삼염화질소(NCl_3), 형광표백제 등이 있다.

5. 유해금속화합물

1) 비소(As)

살충제로 사용되고 있는 비소화합물은 밀가루로 오인 및 농작물의 잔류 등에 의해 사고가 발생한다. 1950년대 일본에서는 조제분유에 비소가 혼입되어 식중독 사고가 발생하기도 하였으며, 근래에는 콩나물의 부패방지와 성장 촉진 및 잔뿌리 발생 억제 등의 목적으로 비소를 물에 용해하여 사용하므로 문제가 되었다. 급성중독증상은 구토, 설사, 연하곤란, 간장장애, 흑피증 등이 있으며 심하면 허탈에 빠져 사망한다.

2) 납(Pb)

독성이 강한 중금속으로 특히 문제가 되는 것은 만성중독이다. 납땜, 안료, 도료, 농약 등에 사용되는 경우가 많기 때문에 식품오염이 되며, 특히 산성식품과 오랫동안 접촉하면 침식되어 용출된다.

3) 수은(Hg)

미나마타(minamata)병의 원인물질로 공장폐수 중에 함유된 유기수은이 농작물이나 어패류에 오염되어 중독사고를 일으킨다. 임상증상은 손의 지각이상, 언어장애, 보행곤란 등이며 심하면 사망한다.

4) 카드뮴(Cd)

이타이이타이병(itaiitai)의 원인 중금속으로 칼슘(Ca)과 인(P)이 소변으로 배설되어 골연화증을 일으킨다.

5) 기타

PCB 오염에 의한 미강유중독(가내미유증), 통조림관의 도금에 이용되는 주석(Sn), 도자기나 법랑제품의 안료로 이용되는 안티몬(Sb) · 크롬(Cr) 등에 의한 중독사고가 있다.

6. 기타 화학물질에 의한 식중독

1) 메탄올

과실주 및 정제가 불충분한 증류주에 미량 함유되어 경증일 때 두통 · 구토 · 설사 등을 나타내며, 중증이면 시신경에 염증을 일으켜 실명하고 호흡곤란을 일으켜 사망한다.

2) 농약류

유기염소제 농약(DDT, BHC 등)은 독성은 강하지 않으나 안정하여 토양에서 오랫동안 분해되지 않고 잔류한다. 지용성이기 때문에 인체의 지방조직에 축적되어 문제가 된다.

3) 합성수지제품

페놀(phenol), 포름알데히드(formaldehyde) 등이 용출되기 쉬우므로 주의해야 한다.

4 곰팡이 독소

곰팡이의 대사산물을 총칭하여 미코톡신(mycotoxin)이라 하며, 농산물 특히 곡류에 기생하는 곰팡이에 의해 생산된다.

1. 아플라톡신(aflatoxin)

아스퍼질러스(Aspergillus 누룩곰팡이) 속의 곰팡이에 의해 발생하며 간장독을 유발한다. 탄수화물이 풍부한 농산물 중에서 주로 콩류를 기질로 한다.

2. 황변미중독

독소를 생성하는 곰팡이에 오염되어 변질된 쌀은 황색을 나타내기 때문에 황변미라고 한다. 페니실리움(Penicillium 푸른곰팡이) 속 곰팡이에 의해 발생하며 황변미의 대사산물은 신경독을 일으키는 시트레오비리딘(citreoviridin), 신장독인 시트리닌(citrinin), 간장독인 루테오스키린(luteoskyrin)의 3가지가 대표적이다.

3. 신경독

뇌와 중추신경계에 장애를 일으키는 것으로 파투린(paturin)이 대표적이다.

05 식품위생 관계법규

1 식품위생법 및 관계법규

제1장 총칙

1. 식품위생법의 목적

① 위생상의 위해 방지
② 식품영양의 질적 향상
③ 식품에 관한 올바른 정보 제공
④ 국민보건의 증진에 기여

2. 용어의 정의

(1) 식품 : 의약으로 섭취하는 것을 제외한 모든 음식물을 말한다.

(2) 식품첨가물 : 식품을 제조·가공·조리 또는 보존하는 과정에서 감미, 착색, 표백 또는 산화방지 등을 목적으로 식품에 사용되는 물질을 말한다. 기구·용기·포장을 살균·소독하는 데에 사용되어 간접적으로 식품으로 옮아갈 수 있는 물질을 포함한다.

(3) 화학적 합성품 : 화학적 수단으로 원소 또는 화합물에 분해반응 외의 화학반응을 일으켜서 얻은 물질을 말한다.

(4) 기구 : 식품 또는 식품첨가물에 직접 닿는 기계·기구나 그 밖의 물건을 말한다(농업과 수산업에서 식품을 채취하는 데에 쓰는 기계·기구나 그 밖의 물건은 제외한다).

(5) 용기·포장 : 식품 또는 식품첨가물을 넣거나 싸는 것으로서 식품 또는 식품첨가물을 주고받을 때 함께 건네는 물품을 말한다.

(6) 위해 : 식품, 식품첨가물, 기구 또는 용기 · 포장에 존재하는 위험요소로서 인체의 건강을 해치거나 해칠 우려가 있는 것을 말한다.

(7) 영업 : 식품 또는 식품첨가물을 채취 · 제조 · 가공 · 조리 · 저장 · 소분 · 운반 또는 판매하거나 기구 또는 용기 · 포장을 제조 · 운반 · 판매하는 업을 말한다(농업과 수산업에 속하는 식품 채취업은 제외한다).

(8) 식품위생 : 식품, 식품첨가물, 기구 또는 용기 · 포장을 대상으로 하는 음식에 관한 위생을 말한다.

(9) 집단급식소 : 영리를 목적으로 하지 않고 특정 다수인에게 계속하여 1회 50명 이상에게 식사를 제공하는 기숙사 · 학교 · 병원 · 사회복지시설 · 산업체 · 국가, 지방자치단체 및 공공기관 · 그 밖의 후생기관 등을 말한다.

(10) 식중독 : 식품 섭취로 인하여 인체에 유해한 미생물 또는 유독물질에 의하여 발생하였거나 발생한 것으로 판단되는 감염성 질환 또는 독소형 질환을 말한다.

(11) 집단급식소에서의 식단 : 급식대상 집단의 영양섭취기준에 따라 음식명, 식재료, 영양성분, 조리방법, 조리인력 등을 고려하여 작성한 급식계획서를 말한다.

3. 식품 등의 취급

깨끗하고 위생적으로 다루어야 한다.

제2장 식품과 식품첨가물

1. 위해식품 등의 판매 등 금지

다음에 해당하는 식품 등을 판매하거나 판매할 목적으로 채취 · 제조 · 수입 · 가공 · 사용 · 조리 · 저장 · 소분 · 운반 또는 진열하여서는 아니 된다.

(1) 인체의 건강을 해칠 우려가 있는 것

(2) 유독 · 유해물질이 들어 있거나 묻어 있는 것 또는 그러할 염려가 있는 것. 다만, 식품의약품안전처장이 인체의 건강을 해칠 우려가 없다고 인정하는 것은 제외한다.

(3) 안전성 심사를 받지 아니하였거나 안전성 심사에서 식용으로 부적합하다고 인정된 것

(4) 수입이 금지된 것 또는 수입신고를 하지 아니하고 수입한 것

(5) 영업자가 아닌 자가 제조 · 가공 · 소분한 것

2. 병든 동물 고기 등의 판매 등 금지

(1) 판매 등이 금지되는 병든 동물 고기 등

　① 「축산물 위생관리법 시행규칙」에 따라 도축이 금지되는 가축전염병

② 리스테리아병, 살모넬라병, 파스튜렐라병 및 선모충증

3. 기준 · 규격이 정하여지지 아니한 화학적 합성품 등의 판매 등 금지

식품의약품안전처장이 식품위생심의위원회의 심의를 거쳐 인체의 건강을 해칠 우려가 없다고 인정하는 경우에는 그러하지 아니하다.

4. 식품 또는 식품첨가물에 관한 기준 및 규격

(1) 식품의약품안전처장은 국민보건을 위하여 필요하면 판매를 목적으로 하는 식품 또는 식품첨가물에 관한 사항을 정하여 고시한다.

(2) 수출할 식품 또는 식품첨가물의 기준과 규격은 수입자가 요구하는 기준과 규격을 따를 수 있다.

제3장 기구와 용기 · 포장

1. 유독기구 등의 판매 · 사용금지

인체의 건강을 해칠 우려가 있는 기구 및 용기 · 포장을 판매하거나 판매할 목적으로 제조 · 수입 · 저장 · 운반 · 진열하거나 영업에 사용하여서는 아니 된다.

2. 기구 및 용기 · 포장에 관한 기준 및 규격

(1) 식품의약품안전처장은 기구 및 용기 · 포장에 관하여 기준 및 규격을 정하여 고시한다.

(2) 수출할 기구 및 용기 · 포장과 그 원재료에 관한 기준과 규격은 수입자가 요구하는 기준과 규격을 따를 수 있다.

제4장 표시

1. 유전자변형식품 등의 표시

유전자변형식품 등은 표시가 없으면 판매하거나 판매할 목적으로 수입 · 진열 · 운반하거나 영업에 사용하여서는 아니 된다.

제5장 식품 등의 공전

1. 식품 등의 공전

식품의약품안전처장은 다음의 기준 등을 실은 '식품 등의 공전'을 작성 · 보급하여야 한다.

(1) 식품 또는 식품첨가물의 기준과 규격

(2) 기구 및 용기 · 포장의 기준과 규격

제6장 검사 등

1. 위해평가

(1) 식품 등 시험 · 검사기관은 필요한 경우에는 그 검토를 의뢰한 자에게 관계 문헌, 원료 및 시험에 필요한 특수시약의 제출을 요청할 수 있다.

2. 출입 · 검사 · 수거 등

(1) 식품의약품안전처장, 시 · 도지사 또는 시장 · 군수 · 구청장은 식품 등의 위해방지 · 위생관리와 영업질서의 유지를 위하여 필요하면 다음의 조치를 할 수 있다.
   ① 영업자나 그 밖의 관계인에게 필요한 서류나 그 밖의 자료의 제출 요구
   ② 관계 공무원으로 하여금 다음에 해당하는 출입 · 검사 · 수거 등의 조치
      가. 영업소(사무소, 창고, 제조소, 저장소, 판매소, 그 밖에 이와 유사한 장소를 포함한다)에 출입하여 판매를 목적으로 하거나 영업에 사용하는 식품 등 또는 영업시설 등에 대하여 하는 검사
      나. 검사에 필요한 최소량의 식품 등의 무상 수거
      다. 영업에 관계되는 장부 또는 서류의 열람
(2) 출입 · 검사 · 수거 등
   ① 출입 · 검사 · 수거 등은 국민의 보건위생을 위하여 필요하다고 판단되는 경우에는 수시로 실시한다.
   ② 행정처분을 받은 업소에 대한 출입 · 검사 · 수거 등은 그 처분일부터 6개월 이내에 1회 이상 실시하여야 한다. 다만, 행정처분을 받은 영업자가 그 처분의 이행 결과를 보고하는 경우에는 그러하지 아니하다.
(3) 식품위생검사기관이란 다음의 기관을 말한다.
   ① 식품의약품안전평가원
   ② 지방식품의약품안전청
   ③ 보건환경연구원

3. 자가품질검사 의무

(1) 자가품질검사에 관한 기록서는 2년간 보관하여야 한다.

4. 식품위생감시원

(1) 식품의약품안전처(지방식품의약품안전청을 포함), 특별시 · 광역시 · 특별자치시 · 도 · 특별자치도(이하 "시 · 도"라 한다) 또는 시 · 군 · 구에 식품위생감시원을 둔다.

(2) 식품위생감시원의 자격 및 임명

① 식품위생감시원은 식품의약품안전처장(지방식품의약품안전청장을 포함), 시ㆍ도지사 또는 시장ㆍ군수ㆍ구청장이 다음에 해당하는 소속 공무원 중에서 임명한다.

가. 위생사, 식품기술사ㆍ식품기사ㆍ식품산업기사ㆍ수산제조기술사ㆍ수산제조기사ㆍ수산제조산업기사 또는 영양사

나. 대학 또는 전문대학에서 의학ㆍ한의학ㆍ약학ㆍ한약학ㆍ수의학ㆍ축산학ㆍ축산가공학ㆍ수산제조학ㆍ농산제조학ㆍ농화학ㆍ화학ㆍ화학공학ㆍ식품가공학ㆍ식품화학ㆍ식품제조학ㆍ식품공학ㆍ식품과학ㆍ식품영양학ㆍ위생학ㆍ발효공학ㆍ미생물학ㆍ조리학ㆍ생물학 분야의 학과 또는 학부를 졸업한 자 또는 이와 같은 수준 이상의 자격이 있는 자

다. 외국에서 위생사 또는 식품제조기사의 면허를 받은 자나 제2호와 같은 과정을 졸업한 자로서 식품의약품안전처장이 적당하다고 인정하는 자

라. 1년 이상 식품위생행정에 관한 사무에 종사한 경험이 있는 자

② 식품위생감시원의 인력 확보가 곤란하다고 인정될 경우에는 식품위생행정에 종사하는 자 중 소정의 교육을 2주 이상 받은 자에 대하여 그 식품위생행정에 종사하는 기간 동안 식품위생감시원의 자격을 인정할 수 있다.

(3) 식품위생감시원의 직무(확인, 지도, 단속)

① 식품 등의 위생적인 취급에 관한 기준의 이행 지도

② 수입ㆍ판매 또는 사용 등이 금지된 식품 등의 취급 여부에 관한 단속

③ 표시 또는 광고기준의 위반 여부에 관한 단속

④ 출입ㆍ검사 및 검사에 필요한 식품 등의 수거

⑤ 시설기준의 적합 여부의 확인ㆍ검사

⑥ 영업자 및 종업원의 건강진단 및 위생교육의 이행 여부의 확인ㆍ지도

⑦ 조리사 및 영양사의 법령 준수사항 이행 여부의 확인ㆍ지도

⑧ 행정처분의 이행 여부 확인

⑨ 식품 등의 압류ㆍ폐기 등

⑩ 영업소의 폐쇄를 위한 간판 제거 등의 조치

⑪ 그 밖에 영업자의 법령 이행 여부에 관한 확인ㆍ지도

제7장 영업

1. 영업의 종류

1) 식품접객업

(1) 휴게음식점영업 : 음식류를 조리ㆍ판매하는 영업으로서 음주행위가 허용되지 아니하는 영업

(2) 일반음식점영업 : 음식류를 조리·판매하는 영업으로서 식사와 함께 부수적으로 음주행위가 허용되는 영업

(3) 단란주점영업 : 주로 주류를 조리·판매하는 영업으로서 손님이 노래를 부르는 행위가 허용되는 영업

(4) 유흥주점영업 : 주로 주류를 조리·판매하는 영업으로서 유흥종사자를 두거나 유흥시설을 설치할 수 있고 손님이 노래를 부르거나 춤을 추는 행위가 허용되는 영업

(5) 위탁급식영업 : 집단급식소를 설치·운영하는 자와의 계약에 따라 그 집단급식소에서 음식류를 조리하여 제공하는 영업

(6) 제과점영업 : 주로 빵, 떡, 과자 등을 제조·판매하는 영업으로서 음주행위가 허용되지 아니하는 영업

2. 유흥종사자의 범위

(1) "유흥종사자"란 손님과 함께 술을 마시거나 노래 또는 춤으로 손님의 유흥을 돋우는 부녀자인 유흥접객원을 말한다.

3. 시설기준

다음의 영업을 하려는 자는 시설기준에 맞는 시설을 갖추어야 한다.

(1) 식품 또는 식품첨가물의 제조업, 가공업, 운반업, 판매업 및 보존업

(2) 기구 또는 용기·포장의 제조업

(3) 식품접객업

4. 식품접객업의 시설기준

1) 공통시설기준

(1) 영업장

독립된 건물이거나 식품접객업의 영업허가를 받거나 영업신고를 한 업종 외의 용도로 사용되는 시설과 분리, 구획 또는 구분되어야 한다.

(2) 조리장

① 조리장은 손님이 그 내부를 볼 수 있는 구조로 되어 있어야 한다.

② 조리장 바닥에 배수구가 있는 경우에는 덮개를 설치하여야 한다.

③ 폐기물용기는 오물·악취 등이 누출되지 아니하도록 뚜껑이 있고 내수성 재질로 된 것이어야 한다.

④ 조리장에는 주방용 식기류를 소독하기 위한 자외선 또는 전기살균소독기를 설치하거나 열탕세척소독시설을 갖추어야 한다.

⑤ 충분한 환기를 시킬 수 있는 시설을 갖추어야 한다.

⑥ 식품별 보존 및 유통기준에 적합한 온도가 유지될 수 있는 냉장시설 또는 냉동시설을 갖추어야 한다.

(3) 급수시설

① 수돗물이나 「먹는 물 관리법」에 따른 먹는 물의 수질기준에 적합한 지하수 등을 공급할 수 있는 시설을 갖추어야 한다.

② 지하수를 사용하는 경우 취수원은 오염될 우려가 있는 장소로부터 영향을 받지 아니하는 곳에 위치하여야 한다.

2) 업종별 시설기준

(1) 휴게음식점영업 · 일반음식점영업 및 제과점영업

① 일반음식점에 객실을 설치하는 경우 객실에는 잠금장치를 설치할 수 없다.

② 휴게음식점 또는 제과점에는 객실을 둘 수 없으며, 객석을 설치하는 경우 다른 객석에서 내부가 서로 보이도록 하여야 한다.

③ 영업장으로 사용하는 바닥면적의 합계가 100제곱미터(영업장이 지하층에 설치된 경우에는 그 영업장의 바닥면적 합계가 66제곱미터) 이상인 경우에는 소방시설 등 및 영업장 내부 피난통로 그 밖의 안전시설을 갖추어야 한다. 다만, 영업장이 지상 1층 또는 지상과 직접 접하는 층에 설치되고 그 영업장의 주된 출입구가 건축물 외부의 지면과 직접 연결되는 곳에서 하는 영업을 제외한다.

④ 휴게음식점 · 일반음식점 또는 제과점의 영업장에는 손님이 이용할 수 있는 자막용 영상장치 또는 자동반주장치를 설치하여서는 아니 된다. 다만, 연회석을 보유한 일반음식점에서 회갑연, 칠순연 등 가정의 의례로서 행하는 경우에는 그러하지 아니하다.

⑤ 일반음식점의 객실 안에는 무대장치, 음향 및 반주시설, 우주볼 등의 특수조명시설을 설치하여서는 아니 된다.

5. 영업허가 등

1) 허가를 받아야 하는 영업 및 허가관청

(1) 식품조사처리업 : 식품의약품안전처장

(2) 단란주점영업, 유흥주점영업 : 특별자치시장 · 특별자치도지사 또는 시장 · 군수 · 구청장

(3) 영업소 소재지 변경은 허가를 받아야 한다.

2) 영업신고를 하여야 하는 업종

(1) 특별자치시장·특별자치도지사 또는 시장·군수·구청장에게 신고를 하여야 하는 영업은 다음과 같다.

① 즉석판매제조·가공업

② 식품운반업

③ 식품소분·판매업

④ 식품냉동·냉장업

⑤ 용기·포장류 제조업(자신의 제품을 포장하기 위하여 용기·포장류를 제조하는 경우는 제외한다)

⑥ 휴게음식점영업, 일반음식점영업, 위탁급식영업, 제과점영업

(2) 신고를 하여야 하는 변경사항

① 영업자의 성명(법인인 경우에는 그 대표자의 성명을 말한다)

② 영업소의 명칭 또는 상호

③ 영업소의 소재지

④ 영업장의 면적

⑤ 즉석판매제조·가공업을 하는 자가 즉석판매제조·가공 대상 식품 중 식품의 유형을 달리하여 새로운 식품을 제조·가공하려는 경우

⑥ 식품운반업을 하는 자가 냉장·냉동차량을 증감하려는 경우

⑦ 식품자동판매기영업을 하는 자가 같은 특별자치시·시·군·구에서 식품자동판매기의 설치 대수를 증감하려는 경우

3) 영업허가 등의 제한

(1) 다음에 해당하면 영업허가를 하여서는 아니 된다.

① 시설기준에 맞지 아니한 경우

② 영업허가가 취소되고 6개월이 지나기 전에 같은 장소에서 같은 종류의 영업을 하려는 경우. 다만, 영업시설 전부를 철거하여 영업허가가 취소된 경우에는 그러하지 아니하다.

③ 청소년을 유흥접객원으로 고용하여 유흥행위를 하거나 성매매알선 등 금지행위를 위반하여 영업허가가 취소되고 2년이 지나기 전에 같은 장소에서 식품접객업을 하려는 경우

④ 영업허가가 취소되고 2년이 지나기 전에 같은 자(법인인 경우에는 그 대표자를 포함한다)가 취소된 영업과 같은 종류의 영업을 하려는 경우

⑤ 청소년을 유흥접객원으로 고용하여 유흥행위를 하거나 성매매알선 등 금지행위를 위반하여 영업허가가 취소된 후 3년이 지나기 전에 같은 자(법인인 경우에는 그 대표자를 포함한다)가 식품접객업을 하려는 경우

⑥ 판매금지 규정을 위반하여 영업허가가 취소되고 5년이 지나기 전에 같은 자(법인인 경우에는 그 대표자를 포함한다)가 취소된 영업과 같은 종류의 영업을 하려는 경우

⑦ 식품접객업 중 국민의 보건위생을 위하여 허가를 제한할 필요가 뚜렷하다고 인정되어 시·도지사가 지정하여 고시하는 영업에 해당하는 경우

⑧ 영업허가를 받으려는 자가 피성년후견인이거나 파산선고를 받고 복권되지 아니한 자인 경우

(2) 다음에 해당하는 경우에는 영업신고 또는 영업등록을 할 수 없다.

① 영업등록 취소 또는 영업소 폐쇄명령을 받고 6개월이 지나기 전에 같은 장소에서 같은 종류의 영업을 하려는 경우. 다만, 영업시설 전부를 철거하여 영업등록 취소 또는 영업소 폐쇄명령을 받은 경우에는 그러하지 아니하다.

② 청소년을 유흥접객원으로 고용하여 유흥행위를 하거나 성매매알선 등 금지행위를 위반하여 영업등록 취소 또는 영업소 폐쇄명령을 받고 2년이 지나기 전에 같은 장소에서 식품접객업을 하려는 경우

③ 영업소 폐쇄명령을 받고 2년이 지나기 전에 같은 자(법인인 경우에는 그 대표자를 포함한다)가 식품접객업을 하려는 경우

④ 청소년을 유흥접객원으로 고용하여 유흥행위를 하거나 성매매알선 등 금지행위를 위반하여 등록취소 또는 영업소 폐쇄명령을 받고 5년이 지나지 아니한 자(법인인 경우에는 그 대표자를 포함한다)가 등록취소 또는 폐쇄명령을 받은 영업과 같은 종류의 영업을 하려는 경우

4) 영업승계

(1) 영업자가 영업을 양도하거나 사망한 경우 또는 법인이 합병한 경우에는 그 양수인·상속인 또는 합병 후 존속하는 법인이나 합병에 따라 설립되는 법인은 그 영업자의 지위를 승계한다.

(2) 다음에 해당하는 절차에 따라 영업 시설의 전부를 인수한 자는 그 영업자의 지위를 승계한다. 이 경우 종전의 영업자에 대한 영업 허가·등록 또는 그가 한 신고는 그 효력을 잃는다.
① 「민사집행법」에 따른 경매
② 「채무자 회생 및 파산에 관한 법률」에 따른 환가
③ 「국세징수법」, 「관세법」 또는 「지방세징수법」에 따른 압류재산의 매각

(3) 영업자의 지위를 승계한 자는 1개월 이내에 그 사실을 식품의약품안전처장 또는 특별자치시장·특별자치도지사·시장·군수·구청장에게 신고하여야 한다.

5) 건강진단

(1) 건강진단 대상자

① 건강진단을 받아야 하는 사람은 식품 또는 식품첨가물을 채취 · 제조 · 가공 · 조리 · 저장 · 운반 또는 판매하는 일에 직접 종사하는 영업자 및 종업원으로 한다. 다만, 완전 포장된 식품 또는 식품첨가물을 운반하거나 판매하는 일에 종사하는 사람은 제외한다.

② 건강진단은 보건소, 종합병원 · 병원 또는 의원에서 실시한다.

(2) 영업에 종사하지 못하는 질병의 종류

① 결핵(비감염성인 경우는 제외한다)

② 콜레라, 장티푸스, 파라티푸스, 세균성 이질, 장출혈성 대장균감염증, A형 간염

③ 피부병 또는 그 밖의 화농성 질환

④ 후천성 면역결핍증(성병에 관한 건강진단을 받아야 하는 영업에 종사하는 사람만 해당)

6) 식품위생교육

(1) 다음의 영업자 및 유흥종사자를 둘 수 있는 식품접객업 영업자의 종업원은 매년 식품위생교육을 받아야 한다.

① 식품제조 · 가공업자

② 즉석판매제조 · 가공업자

③ 식품첨가물제조업자

④ 식품운반업자

⑤ 식품소분 · 판매업자(식용얼음판매업자 및 식품자동판매기영업자는 제외한다)

⑥ 식품보존업자

⑦ 용기 · 포장류 제조업자

⑧ 식품접객업자

(2) 다음에 해당하는 영업을 하려는 자는 미리 식품위생교육을 받아야 한다.

① 식품 또는 식품첨가물의 제조업, 가공업, 운반업, 판매업 및 보존업

② 기구 또는 용기 · 포장의 제조업

③ 식품접객업

(3) 다음에 해당하는 면허를 받은 자가 식품접객업을 하려는 경우에는 식품위생교육을 받지 아니하여도 된다.

① 조리사 면허

② 영양사 면허

③ 위생사 면허

(4) 식품위생교육기관 등

　① 식품위생교육을 실시하는 기관은 식품의약품안전처장이 지정·고시하는 식품위생교육전문기관, 동업자조합 또는 한국식품산업협회로 한다.

　② 식품위생교육의 내용은 식품위생, 개인위생, 식품위생시책, 식품의 품질관리 등으로 한다.

(5) 교육시간

　① 식품제조·가공업, 즉석판매제조·가공업, 식품첨가물제조업, 식품운반업, 식품소분·판매업, 식품보존업, 용기·포장류 제조업, 식품접객업(단, 식용얼음판매업자와 식품자동판매기영업자는 제외) : 3시간

　② 유흥주점영업의 유흥종사자 : 2시간

　③ 집단급식소를 설치·운영하는 자 : 3시간

(6) 영업을 하려는 자가 받아야 하는 식품위생교육시간은 다음과 같다.

　① 식품제조·가공업, 즉석판매제조·가공업, 식품첨가물제조업 : 8시간

　② 식품운반업, 식품소분·판매업, 식품보존업, 용기·포장류 제조업 : 4시간

　③ 식품접객업, 집단급식소를 설치·운영하려는 자 : 6시간

7) 영업제한

(1) 특별자치시장·특별자치도지사·시장·군수·구청장은 영업 질서와 선량한 풍속을 유지하는 데에 필요한 경우에는 영업자 중 식품접객영업자와 그 종업원에 대하여 영업시간 및 영업행위를 제한할 수 있다.

(2) 특별자치시·특별자치도·시·군·구의 조례로 영업을 제한하는 경우 영업시간의 제한은 1일당 8시간 이내로 하여야 한다.

8) 영업자 등의 준수사항

(1) 식품접객영업자는 청소년에게 다음 행위를 하여서는 아니 된다.

　① 청소년을 유흥접객원으로 고용하여 유흥행위를 하게 하는 행위

　② 청소년 출입·고용 금지업소에 청소년을 출입시키거나 고용하는 행위

　③ 청소년 고용금지업소에 청소년을 고용하는 행위

　④ 청소년에게 주류를 제공하는 행위

(2) 식품접객영업자는 유흥종사자를 고용·알선하거나 호객행위를 하여서는 아니 된다.

9) 식품접객업자(위탁급식영업자는 제외한다.)와 그 종업원의 준수사항

　① 간판에는 해당 업종명과 허가를 받거나 신고한 상호를 표시하여야 한다.

　② 손님이 보기 쉽도록 영업소의 외부 또는 내부에 가격표(부가가치세 등이 포함된 것으로서

손님이 실제로 내야 하는 가격이 표시된 가격표를 말한다)를 붙이거나 게시하되, 신고한 영업장 면적이 150제곱미터 이상인 휴게음식점 및 일반음식점은 영업소의 외부와 내부에 가격표를 붙이거나 게시하여야 하고, 가격표대로 요금을 받아야 한다.

③ 영업허가증·영업신고증·조리사면허증(조리사를 두어야 하는 영업에만 해당한다)을 영업소 안에 보관하고, 허가관청 또는 신고관청이 식품위생·식생활개선 등을 위하여 게시할 것을 요청하는 사항을 손님이 보기 쉬운 곳에 게시하여야 한다.

④ 일반음식점영업자가 주류만을 판매하거나 주로 다류를 조리·판매하는 다방형태의 영업을 하는 행위

⑤ 유흥주점영업자는 성명, 주민등록번호, 취업일, 이직일, 종사분야를 기록한 종업원(유흥접객원만 해당한다)명부를 비치하여 기록·관리하여야 한다.

⑥ 모범업소가 아닌 업소의 영업자는 모범업소로 오인·혼동할 우려가 있는 표시를 하여서는 아니 된다.

⑦ 가격표에는 불고기, 갈비 등 식육의 가격을 100그램당 가격으로 표시하여야 하며, 조리하여 제공하는 경우에는 조리하기 이전의 중량을 표시할 수 있다. 100그램당 가격과 함께 1인분의 가격도 표시하려는 경우에는 다음의 예와 같이 1인분의 중량과 가격을 함께 표시하여야 한다.

예 불고기 100그램 ○○원(1인분 120그램 △△원)
　　갈비 100그램 ○○원(1인분 150그램 △△원)

10) 위생등급

(1) 식품의약품안전처장 또는 특별자치시장·특별자치도지사·시장·군수·구청장은 위생관리 상태 등이 우수한 식품 등의 제조·가공업소, 식품접객업소 또는 집단급식소를 우수업소 또는 모범업소로 지정할 수 있다.

(2) 위생등급의 유효기간은 위생등급을 지정한 날부터 2년으로 한다. 다만, 정하는 바에 따라 그 기간을 연장할 수 있다.

(3) 우수업소·모범업소의 지정

① 식품첨가물제조업은 우수업소와 일반업소로 구분

② 집단급식소 및 일반음식점영업은 모범업소와 일반업소로 구분

③ 우수업소 지정 : 식품의약품안전처장 또는 특별자치시장·특별자치도지사·시장·군수·구청장

④ 모범업소 지정 : 특별자치시장·특별자치도지사·시장·군수·구청장

제8장 조리사 등

1. 조리사

(1) 집단급식소 운영자와 대통령령으로 정하는 식품접객업자는 조리사를 두어야 한다. 다만, 다음에 해당하는 경우에는 조리사를 두지 아니하여도 된다.

    ① 집단급식소 운영자 또는 식품접객영업자 자신이 조리사로서 직접 음식물을 조리하는 경우

    ② 1회 급식인원 100명 미만의 산업체인 경우

    ③ 영양사가 조리사의 면허를 받은 경우

(2) 집단급식소에 근무하는 조리사는 다음의 직무를 수행한다.

    ① 집단급식소에서의 식단에 따른 조리업무(식재료의 전처리에서부터 조리, 배식 등의 전 과정을 말한다)

    ② 구매식품의 검수 지원

    ③ 급식설비 및 기구의 위생 · 안전 실무

    ④ 그 밖에 조리 실무에 관한 사항

(3) 식품접객업 중 복어를 조리 · 판매하는 영업자는 「국가기술자격법」에 따른 복어 조리 자격을 취득한 조리사를 두어야 한다.

(4) 조리사가 되려는 자는 「국가기술자격법」에 따라 해당 기능분야의 자격을 얻은 후 특별자치시장 · 특별자치도지사 · 시장 · 군수 · 구청장의 면허를 받아야 한다.

(5) 조리사의 면허를 받으려는 자는 다음의 서류를 첨부하여 특별자치시장 · 특별자치도지사 · 시장 · 군수 · 구청장에게 제출하여야 한다.

    ① 조리사 국가기술자격증

    ② 사진 2장(최근 6개월 이내에 찍은 탈모 상반신 가로 3cm, 세로 4cm의 사진)

    ③ 의사의 진단서

(6) 조리사의 결격사유 : 다음에 해당하는 자는 조리사 면허를 받을 수 없다.

    ① 정신질환자. 다만, 전문의가 조리사로서 적합하다고 인정하는 자는 그러하지 아니하다.

    ② 감염병환자. B형 간염환자는 제외한다.

    ③ 마약이나 그 밖의 약물 중독자

    ④ 조리사 면허의 취소처분을 받고 그 취소된 날부터 1년이 지나지 아니한 자

2. 교육

(1) 집단급식소에 종사하는 조리사와 영양사는 2년마다 교육을 받아야 한다.

(2) 집단급식소에 종사하는 조리사 및 영양사에 대한 교육은 식품의약품안전처장이 식품위생 관련 교육을 목석으로 하는 전문기관 또는 단체 중에서 지정한 기관이 실시한다. 교육기관은

다음 내용에 대한 교육을 실시한다.

① 식품위생법령 및 시책

② 집단급식 위생관리

③ 식중독 예방 및 관리를 위한 대책

④ 조리사 및 영양사의 자질 향상에 관한 사항

⑤ 그 밖에 식품위생을 위하여 필요한 사항

(3) 교육시간은 6시간으로 한다.

제9장 식품위생심의위원회

1. 식품위생심의위원회의 설치 등

식품의약품안전처장의 자문에 응하여 다음 사항을 조사·심의하기 위하여 식품의약품안전처에 식품위생심의위원회를 둔다.

(1) 식중독 방지에 관한 사항

(2) 농약·중금속 등 유독·유해물질 잔류 허용 기준에 관한 사항

(3) 식품 등의 기준과 규격에 관한 사항

(4) 그 밖에 식품위생에 관한 중요 사항

2. 심의위원회의 조직과 운영

(1) 심의위원회는 위원장 1명과 부위원장 2명을 포함한 100명 이내의 위원으로 구성한다.

(2) 심의위원회의 위원장은 위원 중에서 호선하고, 부위원장은 위원장이 지명하는 위원이 된다.

(3) 심의위원회 위원의 임기는 2년으로 한다.

제10장 식품위생단체 등

1. 건강위해가능 영양성분 관리

(1) 건강 위해가능 영양성분의 종류는 다음과 같다.

① 나트륨

② 당류

③ 트랜스지방

2. 동업자조합 설립단위 등

동업자조합(이하 "조합"이라 한다)의 설립단위는 전국으로 한다.

제11장 시정명령과 허가취소 등 행정제재

1. 허가취소 등

(1) 식품의약품안전처장 또는 특별자치시장 · 특별자치도지사 · 시장 · 군수 · 구청장은 영업자가 다음 어느 하나에 해당하는 경우에는 영업허가 또는 등록을 취소하거나 6개월 이내의 기간을 정하여 그 영업의 전부 또는 일부를 정지하거나 영업소 폐쇄를 명할 수 있다.

① 판매금지규정 위반

② 출입 · 검사 · 수거를 거부 · 방해 · 기피한 경우

③ 자가품질검사의무 위반

④ 시설기준 위반

⑤ 허가받은 사항 변경 또는 신고 위반, 조건부 허가 위반

⑥ 건강진단을 받지 아니한 자 또는 건강진단 결과 타인에게 위해를 끼칠 우려가 있는 질병이 있는 자를 그 영업에 종사시키는 경우

⑦ 식품위생교육을 받지 아니한 자를 그 영업에 종사하게 한 경우

⑧ 영업 제한을 위반, 영업자 준수사항 위반

⑨ 청소년 보호법 위반, 청소년에게 주류 제공

⑩ 조리사를 두어야 하는 업소에 조리사를 두지 않은 경우

⑪ 시정명령, 폐기처분, 위해식품의 공표, 시설개수명령에 따른 명령을 위반한 경우

⑫ 압류 · 폐기를 거부 · 방해 · 기피한 경우

⑬ 「성매매알선 등 행위의 처벌에 관한 법률」에 따른 금지행위를 한 경우

(2) 영업정지 명령을 위반하여 영업을 계속하면 영업허가 또는 등록을 취소하거나 영업소 폐쇄를 명할 수 있다.

(3) 식품의약품안전처장 또는 특별자치시장 · 특별자치도지사 · 시장 · 군수 · 구청장은 영업자가 정당한 사유 없이 6개월 이상 계속 휴업하는 경우에는 영업허가 또는 등록을 취소하거나 영업소 폐쇄를 명할 수 있다.

(4) 처분을 하기 위하여 청문을 하거나 「행정절차법」에 따른 의견 제출을 받았을 때에는 특별한 사유가 없으면 그 절차를 마친 날부터 14일 이내에 처분을 하여야 한다.

2. 행정제재처분 효과의 승계

영업자가 영업을 양도하거나 법인이 합병되는 경우에는 종전의 영업자에게 행한 행정제재처분의 효과는 그 처분기간이 끝난 날부터 1년간 양수인이나 합병 후 존속하는 법인에 승계되며, 행정제재처분 절차가 진행 중인 경우에는 양수인이나 합병 후 존속하는 법인에 대하여 행정제재처분 절차를 계속할 수 있다.

3. 면허취소 등

(1) 식품의약품안전처장 또는 특별자치시장·특별자치도지사·시장·군수·구청장은 조리사가 다음의 어느 하나에 해당하면 그 면허를 취소하거나 6개월 이내의 기간을 정하여 업무정지를 명할 수 있다. 다만, 조리사가 제1호 또는 제5호에 해당할 경우 면허를 취소하여야 한다.

    ① 조리사의 결격사유에 해당하는 경우

    ② 교육(보수교육 포함)을 받지 않은 경우

    ③ 식중독이나 그 밖에 위생과 관련한 중대한 사고 발생에 직무상의 책임이 있는 경우

    ④ 면허를 타인에게 대여하여 사용하게 한 경우

    ⑤ 업무정지기간 중에 조리사의 업무를 하는 경우

(2) 식품의약품안전처장, 시·도지사 또는 시장·군수·구청장은 조리사의 면허취소 처분을 하려면 청문을 하여야 한다.

제12장 보칙

1. 식중독에 관한 조사보고 순서

(한)의사, 집단급식소의 설치·운영자 → 특별자치시장·시장·군수·구청장 → 식품의약품안전처장 및 시·도지사

2. 집단급식소

집단급식소를 설치·운영하는 자는 조리·제공한 식품의 매회 1인분 분량을 섭씨 영하 18도 이하로 144시간 이상 보관하여야 한다.

제13장 벌칙

1. 벌칙

다음에 해당하는 자는 10년 이하의 징역 또는 1억 원 이하의 벌금에 처하거나 이를 병과할 수 있다.

    ① 판매금지 규정을 위반

    ② 집단급식소운영자 준수사항을 위반

    ③ 무허가 영업

2. 벌칙

다음에 해당하는 자는 5년 이하의 징역 또는 5천만 원 이하의 벌금에 처하거나 이를 병과할 수 있다.

    ① 기준과 규격에 맞지 아니하는 식품 또는 식품첨가물, 기구 및 용기·포장을 판매하거나 판

매할 목적으로 제조·수입·가공·사용·조리·저장·소분·운반·보존 또는 진열하는 경우

② 등록하여야 하는 영업의 무등록 영업을 시행한 자

③ 위해식품 등의 회수를 위반한 자

④ 위해식품 등의 폐기의무를 위반한 자

⑤ 위해식품 등의 공표 명령을 위반한 자

⑥ 영업정지 명령을 위반하여 영업을 계속한 자

3. 벌칙

조리사 및 영양사 고용의무를 위반한 자는 3년 이하의 징역 또는 3천만 원 이하의 벌금에 처하거나 이를 병과할 수 있다.

4. 벌칙

다음에 해당하는 자는 3년 이하의 징역 또는 3천만 원 이하의 벌금에 처한다.

① 유전자변형식품등은 표시가 없으면 판매하거나 판매할 목적으로 수입·진열·운반하거나 영업에 사용하여서는 아니 된다. 규정을 위반한 경우

② 영업허가를 받은 자가 폐업하거나 경미한 사항을 변경하는 경우 신고의무 위반

③ 영업승계신고의무 위반

④ 조리사가 아니면서 조리사 명칭 사용

⑤ 검사·출입·수거·압류·폐기를 거부·방해 또는 기피한 자

⑥ 시설기준에 따른 시설기준을 갖추지 못한 영업자

⑦ 조건부 허가에 따른 조건을 갖추지 못한 영업자

⑧ 영업자가 지켜야 할 사항을 지키지 아니한 자. 다만, 경미한 사항을 위반한 자는 제외

⑨ 관계 공무원이 부착한 봉인 또는 게시문 등을 함부로 제거하거나 손상시킨 자

5. 벌칙

다음에 해당하는 자는 1년 이하의 징역 또는 1천만 원 이하의 벌금에 처한다.

(1) 유흥종사자를 두지 못하는 영업에서 유흥종사자를 고용하여 접객행위를 하거나 다른 사람에게 그 행위를 알선한 자

6. 양벌규정

위반행위를 하면 그 행위자를 벌하는 외에 그 법인 또는 개인에게도 해당 조문의 벌금형을 과한다.

7. 과태료

(1) 다음에 해당하는 자에게는 500만 원 이하의 과태료를 부과한다.

① 식품 등의 위생적 취급 위반

② 건강진단 미필자, 건강진단 미필자 또는 건강진단결과 타인에게 위해를 끼칠 우려가 있는 자 영업에 종사하게 한 자

③ 위생교육 미필자, 위생교육 미필자를 영업에 종사하게 한 자

④ 식중독조사 보고의무 위반

⑤ 조리사·영양사의 교육의무를 위반하여 교육을 받지 아니한 자

⑥ 시설개수명령에 위반한 자

⑦ 집단급식소를 설치·운영의 신고를 하지 아니하거나 허위의 신고를 한 자

⑧ 집단급식소 운영자의 집단급식소 시설의 유지·관리 등 급식을 위생적으로 관리하지 않은 경우

(2) 다음에 해당하는 자에게는 300만 원 이하의 과태료를 부과한다.

① 영업자 준수사항 중 경미한 사항을 지키지 아니한 자

(3) 과태료는 식품의약품안전처장, 시·도지사 또는 시장·군수·구청장이 부과·징수한다.

 별표 행정처분 기준

Ⅰ. 일반기준

① 위반행위의 횟수에 따른 행정처분의 기준은 최근 1년간 같은 위반행위를 한 경우에 적용한다.

② 조리사 또는 영양사에 대하여 행정처분을 하는 경우에는 4차 위반인 경우에는 3차 위반의 처분 기준이 업무정지이면 3차 위반 처분 기준의 2배로 하되, 업무정지 6개월 이상이 되는 경우에는 면허취소 처분을 하여야 하고, 5차 위반인 경우에는 면허취소 처분을 하여야 한다.

③ 영업정지 1개월은 30일을 기준으로 한다.

④ 행정처분의 기간이 소수점 이하로 산출되는 경우에는 소수점 이하를 버린다.

Ⅱ. 개별기준

① 식품접객업

위반사항	행정처분		
	1차 위반	2차 위반	3차 위반
1. 위해식품 등의 판매 등 금지			
1) 썩거나 상하여 인체의 건강을 해칠 우려가 있는 것	영업정지 15일과 해당 음식물 폐기	영업정지 1개월과 해당 음식물 폐기	영업정지 3개월과 해당 음식물 폐기

2) 설익어서 인체의 건강을 해칠 우려가 있는 것	영업정지 7일과 해당 음식물 폐기	영업정지 15일과 해당 음식물 폐기	영업정지 1개월과 해당 음식물 폐기
3) 유독·유해물질이 들어 있거나 묻어 있는 것이나 그러할 염려가 있는 것 또는 병을 일으키는 미생물에 오염되었거나 그러할 염려가 있어 인체의 건강을 해칠 우려가 있는 것			
(1) 유독·유해물질이 들어 있거나 묻어 있는 것이나 그러할 염려가 있는 것	영업허가 취소 또는 영업소 폐쇄와 해당 음식물 폐기		
(2) 병을 일으키는 미생물에 오염되었거나 그러할 염려가 있어 인체의 건강을 해칠 우려가 있는 것	영업정지 1개월과 해당 음식물 폐기	영업정지 3개월과 해당 음식물 폐기	영업허가 취소 또는 영업소 폐쇄와 해당 음식물 폐기
4) 불결하거나 다른 물질이 섞이거나 첨가된 것 또는 그 밖의 사유로 인체의 건강을 해칠 우려가 있는 것	영업정지 15일과 해당 음식물 폐기	영업정지 1개월과 해당 음식물 폐기	영업정지 3개월과 해당 음식물 폐기
5) 수입이 금지된 것 또는 수입신고를 하지 아니하 고 수입한 것	영업정지 2개월과 해당 음식물 폐기	영업정지 3개월과 해당 음식물 폐기	영업허가 취소 또는 영업소 폐쇄와 해당 음식물 폐기
2. 병든 동물 고기 등의 판매 등 금지	영업허가 취소 또는 영업소 폐쇄와 해당 음식물 폐기		
8) 식중독균 검출기준을 위반한 것으로서			
(1) 조리식품 등 또는 접객용 음용수	영업정지 1개월과 해당 음식물 폐기 및 원료 폐기	영업정지 3개월과 해당 음식물 폐기 및 원료 폐기	영업허가취소 또는 영업소 폐쇄와 해당 음식물 폐기 및 원료 폐기
(2) 조리기구 등	시정명령	영업정지 7일	영업정지 15일
5. 유독기구 등의 판매·사용 금지	시정명령	영업정지 15일	영업정지 1개월
6. 기준과 규격에 맞지 아니한 기구 및 용기·포장을 판매하거나 판매할 목적으로 제조·수입·저장·운반·진열하거나 영업에 사용	시정명령	영업정지 5일	영업정지 10일
7. 출입·검사·수거를 거부·방해·기피한 경우	영업정지 1개월	영업정지 2개월	영업정지 3개월
8. 시설기준, 영업허가 등을 위반한 경우 1) 변경허가를 받지 아니하거나 변경신고를 하지 아니하고 영업소를 이전한 경우	영업허가 취소 또는 영업소 폐쇄		
2) 변경신고를 하지 아니한 경우로서 (1) 영업시설의 전부를 철거한 경우(시설 없이 영업신고를 한 경우를 포함한다)	영업허가 취소 또는 영업소 폐쇄		
(2) 영업시설의 일부를 철거한 경우	시설개수명령	영업정지 15일	영업정지 1개월

3) 영업장의 면적을 변경하고 변경신고를 하지 아니한 경우	시정명령	영업정지 7일	영업정지 15일
4) 시설기준 위반사항으로 　(1) 유흥주점 외의 영업장에 무도장을 설치한 경우	시설개수명령	영업정지 1개월	영업정지 2개월
(2) 일반음식점의 객실 안에 무대장치, 음향 및 반주시설, 특수조명시설을 설치한 경우	시설개수명령	영업정지 1개월	영업정지 2개월
(3) 음향 및 반주시설을 설치하는 영업자가 방음 장치를 하지 아니한 경우	시설개수명령	영업정지 15일	영업정지 1개월
5) 조건부영업허가에 따른 조건을 위반한 경우	영업정지 1개월	영업정지 2개월	영업정지 3개월
9. 영업 제한을 위반한 경우			
가. 영업시간 제한을 위반하여 영업한 경우	영업정지 15일	영업정지 1개월	영업정지 2개월
나. 영업행위 제한을 위반하여 영업한 경우	시정명령	영업정지 15일	영업정지 1개월
10. 영업자 준수사항을 위반한 경우 1) 식품접객업자의 준수사항의 위반으로서			
(1) 휴게음식점영업자 · 일반음식점영업자 또는 단란주점영업자가 유흥접객원을 고용하여 유흥접객행위를 하게 하거나 종업원의 이러한 행위를 조장하거나 묵인	영업정지 1개월	영업정지 2개월	영업허가 취소 또는 영업소 폐쇄
(2) 업소 안에서는 도박이나 그 밖의 사행행위 또는 풍기문란행위를 방지하여야 하며, 배달판매 등의 영업행위 중 종업원의 이러한 행위를 조장하거나 묵인 식품접객업소의 영업자 또는 종업원이 영업장을 벗어나 시간적 소요의 대가로 금품을 수수하거나, 영업자가 종업원의 이러한 행위를 조장하거나 묵인	영업정지 2개월	영업정지 3개월	영업허가 취소 또는 영업소 폐쇄
4) 일반음식점영업자가 주류만을 판매하거나 주로 다류를 조리 · 판매하는 다방형태의 영업을 하는 행위 휴게음식점영업자가 손님에게 음주를 허용하는 행위 손님을 꾀어서 끌어들이는 행위	영업정지 15일	영업정지 1개월	영업정지 3개월
6) 식품접객업영업자는 손님이 먹고 남긴 음식물의 재사용	영업정지 15일	영업정지 2개월	영업정지 3개월
7) 모범업소로 오인 · 혼동할 우려가 있는 표시를 한 경우	시정명령	영업정지 5일	영업정지 10일
8) 손님에게 조리하여 제공하는 식품의 주재료, 중량 등이 표시된 내용과 다른 경우			

	1차 위반	2차 위반	3차 위반
(1) 주재료가 다른 경우	영업정지 7일	영업정지 15일	영업정지 1개월
(2) 중량이 30퍼센트 이상 부족한 것	영업정지 7일	영업정지 15일	영업정지 1개월
(3) 중량이 20퍼센트 이상 30퍼센트 미만 부족한 것	시정명령	영업정지 7일	영업정지 15일
10) 유통기한이 경과된 제품·식품 또는 그 원재료를 조리·판매의 목적으로 운반·진열·보관하거나 이를 판매 또는 식품의 조리에 사용			
(1) 유통기한이 경과된 제품·식품 또는 그 원재료를 조리·판매의 목적으로 운반·진열·보관한 경우	영업정지 15일	영업정지 1개월	영업정지 3개월
(2) 유통기한이 경과된 제품·식품 또는 그 원재료를 판매 또는 식품의 조리에 사용한 경우	영업정지 1개월	영업정지 2개월	영업정지 3개월
11) 위탁급식영업자의 준수사항(별도의 개별 처분기준이 있는 경우는 제외한다)의 위반			
(2) 조리·제공한 식품을 매회 1인분 분량을 섭씨 영하 18도 이하에서 144시간 이상 보관하지 않은 경우	영업정지 7일	영업정지 15일	영업정지 1개월
11. 청소년 고용금지 1) 청소년을 유흥접객원으로 고용하여 유흥행위를 하게 하는 행위를 한 경우	영업허가 취소 또는 영업소 폐쇄		
2) 청소년유해업소에 청소년을 고용하는 행위를 한 경우	영업정지 3개월	영업허가 취소 또는 영업소 폐쇄	
3) 청소년유해업소에 청소년을 출입하게 하는 행위를 한 경우	영업정지 1개월	영업정지 2개월	영업정지 3개월
4) 청소년에게 주류를 제공하는 행위(출입하여 주류를 제공한 경우 포함)를 한 경우	영업정지 2개월	영업정지 3개월	영업허가 취소 또는 영업소 폐쇄
12. 조리사 고용의무	시정명령	영업정지 7일	영업정지 15일
13. 압류·폐기를 거부·방해·기피한 경우	영업정지 1개월	영업정지 2개월	영업정지 3개월
14. 영업정지 처분 기간 중에 영업을 한 경우	영업허가 취소 또는 영업소 폐쇄		

■ 조리사

위반사항	행정처분 기준		
	1차 위반	2차 위반	3차 위반
1. 조리사 결격사유에 해당하게 된 경우	면허 취소		
2. 조리사의 교육(보수교육 포함)을 받지 아니한 경우	시정명령	업무정지 15일	업무정지 1개월

3. 식중독이나 그 밖에 위생과 관련한 중대한 사고 발생에 직무상의 책임이 있는 경우	업무정지 1개월	업무정지 2개월	면허 취소
4. 면허를 타인에게 대여하여 사용하게 한 경우	업무정지 2개월	업무정지 3개월	면허 취소
5. 업무정지기간 중에 조리사의 업무를 한 경우	면허 취소		

- 수수료(조리사 면허)

    가. 신규 : 5,500원

    나. 면허증 재발급 : 3,000원

    다. 조리사 면허증 기재사항 변경 신청 : 890원(개명으로 조리사의 성명을 변경하는 경우에는 수수료를 면제한다)

② 제조물 책임법(PL : Product Liability)

제조물 책임은 법률인 '제조물 책임법'에 근거를 두고 있다.

1. 목적

제조물의 결함으로 발생한 손해에 대한 제조업자 등의 손해배상책임을 규정함으로써 피해자 보호를 도모하고 국민생활의 안전 향상과 국민경제의 건전한 발전에 이바지함을 목적으로 한다.

2. 제조물 책임

제조업자는 제조물의 결함으로 생명 · 신체 또는 재산에 손해를 입은 자에게 그 손해를 배상하여야 한다(그 제조물에 대하여만 발생한 손해는 제외).

3. 연대책임

동일한 손해에 대하여 배상할 책임이 있는 자가 2인 이상인 경우에는 연대하여 배상할 책임이 있다.

4. 소멸시효 등

(1) 손해배상의 청구권은 피해자 또는 그 법정대리인이 모두 알게 된 날부터 3년간 행사하지 아니하면 시효의 완성으로 소멸한다.

(2) 손해배상의 청구권은 제조업자가 손해를 발생시킨 제조물을 공급한 날부터 10년 이내에 행사하여야 한다.

5. 민법의 적용

제조물의 결함으로 인한 손해배상책임에 관하여 이 법에 규정된 것을 제외하고는 민법에 따른다.

06 공중보건

1 공중보건의 개념

공중보건은 질병예방·생명연장·건강증진의 기술과학으로 예방의학, 지역사회의학 또는 사회의학이라고도 불린다.

1. 공중보건의 정의와 대상

1) 윈슬로(C.E.A Winslow)의 정의

조직적인 지역사회의 노력을 통하여 질병을 예방하고 생명을 연장시키며, 신체적·정신적 효율을 증진시키는 기술이며 과학이다.

2) 대상

개인이 아니고 인간집단이며, 지역사회의 전 주민이 된다.

3) 공중보건을 지역사회에 응용함에 있어 고려해야 할 사항

① 지역사회의 문화적 요건 ② 환경적 요건 ③ 주민의 건강도 등이 상호 불가분의 관계에서 이루어지므로 이를 합리화하기 위하여 연구해야 한다.

2. 건강의 정의 및 3요소

1) 건강의 정의

육체적·정신적 및 사회적 안녕의 완전한 상태를 말한다.

2) 건강의 3요소

생활환경, 생활습관, 선천적인 유전

3. 세계보건기구(WHO : World Health Organization)

1948년 4월 7일 UN의 보건전문기관으로 발족하였으며, 스위스의 제네바에 본부를 두고 있다. 우리나라는 1949년 가입하였다.

WHO의 주요 기능

    ① 국제적 보건사업의 지휘 및 조정

    ② 기술지원 및 자료 제공

    ③ 기술자문 활동

4. 보건수준의 평가

(1) 한 지역이나 국가의 보건수준을 나타내는 대표적인 지표로 영아사망률, 보통사망률, 비례사망지수 등이 있다.

(2) 영아(생후 1년 미만)는 환경악화나 비위생적인 환경에 가장 예민한 시기이므로, 영아사망률은 지역사회의 보건수준을 평가하는 가장 대표적인 지표로 쓰이고 있다.

❷ 환경위생 및 환경오염 관리

1. 환경위생

1) 일광

(1) 일광의 작용

    ① 중추신경을 자극하여 기분을 상쾌하게 한다.

    ② 신진대사를 촉진하고, 피부를 튼튼하게 한다.

    ③ 장기기능을 증진시켜 식욕을 증진시킨다.

    ④ 비타민 D의 생성으로 구루병의 예방과 치료에 효과가 있다.

    ⑤ 살균작용도 있다.

(2) 자외선

    ① 2,500~2,800Å의 범위는 강한 살균력이 있다.

    ② 도르노(Dorno)는 자외선 중 2,900~3,100Å의 파장이 인체에 유익하다고 하여 그의 이름을 따서 도르노선(Dorno-Ray) 또는 건강선이라고 한다.

    ③ 살균력은 260nm에서 최대인데 가장 적합한 파장은 253.7nm이다.

(3) 적외선

    ① 열선(熱線)으로 따뜻한 온감을 느끼게 한다.

    ② 장시간 조사되면 열사병과 호흡중추장애로 사망하기도 한다.

(4) 가시광선

    ① 빛과 색을 주는 광선이다.

    ② 명암을 부여하여 사물과 색채를 구분할 수 있게 한다.

2) 공기 및 대기오염

(1) 공기의 화학적 조성

① 0℃, 1기압에서 신선한 공기의 화학적 조성은 산소(O_2) 21%, 질소(N_2) 78%, 이산화탄소(CO_2) 0.03%, 아르곤(Ar) 0.93%, 기타 원소가 미량 함유되어 있다.

② 화학적 조성 비율은 달라질 수 있으나 공기의 자정작용이 지속되므로 큰 변화는 일어나지 않는다.

(2) 산소(O_2)

① 대기 중 산소의 양은 약 21%이다.

② 10% 이하가 되면 호흡곤란이 오고, 7% 이하가 되면 질식사한다.

(3) 이산화탄소(CO_2)

① 비독성 가스로 대기 중 이산화탄소의 양은 약 0.03%이다.

② 이산화탄소의 증가로 인해 인체에 직접적인 피해는 없으나 전반적인 공기조성 상태를 알 수 있고, 검출방법이 간편하기 때문에 CO_2는 실내공기 오염을 판정하는 지표로 사용한다.

③ 서한도(허용치)는 0.1%(1,000ppm)이다.

(4) 일산화탄소(CO)

① 물체의 불완전 연소 시에 발생하는 무색무취의 자극성이 없는 기체로 연소 초기와 말기에 많이 발생한다.

② 서한도(허용치)는 0.01%이다.

③ 헤모글로빈(Hb)과의 친화력이 산소에 비해 250~300배나 강해서 산화헤모글로빈(HbO_2)의 형성을 방해하여 혈중 산소농도를 저하시켜 산소부족을 초래하는데, 이를 일산화탄소의 이중작용이라 한다.

(5) 아황산가스(SO_2) : 도시공해의 주원인이 되는 자극성의 가스로 중유의 연소과정에서 많이 발생한다.

(6) 질소((N_2) : 공기의 78%를 차지하지만 인체에 직접적 영향은 없다. 이상기압에서 발생하는 잠함병과 관련 있다.

> **TIP** ppm(part per million) : 100만분의 1을 나타내는 약호로, 1ppm은 0.0001%이고 1%는 10,000ppm이 된다.

3) 공기의 자정작용

① 기류에 의한 공기 자체의 희석작용

② 비 · 눈에 의한 분진 등의 세정작용

③ 산소 · 오존(O_3) 및 과산화수소(H_2O_2) 등에 의한 산화작용

④ 자외선에 의한 살균작용

⑤ 식물의 탄소동화작용에 의한 이산화탄소(CO_2)와 산소(O_2)의 교환작용

4) 온열조건 및 감각온도

온열조건에 관여하는 기온, 기습, 기류, 복사열 등을 온열인자라 한다.

(1) 감각온도의 3요소 : 기온, 기습, 기류

　① 기온 : 기온이란 지상 1.5m에서의 건구온도를 말하며, 가장 쾌적한 실내온도는 18℃ ± 2℃이다.

　② 기습 : 쾌적한 습도는 40~70%의 범위이다.

　③ 기류 : 0.5m/sec의 기류는 인체에 대해 바람으로서의 느낌을 주지 않는데, 이를 불감기류라 한다.

(2) 불쾌지수(DI : Discomfort Index)

　① 사람이 불쾌감을 느끼는 정도를 건구온도와 습구온도를 이용하여 나타내는 수치로, 불쾌지수가 70~75인 경우에는 약 10%, 75~80인 경우에는 약 50%, 80 이상인 경우에는 대부분의 사람이 불쾌감을 느낀다고 한다.

　② 불쾌지수는 기류와 복사열 등이 고려되지 않아 실제 느끼는 감각온도와 차이가 있다.

5) 대기오염

(1) 기온역전현상

　① 상부기온이 하부기온보다 높을 때를 기온역전이라고 한다.

　② 기온역전 상태가 되면 배출되는 오염물질이 하늘로 올라가지 못하고 지표면에 깔리게 되므로 대기오염은 더욱 심해진다.

(2) 산성비 : 석유와 석탄의 사용량이 늘어나면서 이들의 연소물에서 발생하는 황산화물·질소산화물이 황산·질산으로 변화하여 산성비가 된다.

(3) 오존층 파괴 : 오존층을 파괴하는 대표적인 원인물질은 스프레이의 충전제, 냉장고와 에어컨 등의 냉매로 주로 이용하였던 프레온가스(CFC)로 현재는 사용이 금지되어 있다.

(4) 먼지 : 공기 중의 보건학적 허용기준은 400개/mL 또는 10mg/m³ 이하이다.

6) 채광 및 조명

(1) 주택의 자연채광 시 고려해야 할 점

　① 창의 방향은 남향으로 한다.

　② 창의 면적은 방바닥 면적의 1/5~1/7, 벽면적의 70%가 적당하다.

　③ 개각은 4~5°, 입사각은 28° 이상이 좋다.

　④ 거실의 안쪽 길이는 창틀 윗부분까지 높이의 1.5배 이하인 것이 좋다.

(2) 인공조명 시 고려해야 할 점

　① 조도는 작업상 충분할 것

　② 광색은 주광색(태양빛)에 가까울 것

　③ 유해가스를 발생하지 않을 것

　④ 폭발 및 발화의 위험이 없고, 다량의 열을 발생하지 않아야 한다.

　⑤ 취급이 간편하고 경제적일 것

　⑥ 간접조명이 좋으며, 광원은 좌상방에 위치하는 것이 좋다.

(3) 불량조명에 의한 피해 : 안정피로, 안구진탕증, 백내장, 작업능률 저하, 재해 발생 등

7) 환기 및 냉·난방

(1) 자연환기 : 실내 공기는 ① 실내외의 온도차 ② 기체의 확산력 ③ 외기의 풍력에 의해 자연적으로 환기가 이루어진다.

(2) 중성대 : 밖에서 실내로 들어오는 공기는 하부로, 나가는 공기는 상부로 유출되는데 그 중간에 압력 0의 지대가 형성된다. 이를 중성대라고 하며 중성대는 천장 가까이 형성되는 것이 좋다.

(3) 군집독 : 다수인이 밀집한 실내공기는 물리·화학적 조성의 변화를 초래하여 불쾌감, 두통, 구토, 식욕저하, 현기증 등이 일어나는데 이를 군집독이라 한다. 이러한 유해작용은 주로 취기, 온도, 습도, 기류, 연소가스, 이온, 분진 등에 의해 발생한다.

(4) 냉·난방 : 10℃ 이하에서는 난방을, 26℃ 이상에서는 냉방이 필요하며 냉방 시 실내외의 온도차는 5~7℃ 이내가 적당하다.

8) 상수도

(1) 물의 보건학적 의의 : 미생물은 수중에서 ① 영양원의 부족 ② 잡균과의 생존경쟁 ③ 일광의 살균작용 ④ 온도·영양소 등의 부적합 등으로 인하여 감소하지만 완전히 사멸되기까지는 전염력을 가지므로 문제가 된다.

(2) 수인성 감염병의 종류 : 콜레라, 장티푸스, 파라티푸스, 유행성 간염, 이질 등

(3) 수인성 감염병의 특징

　① 질병의 유행지역과 음료수 사용지역이 일치한다.

　② 발병률이 높고 치명률이 낮다.

　③ 환자 발생이 집단적이다.

　④ 음료수 중에서 동일 병원체가 검출된다.

(4) 수중의 유독물로 발생하는 질병

　① 불소가 많이 함유된 물의 장기 음용은 반상치, 적게 함유된 물의 장기음용은 우치 · 충치
　　　가 발생하기 쉽다(수중의 불소함유량은 0.8~1.0ppm이 적당하다).

　② 질산염이 많이 함유된 물의 장기 음용은 청색증을 유발할 수 있다.

　③ 황산마그네슘이 많이 함유된 물은 설사를 일으킨다.

(5) 상수도 : 상수도의 수원은 천수(비 · 눈), 지표수(하천 · 호수), 지하수(우물) 등이 있다.

　① 정수 순서 : 취수 → 침전 → 여과 → 소독 → 급수의 순서로 이루어지며, 물의 정수는 자
　　　정작용에 의해서도 일어난다.

　② 물의 자정작용 : 희석작용, 침전작용, 자외선에 의한 살균작용, 산화작용, 미생물에 의한
　　　식균작용 등

　③ 침전 및 여과 : 침전법으로는 보통침전법과 약품침전법이 있으며, 여과법에는 완속사여과
　　　법과 급속사여과법이 있다. 일반적으로 완속사여과는 보통침전법을, 급속사여과는 약품
　　　침전법을 사용한다.

　　　가. 완속사여과법 : 영국에서 처음 사용되었으며 원수를 여과하면 부유물이 세사층 상부
　　　　　에 남게 되어 콜로이드상의 여과막이 생기는데 이 여과막이 너무 두꺼워져 여과효과
　　　　　가 떨어지면 사면대치를 하는 작업이 필요하다.

　　　나. 급속사여과법 : 미국에서 처음 사용하였으며 침전을 촉진하기 위해 염화제이철, 황산
　　　　　제일철, 황산제이철, 황산반토, 알루미늄소다(명반) 등의 침전제를 사용한다. 여과막
　　　　　이 빨리 두꺼워지므로 1일 1회 역류세척을 한다.

　④ 소독 : 침전 및 여과를 거치는 동안 세균은 99% 가까이 제거되지만 소독은 꼭 필요하다.
　　　주로 염소소독법을 사용하며, 염소소독의 장점으로 ㉮ 강한 소독력 ㉯ 강한 잔류효과 ㉰
　　　조작의 간편성 ㉱ 경제성 등을 들 수 있으며, 냄새와 독성이 단점이다. 염소소독 시 잔류
　　　염소량은 0.2ppm을 유지해야 하고, 수영장 · 제빙용수 · 감염병 발생 또는 발생우려가 있
　　　을 때에는 0.4ppm을 유지해야 한다.

(6) 음료수의 판정기준 : 먹는 물의 수질기준 중 주요 항목은 다음과 같다.

　① 소독으로 인한 냄새와 맛 이외의 냄새와 맛이 없을 것

　② 색도는 5도를 넘지 아니할 것

　③ 탁도는 1NTU를 넘지 아니할 것(수돗물의 경우에는 0.5NTU를 넘지 않아야 한다)

　④ 일반세균은 1mL 중 100CFU를 넘지 아니 할 것

　⑤ 총대장균군은 100mL에서 검출되지 아니 할 것

　⑥ 수소이온 농도는 pH 5.8 이상 pH 8.5 이하

　⑦ 대장균 · 분원성 대장균군은 100mL에서 검출되지 아니할 것

(7) 수질오염 지표균 : 대장균 자체가 인체에 직접 유해작용을 하지는 않지만 대장균의 검출은 다른 병원 미생물이나 분변오염을 추측할 수 있어 대장균은 수질오염의 지표로 삼는다.

(8) 밀스-라인케(Mills-Reinke) 현상 : 1893년 미국의 밀스(Mills)가 메사추세츠에서 물을 여과 급수하여 장티푸스 및 이질 등 수인성 감염병과 수인성 기생충질환의 감염이 많이 감소되었고, 독일의 라인케(Reinke)도 강물을 여과하여 공급한 후 동일한 결과를 얻었는데 이를 밀스-라인케 현상이라 한다.

9) 하수도

(1) 하수도의 종류

① 합류식 : 가정용수, 자연수 및 천수(비 · 눈) 등을 모두 함께 처리

② 분류식 : 천수를 별도로 처리

③ 혼합식 : 천수와 가정용수의 일부를 함께 처리

(2) 합류식의 특징

① 시설비가 적게 든다.

② 하수관의 자연적인 청소가 이루어진다.

③ 수리와 검사 · 청소 등을 쉽게 할 수 있는 장점이 있다.

④ 악취 발생 및 폭우 시 범람의 우려가 있다.

(3) 하수처리순서 : 예비처리 → 본처리 → 오니처리

① 예비처리 : 하수 유입구에 제진망을 설치하여 부유물 및 고형물 등을 제거하고 토사 등을 침전시킨다.

② 본처리 : 미생물을 이용한 생물학적인 처리과정으로 호기성 처리와 혐기성 처리가 있다.

　　가. 호기성 처리 : 호기성 미생물을 이용한 처리법으로 주로 공장폐수처리에는 살수여상법을, 도시하수처리에는 활성오니법을 많이 이용한다.

　　나. 혐기성 처리 : 혐기성 미생물을 이용한 처리법으로, 부패조법 및 임호프조법이 있다.

③ 오니처리 : 하수처리의 마지막 과정으로, 본처리 과정에서 발생한 오니(sludge 슬러지)를 처리하는 과정을 말한다. 일반적으로 육상투기, 해양투기, 소각, 퇴비화 및 소화법 등이 이용된다.

(4) 하수 오염도

① BOD(생물화학적 산소요구량) : 하수 중의 유기물을 미생물이 분해하는 데 필요한 산소의 양으로 하수의 오염도를 알 수 있으며, BOD 수치가 높다는 것은 하수의 오염도가 높다는 것을 의미한다. BOD 측정은 검수를 부란병에 취하여 20℃에서 5일간 방치한 후 용존산소를 측정하여 산출한다.

② DO(용존산소) : 수중에서 미생물이 생존하기 위하여 용존산소가 필요하며, 주로 유기성

부패물질이 용존산소를 소비한다. 그러므로 용존산소의 양으로 하수의 오염도를 알 수 있으며, 용존산소가 낮으면 오염도가 높음을 의미한다.

③ COD(화학적 산소요구량) : 물속의 유기물을 산화제로 산화하는 데 소비되는 산소의 양으로 측정하며, 수치가 높을수록 오염도가 높다는 것을 의미한다.

(5) 방류하수의 수질조건

① 수소이온농도(pH)는 6.9~7.6이어야 한다.

② 생물화학적 산소요구량(BOD)은 20ppm을 넘지 않아야 한다.

③ 부유물은 100ppm을 넘지 않아야 한다.

TIP BOD와 COD는 수치가 높을수록, DO는 수치가 낮을수록 오염도가 높음을 의미한다.

10) 오물처리

(1) 분뇨처리 : 변소의 종류와 정화조의 형태는 많으나 그 구조는 ① 부패조 ② 예비여과조 ③ 산화조 ④ 소독조로 구성되어 있다.

(2) 쓰레기 처리

① 진개의 분류

　가. 제1류(주개) : 주방에서 발생하는 동·식물성 유기물 쓰레기

　나. 제2류(가연성) : 종이, 나무, 풀, 면류, 고무류, 피혁류 등

　다. 제3류(불연성) : 금속류, 도기류, 석기류, 초자류, 토사류 등

　라. 제4류(재활용성) : 병류, 초자류, 종이 및 플라스틱류 등

② 진개처리법 : 매립법·소각법·퇴비법·투기법 등이 있으며, 매립법에서 매립하는 진개의 두께는 1~2m, 매립 후 최종 복토의 두께는 0.6~1.0m가 적당하다. 쓰레기 처리에 있어 수거는 사람의 수작업으로 이루어지므로 쓰레기 처리비용 중 가장 큰 부분을 차지한다.

11) 수질오염

(1) 미나마타(minamata)병 : 공장폐수에 함유된 유기수은(Hg)에 오염된 농작물이나 어패류를 섭취함으로써 발생하였다. 임상증상은 손의 지각이상, 언어장애, 보행곤란 등을 나타내고 홍독성 홍분을 일으키며 심하면 사망한다.

(2) 이타이이타이(itaiitai)병 : 카드뮴(Cd)이 함유된 폐수에 의해 발생하였으며 보행곤란, 골연화 등을 일으킨다.

(3) PCB 중독 : 미강유 제조 시 탈취공정에서 가열매체로 사용하는 PCB가 누출되어 기름에 오염되어 발생하였다.

(4) 부영양화 현상 : 주로 질소(N)와 인(P)이 부영양화를 유발한다.

(5) 적조현상 : 바닷물에 질소(N)와 인(P) 등의 영양염류가 과다하게 유입되어 바닷물의 색깔이 붉게 변하는 것을 말한다.

12) 소음 및 진동

(1) 소음 : 원하지 않는 불쾌한 소리를 말하며 소음의 측정 단위는 다음과 같다.
　① dB(decibel) : 음의 강도를 나타내는 단위
　② phon : 음의 크기를 나타내는 단위
　③ sone : 감각의 크기를 나타내는 단위

(2) 진동 : 진동에 의한 전신적 장애로 불쾌감, 수면방해, 청력장애, 생리적 장애, 작업능률 저하 등이 있으며 국소장애로 관절에 장애가 생기는 레이노드(Raynaud)병을 들 수 있다.

13) 구충 · 구서

(1) 구충 · 구서의 일반적 원칙
　① 발생원 및 서식처를 제거한다.
　② 발생 초기에 실시한다.
　③ 대상 동물의 생태습성에 따라 실시한다.
　④ 광범위하게 동시에 실시한다.

(2) 위생해충
　① 모기 : 방화수, 하수구, 고인 물 등이 장기간 정체하지 않도록 하여 모기의 발생지를 제거하는 것이 가장 효과적이다. 모기의 성충구제는 공간살포가 효과적인데 살충제를 벽에 살포하면 벽에 막을 형성하여 약 2~3개월 정도 잔류효과가 있다.
　② 바퀴 : 바퀴는 야간활동성, 잡식성, 질주성이며, 군거생활을 한다.

❸ 역학 및 감염병 관리

1. 역학 일반

1) 감염병의 역학적 특징

　① 감염을 일으키는 기생체로는 세균, 바이러스, 리케차, 곰팡이, 기생충 등이 있다.
　② 현성 감염보다 불현성 감염이 훨씬 많다. 불현성 감염자는 환자로 취급하지 않기 때문에 건강인과 같이 생활하면서 전염시킬 기회가 현성 감염자에 비해 많다.

2) 감염병 유행의 시간적 현상

(1) 추세 변화(장기 변화) : 10~40년을 주기로 유행하며 디프테리아(20년), 성홍열(30년), 장티푸스(30~40년) 등이 있다.

(2) 순환 변화(단기 변화) : 수년을 주기로 유행하며 홍역(2~3년), 백일해(2~4년), 일본뇌염(3
~4년) 등이 있다.

(3) 계절적 변화 : 계절에 따라 질병의 발생빈도가 달라지는 것으로 여름철에는 소화기질환, 겨
울철에는 호흡기질환의 발생빈도가 높다.

(4) 불규칙 변화 : 질병 발생의 양상이 돌발적이며, 주로 외래감염병을 들 수 있다.

3) 감염병 발생의 3대 요인

① 병인(병원체)

② 환경(전염경로)

③ 숙주(사람)

- 병원체에 감염되었을 때 증상이 나타나기까지의 기간을 잠복기라고 한다.
- 발생률이란 질병이 발생하는 비율을 나타낸다.
- 유병률이란 어떤 시점에 일정한 지역에서 나타나는 환자수와 그 지역 인구수에 대한 비율을 말한다.

2. 급·만성 감염병 관리

급성감염병은 발생률이 높고 유병률이 낮으며, 만성감염병은 발생률이 낮고 유병률이 높은 것이
역학적 특성이다.

1) 감염병 방지의 일반적 방법

(1) 감염원 대책

① 환자 및 보균자를 조기에 발견하여 격리와 치료를 하고, 발병된 동물은 조기에 박멸한다.

② 보균자는 병후보균자·잠복기보균자·건강보균자로 구분한다. 건강보균자는 감염에 대
한 임상증상이 전혀 없어 건강인과 같이 생활하면서 전염시킬 기회가 많으므로 감염병 관
리상 중요하다.

(2) 감염경로 대책 : 식품취급자의 개인위생 및 환경위생관리 철저, 감염매개곤충 및 쥐, 파리
등의 해충구제, 식품의 위생적 보관 등

(3) 감수성 대책(면역 증강)

① 예방접종을 통하여 면역력을 증강시킴으로써 병원체에 대한 저항력을 기른다.

② 폴리오(소아마비)는 인공능동면역(예방접종)에 의하여 면역력이 가장 강하게 형성된다.

2) 면역의 종류

(1) 선천적 면역 : 종속 저항성, 인종 저항성, 개인저항성

(2) 후천적 면역 : 감염병 이환 후 또는 예방접종 등에 의해 후천적으로 형성되는 면역

   ① 인공능동면역 : 예방접종 후에 형성

   ② 자연능동면역 : 질병감염 후에 형성

   ③ 인공수동면역 : 혈청제제에 의해 형성

   ④ 자연수동면역 : 모체로부터 형성

3) 인공능동면역과 질병

(1) 생균백신 접종 : 두창, 탄저, 광견병, 황열, 결핵, 폴리오, 홍역 등

(2) 사균백신 접종 : 장티푸스, 파라티푸스, 콜레라, 백일해, 일본뇌염, 폴리오 등

(3) 순화독소 접종 : 디프테리아, 파상풍 등

4) 정기예방접종을 하는 감염병

(1) 정기예방접종을 하는 감염병 : 감염병 예방법에 규정되어 있는 예방접종의 의무와 정기예방접종은 ① 디프테리아 ② 백일해 ③ 파상풍 ④ 결핵 ⑤ 폴리오 ⑥ 홍역 ⑦ B형 간염 ⑧ 유행성 이하선염 ⑨ 풍진 ⑩ 기타 보건복지부장관이 필요하다고 인정하여 지정하는 감염병

(2) BCG(결핵예방주사) : 생후 4주 이내 초회 피내에 접종

(3) 소아마비, DPT(디프테리아, 백일해, 파상풍) : 생후 6개월 이내에 2개월 간격으로 3회 접종하고 18개월째 추가접종을 한다.

≫ 예방접종표

구분	연령	예방접종의 종류
기본접종	4주 이내	BCG
	2개월	경구용 소아마비, DPT
	4개월	경구용 소아마비, DPT
	6개월	경구용 소아마비, DPT
	15개월	홍역, 볼거리, 풍진
	3~15세	일본뇌염
추가접종	18개월	경구용 소아마비, DPT
	4~6세	경구용 소아마비, DPT
	11~13세	경구용 소아마비, DPT
	매년	일본뇌염(유행 전 접종)

5) 감수성 지수(접촉감염지수)

   ① 급성호흡기계 감염병에 있어 감수성이 있는 사람이 환자와 접촉했을 때 발병하는 비율을 말한다.

② 홍역 95%, 두창 95%, 백일해 60~80%, 성홍열 40%, 디프테리아 10%, 소아마비(폴리오) 0.1%로 홍역과 두창이 가장 높다.

3. 감염병의 분류

1) 병원체에 따른 감염병의 분류

병원체	감염병
세균(bacteria 박테리아)	콜레라, 세균성 이질, 장티푸스, 파라티푸스, 결핵, 나병, 성홍열, 백일해 등
바이러스(virus)	폴리오, 간염, 두창, 인플루엔자, 홍역 등
리케차(rickettsia)	발진티푸스, 발진열, 양충병 등
스피로헤타	매독 등
원충성	말라리아, 아메바성 이질 등

2) 감염경로에 의한 분류

(1) 직접접촉감염 : 환자와 직접접촉함으로써 감염

(2) 간접접촉감염
　　① 비말감염 : 환자의 기침, 담화, 재채기 등의 분비물에 병원체가 날려 감염(디프테리아, 성홍열, 인플루엔자 등)
　　② 진애감염 : 먼지나 티끌에 병원체가 부착되어 입이나 코로 침입하여 감염(결핵, 천연두, 디프테리아 등)
　　③ 개달물감염 : 개달물이란 '비생체접촉매개물'을 말하며, 개달물의 종류에는 의복, 침구, 서적, 완구 등이 있다(결핵, 트라코마, 천연두 등).

(3) 위생해충에 의한 감염
　　① 파리 : 장티푸스, 콜레라, 폴리오, 수면병(체체파리) 등
　　② 모기 : 말라리아(중국얼룩날개모기), 일본뇌염(작은빨간집모기), 사상충(토고숲모기), 황열, 뎅기열 등
　　③ 이 : 발진티푸스, 재귀열 등
　　④ 벼룩 : 페스트, 발진열 등
　　⑤ 진드기 : 유행성 출혈열, 양충병 등

(4) 수인성 감염 : 콜레라, 장티푸스, 이질, 폴리오 등

(5) 토양감염 : 파상풍, 구충 등

(6) 음식물 감염 : 콜레라, 장티푸스, 이질, 식중독, 폴리오 등

(7) 경태반 감염 : 태반을 통하여 모체에서 태아로 감염되는 매독, 두창, 풍진 등

3) 질병의 원인별 분류

(1) 양친에게서 유전되는 병 : 정신분열증, 조울증, 진성간질, 색맹, 정신박약, 혈우병 등

(2) 병원미생물로부터 감염되는 병 : 각종 감염병, 세균성 식중독 등

(3) 식사의 부적합으로 일어나는 병 : 부종, 빈혈, 고혈압, 당뇨병, 비타민 및 무기질 결핍증 등

(4) 공해로부터 발생하는 병 : 미나마타병(수은), 이타이이타이병(카드뮴) 등

4) 법정감염병

법정감염병은 '감염병의 예방 및 관리에 관한 법률'에 따라 제1급 감염병, 제2급 감염병, 제3급 감염병, 제4급 감염병, 기생충감염병, 세계보건기구 감시대상 감염병, 생물테러감염병, 성매개 감염병, 인수공통감염병 및 의료 관련 감염병을 말한다.

5) 검역감염병

외래감염병의 국내 침입을 막기 위한 것으로 검역법에 규정된 검역질병과 감시시간은 콜레라(120시간), 페스트(144시간), 황열(144시간), 폴리오(21일), 동물(조류)인플루엔자인체감염증(10일), 에볼라바이러스병(21일), 중동호흡기증후군(MERS, 14일), 코로나바이러스감염증(14일)

6) 인수공통감염병

동일 병원체에 의하여 사람과 동물이 공히 감염되는 감염병으로 탄저(소·양), 결핵(소), 살모넬라(소·돼지), 선모충(돼지), 광견병(개), 페스트(쥐), 돈단독(돼지), 브루셀라(소·양·돼지), 야토병(다람쥐·쥐) 등이 있다.

4. 감염병 관리

1) 소화기계 감염병(경구감염병)

소화기계 감염병은 병원체가 환자, 보균자의 분변으로 배설되어 음식물이나 식수에 오염되어 경구침입함으로써 감염된다.

(1) 장티푸스
　　① 특징 : 우리나라에서 가장 많이 발생
　　② 증상 : 40℃의 고열과 전신권태, 두통, 허탈 등
　　③ 잠복기 : 1~3주(평균 2주)
　　④ 예방대책 : 환자 및 보균자의 색출과 격리, 분뇨, 음용수, 식품, 파리 등의 관리 철저 등

(2) 파라티푸스 : 장티푸스와 유사하지만 잠복기간은 1~10일로 장티푸스보다 짧다.

(3) 콜레라
　　① 특징 : 잠복기가 아주 짧다.
　　② 증상 : 심한 급성위장장애와 구토, 설사, 탈수, 허탈 등

③ 잠복기 : 보통 12~48시간이나 3~4시간에 발병하는 경우도 있다.

④ 예방대책 : 환자의 신속한 보고와 격리, 환자의 구토물과 분뇨의 소독 등을 철저히 하고 음용수나 식품은 위생적으로 관리해야 한다.

(4) 세균성 이질

① 특징 : 파리의 매개 및 불결한 손이나 식품 등에 의해 경구감염된다.

② 증상 : 38~39℃의 발열 및 점액성 혈변을 일으킨다.

③ 잠복기 : 2~7일

④ 예방대책 : 예방접종은 없다. 환자의 분변, 식품 및 음용수의 위생적 관리 등

(5) 아메바성 이질

① 특징 : 세균성 이질에 비하여 만성적으로 경구감염한다.

② 잠복기 : 3~4주

③ 예방대책 : 예방접종은 없다. 식품 및 음용수를 위생적으로 관리하며, 소독을 철저히 해야 한다.

(6) 폴리오(급성회백수염, 소아마비)

① 특징 : 소아에게 영구적인 마비를 일으키는 급성감염병으로 중추신경계 손상으로 나타나며, 병원체는 바이러스(virus)이다.

② 증상 : 발열, 두통, 구토 등

③ 잠복기 : 3~21일(보통 7~12일)

④ 예방대책 : 예방접종이 가장 좋은 방법으로 생후 6개월 이내에 2개월 간격으로 3회 실시하고 18개월째 추가접종을 한다. 환자의 격리 및 소독, 여행 및 밀집장소의 출입 삼가 등

2) 호흡기계 감염병

(1) 디프테리아

① 특징 : 15세 이하에서 높은 발생률을 나타낸다

② 잠복기 : 2~7일(평균 3~5일)

③ 예방대책 : 환자의 격리 및 소독철저, 예방접종(DPT)의 실시 등

(2) 백일해

① 특징 : 병원소는 환자이며, 이환율은 7세 이하에 많고 여자가 남자보다 높다.

② 잠복기 : 7~16일(보통 10일)

③ 예방대책 : 예방접종(DPT)이 중요하며, 환자 및 접촉자의 격리와 소독의 실시 등

(3) 홍역(마진, 홍진)

① 특징 : 병원체는 바이러스이며 1~2세의 소아에게 많이 감염되는데, 열과 발진이 생기며 심하면 전신경련, 혼수 등이 나타나고 사망한다.

② 잠복기 : 8~20일(보통 10~14일)

③ 예방대책 : 예방접종의 실시 등

(4) 유행성 이하선염

　　① 특징 : 우리나라에서는 겨울과 봄철에 많이 발생하며 병원체는 바이러스이고, 고환에 염
　　　　증이 생겨 불임의 원인이 되기도 한다.

　　② 잠복기 : 12~26일(보통 18일)

　　③ 예방대책 : 예방접종의 실시와 환자의 격리가 중요하다.

(5) 풍진

　　① 특징 : 병원체는 바이러스이고 비말감염을 일으킨다. 특히 임신 초기에 이환되면 기형아
　　　　를 낳을 우려가 있다.

　　② 잠복기 : 14~21일(보통 16일)

　　③ 예방대책 : 예방접종의 실시 등

3) 만성 감염병

(1) 결핵 : 결핵균은 건조에 강하고 직사일광 및 열에 약하며 인형(人型), 우형(牛型), 조형(鳥
型), 파충형의 4가지 균주가 있다.

　　① 집단검진 순서 : X-선 간접촬영 → X-선 직접촬영 → 객담검사

　　② 투베르쿨린 반응검사(Tuberculin test) : 결핵균의 감염 유무를 아는 방법

　　③ 결핵예방주사(BCG) : 0.05mg을 생후 4주 이내에 초회 피내 접종한다.

(2) 성병 : 매독, 임질, 트라코마 등이 있으며 면역성이 없다.

(3) 나병(한센병) : 피부말초신경의 손상을 특징으로 하는 만성감염병으로, 잠복기는 일정하지
않고 1년~수년이다.

> **TIP** 수인성 감염병의 특징
> ① 질병의 유행지역과 음료수 사용지역이 일치한다.
> ② 발병률이 높고 치명률이 낮다.
> ③ 환자 발생이 집단적이다.
> ④ 음료수 중에서 동일 병원체가 검출된다.

5. 보건관리

1) 보건행정

보건에 관한 지식과 기술을 행정에 적용시키는 기술행정이라는 특징이 있다.

(1) 보건행정의 범위 : WHO에서는 보건통계, 보건교육, 환경위생, 감염병 관리, 모자보건, 의
료제공, 보건간호 등을 보건행정의 범위로 하고 있다.

(2) 우리나라 보건행정의 구분

구분	대상	담당 기관
일반보건행정	일반 국민	보건복지부
산업보건행정	산업체 근로자	고용노동부
학교보건행정	학생 및 교직원	교육부

(3) 사회보장제도 : 일반적으로 사회보장제도는 사회보험과 공적 부조로 나눈다.

① 사회보험 : 보험료 부담 능력이 있는 국민을 대상으로 산업재해 · 노령 · 실업 등에 따른 미래의 불안에 대비하기 위한 제도로 상호부조적 성격이 강하다. 건강보험, 장기요양보험, 연금보험, 실업보험, 산업재해보험 등이 있다.

② 공적 부조 : 생활 무능력자의 최저 생활을 보장하기 위한 제도로 국가나 지방자치단체가 재정을 부담하며 생활보호, 의료보호, 재해구호 등이 있다.

2) 인구와 보건

15~49세 인구를 생산층 인구라 하고, 14세 이하, 50세 이상을 비생산층 인구라 한다. 근래에는 15~64세 인구를 생산층 인구라 하고, 14세 이하, 65세 이상을 비생산층 인구라 한다. 인구 구성형은 다음 5가지로 구분된다.

① 피라미드형 : 출생률과 사망률이 높은 인구증가형의 후진국 인구형.

② 별형 : 생산층의 인구가 도시로 유입되는 인구유입형의 도시 인구형.

③ 기타형(호로형) : 생산층 인구가 도시로 유출되는 인구유출형의 농촌 인구형.

④ 항아리형 : 출생률이 사망률보다 낮은 인구감소형의 선진국 인구형.

⑤ 종형(인구정지형) : 출생률과 사망률이 다 같이 낮은 인구정지형으로, 가장 이상적인 인구 형태이다.

항아리형　　　종형　　　피라미드형　　　별형　　　호로형

| 인구 구성형 |

3) 모자보건, 성인 및 노인보건

(1) 모자보건 : 모성 및 유아 건강의 유지 · 증진을 도모하는 것이다.

① 모성보건의 대상 : 제2차 성징이 나타나는 시기로부터 폐경기에 이르는 시기의 여성(15~49세)을 대상으로 하고, 이 기간 중의 임신 · 분만 · 수유기를 중심으로 이와 관계되는 질병과 이상을 예방하는 것이다.

② 모성사망(임산부 사망) : 모성사망이란 임신·분만·산욕에 관계되는 질병 또는 이상 때문에 발생하는 사망을 말하며, 임신 중의 감염병·질병·사고 등에 의한 사망은 포함되지 않는다.

③ 산욕기 : 분만으로 생긴 상처가 회복되며, 모체가 임신 전과 똑같은 상태로 회복되는 기간으로 출산 6~8주까지를 말한다.

④ 모성보건 3대 사업 : 산전보호, 분만보호, 산욕기 보호

⑤ 임산부 사망의 원인 : 임신중독증, 출혈, 자궁 외 임신과 유산, 산욕열 등이다.

⑥ 임신중독증 : 임신 후반기 특히 제8개월 이후에 다발하며, 임산부 사망의 가장 큰 원인이 된다. 임신중독증은 부종·단백뇨·고혈압의 3대 증세로 나타나며, 일반적으로 과로와 영양부족이 그 원인이다.

(2) 성인보건

① 성인병 : 35~40세 이후에 많이 발생하는 비감염성 만성질환의 총칭으로 사망률이 높은 암, 심장병, 뇌졸중을 3대 성인병이라고 한다.

② 성인병의 증가 원인 : 잘못된 식습관, 흡연 및 음주, 과로와 스트레스, 환경오염 등

(3) 노인보건 : 노령화의 3대 문제로 빈곤(경제력)과 질병(건강), 고독(외로움)을 들 수 있다.

TIP
- 임산부 사망 원인 : ① 임신중독증 ② 출혈 ③ 자궁 외 임신과 유산 ④ 산욕열
- 임신중독증의 원인 : 과로, 영양부족
- 임신중독증의 3대 증세 : ① 부종 ② 단백뇨 ③ 고혈압
- 영·유아 사망 원인 : ① 신생아의 고유질환 ② 출생 시의 손상 ③ 폐렴 ④ 조산아
- 조산아의 4대 관리 : ① 체온보호 ② 감염병 감염방지 ③ 영양보급 ④ 호흡관리

---

4) 학교보건

학생 및 교직원의 건강을 유지·증진시켜 학업능률의 향상과 심신이 건강한 국민으로 육성하는 데 그 목적이 있다.

(1) 학교보건의 의의

① 학교는 단시간에 많은 내용을 많은 인원에게 효율적으로 교육할 수 있으며 생활화를 기할 수 있다.

② 학교는 지역사회의 중심으로서 학생을 통해서 그 가족 및 지역사회 주민들의 보건교육이 이루어진다.

③ 학생은 심신이 성숙되지 않았으므로 각종 심신장애가 다발할 시기이다.

(2) 학교보건사업의 내용 : 학교보건봉사, 학교환경관리, 학교급식, 보건교육 등

(3) 학교환경위생 정화구역 : 학교경계선으로부터 200m 범위 내에서 지정되며 절대정화구역과 상대정화구역으로 구분된다.

① 절대정화구역 : 학교출입문으로부터 직선거리로 50m까지인 지역

② 상대정화구역 : 학교경계선으로부터 직선거리로 200m까지인 지역 중 절대정화구역을 제외한 지역

5) 산업보건

(1) 직업병 : 특정의 직업에 종사하는 사람에게 특정의 질병이 나타나는 것을 직업병이라 하며, 일반적으로 불량한 환경조건 및 부적당한 근로조건이 복합적으로 작용하여 발생한다.

(2) 직업병의 종류

원인	직업병
이상고온	열중증(열경련, 열사병, 열허탈증, 열쇠약증 등)
이상저온	참호족염, 동상, 동창 등
고기압	잠함병
저기압	고산병
불량조명	안구진탕증, 안정피로, 근시 등
분진	진폐증(규폐증, 면폐증, 탄폐증, 석면폐증 등)
연(鉛, 납 Pb) 중독	뇨 중에 코프로포피린(coproporphyrin) 출현, 연연(鉛緣), 염기성 과립적혈구 수의 증가, 연산통(鉛山痛) 등의 4대 증세
수은(Hg) 중독	미나마타(minamata)병
카드뮴(Cd) 중독	이타이이타이(itaiitai)병
크롬(Cr) 중독	비중격천공증
비소(As) 중독	흑피증
진동	레이노드(Raynaud's)병
방사선	생식기능장애, 조혈기능장애, 백내장, 암 등

- 연연(鉛緣) : 잇몸색이 납빛이 되고 줄 생성
- 연산통(鉛山痛) : 간헐적 복통
- 미나마타(minamata)병 : 일반적인 증상은 언어장애 · 지각이상 등이며, 진행 시 홍독성 흥분 유발
- 이타이이타이(itaiitai)병 : 폐기종, 신장장애, 단백뇨의 3대 증상

01 한식 위생관리 예상문제

01 개인 위생관리

001 위생관리기준으로 적당하지 않은 것은?

① 조리종사자는 연 2회의 정기건강진단을 받아야 한다.

② 피부병이 있는 경우 조리업무에 종사하지 않는다.

③ 짙은 화장이나 장신구 등은 착용하지 않는다.

④ 조리 관계자 이외의 조리장 출입을 제한한다.

해설 조리종사자는 연 1회의 정기건강진단을 받아야 한다.

002 식품의 위생적 장해와 가장 거리가 먼 것은?

① 기생충 및 오염물질에 의한 장해

② 식품에 함유된 중금속 물질에 의한 장해

③ 세균성 식중독에 의한 장해

④ 영양결핍으로 인한 장해

해설 영양결핍은 영양상의 문제이다.

02 식품 위생관리

003 세계보건기구(WHO)에 따른 식품위생의 정의 중 식품의 안전성 및 건전성이 요구되는 단계는?

① 식품의 재료 채취에서 가공까지

② 식품의 조리에서 섭취 및 폐기까지

③ 식품의 재료 구입에서 섭취 전의 조리까지

④ 식품의 생육, 생산에서 최종 섭취까지

해설 WHO는 식품위생이란 식품의 생육·생산·제조에서부터 최종적으로 사람이 섭취할 때까지의 모든 단계에 있어서 식품의 안전성·건전성 및 악화방지를 보장하기 위한 모든 수단을 말한다고 정의하고 있다.

004 식품위생의 범위에 속하지 않는 것은?

① 용기와 포장의 청결

② 기호식품의 개발

③ 식품에 대한 위해·유독물의 혼입방지

④ 위조·변조식품 배제

해설 식품위생이란 음식물에 의하여 직접적 또는 음식물과 관련된 기구 및 용기·포장·식품첨가물 등으로 인해 발생하는 여러 가지 위해를 사전에 방지하기 위한 것이다.

정답 001 ①　002 ④　003 ④　004 ②

005 우리나라 식품위생 행정을 담당하고 있는 기관은?

① 환경부

② 고용노동부

③ 식품의약품안전처

④ 행정안전부

해설 우리나라 식품위생 행정의 대부분은 식품의약품안전처에서 담당하고 있다.

006 다음 미생물 중 곰팡이가 아닌 것은?

① 아스퍼질러스(*Aspergillus*) 속

② 페니실리움(*Penicillium*) 속

③ 클로스트리디움(*Clostridium*) 속

④ 리조푸스(*Rhizopus*)속

해설 클로스트리디움은 세균류에 속한다. 아스퍼질러스는 누룩곰팡이, 페니실리움은 푸른곰팡이, 리조푸스는 거미줄곰팡이이다.

007 다음 중 건조식품, 곡류 등에 가장 잘 번식하는 미생물은?

① 효모(yeast) ② 세균(bacteria)

③ 곰팡이(mold) ④ 바이러스(virus)

해설 곰팡이는 수분 10% 이하의 건조식품에 잘 번식하여 피해를 준다.

008 미생물의 종류 중 크기가 가장 작은 것은?

① 효모(yeast) ② 바이러스(virus)

③ 곰팡이(mold) ④ 세균(bacteria)

해설 곰팡이 > 효모 > 세균 > 리케차 > 바이러스

009 다음 중 쌀이나 보리 등 주로 곡류에 기생하는 진드기는?

① 수중다리가루 진드기

② 송곳다리고기 진드기

③ 설탕 진드기

④ 긴털가루 진드기

해설 긴털가루 진드기는 저장식품에서 흔히 볼 수 있는 것으로 곡류, 곡분, 빵, 과자, 건조과일 등에 널리 분포되어 있다.

010 식품의 변질에 관계하는 세균의 발육을 억제하는 조건은?

① 30~40℃의 온도

② 중성의 pH

③ 10% 이하의 수분

④ 풍부한 아미노산

해설 대부분의 미생물은 수분 13% 이하에서는 번식이 어렵다.

011 세균의 번식이 잘 되는 식품과 가장 거리가 먼 것은?

① 온도가 적당한 식품

② 습기가 많은 식품

③ 영양분이 많은 식품

④ 양이 많은 식품

해설 미생물이 생육하기 위해서는 영양소, 온도, 수분, pH, 산소, 삼투압, 무기질 등의 환경조건이 갖추어져야 한다.

012 곰팡이와 같이 산소가 있어야 생육이 가능한 미생물을 무엇이라고 하는가?

① 혐기성균 ② 호기성균

③ 저온성균 ④ 통성혐기성균

해설 산소를 필요로 하는 호기성균과 산소가 존재하면 장애를 받는 혐기성균이 있다.

① 편성 호기성균 : 산소가 있어야만 증식

② 통성 호기성균 : 산소가 있어야 하지만 없어도 증식

정답 005 ③　006 ③　007 ③　008 ②　009 ④　010 ③　011 ④　012 ②

③ 편성 혐기성균 : 산소가 없어야만 증식
④ 통성 혐기성균 : 산소가 없어야 하지만 있어도 증식

013 중온균(mesophilic bacteria)의 최적온도는?

① 10~12℃　　② 25~40℃
③ 55~60℃　　④ 65~75℃

해설 미생물의 통상적인 생육온도 범위는 0~70℃이며, 생육온도의 차이에 의해 3가지로 나눈다.
① 저온균 : 최적온도 15~20℃
② 중온균 : 최적온도 25~37℃
③ 고온균 : 최적온도 55~60℃

014 미생물의 발육 시 이들이 이용하기 쉬운 당류가 존재할 때는 질소화합물의 존재는 억제된다. 이 현상을 무엇이라고 하는가?

① 당류 억제효과
② 아미노산 억제효과
③ 단백질 억제효과
④ 지방 억제효과

해설 미생물의 발육 시 이용하기 쉬운 당류가 존재할 때는 단백질이나 질소화합물의 분해는 억제된다. 이를 단백질 억제효과라고 한다.

015 식품의 변질현상에 대한 다음 설명 중 잘못된 것은?

① 식품의 부패에는 대부분 한 종류의 세균이 관계한다.
② 어패류의 부패에는 대부분 수중세균들이 관계한다.
③ 통조림 식품의 부패에 관여하는 세균에는 내열성인 것이 많다.
④ 우유의 부패 시 세균류가 관계하여 적변을 일으킨다.

해설 식품의 변질은 여러 종류의 미생물이 복합작용을 일으켜 일어난다.

016 식품이 미생물의 작용을 받아 분해되는 현상과 거리가 먼 것은?

① 부패(puterifaction)
② 발효(fermentation)
③ 변향(flavor reversion)
④ 변패(deterioration)

해설 변향이란 유지가 외부의 나쁜 냄새를 흡수하여 일어나는 변질현상이다.
① 부패 : 단백질 식품이 미생물의 작용을 받아 일어나는 변질
② 발효 : 당질식품이 미생물의 작용을 받아 일어나는 변질현상으로, 발효는 생산물을 식용으로 사용하므로 변질과는 다르다.
③ 변패 : 단백질 이외의 당질ㆍ지질식품이 미생물의 작용을 받아 일어나는 변질

017 식품에 있어서의 간접적인 변질현상은?

① 건조나 흡습 등에 의한 물리적 변화
② 온도나 일광 등에 의한 분해
③ 미생물의 번식에 따른 부패
④ 공기 중의 산소에 의한 산화현상

해설 건조나 흡습 등의 물리적 변화는 변질의 간접요인이 된다. 변질을 일으키는 원인은 미생물의 증식ㆍ효소의 작용 등이며, 이들의 작용을 촉진하는 인자로 수분ㆍ온도ㆍ열ㆍ일광ㆍ산소ㆍ광선ㆍ금속 등이 있다.

018 해산어패류의 선도평가에 적절한 지표성분은?

① 트리메틸아민　　② 암모니아
③ 메르캅탄　　④ 황화수소

해설 트리메틸아민 함량 30~40mg%, 생균수 10^7~10^8이면 초기 부패로 본다. 특히 어패류의 경우 신선도가 저하됨에 따라 트리메틸아민의 양이 증가한다.

019 주로 동결건조로 제조되는 식품은?

① 설탕　　　　② 당면
③ 크림케이크　④ 분유

해설 당면은 고구마 전분을 원료로 하는데, 고구마 전분은 점탄성이 없으므로 반죽으로 당면을 뽑는 즉시 끓는 물에 넣고 삶은 후 동결건조로 만들므로 동면(凍麵)이라고도 한다.

020 식품의 급속냉동(quick freezing)에 대한 장점이 잘못 설명된 것은?

① 육류식품 중 근육 단백질의 변성이 작게 발생한다.
② 급속하게 냉동되므로 얼음결정이 매우 크게 형성된다.
③ 식품의 형태 및 질감의 원상 유지에 유리하다.
④ 효소작용을 빨리 억제시킬 수 있어 변질이 적다.

해설 급속동결을 하면 얼음결정이 미세하게 형성되고 완만동결을 하면 얼음결정이 커진다. 생성된 얼음결정이 크면 해동할 때 드립(drip)이 많이 발생하여 식품의 품질을 저하시키므로 급속동결이 좋다.

021 급속동결 후 빙결정의 크기는 통상 얼마 이하로 보는가?

① 30μ 이하　　② 70μ 이하
③ 100μ 이하　④ 130μ 이하

해설 급속동결 후 빙결정의 크기는 통상 70μ 이하로 본다.

022 어육의 동결저장과 관련된 설명이 잘못된 것은?

① 어육의 동결에 의한 변성은 분산매인 물이 동결함으로써 단백질 입자가 상호 접근하여 결합하게 된다.

② 식품에서 얼음결정을 작게 하기 위하여 최대빙결정생성대를 되도록 빨리 통과시키는 것이 필요하다.
③ 식품에서 단백질의 변성은 최대빙결정생성대인 −5~−1℃에서 최소를 보인다.
④ 일단 동결된 식품은 냉장온도에서 완만하게 해동시키는 것이 표면부분이나 내부가 균일하게 녹고, 드립(drip)을 적게 하는 효과가 있다.

해설 단백질은 최대빙결정생성대인 −5~−1℃에서 가장 변성이 심하므로 가급적 최대빙결정생성대를 빨리 통과시키는 것이 좋다.

023 일반적으로 당장법(당조림)은 식품 중 당이 몇 % 이상 함유되어 있어야 저장의 효력을 갖는가?

① 30~40%　　　② 10~20% 이하
③ 20~30%　　　④ 50~60% 이상

해설 당장법은 설탕의 삼투압을 이용한 저장법으로 설탕농도가 50% 이상이어야 저장의 효력을 갖는다.

024 식품의 건조방법 중 분무건조법으로 만들어지는 것은?

① 한천　　　② 보리차
③ 분유　　　④ 건조쌀밥

해설 분무건조는 액체식품의 건조법으로 우유를 열풍에 분무하여 분유를 만든다. 액체식품의 건조법에는 이외에도 유병건조법, 피막건조법 등이 있다.

025 식품 저장 시 미생물 번식을 장기간 방지하기 위한 저장법과 거리가 먼 것은?

① 데치기　　　② 딸기잼
③ 무청시래기　④ 마늘장아찌

해설 데치기는 효소를 불활성화하여 변색을 방지하기 위해 행한다.

정답 **019** ②　**020** ②　**021** ②　**022** ③　**023** ④　**024** ③　**025** ①

026 채소와 과일의 가스저장(CA) 시 필수 요건이 아닌 것은?

① 습도 유지　　② 냉장온도 유지

③ pH 조절　　④ 기체의 조절

해설 가스저장(CA 저장) 시에는 기체 및 온도를 잘 조절하고 균일하게 유지해야 하며, 충분한 습도를 유지해야 한다.

027 마른 멸치의 건조에 주로 이용되는 방법은?

① 날마른치(소건품)

② 간마른치(염건품)

③ 찐마른치(자건품)

④ 언마른치(동건품)

해설 날것 그대로 또는 소금에 절여 삶아서 말린 것을 자건품(찐마른치)이라 하며, 주로 마른 멸치의 건조에 이용된다.

028 주로 채소류의 저장에 이용하는 움저장의 적당한 온도는?

① −5℃　　② 0℃

③ 5℃　　④ 10℃

해설 움저장이란 고구마, 감자, 과일, 무, 배추 등을 약 10℃의 움 속에 저장하는 방법을 말한다.

029 식품의 탈기 밀봉저장법이 아닌 것은?

① 통조림　　② 병조림

③ 레토르트파우치　　④ CA 저장

해설 CA 저장은 이산화탄소, 질소가스 등을 이용한 가스저장법으로 채소 및 과일의 저장에 많이 이용한다.

030 레토르트 식품의 가공과 관계가 없는 것은?

① 통조림　　② 파우치

③ 플라스틱필름　　④ 고압솥

해설 레토르트(retort) 식품이란 가공한 식품을 비닐주머니(pouch)에 넣어 밀봉한 후 고압솥에 넣어 고온에서 가열·살균하여 공기와 광선을 차단한 상태에서 식품을 장기간 보존할 수 있도록 만든 가공식품이다.

031 아래는 식품 등의 표시기준상 통조림 제품의 제조연월일 표시방법이다. (　) 안에 알맞은 것을 순서대로 나열하면?

> 통조림 제품에 있어서 연의 표시는 (　)만을, 10월, 11월, 12월의 월 표시는 각각 (　)로, 1일 내지 9일까지의 표시는 바로 앞에 0을 표시할 수 있다.

① 끝 숫자, O.N.D

② 끝 숫자, M.N.D

③ 앞 숫자, O.N.D

④ 앞 숫자, F.N.D

해설 통조림 유통기한(제조일)은 보통 네 자리 숫자로 표시하는데 첫 번째는 연도의 끝자리이고, 두 번째는 월(단, 10월은 O, 11월은 N, 12월은 D로 표시한다), 세 번째와 네 번째는 일자를 표시한다. 근래에는 소비자의 이해를 위해 6자리로 표시하기도 한다.

032 집단감염이 잘 되며 항문 주위의 소양증이 있는 기생충증은?

① 구충　　② 회충

③ 요충　　④ 간디스토마

해설 요충은 집단감염 기생충으로 항문 주위에 산란하므로 항문소양증이 있다.

033 다음 기생충과 인체 감염 원인식품의 연결이 잘못된 것은?

① 간흡충 − 민물고기

② 폐흡충 − 가재, 게

③ 무구조충 – 바다생선

④ 유구조충 – 돼지고기

해설 무구조충은 소고기가 중간숙주이다. 바다생선의 섭취로 아니사키스(anisakis)충에 감염될 가능성이 있다.

034 채소류로부터 감염되는 기생충류는?

① 십이지장충, 선모충

② 요충, 유구조충

③ 동양모양선충, 편충

④ 회충, 무구조충

해설 십이지장충 · 동양모양선충 · 회충 · 편충 · 요충은 채소류에 의해 감염되며, 유구조충과 선모충은 돼지고기, 무구조충은 소고기가 중간숙주이다.

035 회충란을 사멸시킬 수 있는 능력이 가장 강한 상태는?

① 빙결   ② 일광

③ 건조   ④ 저온

해설 회충란은 건조, 저온, 부패, 화학약제에는 저항력이 강하나 직사일광 및 열에는 약하다.

036 회충증의 전파경로는?

① 분변   ② 소변

③ 타액   ④ 혈액

해설 회충란은 분변을 통해 배출되어 오염된 채소, 파리의 매개 등에 의해 경구침입한다.

037 회충의 생활사 중 부화 후 성충이 되기까지 거치는 장기가 아닌 것은?

① 심장   ② 폐

③ 식도   ④ 신장

해설 회충란이 경구침입하여 십이지장에서 부화하여 유충은 여러 기관을 통하여 심장을 거쳐 폐에

도달하고 기관지를 경유한 후 식도, 위, 소장에 도착하여 소장에 기생하여 성충이 된다.

038 오염된 토양에서 맨발로 작업할 경우 감염될 수 있는 기생충은?

① 회충   ② 간흡충

③ 폐흡충   ④ 구충

해설 구충은 경피침입하므로 인분을 사용한 밭에서 작업 시에는 맨발로 다니지 말아야 한다.

039 다음 기생충과 중간숙주와의 연결이 잘못된 것은?

① 십이지장충 – 채소

② 말라리아 – 사람

③ 폐흡충 – 가재, 게

④ 무구조충 – 소

해설 십이지장충(구충) · 요충 · 편충 · 회충은 중간숙주가 없다. 채소는 이들 기생충의 매개체가 된다. 말라리아는 사람이 중간숙주 구실을 하며, 모기는 종말숙주이다.

040 소고기를 가열하지 않고 섭취하면 감염될 수 있는 기생충은?

① 무구조충   ② 폐흡충

③ 광절열두조충   ④ 유구조충

해설 기생충의 중간숙주는 다음과 같다.

기생충	제1중간숙주	제2중간숙주
무구조충	소고기	–
유구조충	돼지고기	–
폐흡충	다슬기	가재, 게
광절열두조충 (긴촌충)	물벼룩	송어, 연어

정답 034 ③   035 ②   036 ①   037 ④   038 ④   039 ①   040 ①

041 제2중간숙주인 은어를 생식하였을 때 감염될 수 있는 기생충은?

① 일본주혈흡충   ② 무구조충

③ 아메리카구충   ④ 요코가와흡충

해설 요코가와흡충의 제1중간숙주는 담수산 패류 및 다슬기, 제2중간숙주는 은어 및 잉어 등의 담수어이다. 일본주혈흡충은 패류, 무구조충은 소가 중간숙주이며, 아메리카구충은 중간숙주가 없다.

042 간디스토마는 제2중간숙주인 민물고기 내에서 어떤 형태로 존재하다가 인체에 감염을 일으키는가?

① 레디아(redia)

② 포자유충(sporocyst)

③ 피낭유충(metacercaria)

④ 유모유충(miracidium)

해설 간디스토마의 충란은 제1중간숙주인 왜우렁이에게 섭취·부화되어 유모충으로 되고, 그 후 포자낭충, 레디아, 유미유충으로 되며, 유미유충이 제2중간숙주인 민물고기에서 피낭유충이 되어 인체 감염능력을 가지게 된다.

043 소고기에서 무구조충의 낭미충을 발견할 수 있는 곳은?

① 간   ② 혈액

③ 근육   ④ 위

해설 무구조충의 낭미충이 주로 기생하는 부위는 요부(腰部), 설근(舌筋), 심근(心筋) 등 근육이다.

044 민물고기를 생식한 일이 없는 경우에 간흡충에 감염될 가능성이 있는 것은?

① 채소의 생식으로 감염

② 가재, 게 등의 생식으로 감염

③ 요리기구를 통해 감염

④ 공기 전파로 감염

해설 민물고기를 조리 후 조리기구를 깨끗이 세척하지 않으면 조리기구를 통하여 2차 감염이 있을 수 있다.

045 기생충 중 돌고래의 기생충인 것은?

① 유극악구충   ② 유구조충

③ 아니사키스충   ④ 선모충

해설 아니사키스(anisakis)는 해산 포유류인 고래, 돌고래에 기생하는 회충의 일종으로 중간숙주인 연안 어류의 섭취로 감염된다. 유극악구충은 민물고기, 유구조충과 선모충은 돼지고기가 중간숙주이다.

046 어패류 매개 기생충 질환의 가장 확실한 예방법은?

① 환경위생   ② 보건교육

③ 개인위생   ④ 생식금지

해설 기생충 감염의 가장 확실한 예방책은 생식을 금하고 조리하여 익혀 먹는 것이다.

047 여성이 임신 중에 감염될 경우 유산 및 태아에 이상을 유발할 수 있는 인수 공통감염병과 관계되는 기생충은?

① 회충   ② 십이지장충

③ 간디스토마   ④ 톡소플라스마

해설 톡소플라스마(toxoplasma)는 개나 고양이의 침을 통해서 사람에 감염되는 경우가 많으며, 임신 중에 감염되면 유산 및 톡소플라스마증에 이환된 아이를 출산할 수 있다.

048 음식물 섭취와 관계가 없는 기생충은?

① 회충   ② 사상충

③ 광절열두조충   ④ 요충

해설 사상충은 모기가 매개한다.

정답 041 ④   042 ③   043 ③   044 ③   045 ③   046 ④   047 ④   048 ②

049 소독의 뜻을 가장 잘 설명한 것은?

① 미생물의 성장을 억제하여 부패를 막는 것
② 아포를 포함한 모든 미생물을 파괴하는 것
③ 병원미생물의 생활력을 파괴하여 감염력을 없애는 것
④ 미생물 및 기타 모든 균을 죽이는 것

해설 소독은 병원균을 죽이는 조작. 멸균은 아포를 포함한 모든 미생물을 멸살하는 조작. 방부란 균의 증식을 억제하는 조작을 말한다.

050 살균작용의 강도를 바르게 나타낸 것은?

① 방부 > 멸균 > 소독
② 소독 > 방부 > 멸균
③ 멸균 > 소독 > 방부
④ 방부 > 소독 > 멸균

해설 살균작용의 강도는 멸균 > 소독 > 방부의 순서이다.

051 소독작용에 미치는 각종 조건 중 알맞지 않은 것은?

① 온도가 높을수록 효과가 크다.
② 접촉시간이 충분할수록 효과가 크다.
③ 농도가 짙을수록 효과가 크다.
④ 유기물이 존재하면 효과가 크다.

해설 유기물이 존재하면 소독력이 떨어지므로 중성세제로 유기물을 제거한 후 소독약품을 사용하는 것이 효과적이다.

052 다음 중 물, 기구, 용기 등의 소독에 가장 효과적인 자외선의 파장은?

① 50nm   ② 150nm
③ 260nm   ④ 400nm

해설 살균력은 260nm에서 최대인데 가장 적합한 파장은 253.7nm이다.

053 자외선 살균의 특징과 가장 거리가 먼 것은?

① 비열(比熱)살균이다.
② 피조사물에 조사하고 있는 동안만 살균 효과가 있다.
③ 가장 유효한 살균대상은 물과 공기이다.
④ 단백질이 공존하는 경우에도 살균효과에는 차이가 없다.

해설 자외선은 투과력이 없어 표면살균에 효과적이며, 단백질 등의 유기물이 존재하는 경우 살균력이 떨어진다.

054 주방의 각종 식기류를 소독하기 위해서 자비멸균법을 이용하게 되는데 이때 100℃의 끓는 물에서 얼마 동안 처리하는가?

① 5~10분   ② 15~20분
③ 20~30분   ④ 60분 이상

해설 자비소독(열탕소독)은 100℃에서 15~20분간 끓이는 방법인데, 식기구 소독 시에는 최소 15분 이상 자비해야 한다.

055 먹는 물 소독에 부적당한 것은?

① 차아염소산칼슘
② 표백분
③ 염소
④ 석탄산

해설 석탄산은 금속부식성과 취기와 독성이 있으며, 보통 3% 수용액을 기구·용기·의류 및 오물 소독에 사용한다.

056 시판 중인 락스의 주성분으로 유효염소가 4% 정도이며 소독, 표백, 탈취의 목적으로 널리 사용되는 소독제는?

① 크레졸
② 석탄산
③ 차아염소산나트륨
④ 표백분

해설 시중에서 판매되고 있는 락스 제품은 모두 차아염소산나트륨 수용액으로 소독 살균제이고 표백제이다.

057 다음 중 가열하지 않고 기구를 소독할 수 있는 방법은?

① 화염멸균법
② 건열멸균법
③ 자외선멸균법
④ 저온살균법

해설 자외선멸균법은 일광의 자외선을 이용하는 것이다.

058 포자를 형성한 세균의 멸균에 가장 좋은 방법은?

① 고압증기멸균법
② 저온소독법
③ 고온살균법
④ 자비소독법

해설 고압증기멸균법은 고압증기솥을 사용하여 2기압(15파운드) 121℃에서 15~20분간 살균하는 방법으로 아포를 포함한 모든 균을 사멸시킬 수 있다.

059 소독제로서 갖추어야 할 조건 중 틀린 것은?

① 표백성이 없을 것
② 용해도가 높을 것
③ 부식성이 없을 것
④ 석탄산계수가 낮을 것

해설 석탄산계수는 소독약품의 소독력을 나타내는 것으로, 석탄산계수가 낮다는 것은 소독력이 낮음을 뜻한다.

060 다음 중 소독의 효과가 가장 낮은 것은?

① 석탄산
② 중성세제
③ 크레졸
④ 알코올

해설 중성세제는 소독력은 없고 세척력만 있다.

061 소독제의 살균력을 비교하기 위해서 이용되는 소독제는?

① 과산화수소(H_2O_2)
② 알코올(alcohol)
③ 크레졸(cresol)
④ 석탄산(phenol)

해설 3% 석탄산이 장티푸스균에 대한 살균력과 비교하여 각종 소독약의 효능을 표시하며, 이를 석탄산계수라 한다. 석탄산계수로 살균력을 나타낸다.

062 석탄산계수가 2이고, 석탄산의 희석배수가 40배인 경우 실제 소독약품의 희석배수는?

① 20배
② 40배
③ 80배
④ 160배

해설 석탄산계수는 소독약품의 소독력을 나타낸다.

$$석탄산계수 = \frac{소독약의\ 희석배수}{석탄산의\ 희석배수}$$

063 역성비누에 대한 설명이 틀린 것은?

① 양이온 계면활성제
② 살균제, 소독제 등으로 사용된다.
③ 자극성 및 독성이 없다.
④ 무미, 무해하나 침투력이 약하다.

해설 역성비누는 양성비누라고도 하며 보통 원액(10% 용액)을 200~400배 희석하여 0.01~0.1% 액을 만들어 사용한다. 살균력이 강하고 맛·냄새·자극성·독성이 없으므로 식품 및 식기소독, 조리자의 손 소독에 사용한다.

정답 057 ③ 058 ① 059 ④ 060 ② 061 ④ 062 ③ 063 ④

064 조리 관계자의 손을 소독하는 데 가장 적당한 소독제는?

① 머큐로크롬액 ② 석탄산
③ 양성(역성)비누 ④ 크레졸비누

해설 머큐로크롬액은 상처소독, 석탄산은 오물소독, 크레졸비누는 손·오물 소독에 사용한다.

065 식품취급자가 손을 씻는 방법으로 적합하지 않은 것은?

① 살균효과를 증대시키기 위해 역성비누액에 일반비누를 섞어 사용한다.
② 팔에서 손으로 씻어 내려온다.
③ 손을 씻은 후 비눗물을 흐르는 물에 충분히 씻는다.
④ 역성비누원액 몇 방울을 손에 받아 30초 이상 문지르고 흐르는 물로 씻는다.

해설 일반비누는 알칼리성으로 역성비누는 알칼리에 불안정하여 함께 사용하면 살균효과가 떨어진다. 따라서 일반비누를 먼저 사용하여 유기물을 씻은 다음 역성비누를 사용하는 것이 소독효과가 증대된다.

066 다음 중 분변소독에 가장 적합한 것은?

① 생석회 ② 약용비누
③ 과산화수소 ④ 표백분

해설 분변소독에는 생석회가 적합하다. 약용비누는 손·피부 소독, 과산화수소는 상처·입안 소독, 표백분은 소규모의 물 소독에 사용한다.

067 채소류 소독제로서 가장 적당한 것은?

① 크레졸 ② 석탄산
③ 승홍 ④ 클로르칼키

해설 클로르칼키는 음료수 및 채소·과일류 소독에 적당하다.

068 변기나 화장실 내의 소독에 사용하는 약품은?

① 석탄산수, 크레졸수 소독
② 표백분, 자외선 등 소독
③ 역성비누, 알코올 소독
④ 유통증기, 고압증기 소독

해설 표백분·자외선 등은 음료수 소독, 역성비누는 식품·식기·조리자의 손소독, 알코올은 피부·기구·손 소독, 유통증기는 표면소독, 고압증기는 기구·의류·시약 등의 멸균소독에 이용한다.

069 일반적으로 사용되는 소독약의 희석농도로 가장 부적합한 것은?

① 알코올 75%의 에탄올
② 승홍수 0.01%의 수용액
③ 크레졸 3~5%의 비누액
④ 석탄산 3~5%의 수용액

해설 승홍은 금속부식성이 있어 금속제품의 소독에는 사용하지 못하며, 0.1% 수용액을 주로 피부소독에 사용한다.

070 살균소독제를 사용하여 조리기구를 소독한 후 처리방법으로 옳은 것은?

① 마른 타월을 사용하여 닦아낸다.
② 자연건조(air dry)시킨다.
③ 표면의 수분을 완전히 마르지 않게 한다.
④ 최종 세척 시 음용수로 헹구지 않고 세제를 탄 물로 헹군다.

해설 자연건조가 적당하며, 마른 타월을 사용하여 닦으면 교차 오염이 있을 수 있다.

071 식품첨가물의 사용 목적과 거리가 먼 것은?

① 영양 강화
② 식품의 상품가치 향상
③ 질병의 예방 및 치료
④ 보존성 향상

정답 064 ③ 065 ① 066 ① 067 ④ 068 ① 069 ② 070 ② 071 ③

해설 식품첨가물은 식품의 상품적 가치 향상과 기호적 가치의 향상, 보존성 향상 등 여러 가지 목적으로 사용된다.

072 식품첨가물의 설명으로 틀린 것은?

① 식품 본래의 성분 이외의 것을 말한다.

② 식품의 조리·가공 시에 첨가하는 물질이다.

③ 의도적·비의도적 식품첨가물을 포함해서 말한다.

④ 천연의 것과 화학적 합성품을 포함해서 말한다.

해설 식품첨가물이란 식품 본래의 성분 이외의 것을 뜻하며 의도적 또는 비의도적 식품첨가물로 나누어지는데, 일반적으로 의도적 식품첨가물을 말한다.

073 식품첨가물의 사용제한 기준이 아닌 것은?

① 사용할 수 있는 식품의 종류 제한

② 식품에 대한 사용량 제한

③ 사용방법에 대한 제한

④ 사용장소에 대한 제한

해설 식품위생법에서는 식품첨가물의 대상 식품과 허용량, 사용방법 등에 대하여 정하고 있다.

074 보존제를 가장 잘 설명한 것은?

① 식품에 발생하는 해충을 사멸시키는 물질

② 식품의 변질 및 부패의 원인이 되는 미생물을 사멸시키거나 증식을 억제하는 작용을 가진 물질

③ 곰팡이의 발육을 억제시키는 물질

④ 식품 중의 부패세균이나 감염병의 원인균을 사멸시키는 물질

해설 보존제(방부제)란 미생물의 증식을 억제하여 식품의 부패와 변질을 방지하여 주는 식품첨가물을 말한다.

075 된장이나 고추장에 사용될 수 있는 보존제는?

① 소르빈산칼륨

② 안식향산나트륨

③ 데히드로초산나트륨

④ 프로피온산나트륨

해설 보존제(방부제)의 사용 대상식품은 다음과 같다.
① 소르빈산(sorbic acid) : 식육제품, 어육제품, 각종 절임식품, 장류 등
② 안식향산(benzoic acid) : 청량음료(탄산음료 제외), 간장 등
③ 데히드로초산(DHA) : 치즈, 버터, 마가린 등
④ 프로피온산 : 빵, 생과자 등

076 식품첨가물에 대한 설명으로 틀린 것은?

① 보존료는 식품의 미생물에 의한 부패를 방지할 목적으로 사용된다.

② 규소수지는 주로 산화방지제로 사용된다.

③ 산화형 표백제로서 식품에 사용이 허가된 것은 과산화벤조일이다.

④ 과황산암모늄은 소맥분 이외의 식품에 사용하여서는 안 된다.

해설 규소수지는 거품의 소멸 또는 제거를 목적으로 사용되는 소포제이다.

077 다음 중 식품첨가물과 주요 용도의 연결이 바르게 된 것은?

① 안식향산 – 착색제

② 토코페롤 – 표백제

③ 질산나트륨 – 산화방지제

④ 피로인산칼륨 – 품질개량제

해설 안식향산은 청량음료 및 간장에 허용된 보존제, 토코페롤은 산화방지제, 질산나트륨은 육류발색제이다.

078 식품첨가물로서 대두인지질의 용도는?

① 추출제   ② 유화제

③ 표백제   ④ 피막제

해설 대두인지질은 유화제(계면활성제)로 사용하는데, 물과 기름처럼 서로 잘 섞이지 않거나 각종 고체의 용액을 액체에 분산하는 기능을 가진 것을 유화제라고 한다.

079 식품첨가물로서 조미료에 해당하는 것은?

① 글루탐산나트륨   ② 아질산나트륨

③ 피로인산나트륨   ④ 소르빈산나트륨

해설 글루탐산나트륨은 감칠맛을 내는 조미료이며, 아질산나트륨은 육류발색제, 피로인산나트륨은 품질개량제, 소르빈산나트륨은 보존제로 사용된다.

080 빵의 품질을 개선하는 용도의 식품첨가물 중 안전성이 문제가 되는 것은?

① 베이킹파우더   ② 브롬산칼륨

③ 글루콘산칼슘   ④ 프로피온산

해설 브롬산칼륨은 밀가루 제품의 품질 향상을 위한 밀가루개량제이다. 베이킹파우더는 팽창제, 글루콘산칼슘은 영양강화제, 프로피온산나트륨은 보존제이다.

081 빵을 구울 때 기계에 달라붙지 않고 분할이 쉽도록 하기 위해 사용하는 첨가물은?

① 피막제   ② 이형제

③ 유화제   ④ 조미료

해설 빵의 제조에서 빵이 형틀에 달라붙지 않게 하고, 모양을 그대로 유지하기 위하여 사용하는 첨가물을 이형제라 하며 유동파라핀이 허용되어 있다.

082 색소를 함유하고 있지는 않지만 식품 중의 성분과 결합하여 색을 안정화시키면서 선명하게 하는 물질은?

① 산화방지제   ② 발색제

③ 보존료   ④ 착색제

해설 발색제란 그 자체는 색이 없으나 식품 중의 색소와 작용해서 색을 안정시키거나 발색을 촉진하는 물질이다.

083 식품 중에 존재하는 색소단백질과 결합함으로써 식품의 색을 보다 선명하게 하거나 안정화시키는 첨가물은?

① 질산나트륨(sodium nitrate)

② 동클로로필린나트륨(sodium chlorophyll)

③ 삼이산화철(iron sesquixide)

④ 이산화티타늄(titanium dioxide)

해설 식품의 가공 중에 색을 보다 선명하게 하거나 안정화시키는 첨가물을 발색제라고 하며, 질산나트륨은 육류발색제로 허용되어 있다. 동클로로필린나트륨, 삼이산화철, 이산화티타늄은 착색제이다.

084 다음 중 허가된 착색제는?

① 파라니트로아닐린(p-nitroaniline)

② 인디고카민(indigo carmine)

③ 아우라민(auramine)

④ 로다민 B(rhodamine B)

해설 인디고카민은 식용색소 청색 2호를 말하는데, 주로 과자 및 음료의 착색에 이용된다.

085 국내에서 허가된 인공감미료는?

① 둘신(dulcin)

② 사카린나트륨(sodium saccharin)

③ 사이클라민산나트륨(sodium cyclamate)

④ 에틸렌글리콜(ethylene glycol)

해설 둘신, 사이클라메이트, 에틸렌글리콜은 사용이 금지되어 있는 유해감미료이다.

정답 078 ②   079 ①   080 ②   081 ②   082 ②   083 ①   084 ②   085 ②

086 식품의 신맛을 부여하기 위하여 사용되는 첨가물은?

① 산미료　　　　② 향미료
③ 조미료　　　　④ 강화제

해설 향미료는 향기 부여, 조미료는 감칠맛, 강화제는 영양 강화를 목적으로 한다.

087 관능을 만족시키는 첨가물이 아닌 것은?

① 발색제　　　　② 조미료
③ 강화제　　　　④ 산미료

해설 관능을 만족시키는 식품첨가물에는 색을 아름답게 하는 발색제와 착색제, 맛과 관련 있는 조미료(감미료, 산미료, 염미료, 신미료 등), 식감과 관계되는 호료 및 증점제 등을 들 수 있다.

088 사카린나트륨과 관련된 다음 설명 중 옳은 것은?

① 사용량 제한 없이 쓸 수 있다.
② 모든 식품에 사용될 수 있다.
③ 모든 식품에 사용 가능하나 사용량 제한은 있다.
④ 허용량과 사용량에 대한 제한이 있다.

해설 사카린나트륨은 감미료로서 사용 대상 식품과 사용량의 제한이 있다.

089 사카린나트륨을 사용할 수 없는 식품은?

① 된장　　　　② 김치류
③ 어육가공품　　④ 뻥튀기

해설 사카린나트륨은 김치·절임식품, 음료류(발효음료류 제외), 어육가공품, 영양보충용 제품, 특수 의료용도 등 식품, 체중조절용 조제식품 및 시리얼류, 뻥튀기 등에 허용되어 있다.

090 다음 중 연결이 바르게 된 것은?

① 안식향산 – 착색제
② 토코페롤 – 표백제
③ 차아염소산나트륨 – 살균제
④ 질산나트륨 – 산화방지제

해설 안식향산은 청량음료와 간장 등에 허용된 보존제, 토코페롤은 산화방지제, 질산나트륨은 육류발색제이다.

091 식품첨가물 중 주요 목적이 다른 것은?

① 과산화벤조일　　② 과황산암모늄
③ 이산화염소　　　④ 아질산나트륨

해설 과산화벤조일, 과황산암모늄, 이산화염소는 밀가루의 표백과 숙성을 위해 사용하는 밀가루개량제이며, 아질산나트륨은 육류발색제이다.

092 추출제는 일종의 용매로서 천연식물 등에서 그 성분을 용해 추출하기 위해서 사용한다. 현재 사용할 때 허용된 추출제는?

① 유동파라핀
② 초산비닐수지
③ n–핵산
④ 규소수지(silicon resin)

해설 유동파라핀은 이형제, 초산비닐수지는 피막제, 규소수지는 소포제이다.

093 산화방지제 중 사용 제한이 없는 것은?

① L–아스코르빈산나트륨
② 아스코르빌 팔미테이트
③ 디부틸히드록시톨루엔
④ 이디티에이 2 나트륨

해설 L–아스코르빈산나트륨은 합성비타민 C로서 영양강화제로도 사용되며, 독성은 거의 없다.

094 식품첨가물 중 유지의 산화방지제는?

① 차아염소산나트륨

② 소르빈산칼륨

③ 몰식자산프로필

④ 아질산나트륨

해설 소르빈산칼륨은 식육 및 어육제품 등에 보존제로 사용되고, 차아염소산나트륨은 살균제, 아질산나트륨은 육류발색제이다.

095 다음 첨가물 중 수용성 산화방지제는 어느 것인가?

① 부틸히드록시아니졸(BHA)

② 몰식자산프로필(propyl gallate)

③ 부틸히드록시톨루엔(BHT)

④ 에리소르브산(erythorbic acid)

해설 산화방지제에는 에리소르브산·아스코르빈산 등의 수용성과 몰식자산프로필·BHA·BHT 등의 지용성이 있다.

096 다음 중 식품의 산패를 방지하는 데 많이 사용되는 항산화제는?

① BHA와 tocopherol

② BHA와 BHC

③ BHC와 몰식자산

④ TBA와 BHC

해설 BHA는 유지·버터·어개건제품 및 어개냉동품에 허용되어 있는 산화방지제, 토코페롤(tocopherol)은 비타민 E로 천연 산화방지제이다. 몰식자산(propyl gallate)은 유지와 버터에 허용되어 있는 산화방지제, BHC는 유기염소제 농약, TBA는 제초제이다.

097 식품과 음료의 제조공정 중 거품을 없애도록 하는 식품첨가물은?

① 초산비닐수지   ② 규소수지

③ 몰호린지방산염   ④ 폴리부텐

해설 거품의 소멸 또는 제거를 위하여 사용되는 첨가물을 소포제라 하며, 우리나라에서 허용되어 있는 것은 규소수지뿐이다.

098 다음 중 표백제가 아닌 것은?

① 과산화수소   ② 취소산칼륨

③ 차아황산나트륨   ④ 아황산나트륨

해설 취소산칼륨($KBrO_3$)은 개량제이다.

099 과일, 채소류의 선도 유지를 위해 처리하는 식품첨가물은?

① 강화제   ② 피막제

③ 보존료   ④ 품질개량제

해설 과일이나 과채류의 선도를 장시간 유지할 목적으로 사용하는 식품첨가물은 피막제로 몰호린지방산염, 초산비닐수지가 있다.

100 다음 식품첨가물 중 영양강화제는?

① 비타민, 아미노산류

② 검, 락톤류

③ 에테르류, 에스테르류

④ 지방산류, 페놀류

해설 우리나라에서 허가된 영양강화제는 크게 비타민류, 필수아미노산류, 철염류, 칼슘염류로 나눌 수 있다.

101 식품의 점착성을 증가시키고 유화 안정성을 좋게 하는 것은?

① 강화제   ② 호료

③ 팽창제   ④ 용제

해설 호료는 점증제라고도 하는데 식품의 점성이나 안정성을 향상시키며 식품형태의 유지와 촉감을 좋게 할 목적으로 사용한다.

정답 **094** ③ **095** ④ **096** ① **097** ② **098** ② **099** ② **100** ① **101** ②

102 주요 용도와 식품첨가물의 연결이 옳은 것은?

① 삼이산화철 – 발색제

② 이산화티타늄 – 표백제

③ 명반 – 피막제

④ 호박산 – 산도조절제

해설 산도조절제란 식품의 산도를 적절한 범위로 조절하는 식품첨가물로 호박산은 감칠맛이 나는 신맛을 가진 물질로 산도조절제로 사용된다.

103 마요네즈에 이디티에이(EDTA)칼슘2나트륨을 사용하였다. 사용용도는 어느 것인가?

① 세균에 대한 정균작용으로 보존성을 높인다.

② 우유와 가까운 색깔이 나도록 한다.

③ 금속이온을 봉쇄하여 산화를 방지한다.

④ 마요네즈 특유의 향을 증진시킨다.

해설 이디티에이(EDTA)칼슘2나트륨은 산화방지제이다.

104 과거에는 단무지, 연유 및 카레분 등에 사용하였으나 독성이 강하여 현재 사용이 금지된 색소는?

① 아우라민(염기성 황색색소)

② 아마란스(식용 적색 제2호)

③ 타트라진(식용 황색 제4호)

④ 에리스로신(식용 적색 제3호)

해설 아우라민(auramine)은 황색의 염기성 색소로 한때 착색제로 사용하였으나 독성 때문에 사용이 금지되었다. 아마란스, 타트라진, 에리스로신은 타르(tar)계 색소로 일부 식품에는 사용이 금지되어 있으나 식품첨가물로 사용되고 있는 착색제이다.

105 식품첨가물의 사용이 잘못된 경우는?

① 값이 싸고 색이 아름다우며 사용상 편리하여 과자를 만들 때 아우라민(auramine)을 사용하였다.

② 허용된 첨가물이라도 과용하면 식중독이 유발될 수 있으므로 사용량을 잘 지켜 사용하였다.

③ 롱가릿는 밀가루 또는 물엿의 표백작용이 있으나 독성물질의 잔류 때문에 사용하지 않았다.

④ 보존료로서 식품첨가물로 지정되어 있는 것은 사용기준이 정해져 있으므로 이를 잘 지켜 사용하였다.

해설 아우라민은 황색의 염기성 색소로 독성이 강하여 사용이 금지되었다.

106 다음 첨가물 중에서 식품제조에 필요한 첨가물에 해당하는 것은?

① 소포제   ② 발색제

③ 살균제   ④ 표백제

해설 식품제조에 필요한 첨가물이란 어느 특정한 목적에 사용되는 것이 아니고, 식품의 제조 및 가공과정이나 기타의 목적으로 널리 쓰이는 첨가물을 말한다. 소포제는 식품제조공정에서 생기는 거품의 소멸 또는 억제를 목적으로 사용하는데 우리나라에서 허가된 것은 규소수지뿐이다.

107 식품을 조리 또는 가공할 때 생성되는 유해물질과 생성 원인을 잘못 짝지은 것은?

① 엔–니트로소아민(N–nitrosoamine) – 육가공품의 발색제 사용으로 인한 아질산과 아민과의 반응 생성물

② 다환방향족탄화수소(polycyclic aromatic hydrocarbon) – 유기물질을 고온으로 가열할 때 생성되는 단백질이나 지방의 분해 생성물

③ 아크릴아미드(acrylamide) – 전분식품을 가열 시 아미노산과 당의 열에 의한 결합반응 생성물

④ 헤테로고리아민(heterocyclkic amine)

정답 **102** ④ **103** ③ **104** ① **105** ① **106** ① **107** ④

– 주류 제조 시 에탄올과 카바밀기의 반응에 의한 생성물

해설 헤테로고리아민은 고기나 생선을 구울 때 생기는 발암성 물질로 요리온도가 높을수록, 요리시간이 길수록 더 많이 생긴다.

108 커피에 들어 있는 발암물질은?

① 벤조알파파이렌(benzo-α-pyrene)

② 1,2-벤조파이렌(1,2-benzopyrene)

③ 3,4-벤조파이렌(3,4-benzopyrene)

④ 피.시.비(P.C.B)

해설 3,4-벤조파이렌은 암을 일으키는 방향족 탄화수소화합물로서 불에 구운 고기 · 훈제품 · 커피 등에서 발견되고 있다.

03 주방 위생관리

109 식품이 세균에 오염되는 것을 막기 위한 방법으로 바람직하지 않은 것은?

① 식품취급 장소의 위생동물관리

② 식품취급자의 마스크 착용

③ 식품취급자의 손을 역성비누로 소독

④ 식품의 철제 용기를 석탄산으로 소독

해설 석탄산은 금속 부식성이 있어 금속제품의 소독에는 부적당하다.

110 다음의 정의에 해당하는 것은?

> 식품의 원료관리, 제조 · 가공 · 조리 · 유통의 모든 과정에서 위해한 물질이 식품에 섞이거나 식품이 오염되는 것을 방지하기 위하여 각 과정을 중점적으로 관리하는 기준

① 위해요소중점관리기준(HACCP)

② 식품 Recall 제도

③ 식품 CODEX 기준

④ ISO 인증제도

해설 위해요소중점관리기준(HACCP)이란 식품의 원료관리, 제조 · 가공 및 유통의 전 과정에서 유해한 물질이 해당 식품에 혼입 또는 오염되는 것을 방지하기 위하여 전 과정을 중점 관리하는 제도이다.

111 HACCP의 의무적용 대상 식품에 해당하지 않는 것은?

① 빙과류   ② 비가열 음료

③ 껌류   ④ 레토르트 식품

해설 HACCP 의무적용 대상은 다음과 같다.

① 어육가공품 중 어묵 · 어육소시지

② 냉동수산식품 중 어류 · 연체류 · 조미가공품

③ 냉동식품 중 피자류 · 만두류 · 면류

④ 빙과류

⑤ 과자 · 캔디류 · 빵류 · 떡류

⑥ 음료류[다류(茶類) 및 커피류는 제외]

⑦ 레토르트 식품 등

⑧ 김치

⑨ 초콜릿류

⑩ 생면 · 숙면 · 건면

⑪ 특수용도식품

⑫ 즉석섭취식품, 순대

⑬ 전년도 총매출액이 100억 원 이상인 영업소에서 제조 · 가공하는 식품

112 다음 중 위해요소중점관리기준(HACCP)을 수행하는 단계에 있어서 가장 먼저 실시하는 것은?

① 중점관리점 규명

② 관리기준의 설정

③ 기록유지방법의 설정

④ 식품의 위해요소를 분석

해설 HACCP의 HA는 위해 가능성 요소를 찾아 분석 · 평가하고, CCP는 해당 위해요소를 방지 · 제거하고 안전성을 확보하기 위해 다루어야 할 중점관리점을 말한다.

정답 108 ③   109 ④   110 ①   111 ③   112 ④

04 식중독 관리

113 세균성 식중독의 가장 대표적인 증상은?

① 중추신경마비 　② 급성위장염

③ 언어장애 　④ 시력장애

해설 세균성 식중독은 병원균에 오염된 음식물 섭취로 인하여 급성위장염을 주 증상으로 한다.

114 세균성 식중독을 예방하는 방법과 가장 거리가 먼 것은?

① 조리장의 청결 유지

② 조리기구의 소독

③ 유독한 부위의 제거

④ 신선한 재료의 사용

해설 유독 부위의 제거는 자연독 식중독 예방법이다.

115 세균성 식중독의 일반적인 특성으로 틀린 것은?

① 주요 증상은 두통, 구역질, 구토, 복통, 설사이다.

② 살모넬라균, 장염비브리오균, 포도상구균 등이 원인균이다.

③ 감염 후 면역성이 획득된다.

④ 발병하는 식중독의 대부분은 세균에 의한 세균성 식중독이다.

해설 식중독은 면역성이 없다.

116 세균성 식중독의 전염예방대책이 아닌 것은?

① 원인균의 식품오염을 방지한다.

② 위염환자의 식품조리를 금한다.

③ 냉장·냉동 보관하여 오염균의 발육증식을 방지한다.

④ 세균성 식중독에 관한 보건교육을 철저히 실시한다.

해설 세균성 식중독의 에빙대책으로는 식품의 저온보관 및 식품의 위생적 관리, 개인위생의 철저, 피부병 및 화농성 환자의 식품취급 금지 등을 들 수 있다.

117 다음 중 독소형 세균성 식중독은?

① 리스테리아 식중독과 복어독 식중독

② 살모넬라 식중독과 장염비브리오 식중독

③ 맥각독 식중독과 프로테우스 식중독

④ 포도상구균 식중독과 클로스트리디움 보툴리눔 식중독

해설 세균성 식중독에는 감염형과 독소형이 있다.
① 감염형 : 식품 중에서 증식된 다량의 균이 침입해서 발병하는 식중독으로 살모넬라균, 장염비브리오균, 병원성 대장균 식중독이 있다.
② 독소형 : 균이 생성하는 독소에 의해 발병하는 것으로, 장독소인 엔테로톡신에 의한 포도상구균 식중독과 신경독소인 뉴로톡신에 의한 보툴리누스균 식중독이 있다.

118 감염형 세균성 식중독에 해당하는 것은?

① 살모넬라 식중독

② 독꼬치 식중독

③ 클로스트리디움 보툴리눔 식중독

④ 아플라톡신 식중독

해설 독꼬치는 지용성의 마비성 신경독소, 클로스트리디움 보툴리눔은 신경독소인 뉴로톡신(neurotoxin)을 가지고 있으며, 아플라톡신은 곰팡이 독소이다.

119 노로바이러스에 대한 설명으로 틀린 것은?

① 발병 후 자연 치유되지 않는다.

② 크기가 매우 작고 구형이다.

③ 급성 위장관염을 일으키는 식중독 원인체이다.

④ 감염되면 설사, 복통, 구토 등의 증상이 나타난다.

정답 113 ② 　114 ③ 　115 ③ 　116 ② 　117 ④ 　118 ① 　119 ①

해설 노로바이러스(norovirus)는 바이러스성 장염을 일으키는 식중독균으로 대부분 1~2일 내에 호전된다.

120 부적절하게 조리된 햄버거 등을 섭취하여 식중독을 일으키는 O157:H7균은 다음 중 무엇에 속하는가?

① 살모넬라균　　② 리스테리아균
③ 대장균　　　　④ 비브리오균

해설 O157:H7균은 병원성 대장균의 일종으로 대장균 표면에 있는 단백질 O항원의 여러 가지 혈청학적 타입 중 157번째로 발견된 것이라 하여 O-157이라고 한다.

121 대장균(Escherichia coli)에 대한 설명 중 잘못된 것은?

① 그람음성의 무포자 간균으로 유당을 발효시켜 산과 가스를 생성한다.
② 내열성이 강하여 독소를 생성한다.
③ 식품위생의 지표 미생물이다.
④ 병원성을 띠는 경우도 있다.

해설 대장균은 장내상재균으로 독소를 생성하지 않는 감염형이다.

122 포도상구균 식중독의 원인 물질은?

① 엔테로톡신(enterotoxin)
② 테트로도톡신(tetrodotoxin)
③ 에르고톡신(ergotoxin)
④ 아플라톡신(aflatoxin)

해설 포도상구균은 화농성 질환의 대표적인 원인균으로 장독소인 엔테로톡신에 의하여 발생한다. 테트로도톡신은 복어, 에르고톡신은 맥각, 아플라톡신은 곰팡이독소이다.

123 포도상구균에 의한 식중독 예방대책으로 가장 적당한 것은?

① 토양의 오염을 방지하고 특히 통조림의 살균을 철저히 해야 한다.
② 쥐나 곤충 및 조류의 접근을 막아야 한다.
③ 화농성 질환자의 식품 취급을 금지한다.
④ 어패류를 저온에서 보존하며 생식하지 않는다.

해설 포도상구균은 화농성 질환의 원인균이다. ①항은 보툴리누스균 식중독, ②항은 살모넬라균 식중독, ④항은 비브리오균 식중독의 예방대책이다.

124 황색포도상구균에 의한 식중독에 대한 설명으로 틀린 것은?

① 잠복기는 1~5시간 정도이다.
② 감염형 식중독을 유발하며 사망률이 높다.
③ 주요 증상은 구토, 설사, 복통 등이다.
④ 장독소(enterotoxin)에 의한 독소형이다.

해설 황색포도상구균 식중독은 장독소인 엔테로톡신(enterotoxin)을 분비하는 독소형 식중독이다.

125 일반 가열조리법으로 예방하기 가장 어려운 식중독은?

① 살모넬라에 의한 식중독
② 웰치균에 의한 식중독
③ 포도상구균에 의한 식중독
④ 병원성 대장균에 의한 식중독

해설 포도상구균은 열에 약하여 60℃에서 30~60분간의 가열로 사멸하지만, 독소는 열에 강해 120℃에서 20분간의 가열로도 사멸되지 않으므로 보통의 조리법으로는 독소의 파괴가 어렵다.

정답 120 ③　121 ②　122 ①　123 ③　124 ②　125 ③

126 사시, 동공확대, 언어장애 등의 특유의 신경마비증상을 나타내며 비교적 높은 치사율을 보이는 식중독 원인균은?

① 셀리우스균

② 포도상구균

③ 병원성 대장균

④ 클로스트리디움 보툴리눔균

해설 보툴리누스(botulus) 식중독은 소시지·통조림 등의 식품이 혐기성 상태에서 발육하여 신경독소인 뉴로톡신(neurotoxin)을 분비하여 식중독을 일으킨다. A~G까지 7형이 있으며 이 중 식중독의 원인이 되는 것은 A·B·E의 3형으로 세균성 식중독 가운데 치사율이 가장 높다.

127 살모넬라 식중독의 증상과 거리가 먼 것은?

① 시력장애   ② 복통

③ 설사   ④ 구토

해설 시력장애는 메탄올 중독 증상이다.

128 달걀이나 샐러드가 원인식품인 식중독은?

① 장염비브리오 식중독

② 살모넬라 식중독

③ 포도상구균 식중독

④ 병원성 대장균 식중독

해설 살모넬라균 식중독의 원인식품은 육류와 생선류 및 샐러드·마요네즈 등 알을 사용한 일반적으로 동물성 식품이다.

129 클로스트리디움 보툴리눔균(Clostridium botulium)의 증식을 억제하기 위한 방법은?

① 식품의 pH를 7.0으로 유지한다.

② 식품에 착색제를 첨가한다.

③ 식품의 수분활성을 0.95 이상 유지한다.

④ 식품을 냉동 또는 4℃ 이하의 냉장보관한다.

해설 보툴리눔균의 최적온노는 25~35℃이므로 4℃ 이하의 저온에서 냉장보관하면 증식을 억제할 수 있다.

130 밀폐된 포장식품 중에서 식중독이 발생했다면 주로 어떤 균에 의해서인가?

① 살모넬라균(salmonella)

② 대장균(E. coli)

③ 아리조나균(arizona)

④ 클로스트리디움 보툴리눔(Cl. botulinum)

해설 클로스트리디움 보툴리눔 식중독은 신경독소인 뉴로톡신(neurotoxin)을 분비하여 신경마비증상을 일으키며, 소시지, 통조림, 병조림 등 혐기성 상태의 밀봉식품이 원인이 된다.

131 클로스트리디움 보툴리눔균이 생성하는 독소는?

① enterotoxin(엔테로톡신)

② neurotoxin(뉴로톡신)

③ saxitoxin(삭시톡신)

④ ergotoxin(에르고톡신)

해설 엔테로톡신은 포도상구균이 생성하는 장독소, 삭시톡신은 섭조개, 에르고톡신은 맥각의 독소이다.

132 식중독의 원인이 되는 웰치균의 형태는?

① A형   ② B형

③ C형   ④ E형

해설 웰치균은 A~F까지 6형이 있으며 식중독의 원인이 되는 것은 A형이다.

133 장염비브리오균 식중독에 대한 예방법이 아닌 것은?

① 비브리오 중독 유행기에는 어패류를 생식하지 않는다.

② 저온저장하여 균의 증식을 억제한다.

③ 식품을 먹기 전에 충분히 가열한다.

④ 쥐, 바퀴벌레, 파리가 매개체이므로 해충을 구제한다.

해설 장염비브리오균은 해수세균으로 주요 감염원은 어패류이다. 쥐, 바퀴벌레, 파리는 살모넬라균 식중독의 매개체 역할을 한다.

134 세균성 식중독 및 그 원인 세균에 대한 설명이 잘못된 것은?

① 포도상구균 식중독은 이 균이 생성한 엔테로톡신에 의해서 일어난다.

② 클로스트리디움 보툴리눔 식중독은 대표적인 독소형 식중독이다.

③ 살모넬라 식중독은 이 균이 생성한 테트로도톡신에 의해서 일어난다.

④ 장염 비브리오 식중독의 원인균은 일반적으로 3~4%의 식염농도에서 잘 자란다.

해설 살모넬라 식중독은 감염형 식중독이며, 테트로도톡신(tetrodotoxin)은 복어의 자연독이다.

135 다음의 균에 의해 식사 후 식중독이 발생했을 경우 평균적으로 가장 빨리 식중독을 유발시킬 수 있는 원인균은?

① 살모넬라균　　　② 리스테리아

③ 포도상구균　　　④ 장구균

해설 세균성 식중독균의 잠복기는 다음과 같다.

① 살모넬라 : 12~48시간(평균 20시간)

② 포도상구균 : 1~6시간(평균 3시간)

③ 리스테리아 : 1~7일(70일인 경우도 있다)

④ 장구균 : 1~36시간(평균 5~10시간)

136 히스타민(histamine)을 생산 축적하여 알레르기(allergy) 증상을 일으키는 균은?

① 살모넬라균(salmonella)

② 아리조나균(arizona)

③ 장염 비브리오균(vibrio)

④ 모르가니균(P. morganii)

해설 알레르기성 식중독은 부패산물의 하나인 히스타민에 의한 식중독으로 꽁치나 전갱이 같은 등푸른 생선에 모르가니균이 증식하여 발생하며, 항히스타민제의 복용으로 쉽게 치료할 수 있다.

137 음식물에 대한 분변오염의 여부와 정도를 알기 위해 분변오염 지표균으로 이용되는 균 중 특히 냉동식품의 오염지표균이 되는 것은 어느 것인가?

① 대장균군(coliform bacteria)

② 장구균(streptococcus faecalis)

③ 아리조나균(salmonella arizoae)

④ 포도상구균(staphylococcus aurens)

해설 냉동식품의 경우 대장균군은 빨리 사멸되지만, 장구균은 오랫동안 생존하므로 냉동식품의 분변오염 지표균으로는 장구균이 이용된다.

138 발아한 감자와 청색감자에 많이 함유된 독성분은?

① 솔라닌　　　　② 무스카린

③ 리신　　　　　④ 엔테로톡신

해설 무스카린은 독버섯, 리신은 피마자의 자연독 성분이며 엔테로톡신은 포도상구균 식중독의 장독소이다.

139 식품과 독성분의 연결이 잘못된 것은?

① 청매 – 아미그달린(amygdalin)

② 독미나리 – 시큐톡신(cicutoxin)

③ 목화씨 – 고시폴(gossypol)

④ 피마자 – 아트로핀(atropin)

해설 피마자의 유독성분은 리신(ricin)이고, 아트로핀은 미치광이풀의 유독성분이다.

정답 134 ③　135 ③　136 ④　137 ②　138 ①　139 ④

140 일반적으로 식용버섯이라 할 수 없는 것은?

① 줄기가 세로방향으로 잘라지기 쉬운 것

② 빛깔이 선명치 않은 것

③ 악취가 없는 것

④ 버섯을 끓일 때 은수저가 검게 변하는 것

해설 살이 세로로 쪼개지는 것은 독버섯이 아니다. 독버섯은 색이 화려하고 악취와 쓴맛이 있으며 유즙을 분비하여 점액물질을 띤다. 은수저로 문질렀을 때 은수저가 검게 변한다.

141 다음 중 독버섯의 유독성분은?

① 솔라닌(solanine)

② 무스카린(muscarine)

③ 아미그달린(amygdaline)

④ 테트로도톡신(tetrodotoxin)

해설 솔라닌은 감자, 아미그달린은 청매, 테트로도톡신은 복어의 유독성분이다.

142 버섯의 중독증상 중 콜레라 증상을 일으키는 버섯류는?

① 화경버섯, 외대버섯

② 알광대버섯, 독우산버섯

③ 광대버섯, 파리버섯

④ 마귀곰보버섯, 미치광이버섯

해설 알광대버섯의 독성분인 아마니타톡신(amanita toxin)과 팔린(phaline), 독우산버섯의 독성분인 팔린은 복통 · 오한 · 구토 · 설사 등의 콜레라 증상을 나타낸다.

143 특유의 중추신경장애(정신착란 상태)를 일으키는 독버섯은?

① 무당버섯   ② 깔때기버섯

③ 미치광이버섯   ④ 화경버섯

해설 미치광이버섯은 뇌증형으로 중추신경독을 나타낸다.

144 복어독에 관한 설명으로 잘못된 것은?

① 복어독은 햇볕에 약하다.

② 난소, 간, 내장 등에 독이 많다.

③ 복어독은 테트로도톡신(tetrodotoxin)이다.

④ 복어독에 중독되었을 때에는 신속하게 위장 내의 독소를 제거하여야 한다.

해설 복어독인 테트로도톡신은 열에 대한 저항력이 강해 100℃에서 4시간의 가열로도 파괴되지 않으며, 복어의 난소 > 간 > 내장 > 표피의 순서로 다량 함유되어 있다.

145 복어중독의 치료법으로 부적당한 것은?

① 하제 투여   ② 진통제 투여

③ 최토제 투여   ④ 위세척

해설 복어중독의 치료는 위장 내의 독소를 제거해야 한다.

146 복어독에 의한 식중독에 대한 설명이 맞는 것은?

① 계절적으로 봄에 많이 발생하고 여름에 적다.

② 독성은 특히 5~6월의 산란기 직전에 최고에 달한다.

③ 발생률은 높지만 치사율은 매우 낮다.

④ 가시복은 맹독성이다.

해설 복어의 테트로도톡신은 겨울철에서 봄철 산란기인 5~6월에 독성분이 가장 강하다.

147 굴을 먹고 식중독에 걸렸을 때 관계되는 물질은?

① 시큐톡신(cicutoxin)

② 베네루핀(venerupin)

③ 테트라민(tetramine)

④ 테무린(temuline)

해설 베네루핀은 굴 · 모시조개 · 바지락 등 조개류

정답 140 ④ 141 ② 142 ② 143 ③ 144 ① 145 ② 146 ② 147 ②

의 유독성분이다. 시큐톡신은 독미나리. 테트라민은 고동류, 테무린은 독보리의 유독성분이다.

148 다음 중 치사율이 가장 높은 독소는?

① 삭시톡신(saxitoxin)
② 베네루핀(venerupin)
③ 테트로도톡신(tetrodotoxin)
④ 엔테로톡신(enterotoxin)

해설 테트로도톡신은 복어의 독소로 치사량은 약 2mg이며. 증상은 근육마비·호흡곤란·의식불명 등으로 치사율이 50~60% 정도이다.

149 화학성 식중독의 가장 대표적인 증상은?

① 고열　　　　② 구토
③ 경련　　　　④ 설사

해설 화학성 식중독의 주 증상은 구토와 메스꺼움이다.

150 화학적 식중독에 대한 특성으로 틀린 것은?

① 체내흡수가 빠르다.
② 중독량에 달하면 급성증상이 나타난다.
③ 체내분포가 느려 사망률이 낮다.
④ 소량의 원인물질 흡수로도 만성중독이 일어난다.

해설 화학물질의 종류에 따라 차이가 있으나 급성 중독의 경우 5분 또는 30분~1시간 이내에 발병하는 경우도 있으며 인체에 치명적인 경우가 많다.

151 화학물질에 의한 식중독의 증상 중 틀린 것은?

① 유기인제농약 – 신경독
② 메탄올 – 시각장애 및 실명
③ 둘신(dulcin) – 혈액독
④ 붕산 – 체중과다

해설 붕산이 체내에 축적되면 식욕감퇴, 체중감소, 소화불량 등을 일으킨다.

152 식품과 자연독의 관계를 연결한 것 중 잘못된 것은?

① 독버섯 – 무스카린(muscarine)
② 감자 – 솔라닌(solanine)
③ 살구씨 – 파세오루나틴(phaseolunatine)
④ 목화씨 – 고시폴(gossypol)

해설 살구씨의 유독성분은 아미그달린(amygdalin)이며. 파세오루나틴은 미얀마콩(오색두)의 유독성분이다.

153 화학물질에 의한 식중독으로 일반 중독증상과 시신경의 염증으로 실명의 원인이 되는 물질은?

① 납　　　　　② 수은
③ 메틸알코올　④ 청산

해설 메틸알코올은 과실주 및 정제가 불충분한 증류주에 미량 함유되어 경증일 때 두통·구토·설사 등을 나타내며. 중증이면 시신경에 염증을 일으켜 실명하고 호흡곤란을 일으켜 사망할 수 있다.

154 통조림용 공관을 통해 주로 중독될 수 있는 유해 금속은?

① 수은　　　　② 비소
③ 주석　　　　④ 바륨

해설 통조림 관에서의 유해 금속성분으로 도금에 의한 주석. 납땜에 의한 납 등을 들 수 있다.

155 화학물질에 의한 식중독의 원인물질과 거리가 먼 것은?

① 기구, 용기, 포장 재료에서 용출·이행하는 유해물질
② 식품 자체에 함유되어 있는 동·식물성 유해물질
③ 제조과정 중에 혼입되는 유해 중금속
④ 제조·가공 및 저장 중에 혼입된 유해 약품류

해설 식품 자체의 대사 중에 생기는 특성물질에 의한 중독은 자연독 식중독이다.

156 화학성 식중독의 원인이 아닌 것은?

① 설사성 패류 중독

② 환경오염에 기인하는 식품 유독성분 중독

③ 중금속에 의한 중독

④ 유해성 식품첨가물에 의한 중독

해설 설사성 패류 중독은 검은조개, 모시조개 등에 의한 자연독 식중독이다.

157 살인당 또는 원폭당이라는 별명이 있었던 유해감미료는?

① 에틸렌글리콜(ethylene glycol)

② 포름알데히드(formaldehyde)

③ 파라니트로아닐린(p-nitroaniline)

④ 파라니트로올소톨루이딘(p-nitro-o-toluidine)

해설 파라니트로올소톨루이딘은 설탕보다 200배의 단맛이 있어 감미료로도 사용되었으나 독성이 강해 많은 중독사고가 발생하여 살인당 또는 원폭당이라는 별명이 있다.

158 육류의 발색제로 사용되는 아질산염이 산성 조건에서 식품성분과 반응하여 생성되는 발암성 물질은?

① 지질 과산화물

② 벤조피렌(benzopyrene)

③ 니트로사민(nitrosamine)

④ 포름알데히드(formaldehyde)

해설 육류발색제로 쓰이는 아질산나트륨($NaNO_2$), 아질산칼륨(KNO_2) 등은 특정 조건하에서 발암물질인 니트로사민을 생성한다.

159 단백질을 변성시키는 작용이 있으며, 체내에서 개미산으로 산화되어 배설되고 신장염, 소화작용의 저해, 두통, 구토 등을 일으키는 것은?

① 붕산(boric acid)

② 메탄올(methanol)

③ 포름알데히드(formaldehyde)

④ 페놀(phenol)

해설 포름알데히드는 살균 및 방부작용을 나타내는데 단백질 변성을 일으킨다.

160 비소화합물에 의한 식중독 유발사건과 관계가 먼 것은?

① 아미노산 간장에 비소 물질이 함유되어서

② 주스 통조림 관의 녹이 주스에 이행되어서

③ 비소화합물이 밀가루 등으로 오인되어서

④ 비소제 살충제의 농작물 잔류에 의해서

해설 비소화합물은 농약, 쥐약 등으로 사용하는데 밀가루 또는 전분으로 오인하여 식품에 혼입되는 경우 사고를 유발한다. 살충제의 농작물 잔류 및 아미노산 간장 제조 시 오인하여 혼입되면 문제가 된다.

161 도자기류의 안료에서 문제가 될 수 있는 유해 물질은?

① 석탄산　　　　② 카드뮴

③ 칼슘　　　　　④ 포르말린

해설 도자기류의 안료에서 문제가 될 수 있는 유해물질로 카드뮴, 납, 구리, 아연 등을 들 수 있다.

162 유해감미료에 속하는 것은?

① 둘신　　　　　② 솔비톨

③ 자일리톨　　　④ 아스파탐

해설 유해감미료인 둘신(dulcin)은 단맛이 설탕보다 약 250배 강하다.

163 다음 중 유해성 표백제는?

① 포름알데히드(formaldehyde)

② 아우라민(auramine)

③ 사이클라메이트(cyclamate)

④ 롱가릿(rongalite)

해설 포름알데히드는 유해보존제. 아우라민은 유해착색제. 사이클라메이트는 유해감미료이다.

164 유해보존료에 속하지 않는 것은?

① 붕산

② 소르빈산

③ 불소화합물

④ 포름알데히드

해설 소르빈산(sorbic acid)은 식육ㆍ어육제품에 허용되어 있는 보존제이다.

165 우리나라에서 허가되어 있는 발색제가 아닌 것은?

① 질산칼륨

② 질산나트륨

③ 아질산나트륨

④ 삼염화질소

해설 삼염화질소는 유해표백제로 사용이 금지되어 있다.

166 핑크빛의 색소로 과자나 어묵 등의 착색에 사용되어 문제를 일으키는 유해성 합성착색제는?

① 로다민 B(rhodamine B)

② 아우라민(auramine)

③ 에틸렌블루(ethyleneblue)

④ 니트로아닐린(n-aniline)

해설 로다민 B는 핑크빛의 염기성 색소로 생선묵, 과자, 토마토케첩, 얼음, 과자 등의 착색에 사용되었으나 현재는 사용이 금지되어 있다. 섭취 시 사람에게 색소뇨와 전신 착색증세가 나타난다.

167 오래된 과일이나 산성 채소 통조림에서 유래되는 화학성 식중독의 원인물질은?

① 칼슘

② 주석

③ 철분

④ 아연

해설 통조림 캔은 주로 양철판에 주석으로 도금을 한다. 통조림 제품의 허용치는 150ppm이며, 산성 통조림의 경우 250ppm이 허용되어 있다.

168 마이코톡신(mycotoxin)의 특징과 거리가 먼 것은?

① 사람과 동물에 질병이나 생리작용의 이상을 유발한다.

② 탄수화물이 풍부한 농산물에서 많이 발생한다.

③ 세균이 생성한 독소이다.

④ 원인식에서 곰팡이가 분리되는 경우가 많다.

해설 마이코톡신은 곰팡이가 생성하는 독소의 총칭으로 진균독이라고도 한다.

169 아스퍼질러스 플라버스(Aspergillus flavus)가 만드는 발암물질은?

① 루브라톡신(rubratoxin)

② 아일란디톡신(islanditoxin)

③ 니트로사민(nitrosamine)

④ 아플라톡신(aflatoxin)

해설 루브라톡신, 아일란디톡신, 아플라톡신은 간장독을 일으키는 곰팡이독으로 루브라톡신과 아일란디톡신은 페니실리움 속이다. 니트로사민은 화학성의 발암물질이다.

170 두류 및 땅콩제품의 수확 후 저장ㆍ유통이 잘못되어 곰팡이 오염에 의해 문제가 된 독성분은?

① 아플라톡신

② 엔테로톡신

③ 시큐톡신

④ 테트로도톡신

정답 163 ④ 164 ② 165 ④ 166 ① 167 ② 168 ③ 169 ④ 170 ①

해설 아플라톡신은 간장독으로서 탄수화물이 풍부한 농산물 중에서 쌀·보리 등의 곡류와 땅콩 등을 기질로 하는 곰팡이 독이다.

171 황변미 중독을 일으키는 오염 미생물은?

① 곰팡이　　　　② 효모
③ 세균　　　　　④ 기생충

해설 황변미 중독은 페니실리움(penicillium) 속 곰팡이에 의해 발생한다.

172 곰팡이의 대사산물에 의해 질병이나 생리작용에 이상을 일으키는 것과 거리가 먼 것은?

① 식중독성 무백혈구증
② 황변미중독
③ 청매중독
④ 아플라톡신중독

해설 청매 및 살구씨 등의 유독성분은 아미그달린(amygdalin)으로 곰팡이의 대사산물이 아니다.

173 진균독소 중 간암을 일으키는 것은?

① 시트리닌(citrinin)
② 아플라톡신(aflatoxin)
③ 스포리데스민(sporidesmin)
④ 에르고톡신(ergotoxin)

해설 진균독이란 곰팡이독을 말한다. 시트리닌은 신장독을 일으키는 진균독소이고, 스포리데스민은 광과민성피부염물질, 에르고톡신은 맥각이 원인식품인 식물성 자연독 식중독이다.

174 아플라톡신(aflatoxin)에 대한 설명으로 틀린 것은?

① 기질 수분 16% 이상, 상대습도 80~85% 이상에서 생성한다.

② 탄수화물이 풍부한 곡물에서 많이 발생한다.
③ 열에 비교적 약하여 100℃에서 쉽게 불활성화된다.
④ 강산이나 강알칼리에서 쉽게 분해되어 불활성화된다.

해설 아플라톡신은 탄수화물이 풍부한 농산물 중에서 쌀·보리 등의 곡류와 땅콩 등을 기질로 하는 곰팡이 독소로 열에 비교적 강하다.

175 다음 중 사용이 금지된 감미료는?

① 사카린나트륨(saccharin sodium)
② 아스파탐(aspartame)
③ 페릴라틴(peryllatine)
④ 디 – 소르비톨(D-sorbitol)

해설 페릴라틴은 설탕보다 2,000~5,000배 정도의 감미가 있는 유해감미료로, 신장을 자극하여 염증을 일으킬 우려가 있다.

05 식품위생 관계법규

176 식품위생법의 목적과 거리가 먼 것은?

① 식품영양의 질적 향상 도모
② 감염병에 대한 예방 관리
③ 국민보건의 증진에 기여
④ 식품으로 인한 위생상의 위해 방지

해설 식품으로 인한 위생상의 위해를 방지하고 식품영양의 질적 향상을 도모하며, 식품에 대한 올바른 정보 제공으로 국민보건의 증진에 이바지함을 목적으로 한다.

정답 171 ①　172 ③　173 ②　174 ③　175 ③　176 ②

104 NCS 기반 한식조리기능사 필기

177 식품위생법상 용어의 정의에 대한 설명 중 틀린 것은?

① 농업 및 수산업에 속하는 식품의 채취업은 식품위생법상의 영업에서 제외된다.

② 영리를 목적으로 하는 집단급식소만이 식품위생법상의 집단급식소에 해당된다.

③ 식품이라 함은 의약으로 섭취하는 것을 제외한 모든 음식물을 말한다.

④ 표시라 함은 식품, 식품첨가물, 기구 또는 용기, 포장에 기재하는 문자 · 숫자 또는 도형을 말한다.

해설 집단급식소란 영리를 목적으로 하지 아니하고 상시 1회 50인 이상에게 식사를 제공하는 기숙사 · 학교 · 병원, 기타 후생기관 등의 비영리 급식시설을 말한다.

178 식품위생법상 식품첨가물에 속하는 것은?

① 고춧가루　　② 간장
③ 베이킹파우더　　④ 케첩

해설 식품첨가물이란 식품을 제조 · 가공 · 조리 또는 보존하는 과정에서 감미, 착색, 표백 또는 산화 방지 등을 목적으로 식품에 사용되는 물질을 말한다. 베이킹파우더는 팽창제로 사용되는 식품첨가물이다.

179 식품 등으로 인하여 중독을 일으킨 환자 또는 그 의심이 있는 자를 진단하였거나 그 사체를 검안한 의사 또는 한의사는 지체 없이 보고하도록 규정하고 있다. 누구에게 보고하는가?

① 보건복지부장관

② 보건소장

③ 식품의약품안전처장

④ 시장 · 군수 · 구청장

해설 식중독 보고는 (한)의사, 집단급식소의 설치 · 운영자 → 시장 · 군수 · 구청장 → 식품의약품안전처장, 시 · 도지사의 순서이다.

180 식품위생법에서 다루는 내용과 거리가 먼 것은?

① 식중독에 관한 조사보고

② 식품 관련 기구와 용기, 포장에 대한 기준

③ 조리사의 결격 사유

④ 기생충질환 예방에 관한 사항

해설 기생충질환 예방은 기생충질환 예방법(법률)에 의한다.

181 다음 중 식품위생법에서 규정하고 있는 '영업'이 아닌 것은?

① 식품첨가물 제조업

② 식품 용기 수입업

③ 식품운반 · 판매업

④ 수산식품 채취업

해설 식품위생법상의 '영업'이란 식품 또는 식품첨가물을 채취 · 제조 · 가공 · 수입 · 조리 · 저장 · 운반 또는 판매하거나 기구 또는 용기 · 포장을 제조 · 수입 · 운반 · 판매하는 업을 말한다. 다만, 농업 및 수산업에 속하는 식품의 채취업은 제외한다.

182 식품위생법으로 정의한 '기구'에 해당하는 것은?

① 식품의 보존을 위해 첨가하는 물질

② 식품의 조리 등에 사용하는 물건

③ 농업의 농기구

④ 수산업의 어구

해설 기구란 식품 또는 식품첨가물에 직접 닿는 기계 · 기구나 그 밖의 물건을 말한다(농업과 수산업에서 식품을 채취하는 데에 쓰는 기계 · 기구나 그 밖의 물건은 제외한다).

183 판매 금지되는 식품이 아닌 것은?

① 기준과 규격이 고시된 화학적 합성품

② 이물질이 혼입된 식품

③ 유해물질이 다량 함유된 식품

④ 질병에 걸린 소의 젖

해설 화학적 합성품은 식품의약품안전처장이 기준과 규격을 고시한 것만 판매할 수 있다.

184 식품위생법상 판매 또는 사용해도 되는 것은?

① 유독 · 유해물질이 함유된 외포장

② 유독 · 유해물질이 부착된 용기

③ 유독 · 유해물질이 함유된 내포장

④ 유독 · 유해물질이 함유된 기구

해설 유독 · 유해물질이 들어 있거나 묻어 있어 인체의 건강을 해할 우려가 있는 기구 및 용기 · 포장과 식품 또는 식품첨가물에 접촉되어 유해한 영향을 줌으로써 인체의 건강을 해할 우려가 있는 기구 및 용기 · 포장을 판매하거나 판매의 목적으로 제조 · 수입 · 저장 · 운반 또는 진열하거나 영업상 사용하지 못한다.

185 다음 중 판매 등이 금지되는 병육에 해당하지 않는 것은?

① 리스테리아병에 걸린 가축의 고기

② 조류 인플루엔자에 걸린 가축의 고기

③ 소해면뇌상(BSE)에 걸린 가축의 고기

④ 거세한 가축의 고기

해설 식품위생법에 의한 판매 등이 금지되는 병육은 다음과 같다.
① 축산물가공처리법 시행규칙에 의한 도축이 금지된 가축감염병에 걸린 병육
② 리스테리아병, 살모넬라병, 파스튜렐라병, 구간낭충, 선모충증에 걸린 병육

186 화학적 합성품의 심사에서 가장 중점을 두는 것은?

① 영양가   ② 함량

③ 효력   ④ 안전성

해설 화학적 합성품은 안전성에 가장 중점을 둔다.

187 다음 중 식품위생법의 규정에 의한 '판매'가 가능한 식품은?

① 유해물질이 들어 있지만 식품의약품안전처장이 인체의 건강을 해할 우려가 없는 것으로 인정한 것

② 영업신고를 하지 않고 판매를 목적으로 큰 단위의 식품을 작은 단위로 봉지에 담는 방법으로(소분) 가공한 것

③ 썩었거나 상한 것으로 인체의 건강을 해할 우려가 있는 것

④ 수입신고를 해야 하는 식품에 해당되는 것을 신고하지 않고 수입한 것

해설 무허가(신고) 제품 및 인체의 건강을 해할 우려가 있는 것은 판매할 수 없다.

188 식품을 조리할 때 첨가하는 식품첨가물의 기준과 규격을 설정하는 기관은?

① 식품의약품안전처

② 관할 시청

③ 관할 보건소

④ 관할 도청

해설 식품 · 식품첨가물 · 기구 및 용기, 포장의 기준과 규격은 식품의약품안전처장이 정하여 고시한다.

189 식품의 용기 또는 포장을 수입하려면 어디에 신고하여야 하는가?

① 보건소

② 외교통상부

③ 식품의약품안전처

④ 시 · 도 보건환경연구원

해설 판매를 목적으로 하거나 영업상 사용하는 식품 등을 수입하고자 하는 자는 식품의약품안전처장에게 수입할 때마다 신고하여야 한다.

정답 184 ①   185 ④   186 ④   187 ①   188 ①   189 ③

190 수출을 목적으로 하는 식품 또는 식품첨가물의 기준과 규격은?

① 수입자가 요구하는 기준과 규격에 의함
② 국립검역소장이 정하여 고시하는 기준과 규격에 의함
③ FDA의 기준과 규격에 의함
④ 산업자원부장관의 별도 허가를 득한 기준과 규격에 의함

해설 수출을 목적으로 하는 식품 또는 식품첨가물의 기준과 규격은 수입자가 요구하는 기준과 규격에 의할 수 있다.

191 식품위생법, 식품공전 등에 명시된 식품의 '규격'은 무엇에 관한 것인가?

① 식품의 보존방법 ② 식품의 성분
③ 식품의 크기   ④ 식품의 무게

해설 식품의약품안전처장은 식품 또는 식품첨가물에 대하여 ① 제조·가공·사용·조리·보존방법에 관한 기준 ② 성분에 관한 규격을 정하여 고시한다.

192 식품 등의 표기기준에 의한 성분명 및 함량의 표시대상 성분이 아닌 영양성분은?(단, 강조표시를 하고자 하는 영양성분은 제외)

① 트랜스지방   ② 나트륨
③ 콜레스테롤   ④ 불포화지방

해설 식품의약품안전처 고시에 의한 식품 등의 표기기준에서 표시대상성분은 ① 열량 ② 탄수화물(당류) ③ 단백질 ④ 지방(포화지방, 트랜스지방) ⑤ 콜레스테롤 ⑥ 나트륨 ⑦ 그 밖에 강조표시를 하고자 하는 영양성분

193 식품위생법상 건강위해가능 영양성분이 아닌 것은?

① 나트륨   ② 당류
③ 트랜스지방   ④ 무기질

해설 건강위해가능 영양성분의 종류는 ① 나트륨 ② 당류 ③ 트랜스지방이다.

194 고운 색깔을 가진 과자를 만들기 위하여 착색료를 사용하려고 한다. 다음 중 구체적인 사용 기준을 알려면 참고해야 할 것은?

① 식품과학용어집
② 식품성분표
③ 학술잡지
④ 식품첨가물공전

해설 식품첨가물공전이란 식품·식품첨가물 등의 기준과 규격 등이 수록되어 있다.

195 식품 등의 표시기준을 수록한 식품 등의 공전을 작성·보급하여야 하는 자는?

① 식품의약품안전처장
② 보건소장
③ 시·도지사
④ 식품위생감시원

해설 식품의약품안전처장은 식품·식품첨가물·기구 및 용기·포장의 기준규격과 식품 등의 표시기준을 수록한 식품 등의 공전을 작성·보급하여야 한다.

196 수입식품 검사 결과 부적합한 식품 등에 대하여 취하는 조치로 적합하지 않은 것은?

① 위해의 제거 후 매립처분
② 제3국으로의 반출
③ 수출국으로의 반송
④ 식용 외의 다른 용도로의 전환

해설 위해 제거 후에 매립하는 것이 아니라 부적합한 식품 자체를 폐기처분한다.

197 일반음식점 영업의 시설기준에 관한 설명으로 옳은 것은?

① 객실에 잠금장치를 설치할 수 없다.
② 영업장에 손님이 이용할 수 있는 자막용 영상장치를 설치할 수 있다.
③ 객실 내에 음향 및 반주장치를 설치할 수 있다.
④ 객실 내에 우주볼 등의 특수조명시설을 설치할 수 있다.

해설 객실에는 촉광조절장치 및 잠금장치를 설치할 수 없다.

198 영업의 종류와 그 허가관청의 연결이 잘못된 것은?

① 단란주점영업 – 시장 · 군수 또는 구청장
② 식품첨가물제조업 – 식품의약품안전처장
③ 식품조사처리업 – 시 · 도지사
④ 유흥주점영업 – 시장 · 군수 또는 구청장

해설 식품조사처리업의 영업허가는 식품의약품안전처장이 한다.

199 일반음식점의 영업신고는 누구에게 하는가?

① 관할 보건소장
② 관할 구청장
③ 식품의약품안전처장
④ 시 · 도지사

해설 식품접객업 중 일반음식점 및 휴게음식점의 영업은 시장 · 군수 · 구청장에게 신고하여야 한다.

200 식품접객영업을 하려는 자가 받아야 하는 식품위생교육 시간은?

① 3시간   ② 4시간
③ 6시간   ④ 8시간

해설 영업을 하려는 자가 받아야 하는 식품위생교육 시간은 다음과 같다.

① 식품제조 · 가공업, 즉석판매제조 · 가공업, 식품첨가물제조업 : 8시간
② 식품운반업, 식품소분 · 판매업, 식품보존업, 용기 · 포장류제조업 : 4시간
③ 식품접객업, 집단급식소를 설치 · 운영하려는 자 : 6시간

201 유흥종사자를 둘 수 있는 업종은?

① 일반음식점영업
② 단란주점영업
③ 휴게음식점영업
④ 유흥주점영업

해설 유흥종사자란 유흥접객원으로 손님과 함께 술을 마시거나 노래 또는 춤으로 손님의 유흥을 돋우는 부녀자를 말한다.

202 식품접객업 중 음식류를 조리 · 판매하는 영업으로서 식사와 함께 부수적으로 음주행위가 허용되는 영업은?

① 일반음식점영업
② 유흥주점영업
③ 휴게음식점영업
④ 단란주점영업

해설 식품접객업의 종류는 다음과 같다.
① 일반음식점영업 : 식사와 함께 부수적으로 음주행위가 허용되는 영업
② 휴게음식점영업 : 식사와 함께 부수적으로 음주행위가 허용되지 않는 영업
③ 단란주점영업 : 주류를 조리 · 판매하는 영업으로서 손님이 노래를 부르는 행위가 허용되는 영업
④ 유흥주점영업 : 주류를 조리 · 판매하는 영업으로서 유흥종사자를 두거나 유흥시설을 설치할 수 있고 손님이 노래를 부르는 행위가 허용되는 영업
⑤ 위탁급식영업 : 집단급식소를 설치 · 운영하는 자와 계약에 의하여 그 집단급식소 내에서 음식류를 조리하여 제공하는 영업
⑥ 제과점영업 : 빵 · 떡 · 과자 등을 제조 · 판매하는 영업으로 음주행위가 허용되지 아니하는 영업

정답 **197** ① **198** ③ **199** ② **200** ③ **201** ④ **202** ①

203 식품위생감시원의 직무가 아닌 것은?

① 식품 등의 위생적 취급기준의 이행지도

② 수입·판매 또는 사용 등이 금지된 식품 등의 취급 여부에 관한 단속

③ 시설기준의 적합 여부의 확인·검사

④ 식품 등의 기준 및 규격에 관한 사항 작성

해설 식품위생감시원은 확인·지도·단속 등의 업무를 수행한다.

204 다음 중 무상수거대상 식품에 해당하지 않는 것은?

① 출입검사의 규정에 의하여 검사에 필요한 식품 등을 수거할 때

② 유통 중인 부정·불량식품 등을 수거할 때

③ 도·소매업소에서 판매하는 식품 등을 시험·검사용으로 수거할 때

④ 수입식품 등을 검사할 목적으로 수거할 때

해설 시험·검사·참고용으로 수거는 유상수거대상이다.

205 조리사 또는 영양사 면허의 취소처분을 받고 그 취소된 날부터 얼마의 기간이 경과되어야 면허를 받을 자격이 있는가?

① 1개월 　　② 3개월

③ 6개월 　　④ 1년

해설 조리사 또는 영양사는 면허가 취소된 날로부터 1년이 경과하여야 면허를 받을 자격이 있다.

206 다음 중 건강진단 대상자가 아닌 것은?

① 식품제조 종사자

② 식품가공 종사자

③ 식품조리 종사자

④ 완전포장된 식품 운반자

해설 건강진단을 받아야 하는 자는 식품을 채취·제조·가공·조리·저장·운반 또는 판매하는 데 직접 종사하는 자로 한다. 다만, 완전포장된 식품을 운반 또는 판매하는 데 종사하는 자는 그러하지 아니하다.

207 다음 중 조리사 또는 영양사의 면허를 발급받을 수 있는 자는?

① 정신질환자(전문의가 적합하다고 인정하는 자 제외)

② 2군 감염병환자(B형 간염 환자 제외)

③ 마약중독자

④ 파산선고자

해설 조리사 및 영양사의 결격사유는 다음과 같다.

① 정신질환자(전문의가 적합하다고 인정하는 자 제외)

② 감염병환자(B형 간염 환자는 제외)

③ 마약이나 그 밖의 약물중독자

④ 면허 취소 처분을 받고 1년이 지나지 아니한 자

208 식품위생법령상 조리사를 두어야 하는 영업자 및 운영자가 아닌 것은?

① 국가 및 지방자치단체의 집단급식소 운영자

② 면적 100m² 이상의 일반음식점 영업자

③ 학교, 병원 및 사회복지시설의 집단급식소 운영자

④ 복어를 조리·판매하는 영업자

해설 복어를 조리·판매하는 영업자 및 다음의 집단급식소 운영자는 조리사를 두어야 한다.

① 국가 및 지방자치단체

② 학교, 병원 및 사회복지시설

③ 공기업 중 식품의약품안전처장이 지정하여 고시하는 기관

④ 지방공사 및 지방공단

⑤ 특별법에 따라 설립된 법인

209 집단급식소에 근무하는 조리사의 직무가 아닌 것은?

① 구매식품의 검수
② 조리업무
③ 급식설비의 안전실무
④ 기타 조리실무

해설 구매식품의 검수는 영양사의 직무내용이며, 집단급식소에 근무하는 조리사는 다음의 직무를 수행한다.
① 집단급식소에서의 식단에 따른 조리업무
② 구매식품의 검수 지원
③ 급식설비 및 기구의 위생·안전 실무
④ 그 밖에 조리 실무에 관한 사항

210 식품위생수준 및 자질의 향상을 위하여 조리사 및 영양사에게 교육 받을 것을 명할 수 있는 자는?

① 보건복지부장관
② 식품의약품안전처장
③ 보건소장
④ 시장·군수·구청장

해설 식품의약품안전처장은 식품위생수준 및 자질 향상을 위하여 조리사 및 영양사에게 교육받을 것을 명할 수 있다.

211 조리사가 식품위생법의 규정에 의한 교육을 받지 아니한 때 제1차 위반 시 행정처분 기준은?

① 시정명령
② 업무정지 2월
③ 업무정지 3월
④ 업무정지 1월

해설 조리사 또는 영양사가 교육을 받지 아니한 경우 1차 위반 시 시정명령, 2차 위반 시 업무정지 15일, 3차 위반 시 업무정지 1월의 행정처분을 한다.

212 조리사가 식중독 기타 위생상 중대한 사고를 발생하게 한 경우에 받는 3차 위반 시 행정처분 기준은?

① 업무정지 1월
② 업무정지 2월
③ 업무정지 3월
④ 면허 취소

해설 조리사가 식중독 기타 위생상 중대한 사고를 발생하게 한 경우 1차 위반 시 업무정지 1월, 2차 위반 시 업무정지 2월, 3차 위반 시 면허가 취소된다.

213 조리사가 타인에게 면허를 대여하여 사용하게 한 때 1차 위반 시 행정처분 기준은?

① 업무정지 1월
② 업무정지 2월
③ 업무정지 3월
④ 면허취소

해설 조리사가 타인에게 면허를 대여하여 사용하게 한 때 1차 위반 시 업무정지 2월, 2차 위반 시 업무정지 3월, 3차 위반 시 면허 취소의 행정처분을 받는다.

214 식품위생심의위원회의 위원에 관한 설명이 옳은 것은?

① 위원장 1인, 부위원장 2인을 포함한 100인 이내이다.
② 위원장 1인, 부위원장 2인을 포함한 80인 이내이다.
③ 위원장 1인, 부위원장 2인을 포함한 60인 이내이다.
④ 위원장 1인, 부위원장 2인을 포함한 50인 이내이다.

해설 식품위생심의위원회는 위원의 임기는 2년으로 하고, 위원장 1인과 부위원장 2인을 포함한 100인 이내로 구성하며, 위원장은 위원 중에서 호선하고, 부위원장은 위원장이 지명하는 위원이 된다.

215 식품위생심의위원회의 주요 역할이 아닌 것은?

① 식중독 방지에 관한 사항의 자문
② 식품위생 관계 종사자 교육 실시

정답 209 ① 210 ② 211 ① 212 ④ 213 ② 214 ① 215 ②

③ 식품, 식품첨가물 공전 작성에 관한 자문

④ 식품, 식품첨가물, 기구, 용기, 포장의 기준과 규격에 관한 사항 자문

해설 식품위생 관계 종사자의 교육은 식품의약품안전처장이 관계 전문기관 또는 관련 단체에 위탁하여 실시한다.

216 영업자가 정당한 사유 없이 계속하여 휴업할 때 허가를 취소할 수 있다. 휴업기간의 요건은?

① 3개월 이상　　② 4개월 이상

③ 5개월 이상　　④ 6개월 이상

해설 영업자가 정당한 사유 없이 계속하여 6월 이상 휴업을 할 때 허가(신고)관청은 허가(신고)를 취소할 수 있다.

217 식품위생법상 식품접객영업에서 미성년자에게 주류를 제공하였을 때 1차 위반 시 행정처분의 기준은?

① 영업정지 1월　　② 영업정지 2월

③ 영업정지 3월　　④ 영업허가 취소

해설 식품접객영업에서 미성년자에게 주류를 제공하였을 경우 1차 위반 시 영업정지 2월, 2차 위반 시 영업정지 3월, 3차 위반 시 영업허가취소의 행정처분을 받는다.

218 식품위생법상 조리사를 두어야 할 식품접객영업에서 조리사를 두지 아니한 경우 1차 위반의 행정처분 기준은?

① 시정명령　　　　② 영업정지 7일

③ 영업정지 15일　　④ 영업정지 1월

해설 조리사를 두어야 하는 영업자가 조리사를 두지 않았을 때 1차 위반 시 시정명령, 2차 위반 시 영업정지 7일, 3차 위반 시 영업정지 15일의 행정처분을 받는다.

219 식품위생법상 식품접객영업자가 부패·변질하여 인체에 유해한 식품을 판매하였을 때의 1차 행정처분 기준으로 옳은 것은?

① 영업정지 5일과 당해 제품 폐기

② 영업정지 15일과 당해 제품 폐기

③ 영업정지 1월과 당해 제품 폐기

④ 허가취소 및 당해 제품 폐기

해설 썩거나 상하여 인체의 건강을 해칠 우려가 있는 것을 판매하였을 때 1차 위반 시 영업정지 15일과 해당 음식물 폐기, 2차 위반 시 영업정지 1월과 해당 음식물 폐기, 3차 위반 시 영업정지 3월과 해당 음식물 폐기의 행정처분을 받는다.

220 식품접객영업에서 건강진단 또는 위생교육 미필자가 영업에 종사하였을 경우 1차 위반 시의 행정처분기준은?

① 시정명령　　　　② 경고

③ 영업정지 7일　　④ 영업정지 15일

해설 건강진단 또는 위생교육 미필자가 영업에 종사하였을 때 1차 위반 시 시정명령, 2차 위반 시 영업정지 7일, 3차 위반 시 영업정지 15일의 행정처분을 받는다.

221 식품위생법상 위반행위의 횟수에 따른 행정처분의 기준은 최근 (　　)간 같은 위반행위로 행정처분을 받은 경우에 적용한다. (　　)에 알맞은 기간은?

① 1개월　　　　　② 3개월

③ 6개월　　　　　④ 1년

해설 위반행위의 횟수에 따른 행정처분의 기준은 최근 1년간의 위반 횟수를 말한다.

222 조리사를 두어야 할 곳에 이를 위반하여 두지 않을 경우의 벌칙은?

① 5년 이하의 징역 또는 5,000만 원 이하의 벌금

정답 216 ④　217 ②　218 ①　219 ②　220 ①　221 ④　222 ②

② 3년 이하의 징역 또는 3,000만 원 이하의 벌금에 처하거나 이를 병과

③ 3년 이하의 징역 또는 3,000만 원 이하의 벌금

④ 1년 이하의 징역 또는 500만 원 이하의 벌금

해설 조리사 및 영양사를 고용하여야 하는 영업자가 위반하였을 경우 벌칙은 3년 이하의 징역 또는 3천만 원 이하의 벌금에 처하거나 이를 병과한다.

223 조리사가 아닌 자가 조리사라는 명칭을 사용하였을 때의 벌칙 규정은?

① 500만 원 이하의 과태료

② 5년 이하의 징역 또는 5천만 원 이하의 벌금에 처하거나 이를 병과

③ 3년 이하의 징역 또는 3천만 원 이하의 벌금에 처하거나 이를 병과

④ 3년 이하의 징역 또는 3천만 원 이하의 벌금

해설 조리사 또는 영양사가 아닌 자가 명칭을 사용하였을 경우 3년 이하의 징역 또는 3천만 원 이하의 벌금에 처한다.

224 유독·유해물질을 함유한 식품 및 식품첨가물은 판매하지 못한다. 이를 위반하였을 때의 벌칙 규정은?

① 10년 이하의 징역 또는 1억 원 이하의 벌금에 처하거나 이를 병과

② 5년 이하의 징역 또는 5천만 원 이하의 벌금에 처하거나 이를 병과

③ 3년 이하의 징역 또는 3천만 원 이하의 벌금에 처하거나 이를 병과

④ 3년 이하의 징역 또는 3천만 원 이하의 벌금

해설 판매금지규정을 위반 하는 경우 10년 이하의 징역 또는 1억 원 이하의 벌금에 처하거나 이를 병과한다.

225 식품접객영업자의 영업시간 및 영업행위 제한에 관한 규정을 위반했을 경우의 벌칙 규정은?

① 500만 원 이하의 과태료

② 5년 이하의 징역 또는 5천만 원 이하의 벌금에 처하거나 이를 병과

③ 3년 이하의 징역 또는 3천만 원 이하의 벌금에 처하거나 이를 병과

④ 3년 이하의 징역 또는 3천만 원 이하의 벌금

해설 식품접객영업자와 그 종업원의 영업시간 및 영업행위 제한 위반의 경우 5년 이하의 징역 또는 5천만 원 이하의 벌금에 처하거나 이를 병과한다.

226 관계 공무원의 출입, 검사, 수거, 압류 등을 거부하거나 방해하였을 경우의 벌칙은?

① 500만 원 이하의 과태료

② 5년 이하의 징역 또는 5천만 원 이하의 벌금에 처하거나 이를 병과

③ 3년 이하의 징역 또는 3천만 원 이하의 벌금에 처하거나 이를 병과

④ 3년 이하의 징역 또는 3천만 원 이하의 벌금

해설 관계 공무원의 출입, 검사, 수거, 장부열람, 압류 등의 조치를 거부하거나 방해 또는 기피하였을 때 3년 이하의 징역 또는 3천만 원 이하의 벌금에 처한다.

227 식중독 보고 의무 규정을 위반하였을 경우의 벌칙 규정은?

① 500만 원 이하의 과태료

② 5년 이하의 징역 또는 5천만 원 이하의 벌금에 처하거나 이를 병과

③ 3년 이하의 징역 또는 3천만 원 이하의 벌금에 처하거나 이를 병과

④ 3년 이하의 징역 또는 3천만 원 이하의 벌금

정답 223 ④ 224 ① 225 ② 226 ④ 227 ①

해설 식중독 보고 의무를 위반한 의사 또는 한의사 및 집단급식소의 설치·운영자에게는 500만 원 이하의 과태료를 부과한다.

228 벌칙이 가장 무거운 위반행위는?

① 유흥종사자를 두지 못하는 업소에 이를 두었을 때
② 조리사고용의무위반
③ 수입신고의무위반
④ 무허가 영업

해설 무허가 영업 및 판매금지규정 위반 시 벌칙이 가장 무겁다.
①항은 1년 이하의 징역 또는 1천만 원 이하의 벌금
②항은 3년 이하의 징역 또는 3천만 원 이하의 벌금에 처하거나 이를 병과
③항은 5년 이하의 징역 또는 5천만 원 이하의 벌금에 처하거나 이를 병과
④항은 10년 이하의 징역 또는 1억 원 이하의 벌금에 처하거나 이를 병과

229 식품 등의 규격 및 기준에 규정되어 있는 표준온도는?

① 15℃   ② 20℃
③ 25℃   ④ 10℃

해설 표준온도는 20℃이다. 상온은 15~25℃, 실온은 1~25℃, 찬물은 15℃ 이하, 온탕은 60~70℃, 열탕은 100℃를 말한다.

230 식품접객업소의 조리·판매 등에 대한 기준 및 규격에 의한 조리용 칼·도마, 식기류의 미생물 규격은?(단, 사용 중의 것은 제외한다.)

① 살모넬라 음성, 대장균 양성
② 살모넬라 음성, 대장균 음성
③ 황색포도상구균 양성, 대장균 음성
④ 황색포도상구균 음성, 대장균 양성

해설 조리용 칼·도마, 식기류에서 살모넬라균 및

대장균이 검출되지 않아야 한다.

231 식품을 구입하였는데 포장에 아래와 같은 표시가 있었다. 어떤 종류의 식품 표시인가?

① 방사선조사식품
② 녹색신고식품
③ 자진회수식품
④ 유기농법 제조식품

해설 방사선조사식품 표시이다.

232 식품공전에 따른 우유의 세균 수에 관한 규격은?

① 1mL당 10,000 이하이어야 한다.
② 1mL당 20,000 이하이어야 한다.
③ 1mL당 100,000 이하이어야 한다.
④ 1mL당 1,000 이하이어야 한다.

해설 우유의 세균 수는 1mL당 20,000 이하, 대장균군 1mL당 2 이하이어야 한다.

233 식품 등의 표시기준상 '유통기한'의 정의는?

① 해당 식품의 품질이 유지될 수 있는 기한을 말한다.
② 해당 식품의 섭취가 허용되는 기한을 말한다.
③ 제품의 출고일부터 대리점으로의 유통이 허용되는 기한을 말한다.
④ 제품의 제조일로부터 소비자에게 판매가 허용되는 기한을 말한다.

정답 228 ④   229 ②   230 ②   231 ①   232 ②   233 ④

해설 식품 등의 표시기준에서 '유통기한'이란 제품의 제조일로부터 소비자에게 판매가 허용되는 기한을 말한다.

234 HACCP 인증 단체급식업소(집단급식소, 식품접객업소, 도시락류 포함)에서 조리한 식품은 소독된 보존식 전용 용기 또는 멸균 비닐봉지에 매회 1인분 분량을 담아 몇 ℃ 이하에서 얼마 이상의 시간 동안 보관하여야 하는가?

① 4℃ 이하, 48시간 이상

② 0℃ 이하, 100시간 이상

③ −10℃ 이하, 200시간 이상

④ −18℃ 이하, 144시간 이상

해설 집단급식소의 설치·운영자는 조리·제공한 식품을 매회 1인분 분량을 −18℃ 이하로 144시간 이상 보관하여야 한다.

235 식품 등의 표시기준상 열량표시에서 몇 kcal 미만을 '0'으로 표시할 수 있는가?

① 2kcal ② 5kcal

③ 7kcal ④ 10kcal

해설 열량의 단위는 킬로칼로리(kcal)로 표시하되, 그 값을 그대로 표시하거나 그 값에 가장 가까운 5kcal 단위로 표시하여야 한다. 이 경우 5kcal 미만은 '0'으로 표시할 수 있다.

236 HACCP의 7가지 원칙에 해당하지 않는 것은?

① 위해요소분석

② 중요관리점(CCP) 결정

③ 개선조치방법 수립

④ 회수명령의 기준 설정

해설 HACCP(위해요소중점관리기준)은 위해분석(HA)과 중요관리점(CCP)으로 구분된다. HACCP은 7원칙 12절차에 의한 체계적인 접근방식을 적용하고 있다.

절차순서	내용
절차 1	HACCP팀 구성
절차 2	제품설명서 작성
절차 3	용도 확인
절차 4	공정흐름도 작성
절차 5	공정흐름도 현장 확인
절차 6(원칙 1)	위해요소분석
절차 7(원칙 2)	중요관리점(CCP) 결정
절차 8(원칙 3)	CCP 한계기준 설정
절차 9(원칙 4)	CCP 모니터링 체계 확립
절차 10(원칙 5)	개선조치방법 수립
절차 11(원칙 6)	검증절차 및 방법 수립
절차 12(원칙 7)	문서화, 기록 유지방법 설정

237 식품 등의 표시기준상 영양성분에 대한 설명으로 틀린 것은?

① 한 번에 먹을 수 있도록 포장·판매되는 제품은 총내용량을 1회 제공량으로 한다.

② 영양성분함량은 식물의 씨앗, 동물의 뼈와 같은 비가식부위도 포함하여 산출한다.

③ 열량의 단위는 킬로칼로리(kcal)로 표시한다.

④ 탄수화물은 당류를 구분하여 표시하여야 한다.

해설 영양성분함량은 가식부위를 기준하여 산출한다.

06 공중보건

238 윈슬로(Winslow)의 공중보건학에 대한 정의를 설명한 내용 중 틀린 것은?

① 모든 인류의 질병치료

② 지역사회 주민의 질병예방

③ 모든 인간의 수명연장

정답 234 ④ 235 ② 236 ④ 237 ② 238 ①

114 NCS 기반 한식조리기능사 필기

④ 지역사회 주민의 육체적 · 정신적 효율의 증진

해설 공중보건의 목적은 질병의 예방에 있다. 윈슬로의 정의는 조직적인 지역사회의 노력을 통하여 질병을 예방하고 생명을 연장하며, 신체적 · 정신적 효율을 증진시키는 기술이며 과학이다.

239 공중보건사업의 최소단위가 되는 것은?

① 가족　　　　② 지역사회
③ 국가　　　　④ 개인

해설 공중보건은 지역사회나 한 나라의 전 국민의 건강 증진과 향상을 목적으로 연구하는 학문이다. 따라서 그 대상은 인간집단이며 지역사회 전 주민이 된다.

240 세계보건기구 헌장에 명시되어 있는 건강의 의미로 가장 올바른 표현은?

① 다른 사람에게 폐를 끼치는 감염병에 이환되어 있지 않은 상태
② 질병이 없거나 허약하지 않을 뿐만 아니라 신체적 · 정신적 및 사회적 안녕이 완전무결한 상태
③ 질병이나 신체의 불구가 없는 상태
④ 정신적으로 건전한 상태

해설 건강이란 육체적 · 정신적 및 사회적 안녕의 완전한 상태를 말한다.

241 세계보건기구(WHO)의 기능과 관계없는 사항은?

① 회원국의 기술지원
② 후진국의 경제보조
③ 회원국의 자료공급
④ 국제적 보건사업의 지휘 · 조정

해설 세계보건기구의 주요 기능은 ① 국제적인 보건사업의 지휘 및 조정 ② 회원국에 대한 기술지원 및 자료 제공 ③ 전문가의 파견에 의한 기술자문 등을 들 수 있다.

242 지역사회 보건수준 평가의 가장 대표적 지표로 사용되고 있는 것은?

① 영아사망률　　② 조사망률
③ 평균수명　　　④ 성인병 발생률

해설 영아란 생후 1년 미만의 신생아로, 영아는 환경악화나 비위생적인 환경에 가장 예민한 시기이므로 영아사망률은 보건수준을 평가하는 대표적인 지표로 이용된다.

243 다음 중 환경위생에 속하지 않는 것은?

① 상하수도의 관리　② 음료수의 위생관리
③ 예방접종 관리　　④ 쓰레기 처리 관리

해설 환경위생이란 생활환경을 개선 · 향상시킴으로써 인간의 건강을 확보하는 것이다. 예방접종은 질병예방을 위한 감수성 대책에 해당된다.

244 자외선에 대한 설명으로 틀린 것은?

① 가시광선보다 짧은 파장이다.
② 피부의 홍반 및 색소 침착을 일으킨다.
③ 인체 내 비타민 D를 형성하게 하여 구루병을 예방한다.
④ 고열물체의 복사열을 운반하므로 열선이라고도 하며, 피부온도의 상승을 일으킨다.

해설 열선은 적외선이다.

245 일광 중 가장 강한 살균력을 가지고 있는 자외선 파장은?

① 1,000~1,800A　② 1,800~2,300A
③ 2,300~2,600A　④ 2,600~2,800A

해설 자외선 중 2,500~2,800A의 범위는 강한 살균력을 가지고 있어 이를 도르노선(Dorno-Ray 건강선)이라고도 한다.

정답 239 ②　240 ②　241 ②　242 ①　243 ③　244 ④　245 ④

246 공기의 조성원소 중에 가장 많은 체적 백분율을 차지하는 것은?

① 이산화탄소　　② 질소
③ 산소　　　　　④ 아르곤

해설 0℃, 1기압하의 신선한 공기의 화학적 조성은 질소(N_2) 78%, 산소(O_2) 21%, 아르곤(Ar) 0.93%, 이산화탄소(CO_2) 0.03%이다.

247 공기 중의 산소농도가 몇 % 이하가 되면 호흡곤란을 일으키는가?

① 21%　　　　　② 15%
③ 10%　　　　　④ 7%

해설 산소는 정상공기 중에 약 21% 포함되어 있으나 10% 이하가 되면 호흡곤란이 오고, 7% 이하가 되면 질식사한다.

248 이산화탄소(CO_2)를 실내공기의 오탁지표로 사용하는 가장 주된 이유는?

① 유독성이 강하므로
② 실내공기 조성의 전반적인 상태를 알 수 있으므로
③ 일산화탄소로 변화되므로
④ 항상 산소량과 반비례하므로

해설 이산화탄소(CO_2)는 정상공기 중 0.03%이며, 허용치는 0.1%이다. 이산화탄소가 인체에 직접 피해를 끼치는 것은 아니지만 전반적인 실내공기 조성을 알 수 있어 실내공기 오염지표로 사용한다.

249 일산화탄소(CO)에 대한 설명으로 틀린 것은?

① 무색무취이다.
② 물체의 불완전연소 시 발생한다.
③ 자극성이 없는 기체이다.
④ 이상 고기압에서 발생하는 잠함병과 관련이 있다.

해설 일산화탄소는 정상 공기 중에 미량 함유되어

있으며, 실내공기 중의 허용치는 0.01%이다. 잠함병과 관련이 있는 것은 질소이다.

250 공기의 자정작용에 속하지 않는 것은?

① 희석작용　　　② 세정작용
③ 소독작용　　　④ 산화작용

해설 소독작용은 공기의 자정작용이 아니며, 자외선에 의한 살균작용이 있다.

251 감각온도(체감온도)의 3요소에 속하지 않는 것은?

① 기온　　　　　② 기습
③ 기압　　　　　④ 기류

해설 온열조건에 관여하는 기온, 기습, 기류, 복사열 등을 온열인자라 하고, 온도의 감각은 온도, 습도, 기류의 3인자의 작용으로 이루어지는데 이를 감각온도라 한다.

252 인체 열방출기전 중 30℃ 이상의 고온에서 가장 큰 부분을 차지하는 것은?

① 복사　　　　　② 대류
③ 증발　　　　　④ 전도

해설 인체의 열은 대부분 피부에서 방산되며, 물리적으로 복사, 대류, 수분증발에 의한다. 외부온도가 10~30℃ 사이에서는 주로 복사와 대류에 의해서 조절되며, 35℃ 이상이 되면 피부에서의 수분증발이 주가 된다.

253 실내의 가장 적절한 온도와 습도는?

① 16±2℃, 70~80%
② 18±2℃, 40~70%
③ 20±2℃, 20~40%
④ 22±2℃, 50~60%

해설 쾌적한 실내온도는 18℃±2℃, 즉 16~20℃의 범위이고 습도는 40~70%이다.

정답 **246** ② **247** ③ **248** ② **249** ④ **250** ③ **251** ③ **252** ③ **253** ②

254 대기오염을 일으키는 주된 원인은?

① 고기압일 때

② 저기압일 때

③ 기온역전일 때

④ 바람이 불지 않을 때

해설 기온역전이란 대기의 상층부 온도가 하층부보다 높은 경우를 말하는데 기온역전현상이 일어나면 지상에서는 대기오염이 일어난다.

255 기온역전 현상은 언제 발생하는가?

① 상부 기온과 하부 기온이 같을 때

② 상부 기온이 하부 기온보다 높을 때

③ 안개와 매연이 심할 때

④ 상부 기온이 하부 기온보다 낮을 때

해설 기온역전이란 상부 기온이 하부 기온보다 높을 때를 말한다.

256 실내의 자연채광조건이라 할 수 없는 것은?

① 창의 방향은 남향으로 한다.

② 실내 각 점의 개각은 4~5°, 입사각은 28° 이상이 좋다.

③ 창 면적은 방바닥 면적의 1/5~1/7이 적당하다.

④ 거실의 안쪽 길이는 창틀 윗부분까지 높이의 1.5배 이상인 것이 좋다.

해설 거실의 안쪽 길이는 창틀 윗부분까지 높이의 1.5배 이하인 것이 좋다.

257 인공조명의 조건으로 옳지 않은 것은?

① 광색은 주광색에 가까울 것

② 조도는 작업상 충분할 것

③ 광원은 우측 상방에 위치할 것

④ 조리실 내는 반간접조명으로 50~100 Lux로 할 것

해설 인공조명 시 광원(光原)은 좌측 상방에 위치하고, 간접조명이 좋다.

258 실내 자연환기의 기본 원인이 되는 것은?

① 기온의 차이

② 채광의 차이

③ 동력의 차이

④ 조명의 차이

해설 실내의 자연환기는 실내외의 온도차, 외기의 풍력, 기체의 확산력 등에 의해 이루어진다.

259 실내의 자연환기가 잘 되기 위해 일반적으로 중성대는 어디에 위치하는 것이 좋은가?

① 바닥 가까이

② 천장 가까이

③ 바닥과 천장의 중간

④ 벽 가까이

해설 밖에서 실내로 들어오는 공기는 하부로, 나가는 공기는 상부로 유출되는데 그 중간에 압력 0의 지대가 형성된다. 이를 중성대라고 하며 중성대는 천장 가까이 형성될수록 환기량이 크다.

260 주방 내의 공기를 환기시키는 이유가 아닌 것은?

① 연기의 제거

② 수증기의 제거

③ 위생곤충의 제거

④ 냄새의 제거

해설 주방을 환기하는 이유는 열기, 가스, 수증기, 냄새 등을 빼내기 위해서이다.

261 다수인이 밀집한 장소에서 발생하며 화학적 조성이나 물리적 조성의 큰 변화를 일으켜 불쾌감, 두통, 권태, 현기증, 구토 등의 생리적 이상을 일으키는 현상은?

① 일산화탄소 중독

② 빈혈

③ 분압 현상

④ 군집독

해설 다수인이 밀집한 실내공기는 화학적 조성이

나 물리적 조성의 변화를 초래하여 불쾌감, 두통, 구토, 식욕저하, 현기증 등이 일어나는데 이를 군집독이라 한다.

262 여름철에 실내의 냉방은 일반적으로 실내외의 온도차가 몇 ℃ 이내가 적당한가?

① 실외온도와 관계없다.

② 1~2℃

③ 5~7℃

④ 9~11℃

해설 일반적으로 실외온도가 10℃ 이하일 때는 난방을, 26℃ 이상일 때는 냉방을 필요로 하는데 냉방 시 실내외의 온도차는 5~7℃ 이내가 좋으며, 10℃ 이상의 차이는 해롭다.

263 먹는 물의 수질기준으로 틀린 것은?

① 색도는 7도 이상이어야 한다.

② 소독으로 인한 냄새와 맛 이외의 냄새와 맛이 있어서는 안 된다.

③ 대장균 분원성 대장균군은 100mL에서 검출되지 않아야 한다(단, 샘물 · 먹는 샘물 및 먹는 해양심층수 제외).

④ 수소이온농도는 pH 5.8 이상 8.5 이하이어야 한다.

해설 색도는 5도 이하이어야 한다.

264 일반적으로 상수 중에 존재하는 미생물의 수는 시간이 경과됨에 따라 어떻게 되겠는가?

① 급격히 증가한다.

② 서서히 증가한다.

③ 서서히 감소한다.

④ 증가하다 감소한다.

해설 수중에서 미생물의 수는 ① 영양원 부족 ② 잡균과의 생존경쟁 ③ 일광의 살균작용 ④ 온도 및 영양소 등의 부적합 등으로 인하여 서서히 감소한다.

265 음료수 중에 불소의 함유량이 많게 되면 어떤 질환이 생기는가?

① 치근염　　　　② 충치

③ 반상치　　　　④ 풍치

해설 음료수 중에 불소의 양이 많으면 반상치, 적으면 우치와 충치가 발생하기 쉽다.

266 우리들이 사용하고 있는 상수의 처리에 이용하지 않는 방법은?

① 침전법　　　　② 여과법

③ 희석법　　　　④ 소독법

해설 상수 처리는 취수 → 침전 → 여과 → 소독 → 급수의 순서로 실시한다.

267 물의 자정작용에 해당되지 않는 사항은?

① 소독작용

② 산화작용

③ 희석작용

④ 자외선에 의한 살균작용

해설 물의 자정작용에 관여하는 인자는 ① 희석작용 ② 침전작용 ③ 자외선에 의한 살균작용 ④ 산화작용 ⑤ 생물의 식균작용 등이 있다.

268 상수를 여과함으로써 얻는 효과는?

① 온도조절　　　　② 세균 감소

③ 수량조절　　　　④ 탁도 증가

해설 상수는 여과과정을 거치는 동안 세균의 99% 가까이를 제거할 수 있다.

269 밀스-라인케(Mills-Reinke) 현상과 관계가 있는 것은?

① 폐수처리　　　　② 하수정화

③ 상수정화　　　　④ 쓰레기처리

정답 262 ③　263 ①　264 ③　265 ③　266 ③　267 ①　268 ②　269 ③

해설 미국의 밀스는 물을 여과 급수하여 장티푸스 환자 및 일반사망률을 감소시켰고, 독일의 라인케도 동일한 결과를 얻었는데 이를 밀스-라인케 현상이라고 한다.

270 하수를 정수하는 일반적인 순서는?

① 침전 → 여과 → 소독
② 예비처리 → 본처리 → 오니처리
③ 예비처리 → 여과처리 → 소독
④ 예비처리 → 침전 → 여과 → 소독

해설 하수처리는 예비처리 → 본처리 → 오니처리의 순서로 이루어진다.

271 하수처리방법 중 혐기성 분해처리에 해당하는 것은

① 부패조   ② 활성오니법
③ 살수여과법   ④ 산화지법

해설 하수처리의 본처리 과정은 생물학적 처리과정으로 호기성 처리와 혐기성 처리가 있다.
① 호기성 처리 : 호기성 미생물을 이용한 처리법으로 도시하수처리는 활성오니법을, 산업폐수처리는 살수여과법을 주로 이용한다.
② 혐기성 처리 : 혐기성 미생물을 이용한 처리법으로, 부패조법 및 임호프탱크법이 있다.

272 수질의 오염 지표와 관계가 먼 것은?

① BOD   ② HACCP
③ DO   ④ COD

해설 BOD란 생물화학적 산소요구량, DO는 용존산소량, COD는 화학적 산소요구량을 나타낸다. HACCP은 위해요소중점관리점을 말한다.

273 하수오염도 측정 시 생화학적 산소요구량(BOD)을 좌우하는 가장 중요한 인자는?

① 하수량   ② 물의 경도
③ 수중의 유기물량   ④ 수중의 광물질량

해설 BOD란 하수의 오염도를 아는 방법으로, BOD 수치가 높다는 것은 하수의 오염도가 높다는 것을 의미한다.

274 BOD(생물화학적 산소요구량) 측정 시 온도와 측정 기간은?

① 10℃에서 7일간   ② 20℃에서 7일간
③ 10℃에서 5일간   ④ 20℃에서 5일간

해설 BOD 측정은 검수를 부란병에 취하여 5일간 20℃로 방치한 후 용존산소를 측정하여 산출한다.

275 방류하수의 BOD는 얼마 이하이어야 하는가?

① 10ppm   ② 20ppm
③ 30ppm   ④ 40ppm

해설 방류하수의 BOD은 20ppm 이하이어야 한다.

276 하천수의 용존산소량(DO)이 적은 것과 가장 관계 깊은 것은?

① 하천수의 온도가 하강하였다.
② 가정하수, 공장폐수 등에 의해 많이 오염되었다.
③ 중금속의 오염이 심하다.
④ 비가 내린 지 얼마 안 되었다.

해설 용존산소란 물속에 녹아 있는 산소의 양으로, 용존산소의 다소로 하수의 오염도를 알 수 있는데 용존산소의 양이 적다는 것은 하수의 오염도가 높음을 의미한다.

277 분뇨정화조의 일반적인 구조가 아닌 것은?

① 집진시설   ② 부패조
③ 예비여과조   ④ 산화조

해설 정화조의 일반적인 구조는 부패조, 여과조, 산화조, 소독조로 되어 있다.

정답 270 ②   271 ①   272 ②   273 ③   274 ④   275 ②   276 ②   277 ①

278 진개(쓰레기) 처리법과 가장 거리가 먼 것은?

① 위생적 매립법   ② 소각법

③ 비료화법   ④ 활성슬러지법

> **해설** 활성슬러지법은 활성오니법이라고도 하며, 하수의 본처리에 해당하는 생물학적 처리법이다.

279 진개의 처리방법이 아닌 것은?

① 습식산화법   ② 비료화법

③ 소각법   ④ 위생적 매립법

> **해설** 습식산화법은 분뇨를 소각 처리하는 방법이다.

280 가연성 진개는 몇 류에 해당하는가?

① 제1류   ② 제2류

③ 제3류   ④ 제4류

> **해설** 진개는 다음과 같이 분류한다.
> ① 제1류(주개) : 주방에서 발생하는 동·식물성 유기물 쓰레기
> ② 제2류(가연성) : 종이, 나무, 풀, 포면류, 고무류, 피혁류 등
> ③ 제3류(불연성) : 금속류, 도기류, 석기류, 초자류, 토사류 등
> ④ 제4류(재활용성) : 병류, 초자류, 종이 및 플라스틱류 등

281 음식물 쓰레기에 관한 설명 중 부적합한 것은?

① 유기물 함량이 높다.

② 수분과 염분의 함량이 높다.

③ 소각 시 발열량이 가장 크다.

④ 도시 생활쓰레기 중 많은 양을 차지한다.

> **해설** 음식물 쓰레기는 유기물 함량이 높아 소각 시에 생성되는 에너지량은 적다.

282 수질오염 중 부영양화 현상에 대한 설명으로 틀린 것은?

① 혐기성 분해로 인한 냄새가 난다.

② 물의 색이 변한다.

③ 수면에 엷은 피막이 생긴다.

④ 용존산소가 증가한다.

> **해설** 영양성분이 과도하게 유입된 것을 부영양화 현상이라 한다. 부영양화 현상이 일어나면 이것을 영양분으로 해서 조류와 플랑크톤이 번식하게 되고 용존산소를 소비하며 잡초나 침전물들이 밑바닥에 쌓여 결국 오염된 물로 변하게 된다.

283 녹조를 일으키는 부영양화 현상과 밀접한 관계를 가지고 있는 것은?

① 황산염   ② 인산염

③ 탄산염   ④ 수산염

> **해설** 녹조류의 번식은 태양열에 의한 수온 상승과 물속에 녹아 있는 인산, 질소 등 영양염류의 영향을 많이 받는다.

284 만성중독의 경우 반상치, 골연화증, 체중 감소, 빈혈 등을 나타내는 물질은?

① 붕산   ② 불소

③ 승홍   ④ 포르말린

> **해설** 불소화합물은 급성중독의 경우 모든 위(胃) 내용물을 토해 버리며, 기타 냉한·복통·경련을 동반한다. 만성중독의 경우는 반상치 외에 골격 형성에 이상을 나타낸다.

285 중금속 오염과 관계된 공해질병은?

① 잠함병   ② 결핵

③ 이타이이타이병   ④ 세균성 식중독

> **해설** 이타이이타이병은 카드뮴(Cd)이 원인이 된다.

정답 278 ④   279 ①   280 ②   281 ③   282 ④   283 ②   284 ②   285 ③

286 소음의 강도를 나타내는 단위는?

① dB   ② phon

③ sone   ④ ppm

해설 소음의 측정 단위 중 dB(decibel)은 음의 강도, phon은 음의 크기, sone은 감각의 크기를 나타내는 단위이다.

287 파리 구제의 가장 효과적인 방법은?

① 성충구제를 위하여 살충제를 분무한다.

② 방충망을 설치한다.

③ 천적을 이용한다.

④ 환경위생의 개선으로 발생원을 제거한다.

해설 구충, 구서의 가장 효과적인 방법은 발생원 및 서식처 제거를 통한 환경적 방법이다.

288 파리가 전파할 수 있는 감염병은?

① 일본뇌염   ② 사상충증

③ 장티푸스   ④ 말라리아

해설 일본뇌염, 사상충증, 말라리아는 모기가 매개한다.

289 역학의 궁극적 목표는?

① 질병의 치료

② 감염병 관리

③ 감염병의 전파양식 파악

④ 질병 발생의 예방과 근절

해설 역학은 공중보건학적 진단학으로 질병 발생 현상에 대하여 연구하여 질병의 예방 및 근절에 기여하기 위한 학문이다.

290 병원체가 인체에 침입한 후 자각적 · 타각적 임상 증상인 발병까지의 기간은?

① 이환기   ② 잠복기

③ 전염기   ④ 세대기

해설 병원체에 감염되었을 때 증상이 나타나기까지의 기간을 잠복기라고 한다.

291 만성감염병과 비교할 때 급성감염병의 역학적 특징은?

① 발생률은 낮고 유병률은 높다.

② 발생률은 높고 유병률은 낮다.

③ 발생률과 유병률이 모두 높다.

④ 발생률과 유병률이 모두 낮다.

해설 급성감염병은 발생률이 높고 유병률이 낮으며, 만성감염병은 발생률이 낮고 유병률이 높은 것이 역학적 특성이다.

292 수인성 감염병의 유행 특성에 대한 설명으로 옳지 않은 것은?

① 연령과 직업에 따른 이환율에 차이가 있다.

② 2~3일 내에 환자 발생이 폭발적이다.

③ 환자 발생은 급수지역에 한정되어 있다.

④ 계절에 직접적인 관계없이 발생한다.

해설 수인성 감염병은 물이 매개역할을 하므로 연령과 직업에 따른 이환율에 차이는 없으며, 특징은 다음과 같다.
① 질병의 유행지역과 음료수 사용지역이 일치한다.
② 발병률이 높고 치명률이 낮다.
③ 환자 발생이 집단적이다.
④ 음료수 중에서 동일 병원체가 검출된다.

293 다음 중 병원소(reservior of infection)가 아닌 것은?

① 세균   ② 현성환자

③ 건강보균자   ④ 토양

해설 병원체가 생활하고 증식하며 생존을 계속하여 다른 숙주에게 전파시킬 수 있는 상태로 저장되는 장소를 병원소라 하며 사람(환자, 보균자, 환자 접촉자), 동물, 토양 등이 있다. 세균은 병원체에 속한다.

정답 286 ①   287 ④   288 ③   289 ④   290 ②   291 ②   292 ①   293 ①

294 감염병을 관리하는 데 가장 어려운 대상은?

① 만성 감염병 환자

② 식중독 환자

③ 급성 감염병 환자

④ 건강보균자

해설 건강보균자는 감염에 대한 임상증상이 전혀 없어 건강인과 같이 생활하면서 감염시킬 기회가 많으므로 감염병 관리상 중요하다.

295 다음 중 회복기 보균자에 대한 설명으로 옳은 것은?

① 병원체에 감염되어 있지만 임상 증상이 아직 나타나지 않은 상태의 사람

② 병원체를 몸에 지니고 있으나 겉으로는 증상이 나타나지 않는 건강한 사람

③ 질병의 임상 증상이 회복되는 시기에도 여전히 병원체를 지닌 사람

④ 몸에 세균 등 병원체를 오랫동안 보유하고 있으면서 자신은 병의 증상을 나타내지 아니하고 다른 사람에게 옮기는 사람

해설 회복기 보균자란 질병의 임상 증상이 회복되는 시기에도 여전히 병원체를 지닌 사람을 말한다.

296 감염병 환자가 회복 후에 형성되는 면역은?

① 자연능동면역   ② 자연수동면역

③ 인공능동면역   ④ 선천성 면역

해설 선천적 면역은 인종, 종속, 개인 간의 면역이며 후천적 면역은 다음과 같다.
① 인공능동면역 : 예방접종 후에 형성
② 자연능동면역 : 질병감염 후에 형성
③ 인공수동면역 : 혈청제제에 의해 형성
④ 자연수동면역 : 모체로부터 형성

297 다음 중 선천적 면역이 아닌 것은?

① 자연능동면역성   ② 종속저항성

③ 개인저항성   ④ 인종저항성

해설 자연능동면역이란 질병 감염 후 형성되는 면역을 말한다.

298 인공능동면역에 의하여 면역력이 강하게 형성되는 감염병은?

① 디프테리아   ② 이질

③ 폴리오   ④ 말라리아

해설 예방접종에 의해 얻어지는 면역을 인공능동면역이라 한다. 폴리오의 가장 좋은 예방대책은 예방접종이다.

299 방역대책상 예방접종의 실시는 어떤 의미를 가지는가?

① 급성감염병에만 효과가 있다.

② 모든 감염병 관리의 최선이다.

③ 방역대책상 전파의 차단 또는 둔화의 효과가 크다.

④ 방역대책상 의미는 없지만 개인의 감염 예방의 최선의 수단이다.

해설 예방접종은 면역력을 증강시켜 질병 감염을 예방하기 위한 것이다.

300 이질을 앓고 난 아이가 얻는 면역은?

① 능동면역   ② 수동면역

③ 영구면역   ④ 면역성이 없다.

해설 이질은 면역성이 없어 예방주사도 없다.

301 생균을 이용하여 인공능동면역이 되며, 면역 획득에 있어서 영구면역성인 질병은?

① 세균성 이질   ② 폐렴

③ 홍역   ④ 임질

해설 인공능동면역이란 예방접종 후에 형성되는 면역으로 홍역은 생균백신을 접종하며 면역력이 가장 강하게 형성된다.

정답 294 ④ 295 ③ 296 ① 297 ① 298 ③ 299 ③ 300 ④ 301 ③

302 다음 감염병 중 생후 제일 먼저 예방접종을 하는 감염병은?

① 백일해 　　　② 파상풍

③ 홍역 　　　　④ 결핵

해설 결핵 예방주사인 BCG 접종은 생후 4주 이내에 초회 피내에 접종한다.

303 디피티(DPT) 접종과 관계없는 질병은?

① 디프테리아 　　② 콜레라

③ 백일해 　　　　④ 파상풍

해설 DPT는 디프테리아 · 백일해 · 파상풍의 종합예방주사약으로 생후 6개월 이내에 2개월 간격으로 3회 접종하고 18개월째 추가접종을 실시한다.

304 감수성 지수(접촉감염지수)가 가장 낮은 것은?

① 폴리오 　　　　② 홍역

③ 성홍열 　　　　④ 디프테리아

해설 접촉에 의해 전파되는 감염병에 있어서 감수성 보유자가 감염되어 발병하는 비율이 일정하다고 하여 이를 감수성 지수(접촉감염지수)라 하는데, 두창 95%, 홍역 95%, 백일해 60~80%, 성홍열 40%, 디프테리아 10%, 폴리오 0.1%이다.

305 질병 발생의 3대 요소가 아닌 것은?

① 환경 　　　　　② 면역

③ 숙주 　　　　　④ 병인

해설 면역이 있으면 질병은 발생하지 않는다. 감염병 발생의 3대 요인으로 병인(감염원), 환경(전염경로), 숙주(감수성과 면역성)를 들 수 있다.

306 음식물로 매개되는 감염병과 거리가 먼 것은?

① 일본뇌염 　　　② 유행성 간염

③ 폴리오 　　　　④ 콜레라

해설 일본뇌염은 모기의 매개에 의해 감염된다.

307 다음 감염병 중에서 환자의 인후분비물에 의해 감염되는 것은?

① 세균성 이질 　　② 디프테리아

③ 장티푸스 　　　④ 유행성 간염

해설 세균성 이질 · 장티푸스 · 유행성 간염은 음식물에 의한 소화기계 감염병이며, 디프테리아는 인후분비물에 의한 호흡기계 감염병이다.

308 다음 중 병원체가 세균의 질병인 것은?

① 폴리오 　　　　② 백일해

③ 발진티푸스 　　④ 홍역

해설 폴리오와 홍역의 병원체는 바이러스(virus), 발진티푸스의 병원체는 리케차(rickettsia)이다.

309 세균의 감염에 의하여 일어나는 경구감염병은?

① 후천성 면역결핍증

② 인플루엔자

③ 유행성 일본뇌염

④ 콜레라

해설 인플루엔자, 후천성 면역결핍증, 유행성 일본뇌염의 병원체는 바이러스(virus)이다.

310 폴리오는 무엇에 의해 발생되는가?

① 효모 　　　　　② 세균

③ 바이러스 　　　④ 곰팡이

해설 폴리오(소아마비, 급성회백수염)의 병원체는 바이러스(virus)이다.

정답 302 ④ 　303 ② 　304 ② 　305 ② 　306 ① 　307 ② 　308 ② 　309 ④ 　310 ③

311 경구감염병으로 주로 신경계 증상을 일으키는 것은?

① 폴리오　　　　② 장티푸스
③ 콜레라　　　　④ 세균성 이질

해설 폴리오(소아마비, 급성회백수염)는 중추신경계 손상을 특징으로 하는 경구감염이다.

312 우리나라에서 발생하는 장티푸스의 가장 효과적인 관리방법은?

① 환경위생 철저　　② 공기정화
③ 순화독소(toxoid)　④ 농약 사용 자제

해설 장티푸스는 수인성 감염병으로 환경위생과 밀접한 관계가 있다. 장티푸스는 사균백신을 접종하며, 순화독소를 접종하는 것은 디프테리아와 파상풍 등이 대표적이다.

313 질병을 매개하는 위생해충과 그 질병의 연결이 잘못된 것은?

① 모기 – 사상충증, 말라리아
② 파리 – 장티푸스, 콜레라
③ 진드기 – 유행성 출혈열, 쯔쯔가무시증
④ 이 – 페스트, 재귀열

해설 페스트는 쥐벼룩이 매개한다.

314 사상충의 매개체가 되는 것은?

① 참진드기　　　　② 좀진드기
③ 모기　　　　　　④ 파리

해설 사상충증은 토고숲모기가 매개한다.

315 잠복기가 하루에서 이틀 정도로 짧고 쌀뜨물 같은 설사를 동반한 1군 감염병이며 검역 감염병인 것은?

① 콜레라　　　　② 파라티푸스
③ 장티푸스　　　④ 세균성 이질

해설 콜레라는 설사, 탈수, 허탈 등의 증세가 있으며, 잠복기는 12~48시간이며, 검역법에 의한 감시시간은 120시간이다.

316 제2군 감염병에 해당하는 것은?

① 콜레라　　　　② 파라티푸스
③ 백일해　　　　④ 결핵

해설 콜레라와 파라티푸스는 제1군 감염병, 결핵은 제3군 감염병이다.

317 우리나라 검역법에 정해진 검역질병이 아닌 것은?

① 콜레라　　　　② 황열
③ 장티푸스　　　④ 페스트

해설 외래감염병의 국내 유입을 막기 위한 검역질병과 감시시간은 콜레라 120시간, 페스트 144시간, 황열 144시간으로 되어 있다.

318 검역질병과 검역기간은 그 감염병의 무슨 기간과 동일한가?

① 감염병의 유행기간
② 감염병의 최장 잠복기간
③ 감염병의 이환기간
④ 감염병의 세대기간

해설 검역기간은 보통 그 질병의 최장 잠복기간 동안으로 되어 있다.

319 호흡기 감염병에 속하지 않는 것은?

① 일본뇌염　　　　② 홍역
③ 백일해　　　　　④ 디프테리아

해설 일본뇌염은 모기에 의해 감염되는 절족동물 매개감염병이다.

정답 311 ①　312 ①　313 ④　314 ③　315 ①　316 ③　317 ③　318 ②　319 ①

320 호흡기계 감염병의 예방대책과 가장 관계 깊은 것은?

① 파리, 바퀴의 구제
② 음료수의 소독
③ 식사 전 손의 세척
④ 환자의 격리

해설 호흡기계 감염병은 환자에 의해 병원체가 전파되는 경우가 많으므로 환자의 격리가 중요하다.

321 감염경로와 감염병의 연결이 틀린 것은?

① 공기전염 – 폴리오
② 토양전염 – 파상풍
③ 직접접촉 – 성병
④ 개달물전염 – 결핵

해설 폴리오(소아마비)는 소화계 감염병으로 음식물로 감염된다.

322 경태반 감염이 되는 질병은?

① 이질　　　　② 홍역
③ 매독　　　　④ 결핵

해설 경태반 감염이란 임산부에서 태아로 병원체가 전파되는 것으로 매독, 후천성 면역결핍증, 풍진 등이 속한다.

323 다음 감염병의 매개체 중 개달물(介達物)의 종류에 속하는 것은?

① 음식물, 우유　② 파리, 모기
③ 공기, 먼지　　④ 손수건, 의복

해설 개달물이란 비생체접촉매개물을 말하는데 의복·침구·서적·완구 등이 대표적이다. 개달물로 전파되는 대표적 질병으로 트라코마(눈병), 천연두, 결핵 등이 있다.

324 다음 중 만성감염병은?

① 장티푸스　　② 폴리오
③ 결핵　　　　④ 백일해

해설 장티푸스, 폴리오, 백일해는 급성감염병이다.

325 환경위생의 개선으로 가장 많이 감소되는 감염병과 가장 거리가 먼 것은?

① 이질　　　　② 장티푸스
③ 홍역　　　　④ 콜레라

해설 환경위생과 밀접한 관계가 있는 것은 수인성 감염병이다. 홍역은 호흡기계 감염병이다.

326 장티푸스에 대한 예방대책으로 적절하지 않은 것은?

① 검역을 강화한다.
② 환경위생관리를 강화한다.
③ 보균자 관리를 강화한다.
④ 예방접종을 강화한다.

해설 검역강화는 외래감염병이 국내로 유입하는 것을 차단하기 위한 조치이다.

327 장티푸스 유행지역에서 가장 중요시할 관리 방법은?

① 환자격리 후송
② 보건교육 실시
③ 예방접종 실시
④ 소독 및 건강보균자의 색출

해설 장티푸스는 건강보균자가 많기 때문에 장티푸스 관리에 있어 건강보균자를 색출하여 관리하는 것이 가장 중요하다.

328 심한 설사로 인하여 탈수증상을 나타내는 감염병은?

① 백일해　　　② 콜레라
③ 홍역　　　　④ 결핵

정답 320 ④　321 ①　322 ③　323 ④　324 ③　325 ③　326 ①　327 ④　328 ②

해설 콜레라는 심한 급성 위장증세와 구토, 허탈 등을 일으키며 심한 설사로 탈수증상을 나타낸다.

329 유행성 간염에 관한 설명 중 잘못된 것은?

① 병원체는 분변으로 배출되어 오염된다.
② 음식물로 경구감염된다.
③ 세균성 질환이다.
④ 후기에는 황달 증상이 나타난다.

해설 유행성 간염의 병원체는 바이러스(virus)이다.

330 다음 중 잠복기가 가장 긴 질병은?

① 한센병   ② 파라티푸스
③ 콜레라   ④ 디프테리아

해설 한센병은 피부말초신경의 손상을 특징으로 하는 만성감염병으로, 잠복기는 일정하지 않고 1년 ~수년이다.

331 투베르쿨린(tuberculin) 반응검사와 관계되는 질병은?

① 나병   ② 말라리아
③ 유행성 뇌염   ④ 결핵

해설 투베르쿨린 검사는 결핵균의 감염 유무를 알기 위해 실시한다.

332 사람과 동물이 같은 병원체에 의하여 발생하는 인축공통감염병은?

① 성홍열   ② 결핵
③ 콜레라   ④ 디프테리아

해설 동일 병원체에 의해 사람과 동물이 모두 감염되는 감염병을 인축공통감염병이라 하고, 살모넬라, 공수병, 브루셀라, 결핵, 탄저, 파상열 등이 있다.

333 인수공통감염병으로 그 병원체가 바이러스(virus)인 것은?

① 발진열   ② 탄저
③ 광견병   ④ 결핵

해설 발진열의 병원체는 리케차, 탄저와 결핵의 병원체는 세균이다.

334 소, 돼지, 양 등에 감염병이 걸리면 암컷은 유산을 하고 수컷은 고환염을 일으키는 감염병은?

① 브루셀라(파상열) ② 탄저
③ 야토병   ④ 돈단독

해설 소, 돼지, 양에게 유산을 일으키는 브루셀라균이 사람에게 감염되면 파상열을 일으킨다.

335 감염병의 예방대책에 속하지 않는 것은?

① 병원소의 제거   ② 환자의 격리
③ 식품의 저온보존 ④ 전염력의 감소

해설 식품의 저온보존은 식중독 예방대책이라고 할 수 있다.

336 감염병 예방방법 중 감염원에 대한 대책에 속하는 것은?

① 위생해충의 구제
② 식품취급자 손 청결
③ 음료수의 소독
④ 환자, 보균자의 색출

해설 위생해충의 구제, 식품취급자 손 청결, 음료수의 소독은 감염경로 대책에 속한다.

337 감염병의 예방대책 중 특히 감염경로에 대한 대책은?

① 환자를 치료한다.
② 예방주사를 접종한다.

정답 329 ③   330 ①   331 ④   332 ②   333 ③   334 ①   335 ③   336 ④   337 ④

③ 면역혈청을 주사한다.

④ 손을 소독한다.

해설 환자치료는 감염원에 대한 대책. 예방주사와 면역혈청 주사는 감수성 대책이다.

338 공동매개체(common)가 아닌 것은?

① 우유 　　　　　② 파리

③ 공기 　　　　　④ 물

해설 공동매개체란 여러 종류의 질병을 매개할 수 있는 개체이다. 파리는 장티푸스. 콜레라 등의 특정 질병을 매개한다.

339 아메바에 의해서 발생되는 질병은?

① 장티푸스 　　　② 이질

③ 콜레라 　　　　④ 유행성 간염

해설 장티푸스와 콜레라의 병원체는 세균. 유행성 간염의 병원체는 바이러스이다. 이질에는 세균성 이질과 아메바성 이질이 있다.

340 장차 인구감소를 의미하는 인구형은?

① 피라미드형 　　② 별형

③ 기타형 　　　　④ 항아리형

해설 인구 구성형의 특징은 다음과 같다.

① 피라미드형(인구증가형. 후진국형)

② 별형(인구유입형. 도시형)

③ 기타형(호로형. 인구유출형. 농촌형)

④ 항아리형(인구감소형. 선진국형)

⑤ 종형(인구정지형. 이상적인 인구형)

341 임신중독증의 3대 증상이 아닌 것은?

① 부종 　　　　　② 단백뇨

③ 고혈압 　　　　④ 출혈

해설 임신중독증은 과로와 영양부족이 원인으로 부종. 단백뇨. 고혈압의 3대 증상이 있다.

342 학교보건사업의 가장 중요한 목적은?

① 집단검진을 통한 질병의 조기 발견

② 감염병 발생의 예방

③ 보건교육을 통한 건강한 습관 확립

④ 학교급식을 통한 영양관리

해설 학교보건은 학생 및 교직원의 건강을 유지 · 증진시켜 학업능률의 향상과 심신이 건강한 국민으로 육성하는 데 그 목적이 있다.

343 학교보건사업 중 가장 우선적으로 하여야 할 사업은?

① 학교보건봉사 　　② 학교환경관리

③ 학교급식 　　　　④ 보건교육

해설 학생들이 학교에서 건전한 생활과 심신의 안정. 학업능률 향상 등을 하게 하려면 학교환경관리가 잘 유지되어야 한다.

344 직업병의 정의로 올바른 것은?

① 특정한 직업에 종사하는 사람에게 나타나는 특정의 질병을 말한다.

② 근로자에게 발생하는 질병을 말한다.

③ 부적당한 근로 조건에 의해 발생한다.

④ 산업현장 근로자에게 나타나는 질병을 말한다.

해설 직업병이란 특정의 직업에 종사하는 사람에게 특정의 질병이 나타나는 것으로, 불량한 환경조건 및 부적당한 근로 조건이 복합적으로 작용하여 발생한다.

345 고열장해로 인한 직업병이 아닌 것은?

① 열경련 　　　　② 열사병

③ 열쇠약 　　　　④ 참호족

해설 참호족은 이상저온에서 발생하는 직업병이다.

정답 338 ② 　339 ② 　340 ④ 　341 ④ 　342 ③ 　343 ② 　344 ① 　345 ④

346 한·냉·고열 등과 관계없는 것은?

① 열사병   ② 열쇠약증

③ 동상   ④ 잠함병

해설 잠함병은 고기압하에서 발생한다. 열사병·열쇠약증은 이상고온, 동상은 이상저온에서 발생한다.

347 작업장의 부적당한 조명과 가장 관계가 적은 것은?

① 열경련

② 안정피로

③ 재해 발생의 원인

④ 가성근시

해설 열경련은 이상고온환경에서 발생하는 직업병이다.

348 납중독에 대한 설명으로 틀린 것은?

① 대부분 만성중독이다.

② 뼈에 축적되거나 골수에 대해 독성을 나타내므로 혈액장애를 일으킬 수 있다.

③ 손과 발의 각화증 등을 일으킨다.

④ 잇몸의 가장자리가 흑자색으로 착색된다.

해설 납중독은 연(鉛)중독이라고 하며 급성중독보다는 만성중독이 문제가 된다. 4대 증상으로 연연, 염기성 적혈구 수의 증가, 소변에 코프로포피린 검출, 연산통 등을 들 수 있다.

349 작업환경 조건에 따른 질병의 연결이 맞는 것은?

① 고기압 – 고산병

② 저기압 – 잠함병

③ 조리장 – 열쇠약

④ 채석장 – 소화불량

해설 고기압 – 잠함병, 저기압 – 고산병, 채석장 – 진폐증

350 국소진동으로 인한 질병 및 직업병의 예방 대책이 아닌 것은?

① 보건교육

② 완충장치

③ 방열복 착용

④ 작업시간 단축

해설 방열복이란 뜨거운 열이나 불길에 의한 피해를 막기 위하여 입는 옷이다.

351 굴착, 착암작업 등에서 발생하는 진동으로 인해 발생할 수 있는 직업병은?

① 공업중독

② 잠함병

③ 레이노드병

④ 금속열

해설 진동작업 시 직업병으로 뼈와 관절에 장애가 오는 레이노드(Raynaud's)병을 들 수 있다.

정답 346 ④ 347 ① 348 ③ 349 ③ 350 ③ 351 ③

CHAPTER 02 한식 안전관리

01 개인 안전관리

■ 개인 안전사고 예방 및 사후 조치

1. 개인 안전사고 예방 및 사후 조치

1) 재해 발생의 원인

부적합한 지식, 부적절한 태도와 습관, 불안전한 행동, 불충분한 기술, 위험한 환경

2) 안전사고 예방 과정

위험요인 제거 → 위험요인 차단 → 위험사건 오류 예방 → 위험사건 오류 교정 → 위험사건 발생 이후 재발 방지를 위한 대응 및 개선 조치 제한(심각도)

3) 안전교육

안전교육은 상해, 사망 또는 재산의 피해를 불러일으키는 불의의 사고를 예방하는 것으로 교육이라는 수단을 통하여 일상생활에서 개인 및 집단의 안전에 필요한 지식, 기능, 태도 등을 이해시키고 자신과 타인의 생명을 존중하며 안전한 생활을 영위할 수 있는 습관을 형성시키는 것이다.

2. 주방 내 안전사고 유형

1) 인적 요인에 의한 사고 유형

(1) 개인의 정서적 요인 : 개인의 선천적 및 후천적 소질 요인으로 과격한 기질, 신경질, 시력 또는 청력의 결함, 근골박약, 지식 및 기능의 부족, 중독증, 각종 질환 등이 있다.

(2) 개인의 행동적 요인 : 개인의 부주의와 무모한 독단적 행동, 불완전한 동작과 자세, 미숙한 작업방법, 안전장치 점검 소홀, 결함이 있는 기계 및 기구의 사용 등의 요인이 있다.

(3) 개인의 생리적 요인 : 사람이 피로가 누적되면 심적 태도가 교란되고 동작을 세밀하게 제어하지 못하므로 실수를 유발하여 사고의 원인이 된다.

2) 물적 요인에 의한 사고 유형

각종 기계 및 장비, 시설물에서 오는 요인으로 기계, 기구, 시설물에 의한 사고는 자재의 불량이나 결함, 안전장치 또는 시설의 미비, 각종 시설물의 노후화에 의한 붕괴, 화재 등을 들 수 있다.

3) 환경적 요인에 의한 사고 유형

(1) 주방의 환경적 요인 : 조리장의 작업환경은 고온다습하여 피부질환이 발생하기 쉽다. 또한 조리종사자는 장화를 착용하여 무좀, 검은 발톱, 아킬레스건염 등의 질환이 발생할 수 있다.

(2) 주방의 물리적 요인 : 주방은 고온다습하고 물을 사용하므로 낙상사고의 위험이 존재한다.

(3) 주방의 시설 요인 : 조리작업환경의 악화는 조리종사자들의 피로를 누적시켜 작업효율 저하와 안전사고를 초래한다. 또한 전기설비의 고장이나 누전으로 인한 감전사고의 위험이 있다.

3. 안전사고 예방

① 안전관리 기준을 정하여 준수하고 무리한 작업을 하지 않는 것이 안전사고를 예방하는 지름길이다.

② 안전교육을 실시하고 개인 안전사고 발생 시 신속 정확한 응급조치를 실시하고, 주방 내 필요한 구급품이 적정수량 비치되었는지 확인한다.

2 작업 안전관리

개인이 사용하는 칼에 대하여 사용안전, 이동안전, 보관안전을 실행한다.

1. 칼의 사용안전

① 칼을 사용할 때에는 정신을 집중하고 안정된 자세로 작업에 임한다.

② 칼로 캔을 따는 등의 본래 목적과 용도 이외에는 사용하지 않는다.

③ 칼을 떨어뜨렸을 경우 잡으려 하지 말고 한 걸음 물러서서 피한다.

2. 칼의 이동안전

① 주방에서 칼을 들고 이동 시에는 칼끝을 정면으로 두지 않는다.

② 주방에서 칼을 들고 이동 시에는 칼끝은 지면을 향하게 하고 칼날을 뒤로 가게 한다.

3. 칼의 보관안전

① 칼을 사용하지 않을 때는 안전함에 넣어 보관한다.

② 칼을 보이지 않는 곳에 두거나 물이 든 싱크대에 담가 두지 않는다.

02 장비 · 도구 안전작업

1 조리장비 · 도구 안전관리 지침

1. 조리장비 도구의 관리원칙

① 사용방법과 기능을 충분히 숙지하고 전문가의 지시에 따라 정확히 사용한다.

② 사용용도 이외 사용을 금한다.

③ 장비나 도구에 무리가 가지 않도록 유의한다.

④ 장비나 도구에 이상이 있을 경우 즉시 사용을 중지하고 적절한 조치를 취한다.

⑤ 전기를 사용하는 장비나 도구의 경우 전기사용량과 사용법을 확인한 다음 사용하고, 특히 물기를 피한다.

⑥ 모터에 물이나 이물질이 들어가지 않도록 항상 주의하고 청결하게 유지한다.

2. 조리장비 도구의 취급관리

조리시설과 장비의 안전관리를 위해 정기점검, 일상점검, 긴급점검 등이 이루어져야 한다.

1) 일상점검

주방관리자가 조리기구 및 장비를 사용하기 전에 육안으로 기계 · 기구 · 전기 · 가스 등의 이상 여부와 보호구 관리실태 등을 점검하고 그 결과를 기록 유지하는 것을 말한다.

2) 정기점검

조리작업에 사용되는 기계 · 기구 · 전기 · 가스 등의 설비기능 이상 여부와 보호구의 성능유지 여부 등에 대하여 매년 1회 이상 정기적으로 점검을 실시하고 그 결과를 기록 유지하는 것을 말한다.

3) 긴급점검(특별점검)

필요하다고 판단될 때 실시하는 정밀점검 수준의 안전점검으로 실시 목적에 따라 손상점검과 특별점검으로 구분된다.

3. 조리도구

(1) 조리도구

① 준비도구 : 재료손질과 조리준비에 필요한 용품으로 앞치마, 머릿수건, 양수바구니, 채소바구니, 가위 등이 있다.

② 조리기구 : 준비된 재료를 조리하는 과정에 필요한 도구로 솥, 냄비, 팬 등이 있다.

③ 보조도구 : 준비된 재료를 조리하는 과정에 필요한 용품으로 주걱, 국자, 뒤집개, 집게 등이 있다.

(2) 식사도구 : 식탁에 올려 먹기 위해 사용하는 용품으로 그릇 및 용기, 쟁반류, 상류, 수저 등이 있다.

(3) 정리도구 : 수세미, 행주, 식기건조대, 세제 등이 있다.

4. 조리장비 및 도구의 이상 유무 점검방법

(1) 음식절단기 : 각종 식재료를 필요한 형태로 얇게 썰 수 있는 장비
    ① 전원을 차단하고 기계를 분해하여 중성세제와 미온수로 세척하였는지 확인
    ② 건조한 후 원상태로 조립하여 안전장치 작동의 이상 여부 확인 후 사용

(2) 튀김기
    ① 사용한 기름이 식은 후 다른 용기에 기름을 받아내고 오븐클리너로 골고루 세척했는지 확인
    ② 기름때가 심한 경우 온수로 깨끗이 씻고 마른 걸레로 물기를 완전히 제거하였는지 확인
    ③ 받아둔 기름을 다시 유조에 붓고 전원을 넣어 사용

(3) 육절기 : 재료를 혼합하여 갈아내는 기계
    ① 전원을 차단하고 칼날과 회전봉을 분해하여 중성세제와 미온수로 세척하였는지 확인
    ② 건조한 후 원상태로 조립하여 안전장치 작동의 이상 여부 확인 후 사용

(4) 제빙기
    ① 전원을 차단하고 기계를 정지시킨 후 뜨거운 물로 제빙기의 내부를 구석구석까지 녹였는지 확인
    ② 중성세제로 깨끗하게 세척하였는지 확인
    ③ 마른 걸레로 물기를 깨끗하게 닦은 후 20분 정도 지난 후 작동

(5) 식기세척기
    ① 탱크의 물을 빼고 세척제를 사용하여 브러시로 깨끗하게 세척하였는지 확인
    ② 모든 내부 표면, 배수로, 여과기, 필터를 주기적으로 세척하고 있는지 확인

(6) 그리들 : 철판으로 만든 것으로 대량구이 시 사용
    ① 상판온도가 80℃가 되었을 때 오븐클리너를 분사하여 밤솔브러시로 깨끗하게 닦았는지 확인
    ② 뜨거운 물로 오븐클리너를 완전히 씻어내고 다시 비눗물을 사용하여 세척하고 뜨거운 물로 깨끗이 헹구어 냈는지 확인
    ③ 세척이 끝난 후 철판 위에 기름칠을 하였는지 확인

03 작업환경 안전관리

1 작업장 환경관리

1. 주방의 조리환경

주방의 조리환경은 주방의 크기와 규모, 시설물, 기물의 배치, 주방 내의 인적 구성, 임금 및 복지후생시설 등이 있다. 따라서 주방환경은 조리종사원에게 직간접적으로 영향을 미치는 환경적 요인으로 종사원의 근무의욕과 건강 등에 영향을 미친다.

2. 주방의 물리적 환경

인적 환경을 제외한 대부분의 시설과 설비를 포함한 주방의 환경으로 온도와 습도, 조명시설, 주방의 소음과 환기, 주방 내부의 색깔 등으로 주방의 물리적 환경은 주방 종사자의 건강관리와 직결된다.

2 작업장 안전관리

1. 작업장 주변 정리 · 정돈

① 작업장 주변의 통로나 작업장은 항상 청소한 후 작업한다.
② 사용한 장비나 도구는 적합한 장소에 정리 · 보관한다.
③ 굴러다니기 쉬운 것은 받침대를 사용하고 가능한 묶어서 적재 또는 보관한다.
④ 적재물은 사용시기와 용도별로 구분하여 정리하고 먼저 사용할 것은 하부에 보관한다.
⑤ 부식 및 발화 가연재, 위험물질은 별도로 구분하여 보관한다.

2. 작업장의 온도와 습도 관리

① 작업장 온도는 겨울철 18.3~21.1℃, 여름철 20.6~22.8℃를 유지한다.
② 적정한 상대습도는 40~60% 정도가 적당하다.

3. 조명유지와 미끄럼, 오염방지

① 조리작업장의 권장 조도는 161~143Lux이다.
② 스테인리스로 된 작업테이블 및 기계와 같이 매우 반짝이는 기구는 반사되는 빛으로 인해 눈부심을 주어 문제를 일으키는 요인이 되기도 한다. 작업대에서 사용하는 칼 등의 날카로운 조리기구 등은 미끄럼 사고로 인해 심각한 재해로 발전할 수 있다.

4. 안전시설 및 안전용품 관리

(1) 개인 안전보호구 선택

　　① 사용목적에 맞는 보호구를 갖추고 작업 시에는 반드시 착용하고, 보호구의 착용을 생활화
　　　한다.

　　② 보호구는 개인전용으로 사용하고, 청결하게 보존·유지한다.

(2) 개인 안전보호구 착용 : 안전화, 위생장갑, 안전마스크, 위생모자 등 착용

5. 유해물질·위험물질·화학물질 등을 처리기준에 따라 관리

　　① 물질안전보건 자료를 비치하고 취급방법을 교육한다.

　　② 물질명, 주의사항, 제조일자, 제조자명 등을 기록한 경고표지를 부착한다.

　　③ 보관 중 넘어지지 않도록 전도방지조치를 한다.

　　④ 밀폐 및 보관위치 등 보관 상태를 수시로 점검한다.

6. 안전교육의 실시

안전관리책임자는 법정안전교육을 실시한다.

≫ 법정 안전교육

교육과정	교육대상	교육시간
정기교육	사무직 종사자	매월 1시간 이상 또는 매 분기 3시간 이상
	관리감독자의 지위에 있는 사람	매 반기 8시간 이상 또는 연간 16시간 이상
채용 시 교육	일용 근로자	1시간 이상
	일용 근로자를 제외한 근로자	8시간 이상
작업내용 변경 시 교육	일용 근로자	1시간 이상
	일용 근로자를 제외한 근로자	8시간 이상
특별교육	특수 직무에 해당하는 작업에 종사하는 일용 근로자	2시간 이상 • 16시간 이상(최초 작업에 종사하기 전 4시간 이상 실시하고 12시간은 3개월 이내에 분할하여 실시 가능) • 단시간 작업 또는 간헐적 작업인 경우에는 2시간 이상

❸ 화재예방 및 조치방법

1. 화재의 원인이 될 수 있는 곳을 점검하고 화재진압기를 배치 · 사용

① 인화성 물질 적정 보관 여부를 점검

② 화재안전기준에 따른 소화기 비치 및 관리, 소화전함 관리 상태를 점검

③ 출입구 및 복도, 통로 등에 적재물 비치 여부 점검

④ 비상통로 확보, 비상조명등 예비 전원 작동 상태 점검

⑤ 자동 확산 소화용구 설치의 적합성 점검

2. 화재 발생 시 대처요령

① 큰소리로 화재 발생을 알리고 화재경보 비상벨을 누른 후 119에 신고한다.

② 화재를 진압할 것인지 대피할 것인지를 결정한다.

③ 안전하고 신속하게 대피한다.

④ 출입문 손잡이가 뜨거우면 반대쪽에 화재가 발생한 것이므로 문을 열지 않는다.

3. 화재의 등급별 분류

① A급 화재 : 일반화재(종이, 목재, 플라스틱, 고무, 섬유류 등의 가연물질 화재)

② B급 화재 : 유류화재(휘발유, 페인트 등 인화성 액체 유류 화재)

③ C급 화재 : 전기화재(전기기구, 전기설비의 단락 · 누전 · 과부하 등이 원인)

④ D급 화재 : 금속화재(마그네슘, 나트륨, 알루미늄 등의 가연성 금속화재)

⑤ E급 화재 : 가스화재(LPG, 도시가스 등의 화재)

⑥ K급 화재 : 주방화재(주방의 동 · 식물성 기름 등에서 발생하는 화재)

4. 소화기 종류

소화기는 소화하는 약제의 종류에 따라 분말소화기, 할로겐 화합물 소화기, 이산화탄소 소화기 등이 있으며, 가장 많이 사용하는 것은 축압식의 분말소화기이다.

1) 소화기 종류

(1) A형 : 일반화재진압용

(2) B형 : 유류화재진압용

(3) C형 : 전기화재진압용

(4) ABC형 : 일반화재 · 유류화재 · 전기화재 등의 모든 화재에 사용

(5) K급 소화기 : 식용유는 발화점이 끓는점보다 낮아서 불꽃을 세거하더라도 기름 안쪽의 온도를 낮출 수 없어 재발화의 위험이 있다. K급 소화기는 유막층을 형성해 산소 공급을 차단하기 때문에 식용유로 인한 화재를 신속하게 진압할 수 있고, K급 화재(식용유화재)뿐만 아니라 A급, B급 화재에도 효과적이다.

2) 소화기 사용법

분말소화기의 사용은 바람을 등지고 한 손으로 손잡이를 다른 한 손으로는 호스를 잡고 호스를 불쪽으로 향하게 하여 손잡이를 힘껏 누르고 빗자루 쓸 듯이 뿌린다.

001 다음 중 안전교육의 목적이 아닌 것은?

① 안전의식 향상

② 자신과 타인의 생명 존중

③ 안전한 생활 영위

④ 생산성 향상 교육

해설 안전교육은 개인과 집단의 안전성을 발달시키는 교육이며, 근본적으로는 인간생명의 존엄성을 인식시키는 것이다.

002 다음 중 주방의 인적 요인에 의한 사고 유형이 아닌 것은?

① 정서적 요인　　② 행동적 요인

③ 생리적 요인　　④ 설비의 노후화

해설 설비의 노후화는 물적 요인에 의한 유형이다.

003 다음 중 공기보다 가벼운 기체는?

① 이산화탄소　　② 부탄

③ 메탄　　④ 프로판가스

해설 이산화탄소, 부탄, 프로판가스는 공기보다 무겁다.

004 칼의 안전관리 방법이 잘못된 것은?

① 칼을 들고 이동 시에는 칼끝이 바닥을 향하게 하고, 몸의 반대방향으로 한다.

② 날이 잘 선 칼은 안전사고의 위험이 있으므로 칼날이 무딘 칼을 사용한다.

③ 칼을 사용하지 않을 때는 보관함에 보관한다.

④ 칼로 캔을 따거나 본래 목적 이외에는 사용하지 않는다.

해설 날이 무딘 칼은 안전사고의 위험이 있으므로 칼날이 잘 선 칼을 사용한다.

005 장비나 도구, 기계, 기구, 설비 등의 성능이 의심되는 경우 기능상 이상 유무에 대하여 점검하는 것은?

① 일상점검　　② 정기점검

③ 특별점검　　④ 수시점검

해설 특별점검은 결함이 의심되는 경우 또는 사용 제한 중인 시설물의 사용 여부 등을 판단하기 위해 실시한다.

006 조리도구의 이상 유무 점검의 내용으로 잘못된 것은?

① 전기제품은 반드시 전원 차단 여부를 확인한 다음 점검한다.

② 그리들의 상판은 철솔을 사용하여 기름때를 깨끗하게 제거한다.

③ 식기세척기는 탱크의 물을 빼고 세척제를 사용하여 브러시로 깨끗하게 세척한다.

④ 육절기는 칼날과 회전봉을 분해하여 중성세제와 미온수로 세척한다.

해설 그리들의 상판은 오븐클리너를 분사하고 밤솔을 사용하여 기름때를 깨끗하게 제거한다.

정답 001 ④　002 ④　003 ③　004 ②　005 ③　006 ②

007 가스기기 사용에 대한 설명이 잘못된 것은?

① 가스기기는 사용하기 전 창문을 열어 충분히 환기시킨 후 사용한다.

② 가스기기 주변에는 인화성 물질 및 가연성 물질은 두지 않는다.

③ LPG는 공기보다 가벼우므로 가스감지기는 위쪽에 설치한다.

④ 가스기기 사용 시 자리를 비우지 않는다.

해설 LPG는 공기보다 무겁고 LNG는 공기보다 가볍다. 따라서 LPG 가스감지기는 아래쪽에 설치해야 한다.

008 조리작업장의 환경관리에 대한 설명으로 잘못된 것은?

① 조리실의 밝기는 150lux 이상으로 한다.

② 작업대의 높이와 기기의 배치, 동선이 효율적으로 되어야 한다.

③ 적정온도는 겨울철 18.3~21.1℃, 여름철 20.6~22.8℃를 유지하고 습도는 40~60%를 유지한다.

④ 조리작업자의 정서적 안정을 위하여 음악을 크게 틀어 놓는다.

해설 작업장이 소란스러우면 집중력이 떨어져 안전사고의 위험이 있다.

009 다음 중 조리실 바닥 재질의 조건으로 부적합한 것은

① 산, 알칼리, 열에 강해야 한다.

② 습기와 기름이 스며들지 않아야 한다.

③ 공사비와 유지비가 저렴하여야 한다.

④ 요철(凹凸)이 많아 미끄러지지 않도록 해야 한다.

해설 조리실 바닥에 요철이 많으면 작업에 지장을 초래할 뿐만 아니라 안전사고의 위험이 있다.

010 다음 중 사업장 내 작업내용 변경 시 일용근로자를 제외한 근로자의 안전교육시간 기준으로 옳은 것은?

① 1시간 이상 ② 2시간 이상

③ 6시간 이상 ④ 8시간 이상

해설 작업내용 변경 시 사업장 내 안전교육은 일용근로자의 경우 1시간 이상, 일용근로자를 제외한 근로자의 경우 8시간 이상 실시하여야 한다.

011 다음 중 유류화재의 화재급수에 해당하는 것은?

① A급 ② B급

③ C급 ④ D급

해설 화재의 등급별 분류는 다음과 같다.

① A급 화재 : 일반화재(종이, 목재, 플라스틱, 고무, 섬유류 등의 가연물질 화재)

② B급 화재 : 유류화재(휘발유, 페인트 등 인화성 액체 유류 화재)

③ C급 화재 : 전기화재(전기기구, 전기설비의 단락·누전·과부하 등이 원인)

④ D급 화재 : 금속화재(마그네슘, 나트륨, 알루미늄 등의 가연성 금속화재)

⑤ E급 화재 : 가스화재(LPG, 도시가스 등의 화재)

⑥ K급 화재 : 주방화재(주방의 동·식물성 기름 등에서 발생하는 화재)

012 주방에 의무적으로 설치해야 하는 소화기는?

① A형 소화기

② B형 소화기

③ ABC형 소화기

④ K형 소화기

해설 음식점, 호텔, 기숙사, 의료시설, 업무시설, 공장, 장례식장, 교육연구시설, 교정, 군사시설 등의 주방은 K급 소화기 설치 의무 대상이다.

한식 재료관리

01 식품재료의 성분

① 일반성분 : 영양적 가치를 결정하는 수분, 탄수화물(당질), 지질(지방), 단백질, 무기질, 비타민 등
② 특수성분 : 기호적 가치를 결정하는 색, 맛, 향, 효소, 유독성분 등

1 수분

곡류는 8~15%, 육류는 50~65%, 채소 및 과실류는 90% 정도의 수분이 함유되어 있다.

1. 유리수와 결합수

식품 중의 수분은 유리 상태로 존재하는 보통 형태의 수분인 유리수(자유수)와 식품의 구성성분인 탄수화물이나 단백질 등의 유기물과 결합되어 있는 수분인 결합수로 나누며, 유리수와 결합수는 정반대의 성질을 갖는다.

유리수(자유수)	결합수
식품을 건조하면 쉽게 증발한다.	식품을 건조해도 쉽게 증발하지 않는다.
압력을 가하면 제거된다.	압력을 가해도 쉽게 제거되지 않는다.
0℃ 이하에서는 언다.	0℃ 이하에서도 동결되지 않는다.
수용성 성분을 녹인다. 즉, 용질에 대해 용매로 작용한다.	수용성 성분을 녹이지 못한다. 즉, 용질에 대해서 용매로 작용하지 못한다.
미생물의 번식에 이용되며, 식품의 변질에 영향을 미친다.	미생물의 번식에 이용되지 못한다.
끓는점과 녹는점이 매우 높다.	보통의 물보다 밀도가 크다.

2. 수분활성도(Aw)

수분활성도(Aw)란 식품 중의 수분을 대기 중의 상대습도까지 고려하여 수분함량을 표시한 것이다. 즉, 어떤 임의의 온도에서 그 식품이 나타내는 수증기압(P)을 그 온도에서 순수한 물의 최대 수증기압(Po)으로 나눈 값으로, 순수한 물의 수분활성도는 1이므로 식품의 수분활성도는 1보다 작다.

$$Aw = \frac{P}{Po} < 1$$

과실 및 채소, 어패류와 같이 수분이 많은 식품의 Aw는 0.90~0.98이며, 곡류 · 콩류와 같이 수분이 적은 식품의 Aw는 0.60~0.64이다.

2 탄수화물

탄수화물은 탄소(C) · 수소(H) · 산소(O)의 3원소로 구성되어 있으며, 일반적으로 당질이라고 부른다. 당질은 동물체의 에너지원으로 쓰이며 식물성 식품에 광범위하게 분포되어 있다. 탄수화물은 가수분해하여 생성된 당의 분자수에 따라 다음과 같이 분류한다.

1. 단당류

탄수화물의 가장 간단한 구성단위로 더 이상 가수분해되지 않으며, 구성하는 탄소원자의 수에 따라 3탄당, 4탄당, 5탄당, 6탄당으로 나누는데 영양상 중요한 것은 6탄당이다.

1) 포도당(glucose 글루코오스)
　① 포도 및 과실 등 식물계에 널리 분포한다.
　③ 포유동물의 혈액에 약 0.1% 함유되어 있다.

2) 과당(fructose 플락토오스)
　① 포도당과 함께 과실, 꽃 등에 유리 상태로 존재한다.
　② 벌꿀에 많이 들어 있다.
　③ 강한 흡습성과 조해성을 가지므로 액체 상태이다.

3) 갈락토오스(galactose)
　① 유리 상태로는 존재하지 않는다.
　② 동물체 내에서 단백질 또는 지방과 결합하여 주로 신경조직 및 점질물을 만든다.

2. 이당류

구성 단당류의 수에 따라 이당류, 삼당류 등으로 나누며, 식품 중에는 이당류가 가장 많고 이당류 중에서 중요한 것은 맥아당, 설탕, 유당이다.

1) 맥아당(maltose 말토오스)
① 포도당 2분자가 결합되어 있다.
② 식물의 잎이나 발아종자에 분포한다.
③ 엿기름 속에 많고 엿의 주성분이기도 하여 엿당이라고도 한다.

2) 설탕(sucrose 수크로오스)
① 포도당과 과당이 결합된 것으로, 서당 또는 자당이라고도 한다.
② 식물계에 광범위하게 분포되어 있고 특히 사탕무와 사탕수수에 많이 함유되어 있다.
③ 160℃ 이상으로 가열하면 캐러멜화하여 갈색색소인 캐러멜(caramel)이 된다.
④ 가수분해하면 포도당과 과당의 등량 혼합물이 얻어지는데, 이것을 전화당(invert sugar)이라 하며 전화당은 벌꿀에 많이 들어 있다.

3) 유당(lactose 락토오스)
① 포도당과 갈락토오스가 결합
② 식물계에는 존재하지 않으며, 포유동물의 젖 중에 존재하여 젖당이라고도 부른다.
③ 젖산균의 발육을 왕성하게 하여 정장작용을 한다.

 TIP
- 맥아당(maltose, 말토오스) = 포도당 + 포도당
- 설탕(sucrose, 수크로오스) = 포도당 + 과당
- 유당(lactose, 락토오스) = 포도당 + 갈락토오스

3. 다당류

가수분해되어 수많은 단당류를 형성하는 분자량이 매우 큰 물질의 탄수화물이다.

1) 전분
① 다수의 포도당으로 구성된다.
② 식물의 에너지원으로 녹말이라고도 하며 물에는 잘 녹지 않는다.

2) 글리코겐(glycogen)
① 동물체의 저장 탄수화물이다.
② 간, 근육, 조개류에 많이 함유되어 있다.

3) 섬유소(cellulose 셀룰로오스)

① 다수의 포도당으로 구성되어 있다.

② 식물 세포막의 주성분으로서 자연계에 광범위하게 분포한다.

③ 물에 용해되지 않고 묽은 산에 가수분해된다.

④ 사람에게는 영양적인 가치는 없으나 장을 자극하여 변통을 좋게 한다.

4) 식이섬유

① 식이섬유소란 인체의 소화기관에서 분해되지 않는 분자량이 큰 당질류로 갑각류 등 동물성도 있으나 주로 식물세포에서 얻어지는 다당류가 대부분이다.

② 배변을 도와주고 비만, 당뇨, 고지혈증 등의 성인병 예방에 도움이 되며 체내에서 발암물질이나 독성물질들을 희석하거나 이들의 흡수를 방해하는 작용을 한다.

5) 한천(agar 아가)

① 우뭇가사리와 같은 홍조류의 세포성분이다.

② 사람에게 영양적 가치는 없으나 장을 자극하여 변통을 좋게 한다.

③ 미생물의 배지 및 양갱이나 젤리 등에 이용된다.

③ 지질

지방이라고도 하며, 동·식물계에 널리 분포되어 있는 유기화합물로 대부분 탄소(C)·수소(H)·산소(O)로 구성되어 있다. 지질은 물에 녹지 않고 에테르, 클로로포름, 아세톤, 벤젠 등의 유기용매에 녹는다.

1. 지질의 분류

1) 단순지질

지방산과 글리세린이 에스테르 결합된 것으로 유지, 왁스(wax) 등이 있다.

2) 복합지질

단순지질에 다른 성분이 결합된 것으로 인지질(단순지질+인), 당지질(단순지질+당), 아미노지질(단순지질+아미노산), 유황지질(단순지질+유황) 등이 있다.

3) 유도지질

각 지질의 분해물 및 유도체로 지방산, 고급 알코올, 탄화수소 등이 있다.

① 콜레스테롤(cholesterol) : 담즙의 성분이며 신경조직, 특히 뇌신경에 많이 들어 있고 그 외에 신장, 간장에도 들어 있다. 자외선을 조사하면 비타민 D_3가 생성된다.

② 에르고스테롤(ergosterol) : 효모, 버섯, 곰팡이, 맥각 등에 많이 들어 있고 자외선을 조사
하면 비타민 D_2가 생성된다.

2. 유지

유지는 지방산과 글리세롤(glycerol)이 에스테르(ester) 형태로 결합한 것으로, 분자 중에 이중
결합이 없는 포화지방산과 이중결합이 있는 불포화지방산으로 나눈다.

1) 포화지방산

일반적으로 동물성의 고체유지이며, 천연유지에 가장 많이 존재하는 것은 스테아린산(stearic
acid)과 팔미트산(palmitic acid)이다.

2) 불포화지방산

일반적으로 식물성의 액체유지이며 올레인산(oleic acid), 리놀레산(linoleic acid), 리놀렌산
(linolenic acid), 아라키돈산(arachidonic acid)이 있다.

3) 필수지방산

정상적인 성장과 건강을 유지하기 위하여 반드시 필요한 지방산으로 비타민 F라고도 한다. 체내
에서는 합성되지 않으므로 음식물로서 섭취해야 하며 불포화지방산인 리놀레산, 리놀렌산, 아라
키돈산이 있다.

3. 유지의 성질

1) 용해성

유지는 물에 녹지 않고 유기용매에 잘 녹는다.

2) 비중

15℃에서 0.92~0.94로 물보다 가벼우며, 불포화도가 높을수록 비중은 증가한다.

3) 융점

포화지방산이 많을수록, 고급지방산이 많을수록 융점은 높다.

4) 가수분해

유지에 지방분해효소나 산을 작용시키면 글리세롤(glycerol)과 지방산으로 가수분해된다.

5) 발연점

유지를 가열하면 유지의 표면에서 엷은 푸른 연기가 발생할 때의 온도를 말하며 유리지방산의
함량이 많을수록, 노출된 유지의 표면적이 클수록, 외부에서 혼입된 이물질이 많을수록 발연점
은 낮아진다.

6) 비누화가(검화가)

유지가 알칼리에 의해 가수분해되는 반응으로, 유지 1g을 완전히 비누화하는 데 필요한 KOH(수산화칼륨)의 mg 수를 비누화가(검화가)라고 한다. 검화가로 유지의 불포화도를 알 수 있는데 검화가가 높을수록 저급지방산이 많이 들어 있는 유지이다.

7) 요오드가

지방산의 불포화도를 나타내는 값으로, 요오드가가 클수록 불포화지방산이 많이 들어 있다.

구분	요오드가	특징
건성유	130 이상	공기 중에 방치했을 때 쉽게 건조된다. (아마인유, 잣기름, 호두기름, 들깨유 등)
불건성유	100 이하	공기 중에 방치해도 쉽게 건조되지 않는다. (올리브유, 낙화생유, 피마자유 등)
반건성유	100~130	중간적 성질을 갖는다. (대두유, 유채유, 참기름, 면실유 등)

8) 유화

유지는 물에 녹지 않는데 단백질, 레시틴(lecithin), 스테롤(sterol) 등과 같이 한 분자 내에 친수기와 소수기를 함께 가진 화합물을 넣고 교반하면 이들이 유지와 물 사이에 교량 구실을 하여 유지가 물에 분산한다. 이것을 유화라 하고 그 분산액을 유탁액(emulsion 에멀션)이라 부른다.
  ① 수중유적형(O/W : Oil in Water) : 물속에 기름의 입자가 분산되어 있는 형태의 우유, 아이스크림, 마요네즈 등
  ② 유중수적형(W/O : Water in Oil) : 기름에 물이 분산되어 있는 형태의 버터, 마가린 등

9) 산패

유지가 공기 중의 산소에 의해 산화되어 나쁜 냄새와 맛을 갖는 현상으로 열, 광선, 금속, 미생물, 효소 등이 산패를 촉진한다. 유지의 산패 정도를 알아내는 것으로 산가, 과산화물가, 카보닐가 등이 있다.

10) 산가

유지 1g 중에 함유된 유리지방산을 중화하는 데 필요한 KOH(수산화칼륨)의 mg 수를 산가라 한다. 유지의 산가가 높으면 변질되었음을 뜻하며 식용 유지의 산가는 1.0 이하이다.

11) 과산화물가

유지가 산패하면 과산화물이 생성되며 과산화물가가 10 이하이면 신선하다고 할 수 있다.

12) 경화

불포화지방산에 니켈(Ni) 또는 백금(Pt)을 촉매로 수소가스를 통하면 불포화지방산의 이중결합에 수소가 첨가되어 포화지방산으로 된다. 즉, 불포화지방산 함량이 많은 액체유지에 수소를 첨가하여 고체유지로 만드는 것을 경화라 하고 이렇게 만들어진 유지를 경화유라 하며, 경화유의 대표적인 것으로 마가린이 있다.

 TIP
- 유리지방산의 함량이 많을수록, 노출된 유지의 표면적이 클수록, 외부에서 혼입된 이물질이 많을수록 유지의 발연점은 낮아진다.
- 불포화도를 나타내는 것 : 검화가, 요오드가 등
- 산패도를 나타내는 것 : 산가, 과산화물가, 카보닐가 등

4. 트랜스지방산(trans fatty acid)

액체 상태의 불포화지방산인 식물성 기름을 마가린이나 쇼트닝 등의 경화유로 가공할 때 수소를 첨가하는 과정에서 생성된다. 마가린, 쇼트닝, 파이, 냉동피자, 도넛, 케이크, 쿠키, 전자레인지용 팝콘, 수프, 유제품, 어육제품 등에 많이 들어 있는 것으로 알려져 있다.

5. 유지의 변질

유지의 변질을 일으키는 원인은 여러 가지가 있으나 산패에 의한 변질, 중합에 의한 변질, 가수분해에 의한 변질, 변향에 의한 변질로 나눈다.

(1) 산화에 의한 산패

가장 일반적인 유지의 변질현상으로 공기 중의 산소에 의하여 자동산화를 일으켜 불쾌한 냄새나 맛을 형성하는 현상이다.

(2) 중합에 의한 변질

유지의 가열에 의해 일어나는 현상으로 유지는 중합에 의하여 비중과 점성이 커지고 검게 변하며 향기와 소화율이 나빠진다.

(3) 가수분해에 의한 산패

유지가 물, 산, 알칼리, 효소에 의하여 유리지방산과 글리세롤로 분해되어 불쾌한 맛이나 냄새를 형성하여 변질되는 경우로 가수분해에 의한 유지의 변질은 수분함량이 많은 낙농제품에서 문제가 된다.

(4) 변향에 의한 변질

유지는 산패가 일어나기 전에 풀냄새나 비린내와 같은 이취가 발생하는데, 이러한 현상을 변향이라고 한다.

6. 항산화제

(1) 천연 항산화제 : 유지 중에 미량으로 존재하면서 유지의 산화를 억제하며 주로 식물성 유지에 많이 들어 있다. 대표적인 것으로 종자유에 들어 있는 토코페롤(tocopherol), 찻잎 및 감의 몰식자산(gallic acid), 참깨유의 세사몰(sesamol), 면실유의 고시폴(gossypol) 등이 있다. 고시폴은 독성이 있어 산화방지제로 쓰이지 않는다.

(2) 인공 항산화제 : BHT(Butylated Hydroxy Toluene), BHA(Butylated Hydroxy Anisol) 등이 주로 쓰인다.

(3) 상승제 : 인산, 구연산, 주석산, 아스코르빈산(ascorbic acid) 등은 자신들은 항산화력을 갖고 있지 않으나 항산화제를 첨가하였을 경우에 이들 항산화제의 항산화작용을 도우므로 상승제라고 한다.

4 단백질

단백질은 당질이나 지질과는 달리 그 원소의 조성이 탄소(C)·수소(H)·산소(O) 외에 평균 16%의 질소(N)를 함유하고 있으며, 단백질이 함유하고 있는 질소의 양에 6.25를 곱하면 단백질의 양을 알 수 있는데 이 6.25를 단백질의 질소계수라고 한다.

1. 아미노산

단백질은 산 또는 효소로 가수분해되어 각종 아미노산의 혼합물을 생성한다.

1) 아미노산의 성질

(1) 아미노산은 산 또는 알칼리로 작용하는 양성물질을 가지고 있다.

(2) 단백질은 맛이 없으나 아미노산은 식품의 맛과 깊은 관계가 있다.

2) 필수아미노산

정상적인 성장과 건강 유지를 위하여 필수적이므로 필수아미노산이라 부른다. 인체 내에서 합성되지 않으므로 음식물로서 공급해야 하고, 로이신(leucine), 이소로이신(isoleucine), 리신(lysine), 메티오닌(methionine), 페닐알라닌(phenylalanine), 트레오닌(threonine), 트립토판(tryptophan), 발린(valine)의 8가지가 있으며, 어린이와 병후 회복기의 어른에게는 아르기닌(arginine)과 히스티딘(histidine)이 추가적으로 필요하다.

2. 단백질의 분류

1) 단순단백질

아미노산으로만 구성된 단백질로 알부민(albumin), 글로불린(globulin), 프롤라민(prolamin) 등이 있다.

2) 복합단백질

단순단백질에 비단백성 물질이 결합한 것으로 인단백질(단순단백질＋인산), 지단백질(단순단백질＋지방), 당단백질(단순단백질＋당), 색소단백질(단순단백질＋색소), 금속단백질(단순단백질＋금속), 핵단백질(단순단백질＋핵산) 등이 있다.

3) 유도단백질

천연에 존재하는 단백질이 물리적 또는 화학적 변화를 받은 것으로, 젤라틴(gelatine) 등이 있다.

3. 단백질의 성질

① 단백질은 약 20여 종의 아미노산이 결합된 고분자 유기화합물이다.
② 단백질은 열·압력·자외선 등의 물리적인 원인이나 산·알칼리·중금속 등의 화학적인 작용으로 변화를 일으키는데 이것을 변성이라고 한다.
③ 단백질은 열·산·알칼리에 의해 응고된다.
④ 산에 의한 우유 단백질인 카제인(casein)의 응고는 요구르트 제조에 응용되며, 우유 중의 카제인은 효소 레닌(rennin)에 의하여 응고하므로 이 성질을 이용하여 치즈를 만든다.

4. 단백질의 영양평가

단백질의 영양가를 평가하는 데는 단백가, 생물가 등이 이용되고 있다. 달걀은 단백가 100, 생물가 100으로 완전단백질 식품에 속한다.

5. 단백질의 영양적 분류

식품에 함유되어 있는 아미노산의 종류와 그 양에 의해 결정된다.

1) 완전단백질

정상적인 성장과 건강 유지를 위하여 충분한 양의 단백질을 함유한 것으로 젤라틴을 제외한 대부분의 동물성 단백질은 완전단백질이다. 우유의 카제인(casein), 달걀의 알부민(albumin)과 글로불린(globulin) 등

2) 부분적 완전 단백질

생명은 유지하지만 정상적인 성장에 필요한 충분한 양의 몇 가지 아미노산이 부족하다. 밀의 글리아딘(gliadin) 등

3) 불완전 단백질

조직을 구성할 수도 없고 회복도 할 수 없으므로 이것만으로는 생명을 유지할 수 없다. 두류와 견과류를 제외한 대부분의 식물성 단백질이 해당된다. 옥수수의 제인(zein) 등

6. 새로운 단백질 자원

새로운 단백질 자원으로 미생물 단백질(SCP), 어류 단백질 농축물(FPC), 녹엽 단백질 농축물(LPC) 등이 있다.

5 무기질

식품 및 인체의 구성성분으로 존재하면서 중요한 생리적 기능을 가진 무기질은 약 20여 종으로 인체의 약 4%를 차지하고 있다.

1. 무기질의 기능

　　① 체액의 수소이온농도(pH)와 삼투압 조절작용을 한다.
　　② 뼈와 치아의 중요한 구성성분으로 골격조직을 이룬다.
　　③ 생체효소의 작용을 촉진한다.

2. 산성식품과 알칼리성 식품

식품이 함유하는 무기질의 종류에 따라 산성식품과 알칼리성 식품으로 나눈다.

1) 산성식품

P(인)·S(황)·Cl(염) 등의 무기원소를 많이 함유한 곡류, 알류, 육류, 어류, 콩류 등이 있다.

2) 알칼리성 식품

Ca(칼슘)·K(칼륨)·Na(나트륨)·Mg(마그네슘) 등의 무기원소를 많이 함유한 채소 및 과일류, 해조류, 감자, 당근, 우유 등이 있다.

3. 무기질의 종류
1) 칼슘(Ca)

　　① 체조직의 2% 정도가 칼슘으로, 골격 및 치아를 형성한다.

② 근육의 수축 이완작용 및 신경자극 전달, 신체기능의 조절작용

③ 적당한 비타민 D의 공급은 칼슘(Ca)과 인(P)의 효율적 이용에 필수적으로, 칼슘에 대한 인의 비율은 1:1 또는 1:2가 적당하다.

④ 수산(oxalic acid 옥살산)은 칼슘의 흡수를 방해한다.

⑤ 우유 및 유제품, 뼈째 먹는 생선에 많이 함유되어 있다.

2) 인(P)

① 인체조직의 1% 정도가 인으로, 칼슘과 함께 골격을 구성한다.

② 생선, 육류, 가금류, 곡류, 견과류, 콩류, 우유 및 유제품에 함유되어 있다.

3) 마그네슘(Mg)

① 신경자극 전달, 근육의 수축 · 이완작용

② 코코아, 견과류, 대두, 곡류, 푸른잎 채소 등에 함유되어 있다.

4) 칼륨(K)

① 체액의 삼투압 조절, 근육의 수축 및 이완작용

② 효모, 코코아, 커피 말린 콩, 감자, 당근, 홍차 등

5) 나트륨(Na)

① 체액의 삼투압과 수분 조절

② 인체에 필요한 나트륨은 주로 소금으로 섭취한다.

6) 철(Fe)

① 헤모글로빈의 구성성분으로 적혈구를 형성하고, 탄산가스나 산소를 운반한다.

② 부족 시에는 빈혈이 발생하며, 성장기의 어린이와 여자는 많은 양의 철분이 필요하다.

③ 간, 육류, 난황, 두류, 녹색채소 등

7) 요오드(I)

① 갑상선 호르몬(thyroxine 티록신)의 성분

② 과잉 시에는 바세도우씨병, 결핍 시에는 갑상선종

③ 해조류 및 해산물

8) 코발트(Co)

① 비타민 B_{12}의 구성요소

② 적혈구 형성에 필수적 요소

9) 아연(Zn)

① 적혈구 및 인슐린 성분

② 동 · 식물계에 널리 분포

6 비타민

비타민은 적은 양으로 정상적인 성장과 건강을 유지하는 필수성분으로, 인체 내에서 합성되지 않으므로 식품을 통해 섭취하여야 한다. 비타민은 용해성에 따라 기름에 녹는 지용성 비타민(비타민 A, D, E, K)과 물에 녹는 수용성 비타민으로 나눈다.

1. 비타민의 일반적 기능

① 성장촉진작용

② 소화기관의 정상적인 작용

③ 신경의 안정성 유지

④ 조효소로서 체내 대사작용 조절

⑤ 감염성 질병에 대한 저항성 등

2. 비타민의 종류

1) 비타민 A

① 결핍 시에는 야맹증, 각막건조증, 결막건조증 등

② 동물체에는 비타민 A의 형태로 존재하고, 식물체에는 프로비타민 A인 카로틴(carotene)으로 존재한다.

③ 동물성 식품인 버터, 간유, 난황 및 프로비타민 A인 카로틴은 시금치 등의 녹황색 채소, 감귤, 김 등에 많이 들어 있다.

2) 비타민 D

① 결핍 시에는 구루병, 골격과 치아의 발육을 저해한다.

② 칼슘(Ca)과 인(P)의 흡수를 촉진하여 골격과 치아의 발육을 돕는다.

③ 비타민 D의 전구물질로 에르고스테롤(ergosterol)과 콜레스테롤(cholesterol)이 있으며 자외선을 조사하면 비타민 D가 생성된다.

④ 크림, 버터, 달걀, 간에 소량 존재하며, 좋은 급원은 생선간유이다.

3) 비타민 E

① 결핍 시 동물은 불임증, 사람은 노화현상

② 천연의 산화방지제이다.

③ 곡류의 배아, 배아유, 식물성유, 생선, 채소잎 등에 함유되어 있다.

4) 비타민 K

① 부족하면 혈액응고 지연현상이 발생하나, 장내 세균에 의해 합성되므로 결핍으로 인한 장애는 거의 없다.

② 녹색 채소, 돼지 간, 콩, 식물성 기름 등에 함유

5) 비타민 F

① 비타민 F란 필수지방산을 말한다.

② 동·식물성 유지에 광범위하게 분포되어 있다.

6) 비타민 B_1

① 결핍 시에는 각기병이 발생한다. 체내의 탄수화물 대사에 필수적으로 당질식품을 많이 섭취하면 비타민 B_1도 많이 섭취해야 한다.

② 돼지고기, 밀의 배아, 오트밀, 현미 등에 함유

7) 비타민 B_2

① 성장 촉진성 비타민

② 결핍 시에는 구순염, 구각염, 설염 등이 발생한다.

③ 우유, 녹색 채소, 달걀, 내장류 등이 급원식품이다.

8) 비타민 B_6

① 결핍 시 피부병

② 간장, 달걀, 우유, 쌀의 배아, 밀의 씨눈, 효모, 콩 등이 급원식품이다.

9) 비타민 B_{12}

① 결핍 시에는 악성 빈혈

② 간장, 콩팥, 육류 등

10) 비타민 C

① 결핍 시 괴혈병, 빈혈

② 감귤류, 토마토, 양배추, 딸기, 무, 감자 등

11) 니아신

① 결핍 시 펠라그라(pellagra)

② 피부염, 설사, 치매, 허약, 현기증, 식욕감퇴 등으로 나타난다.

③ 낙화생, 돼지고기, 쇠고기, 간장, 현미 등

7 식품의 색

1. 식물성 식품의 색소

수용성의 안토시안계 및 플라보노이드계 색소와 지용성의 엽록소 및 카로티노이드계 색소가 있다.

1) 엽록소(chlorophyll 클로로필)

식물체의 잎과 줄기에 널리 분포하는 녹색 색소이다.

① 마그네슘(Mg)을 함유하고 있으며, 녹색 채소를 천천히 오래 삶거나 산을 가하면 마그네슘이 수소 원자와 치환되어 갈색의 패오피틴(phaeophytin)이 된다.

② 김치, 오이김치 등의 녹색 채소류는 오래 두면 변색하여 갈색을 띠는데 발효에 의하여 생성된 초산이나 젖산이 엽록소에 작용하기 때문이다.

③ 엽록소는 알칼리에서는 안정된 초록색을 유지하므로, 채소를 삶을 때 소량의 중탄산소다 및 초목회를 넣으면 선명한 녹색을 얻을 수 있다. 그러나 알칼리 처리를 하면 비타민 C의 손실이 많아진다.

2) 카로티노이드(carotenoid)계 색소

① 황색·오렌지색 또는 적색을 띠며 일부 동물성 식품에도 분포되어 있다.

② 당근의 붉은색은 주로 카로텐(carotene)인데 영양상의 효과도 있으며 지용성이므로 기름에 조리하면 효율이 좋아진다.

3) 안토시안(anthocyan)계 색소

① 과실, 꽃, 채소류에 존재하는 빨간색, 자색, 청색의 색소로, 과실이나 꽃 등의 아름다운 색소는 대부분 안토시안계 색소이다.

② 안토시안계 색소는 산성에서는 적색, 중성에서는 보라색, 알칼리성에서는 청색을 띤다.

4) 플라보노이드(flavonoid)계 색소

① 식물계에 널리 존재하는 수용성의 황색 색소로, 일반적으로 산에 대해서는 안정하나 알칼리와 산화에는 불안정하다.

② 약산성에서는 무색이고 경수로 가열하거나 알칼리로 하면 황색을 띠며 산화하면 갈색이 된다.

③ 밀가루에 중탄산소다를 넣고 빵이나 튀김옷을 만들면 황색을 띠거나, 감자·양파·양배추·고구마 등을 삶으면 황색이 선명하게 나타나는 것은 이 때문이다.

2. 동물성 식품의 색소

혈색소인 헤모글로빈(hemoglobin)과 근육색소인 미오글로빈(myoglobin)으로 크게 나눈다. 새우나 게 등의 갑각류에서 볼 수 있는 청록색은 카로티노이드계 색소의 일종인 아스타산틴

(astaxanthin)이 단백질과 결합한 것으로서 가열하면 단백질이 분리되고 이것이 산화되어 적색의 아스타신(astacin)으로 되어 변화한다. 새우나 게 등을 삶으면 붉게 변하는 것은 이 때문이다.

8 식품의 갈변

식품의 갈색화 반응은 일반적으로 효소에 의한 갈변반응과 비효소적 갈변반응의 두 가지로 분류한다.

1. 효소에 의한 갈변

1) 효소에 의한 갈변

효소에 의한 갈변은 감자, 사과, 바나나 등과 같은 과실류나 채소류를 파쇄하거나 껍질을 벗길 때 일어난다. 상처받은 조직이 공기 중에 노출되면 페놀(phenol)화합물이 갈색 색소인 멜라닌(melanin)으로 전환되기 때문에 일어난다.

① 감귤류 및 오렌지 등이 갈변이 일어나지 않는 것은 비타민 C를 많이 함유하기 때문이다.

② 구리와 철은 산화효소의 활동을 촉진하고 염소이온은 산화효소를 억제하는 작용을 가지므로 사과나 배 등은 철로 된 칼이나 구리로 된 용기의 사용을 피하는 것이 좋다.

2) 효소에 의한 갈변 억제법

① 데치기(blanching 블랜칭) : 효소는 가열에 의하여 쉽게 불활성화하므로 과실류나 채소류를 가공하기 전에 데치기 하여 효소를 불활성화시킨다.

② 산의 이용 : 수소이온농도(pH)를 3 이하로 낮추면 효소에 의한 갈색화 반응을 억제할 수 있다. 아스코르빈산이 가장 많이 사용된다.

③ 산소의 제거 : 갈색화 반응은 산소의 존재하에서 일어나므로 산소의 제거로 갈변을 억제할 수 있다.

④ 염류나 당의 첨가 : 껍질을 벗긴 사과나 배를 설탕 또는 소금물에 담그면 갈변반응을 억제할 수 있다.

⑤ 껍질을 벗긴 감자나 고구마를 물에 담가 두면 갈변을 방지할 수 있는데 이들의 갈변효소인 티로시나제(tyrosinase)는 수용성이기 때문이다.

2. 비효소적 갈변반응

식품 중의 어떤 성분이나 또는 성분 서로가 화학적인 반응에 의하여 갈색물질을 형성하는 것으로 크게 세 가지로 나눈다.

1) 아미노 카보닐(amino-carbonyl) 반응

메릴라드(maillard) 반응이라고도 하며 아미노산, 아민, 단백질 등이 당류와 반응하여 갈색 물질을 생성하는 것으로 간장, 된장 등에서 볼 수 있다.

2) 캐러멜(caramel)화 반응

당류의 가열에 의한 갈색화 반응으로 설탕을 160~180℃로 가열하면 적갈색을 띤 점조성의 물질로 변하는데 이 현상을 캐러멜화 현상이라고 한다. 캐러멜화 현상은 간장이나 소스, 청량음료, 약식 등 식품의 조리와 가공에 많이 이용된다.

3) 아스코르빈산(ascorbic acid)의 산화반응

아스코르빈산은 강한 환원력 때문에 산화방지제 또는 갈변방지제로 널리 사용되고 있으나 일단 산화되면 갈색화 반응에 참여하게 되는데 감귤류 및 기타 과실주스나 농축물에 있어 매우 중요한 갈색화 반응이다.

TIP **효소에 의한 갈변억제법**
- 데치기(blanching 블랜칭) : 가열에 의하여 효소를 불활성화
- 산의 이용 : 수소이온농도(pH)를 3 이하로 조절
- 산소의 제거
- 염류나 당의 첨가

비효소적 갈변반응
- 아미노카보닐(메릴라드) 반응 : 단백질이 당류와 반응하여 갈색물질을 생성(간장, 된장)
- 캐러멜반응 : 당류의 가열에 의한 갈변
- 아스코르빈산의 산화반응 : 과일주스의 갈변

---

9 식품의 맛과 냄새

1. 맛의 종류

단맛(甘味), 신맛(酸味), 짠맛(鹽味), 쓴맛(苦味) 등의 기본적인 맛과 매운맛, 맛난맛, 떫은맛, 아린맛, 금속맛 등의 보조적인 맛으로 나눈다.

1) 기본적인 맛

(1) 단맛 : 감미도를 비교하기 위하여 10% 설탕용액의 단맛을 100으로 기준하여 나타내는데, 이를 상대적 감미도라고 한다.

감미물질	감미도	감미물질	감미도
설탕(sucrose)	100	갈락토오스(galactose)	30
과당(fructose)	150	유당(lactose)	20
포도당(galactose)	70	사카린(saccharin)	20,000∼70,000
맥아당(maltose)	50	페릴라틴(perillartin)	200,000∼500,000

(2) 짠맛 : 대표적인 짠맛 성분은 소금(NaCl)으로, 소금 농도가 1%일 때 가장 기분 좋은 짠맛을 낸다.

(3) 신맛 : 일반적으로 신맛은 수소이온(H^+)의 맛으로, 그 강도는 수소이온의 농도에 비례한다.

(4) 쓴맛 : 커피의 카페인(caffeine), 코코아 및 초콜릿의 데오브로민(theobromine), 키나의 키니네(quinine), 양귀비의 모르핀(morphine) 등은 쓴맛의 대표적 물질이며, 무기질 중에서는 칼슘(Ca)과 마그네슘(Mg) 등의 이온이 쓴맛을 갖는다.

2) 보조적인 맛

(1) 매운맛 : 매운맛은 순수한 미각이라기보다는 생리적 통각이라 할 수 있다. 식욕을 촉진시키고 건위 · 살균 · 살충작용을 돕는다.

식품명	매운맛 성분
후추	피페린(piperine), 캬비신(chavicine)
고추	캡사이신(capsaicin)
마늘	알리신(allicine)
겨자	시니그린(sinigrine)
생강	쇼가올(shogaol), 진저론(zingerone), 진저올(gingerol)

(2) 떫은맛 : 떫은맛은 혀의 점막단백질이 일시적으로 변성 응고되어 미각신경이 마비되어 일어나는 수렴성의 불쾌한 맛으로, 대표적인 성분은 감이나 차의 탄닌(tannin) 성분이다.

(3) 감칠맛(맛난맛) : 감칠맛은 여러 가지 정미물질이 혼합되어 일어나는 조화된 맛으로 글루타민산소다(MSG), 이노신산소다, 호박산, 아미노산 등이 있다.

(4) 아린맛 : 쓴맛과 떫은맛이 섞인 불쾌감을 주는 맛으로 죽순, 고사리, 우엉, 토란, 가지 등에서 느낄 수 있다.

TIP
- 단맛의 강도 : 과당 > 설탕 > 포도당 > 맥아당
- 식품의 매운맛은 살균력이 있으나 생강의 매운맛은 살균작용이 없다.

3) 미각의 분포도

일반적으로 단맛은 혀의 앞(끝), 짠맛은 혀의 옆, 신맛은 혀의 둘레, 쓴맛은 혀의 안쪽 부분에서 예민하게 느껴진다.

4) 맛에 대한 온도의 영향

① 일반적으로 혀의 미각은 10~40℃에서 잘 느끼고, 특히 30℃ 정도에서 가장 예민해지며, 온도가 낮아질수록 미각은 둔해진다.

② 일반적으로 온도가 상승하면 단맛은 증가하고 짠맛과 신맛은 감소된다.

③ 신맛은 온도에 큰 영향을 받지 않으며, 온도가 내려가면 쓴맛이 가장 강해진다.

④ 신맛은 5~25℃, 단맛은 20~50℃, 짠맛은 30~40℃, 쓴맛은 40~50℃, 매운맛은 50~60℃에서 가장 잘 느껴진다.

≫ 알맞은 음식의 온도

음식의 종류	적당한 온도(℃)
밥	40~45
된장국	62~68
커피, 홍차	70~80
국	70
전골	95

5) 미각의 변화

① 대비(강화)현상 : 서로 다른 맛이 혼합되었을 때 본래의 맛이 강해지는 현상으로 단맛과 구수한 맛에는 짠맛이, 짠맛에는 신맛이 강화현상을 나타낸다.

② 변조현상 : 한 가지 맛을 느낀 직후 다른 맛을 정상적으로 느끼지 못하는 현상

③ 상쇄현상 : 두 종류의 맛이 혼합되었을 때 조화된 맛을 느끼게 되는 현상

④ 피로(순응)현상 : 같은 맛을 계속 봤을 때 미각이 둔해지거나 그 맛이 변하는 현상

⑤ 미맹(味盲) : 쓴맛 물질인 PTC에 대해 쓴맛을 느끼지 못하는 현상

2. 식품의 냄새

헤닝(Henning)은 식품의 냄새를 향신료향, 꽃향, 과일향, 수지향, 부패취, 탄 냄새의 6가지로 분류한다.

1) 식품의 냄새

① 채소류의 향 : 채소류의 주된 향기성분은 휘발성 유황화합물 및 이들의 분해산물에 의한다.

② 과실류의 향 : 과실류의 주된 향기성분은 지방산 에스테르 및 테르펜(terpene)류에 의한 향기를 가지고 있다.

③ 육류의 냄새 : 육류는 신선도가 저하되면 불쾌한 냄새가 나는데 이것은 아미노산이나 단백질이 자기소화나 부패균의 작용에 의하여 생성된 암모니아, 인돌(indole), 스카톨(skatole), 아민(amine)류, 황화수소(H_2S) 및 기타 유화물에 의한 것이다.

④ 어류의 냄새 : 어류의 비린내는 암모니아 및 아민류의 혼합취로 담수어가 강하고 해수어가 약하다. 어류의 신선도가 저하되면 트리메틸아민(trimethylamine)에 의하여 비린내가 심하게 난다.

⑤ 향신료의 향 : 향신료의 향기성분은 주로 테르펜, 알코올, 알데히드, 케톤류 및 함황화합물로서 일반적으로 여러 가지 향기성분을 함유한다.

⑥ 우유 및 유제품의 향 : 우유와 버터의 향기성분은 저급 지방산과 아세톤(acetone)이 주체를 이루고 있다.

2) 냄새의 조화

홍차에 위스키, 우유에 레몬, 고기에 후추는 잘 조화를 이루지만 버터에 산취(酸臭), 밥에 생선 비린내는 조화되지 않는다.

🔟 식품의 물성

1. 식품의 물리적 특성 및 변화

1) 콜로이드(colloid 교질)

콜로이드란 어떤 물질 속에 가늘고 작은 입자가 균일하게 분산되어 있는 상태를 말한다. 분산되어 있는 입자를 분산질, 분산시키고 있는 용매를 분산매라 하고 이를 통틀어 분산계라 한다. 예를 들면, 전분용액은 전분이 물에 분산되어 있는 형태로서 전분은 분산질, 물은 분산매가 된다.

(1) 졸(sol) : 분산매가 액체이고, 액체 또는 고체의 분산질이 분산되어 전체가 액체 상태인 것을 졸(sol)이라 한다.

① 현탁질 : 전분용액이나 된장국처럼 액체 속에 고체가 분산되어 있는 상태이다.

② 유탁질 : 우유와 같이 액체에 기름과 같은 액체 입자가 분산되어 있는 상태이다.

(2) 겔(gel) : 졸(sol)이 반고체 상태로 굳어지는 현상을 겔이라 한다. 뜨거운 젤라틴 및 한천용액을 냉각하면 굳어지는데 이러한 현상을 말한다.

① 겔화된 대표적인 식품으로 잼, 젤리, 묵 등이 있다.

② 건조된 겔이 액체를 흡수하여 부풀어 오르는 현상을 팽윤이라 하는데 건조과실, 건조채소, 건조미역 등을 물에 담가 두면 팽윤현상이 일어나 본래의 형태를 갖는다.

2) 거품

액체 중에 공기와 같은 기체가 분산되어 있는 것이 거품이다.

3) 식품의 물성

(1) 점성 : 액체는 외부에서 힘을 가하면 움직인다. 이때 액체의 내부에서는 내부마찰이 일어나 저항력이 생기는데 이것이 점성이다.

　① 용질과 용매의 종류, 농도 등에 따라 용액의 점성은 달라진다.

　② 일반적으로 온도가 높으면 점성이 낮고, 온도가 낮으면 점성은 높다.

　③ 점성이 낮으면 저항력이 낮고, 저항력이 큰 것은 점성이 높다.

　④ 액상식품의 점성이 낮으면 꺼칠하고, 점성이 높으면 끈기가 있다.

　⑤ 식품의 점성은 식품의 맛에 큰 영향을 준다.

(2) 탄성 : 외부에서 힘을 가하면 변형되었다가 그 힘을 제거하면 본래의 상태로 되돌아가는 성질을 말하며, 모든 물체는 약간의 탄성이라도 가지고 있다. 식품에 있어서 밀가루 반죽, 떡, 젤리 등이 탄성을 가지고 있다.

(3) 점탄성 : 외부에서 힘을 가했을 때 점성 유동과 탄성 변형이 동시에 일어나는 것을 말한다. 밀가루 반죽처럼 점성과 탄성을 동시에 나타내는 것을 점탄성체라 한다.

(4) 소성 : 외부에서 힘을 가하면 물체는 변형되는데 그 힘을 제거하여도 원상태로 되돌아가지 않는 성질을 소성이라고 한다. 버터, 마가린, 생크림 등은 소성을 나타내므로 숟가락으로 떠서 접시에 올려 두어도 쉽게 흐르지 않는다.

🔢 식품의 유독성분

1. 자연적으로 존재하는 동 · 식물성 식품의 유독성분

우리나라에서 발생하는 대부분의 자연식품에 의한 식중독은 복어와 독버섯에 의한 경우가 가장 많다.

1) 동물성 자연 독성물질

(1) 복어 : 복어의 유독성분은 테트로도톡신(tetrodotoxin)으로 복어의 난소 > 간 > 내장 > 표피의 순서로 다량 함유되어 있다.

(2) 조개류

　① 모시조개, 굴, 바지락 : 베네루핀(venerupin)

　② 섭조개(검은조개), 대합조개 : 삭시톡신(saxitoxin)

2) 식물성 자연 독성물질

식품명	유독성분
독버섯	무스카린(muscarine), 무스카리딘(muscaridine), 아마니타톡신(amanitatoxin), 뉴린(neurine) 등
청매, 은행, 살구, 복숭아	아미그달린(amygdalin)
감자(녹색 부위와 발아 부위)	솔라닌(solanine)
감자(부패감자)	셉신(sepsin)
목화씨	고시폴(gossypol)
피마자	리신(ricin)
대두	사포닌(saponin)
독맥(독보리)	테무린(temuline)
맥각	에르고톡신(ergotoxin)
독미나리	시큐톡신(cicutoxin)
미치광이풀	아트로핀(artropine)

2. 인위적 또는 생물학적 원인에 의해 존재하는 유독성분

1) 곰팡이 독(mycotoxin)

곰팡이의 대사산물을 총칭하여 미코톡신(mycotoxin)이라고 하며, 곡류·콩류·과일·채소 등 주로 농산물에 의해 많이 발생한다.

⑴ 아플라톡신(aflatoxin) : 아스퍼질러스(aspergillus 누룩곰팡이) 속의 곰팡이에 의해 발생하며 주로 땅콩 등의 콩류를 기질로 하는데 간장독을 일으킨다.

⑵ 황변미 중독 : 페니실리움(penicillium 푸른곰팡이) 속의 곰팡이에 의해 발생하며, 독소를 생성하는 곰팡이에 오염된 쌀은 황색을 나타내므로 황변미라고 한다.

⑶ 맥각독(ergotoxin) : 맥류에 존재하는 곰팡이의 균핵을 맥각(ergot)이라고 하며, 맥각은 의약품으로도 이용되지만 다량인 경우 독성물질로 작용한다.

2) 세균성 식중독 독성물질

⑴ 엔테로톡신(enterotoxin) : 포도상구균 식중독을 일으키는 장독소로 120℃에서 20분의 가열로도 파괴되지 않으므로 보통의 조리법으로는 파괴되지 않는다.

⑵ 뉴로톡신(neurotoxin) : 보툴리누스(botulinus) 식중독을 일으키는 신경독소로 열에 약해 80℃에서 10분의 가열로 파괴되므로 가열 섭취하면 예방할 수 있다.

3. 식품에 혼입 또는 오염되어 존재하는 유독물질

공장폐수, 대기오염, 농약살포 등으로 인한 환경오염으로 이들 중의 중금속이 식품 중에 오염되어 문제를 일으킨다.

⑴ 수은(Hg) : 미나마타(minamata)병의 원인 중금속으로 무단 방류된 공장폐수 중의 메틸수은이 어류 및 조개류를 오염시켜 이를 섭취한 주민들에게서 집단적으로 발생하였다.

⑵ 카드뮴(Cd) : 일본에서 발생한 이타이이타이(itai-itai)병의 원인 중금속으로 광산에서 방류된 폐수의 오염에 의해 발생하였다.

⑶ 농약류 : DDT · BHC 등의 유기염소제 농약은 토양에서 오랫동안 잔류하여 인체의 지방조직에 축적되어 문제가 된다.

4. 식품 중의 성분 또는 식품첨가물 등이 물리 · 화학적 작용에 의해 식품 중에 생성되는 유독물질

⑴ 아질산염 : 햄이나 소시지 등의 육가공품을 만들 때 발색제로 많이 사용하는 아질산염은 아민(amine)과 반응하여 발암물질인 니트로사민(nitrosamine)을 생성할 수 있다.

⑵ BHA, BHT : 유지의 산화방지제로 사용되는 BHA, BHT는 간장에 독소가 축적되어 문제가 될 수 있다.

02 효소

1 식품과 효소

1. 효소의 분류

효소의 본체는 단백질로 구성되어 있으며, 식품과 밀접한 관계가 있는 것은 산화환원효소와 가수분해효소이다.

1) 산화환원효소

산화효소와 탈수소효소로 나누며, 산화효소에는 철효소와 구리효소가 있다. 사과 · 배 · 감자 등의 상처받은 조직의 갈변현상인 효소적 갈변현상에 관여한다.

2) 가수분해효소

영양소의 소화 및 식품의 조리 · 가공 · 저장 등과 밀접한 관계가 있으며 탄수화물분해효소, 단백질분해효소, 지방분해효소 등이 있다.

소화액	효소명	작용받는 물질	생성물질
타액(침)	프티알린(ptyalin)	전분	맥아당, 덱스트린
	말타아제(maltase)	맥아당	포도당
위액	리파아제(lipase)	지방	지방산, 글리세롤
	펩신(pepsin)	단백질	프로테오스, 펩톤
	레닌(rennin)	카제인	파라카제인
소장액	락타아제(lactase)	유당	포도당, 갈락토오스
	말타아제(maltase)	맥아당	포도당
	사카라아제(saccharase)	자당	포도당, 과당
	에렙신(erepsin)	펩톤, 펩티드	아미노산
	리파아제(lipase)	지방	지방산, 글리세롤
이자액	트립신(trypsin)	단백질, 펩톤	아미노산
	아밀롭신(amylopsin)	전분, 글리코겐	맥아당, 포도당
	스테압신(steapsin)	지방	지방산, 글리세롤
	말타아제(maltase)	맥아당	포도당

TIP
- 당질 분해효소 : 프티알린, 말타아제, 락타아제, 사카라아제, 아밀롭신
- 단백질 분해효소 : 펩신, 레닌, 에렙신, 트립신
- 지방 분해효소 : 리파아제, 스테압신

2. 효소반응에 영향을 미치는 인자

1) 온도

대부분의 효소는 30~40℃의 온도에서 최적 활성을 가지며, 45~50℃에서 변성되기 시작하여 50℃ 이상에서는 열에 의한 불활성화가 신속히 일어난다.

2) pH(수소이온농도)

강산성 및 강알칼리성의 pH에서 단백질은 변성이 되는 동시에 효소작용은 완전히 상실된다.

3) 저해제

효소작용을 억제하는 물질을 저해제라 부르며 이 현상을 저해작용이라 한다. 식품에서 널리 사용하는 효소의 저해방법은 가열, pH 조절, 아황산의 이용으로 효소에 의한 갈변반응의 억제에 이용되고 있다.

식품이 갖추어야 할 기본요소로 ① 영양성 ② 위생성 ③ 기호성 ④ 경제성 ⑤ 실용성을 들 수 있다.

1 영양소의 기능 및 영양소 섭취기준

1. 여섯 가지 기초식품군

한국영양학회에서는 식품군을 〈곡류〉, 〈고기 · 생선 · 달걀 · 콩류〉, 〈채소류〉, 〈과일류〉, 〈우유 · 유제품류〉, 〈유지 · 당류〉의 총 6가지로 구분하였다.

2. 식품구성자전거

식품구성자전거는 우리나라 식사모형으로, 운동을 권장하기 위해 자전거의 이미지를 사용하여 자전거의 뒷바퀴는 여섯 가지 식품군의 권장식사 패턴 및 섭취횟수와 분량에 비례되도록 면적을 배분하고, 앞바퀴는 물잔 이미지를 삽입하여 적절한 운동과 균형 잡힌 식사, 그리고 수분 섭취의 중요성을 나타낸 것이다.

출처 : 보건복지부 · 한국영양학회, 2015 한국인 영양소 섭취기준

| 식품구성자전거 |

1) 기본 개념

① 적절한 영양 및 건강 유지를 위한 한국인 영양섭취기준 충족

② 다양한 식품 섭취를 통한 균형 잡힌 식사

③ 충분한 수분 섭취

④ 적절한 운동을 통해 비만 예방

2) 면적 비율

곡류 > 채소류 > 고기 · 생선 · 달걀 · 콩류 > 우유 · 유제품류 > 과일류 > 유지 · 당류

3. 영양소 및 영양섭취기준, 식단 작성

1) 영양소

구분	해당 영양소	기능
열량소	당질, 지질, 단백질	체온의 유지와 활동에 필요한 에너지 공급
구성소	단백질, 무기질, 물	신체조직, 혈액 및 골격을 만들며 신체의 소모물질을 보충하여 체력의 유지에 관여
조절소	비타민, 무기질, 물	생리기능 및 열량소, 구성소 등이 잘 대사할 수 있도록 조절작용

2) 영양소 섭취기준(DRIs)

(1) 영양소 섭취기준 설정의 목적 : 영양소 섭취부족과 과다섭취로 인한 건강위해를 예방하는 데 있다.

(2) 영양소 섭취기준 지표

① 영양소 섭취부족을 예방하기 위한 지표 : 평균필요량, 권장섭취량, 충분섭취량

② 영양소 과다섭취로 인한 건강위해를 예방하기 위한 지표 : 상한섭취량

(3) 에너지 적정비율 : 성인의 경우 탄수화물 55~65%, 단백질 7~20%, 지질 15~30%로 설정하고 있다.

구분		열량(kcal)	단백질(g)	
			평균필요량	권장섭취량
남자	19~29세	2,600	50	65
	30~49세	2,400	50	60
여자	19~29세	2,100	45	55
	30~49세	1,900	40	50

3) 주요 영양소

(1) 탄수화물

    ① 당질이라고도 하며, 1g은 4kcal의 열량을 공급한다.

    ② 충분한 양의 당질을 섭취함으로써 단백질을 절약할 수 있다.

    ③ 빠른 피로회복을 요할 때 섭취하면 효과적이다.

    ④ 혈당은 항상 0.1% 농도로 유지된다.

    ⑤ 필요한 총열량의 55~70%를 당질에서 섭취할 것을 설정하고 있다.

    ⑥ 과잉섭취 시에는 비만·소화불량·지방과다, 부족 시에는 체중감소·발육불량 등이 나타난다.

    ⑦ 당질의 체내산화에서는 비타민 B_1을 많이 필요로 한다.

(2) 지방

    ① 1g당 9kcal의 열량을 공급한다.

    ② 주요 장기보호 및 체온조절작용을 한다.

    ③ 지용성 비타민(비타민 A, D, E, K)의 체내운반 및 흡수를 도와준다.

    ④ 총열량의 15~25%를 지방에서 얻도록 설정하고 있다.

    ⑤ 과잉섭취 시에는 비만·간질환·심장병·동맥경화증, 결핍 시에는 체중감소·성장부진·신체쇠약 등이 나타난다.

(3) 단백질

    ① 1g의 단백질은 4kcal의 열량을 공급한다.

    ② 단백질은 각종 효소와 호르몬의 구성분이 된다.

    ③ 새로운 조직 형성과 노폐조직 보수 및 성장에 필요한 구성물질로 성장이나 임신기, 질병과 소모성 질환의 회복기에 새로운 조직이 형성될 때 더 많은 양의 단백질을 필요로 한다.

    ④ 필요한 총열량의 7~20%를 단백질에서 얻을 것을 권장하고 있다.

    ⑤ 성인남자(19~29세)의 경우 1일 단백질 평균필요량은 50g, 권장섭취량은 65g이다.

    ⑥ 과잉섭취로 인한 부작용은 거의 없으며, 부족 시에는 콰시오커(kwashiorkor), 성장정지, 발육장애, 체중감소, 피부 및 머리카락의 변색, 부종 등이 나타난다.

(4) 무기질 : 인체에는 약 20여 종의 무기질이 존재하는데 체중의 약 4%가 무기질로서 이 중 칼슘(Ca)과 인(P)이 3/4을 차지한다.

(5) 비타민 : 비타민은 생명현상을 유지하기 위한 대사작용에 극히 소량이지만 반드시 필요한 영양소로서 인체 내에서는 합성되지 않으므로 외부로부터 섭취하여야 한다.

≫ 비타민의 국제명, 화학명, 결핍증

구분	국제명	화학명	결핍증
지용성	비타민 A	retinol(레티놀)	야맹증, 결막건조, 각막건조
	비타민 D	calciferol(칼시페롤)	구루병, 골연화
	비타민 E	tocopherol(토코페롤)	노화(사람), 불임(동물)
	비타민 K	phylloquinone(필로퀴논)	혈액응고지연
수용성	비타민 B$_1$	thiamin(티아민)	각기병
	비타민 B$_2$	riboflavin(리보플라빈)	구순염, 구각염, 설염
	비타민 B$_6$	pyridoxine(피리독신)	피부병
	비타민 B$_{12}$	cyanocobalamin(시아노코발라민)	악성빈혈
	비타민 C	ascorbic acid(아스코르빈산)	괴혈병
	니아신	nicotinic acid(니코틴산)	펠라그라

(6) 물 : 인체의 60~65%를 구성하는 물질로서 땀·소변 등으로 유실되는데 인체를 구성하는 물의 10%를 상실하면 신체기능에 이상이 오고, 20%를 상실하면 생명이 위험하게 된다. 하루에 2.0~2.5L 정도를 필요로 하며, 일반적인 기능은 다음과 같다.

① 체내 영양소 및 노폐물의 운반

② 체조직의 구성성분으로 체온조절작용

③ 체세포의 삼투압 조절 유지

④ 기타 영양소의 신진대사를 증진시키고 장내에서 변통을 원활하게 한다.

4) 영양가 계산

(1) 식품의 영양가 산출법

① 식품의 영양가를 계산하는 데에는 식품분석표를 이용한다.

② 식품분석표는 식품 100g 중에 함유되어 있는 성분량을 나타낸다.

$$식품의\ 영양가 = \frac{식품분석표상의\ 해당\ 성분\ 수치 \times 식품의\ 양}{100}$$

(2) 대치식품량 계산 : 대치식품은 식품에 함유된 주된 영양소가 같아야 한다.

$$대치식품량 = \frac{원래\ 식품의\ 양 \times 원래\ 식품의\ 해당\ 성분\ 수치}{대치하고자\ 하는\ 식품의\ 해당\ 성분\ 수치}$$

5) 기초대사량

(1) 기초대사량 : 생명을 유지하는 데 필요한 최소량의 에너지 대사를 말한다.

(2) 기초대사량에 영향을 주는 요인

　① 마르고 키가 큰 사람은 뚱뚱하고 키가 작은 사람에 비해 기초대사량이 높다.

　② 근육조직이 발달된 운동선수의 기초대사량이 높다.

　③ 남자보다 여자가 낮다. 임신 및 수유기에 있어서 기초대사율은 평상시보다 높다.

　④ 기초대사율은 성장발육과 직접적인 관계가 있으며, 일생을 통해 생후 1~2년이 가장 높다.

　⑤ 기온이 낮으면 기초대사량은 높다.

　⑥ 영양 상태가 불량하면 기초대사량이 낮고 수면 시의 기초대사율도 낮다.

6) 식단 작성

(1) 식단 작성 시 유의점

　① 영양섭취기준(DRIs)을 기준으로 영양필요량을 정한다.

　② 영양적으로 균형적인 식사가 되도록 한다.

　③ 산성식품 및 알칼리성 식품이 균형을 이루도록 한다.

　④ 변화 있는 식단을 작성하고 기호를 존중한다.

　⑤ 지역적인 식습관을 고려하도록 한다.

(2) 식단 작성 주기 : 일반적으로 1개월, 3개월, 1년 단위로 작성하며 학교급식에서는 1주일(5일) 단위로 하고 있다.

(3) 식단 작성 순서 : 영양기준량 산출 → 식품섭취량 산출 → 3식의 음식 수 결정 → 식단 작성 주기 결정 → 식단표 작성

(4) 식단표기 : 주식 → 국 → 구이 · 조림 · 튀김 → 나물 → 김치 → 후식 · 음료의 순서로 한다.

7) 한국의 식사 형식

(1) 반상 : 밥을 주식으로 하는 정식 상차림으로, 반찬의 수에 따라 반상의 종류(첩수)가 정해진다. 첩수란 밥, 국(탕), 김치, 조치(찌개), 종지에 담아내는 조미료를 제외한 반찬의 수를 말한다.

(2) 교자상 : 손님에게 내는 상으로 경축일에는 면상을 주로 차린다. 면상에는 깍두기, 장아찌, 젓갈, 밑반찬 등은 내지 않는다.

(3) 주안상(주연상) : 술을 대접할 때 차리는 상으로 맑은장국, 매운탕, 김치, 깍두기, 회, 전, 젓갈, 장아찌, 과실 등이 상에 오른다.

03 한식 재료관리 예상문제

01 식품재료의 성분

001 식품을 선택하는 데 있어서 중요한 요소가 아닌 것은?

① 위생학적 가치   ② 영양학적 가치

③ 소비적 가치   ④ 기호적 가치

해설 식품은 음식물로서 기호성, 영양성, 안전성(위생성), 경제성, 실용성이 있어야 한다.

002 인체에 필요한 직접 영양소는 아니지만, 식품에 색, 냄새, 맛 등을 부여하여 식욕을 증진시키는 것은?

① 단백질 식품   ② 인스턴트식품

③ 기호식품   ④ 건강식품

해설 기호식품이란 식품의 향, 맛, 색 등을 좋게 만들어 식욕을 증진시키는 측면이 크다.

003 5대 영양소의 기능에 대한 설명으로 틀린 것은?

① 새로운 조직이나 효소, 호르몬 등을 구성한다.

② 노폐물을 운반한다.

③ 신체 대사에 필요한 열량을 공급한다.

④ 소화 · 흡수 등의 대사를 조절한다.

해설 노폐물을 운반하는 영양소는 물로서 물은 6대 영양소에 속한다.

004 식품의 분류에 대한 설명으로 틀린 것은?

① 식품은 수분과 고형물로 나눌 수 있다.

② 고형물은 유기물과 무기물로 나눌 수 있다.

③ 유기질은 조단백질, 조지방, 탄수화물, 비타민으로 나누어진다.

④ 조단백질은 조섬유와 당질로 나누어진다.

해설 조단백질은 진정단백질(true protein)과 비단백태 질소화합물을 포함한다.

005 다음 중 식품의 일반성분이 아닌 것은?

① 수분   ② 효소

③ 탄수화물   ④ 무기질

해설 식품의 성분은 영양적 가치를 결정하는 일반성분(탄수화물 · 단백질 · 지방 · 무기질 · 비타민 · 물)과 기호적 가치를 결정하는 특수성분(색 · 맛 · 향 · 효소 · 유독성분 등)으로 나눈다.

006 자유수와 결합수의 설명으로 맞는 것은?

① 결합수는 용매로서 작용한다.

② 자유수는 4℃에서 비중이 가장 크다.

③ 자유수는 표면장력과 점성이 작다.

④ 결합수는 자유수보다 밀도가 작다.

해설 식품 중의 수분은 유리 상태로 존재하는 보통 형태의 수분인 유리수(자유수)와 식품의 구성성분인 당질이나 단백질 등의 유기물과 결합되어 있는 수분인 결합수로 나누며, 결합수와 유리수는 정반대의 성질을 갖는다.

정답 001 ③   002 ③   003 ②   004 ④   005 ②   006 ②

007 식품의 수분활성(Aw값)에 대한 설명이 잘못된 것은?

① 식품 중의 수분활성은 식품 중 효소작용의 속도에 영향을 준다.

② 식품 중의 수분함량(%)과 수분활성은 같은 것이다.

③ 소금 절임은 수분활성을 낮게 삼투압을 높게 하여 미생물의 생육을 억제하는 방법이다.

④ 식품 중의 많은 화학반응은 수분활성에 큰 영향을 받는다.

해설 식품 중의 수분함량은 대기 중의 습도의 영향을 받는다. 대기 중의 습도가 높으면 수분함량은 증가하게 되는데, 이와 같이 대기 중의 상대습도까지 고려하여 수분함량을 나타낸 것이 수분활성도이다.

008 식품의 수분활성도를 올바르게 설명한 것은?

① 임의의 온도에서 식품이 나타내는 수증기압에 대한 같은 온도에 있어서 순수한 물의 수증기압의 비율

② 임의의 온도에서 식품이 나타내는 수증기압

③ 임의의 온도에서 식품의 수분함량

④ 임의의 온도에서 식품과 동량의 순수한 물의 최대 수증기압

해설 수분활성도(Aw)는 어떤 임의의 온도에서 식품이 나타내는 수증기압에 대한 그 온도에 있어서의 순수한 물의 수증기압의 비로 결정된다.

009 수분활성에 대한 설명이 잘못된 것은?

① 식품에 오염된 미생물의 활동에 실제로 영향을 주어 문제가 되는 수분량은 식품 중 전체 수분함량이다.

② 건조된 쌀에 존재하는 수분함량은 쌀이 있는 환경조건에 따라 항상 변화한다.

③ 식품의 수분활성(Aw)은 대기 중의 상대습도까지 고려하여 수분함량을 표시한 것이다.

④ 식품의 수분활성은 식품에 함유된 용질의 농도와 종류에 따라 달라진다.

해설 식품 중의 수분은 유리수(자유수)와 결합수로 구분하며, 미생물의 번식에는 유리수가 이용된다.

010 당질의 구성요소가 아닌 것은?

① 탄소　　　　② 산소

③ 질소　　　　④ 수소

해설 당질은 탄소(C)·수소(H)·산소(O)로 구성되어 있다. 질소(N)는 단백질의 구성요소이다.

011 단당류에 속하는 것은?

① 맥아당　　　　② 포도당

③ 설탕　　　　④ 유당

해설 대표적인 단당류로는 포도당, 과당, 갈락토오스가 있다. 맥아당＝포도당＋포도당, 설탕＝포도당＋과당, 유당＝포도당＋갈락토오스

012 포도당(glucose)이 함유되어 있지 않은 당은?

① 설탕(sucrose)

② 유당(lactose)

③ 맥아당(maltose)

④ 아라비노오스(arabinose)

해설 아라비노오스는 헤미셀룰로오스, 식물고무질, 펙틴질 등의 성분으로서 단당류이다.

013 다음 중 5탄당은?

① 갈락토오스(galactose)

② 만노오스(mannose)

③ 크실로오스(xylose)

④ 프락토오스(fructose)

해설 5탄당이란 탄소원자 5개로 이루어진 단당류이다. 갈락토오스, 만노오스, 프락토오스는 6탄당이다.

014 칼슘과 단백질의 흡수를 돕고 정장 효과가 있는 당은?

① 설탕(sucrose) ② 과당(fructose)
③ 유당(lactose) ④ 맥아당(maltose)

해설 유당은 젖산균의 발육을 왕성하게 하여 다른 유해균의 발육을 억제하여 정장작용을 하고 유산균이 칼슘의 흡수를 돕는다.

015 전화당의 구성성분과 그 비율로 옳은 것은?

① 포도당 : 과당이 3 : 1인 당
② 포도당 : 맥아당이 2 : 1인 당
③ 포도당 : 과당이 1 : 1인 당
④ 포도당 : 자당이 1 : 2인 당

해설 설탕을 가수분해하면 포도당과 과당의 등량 혼합물이 얻어지는데 이것을 전화당(invert sugar)이라 한다.

016 설탕의 특성을 설명한 것 중 틀린 것은?

① 설탕은 물에 녹기 쉽다.
② 설탕은 다른 당류와 함께 흡습성을 가지고 있다
③ 설탕은 농도가 높아지면 방부성을 지닌다.
④ 설탕은 전분의 노화를 촉진시킨다.

해설 설탕은 탈수제로 작용하므로 전분의 노화를 억제한다.

017 갑각류나 조개류는 육질에 감미를 지니고 있다. 이 감미물질은 무엇인가?

① 설탕 ② 포도당
③ 글리코겐 ④ 맥아당

해설 설탕, 포도당, 맥아당은 식물계에 존재하는 탄수화물이고, 글리코겐(glycogen)은 동물의 저장 탄수화물이다.

018 인체 내에서 소화가 잘 안 되며, 장내 가스 발생 인자로 잘 알려진 대두에 존재하는 소당류는?

① 스타키오스(stachyose)
② 과당(fructose)
③ 포도당(glucose)
④ 유당(lactose)

해설 콩에는 스타키오스, 라피노스(raffinose) 등의 올리고당이 함유되어 있다. 이들 올리고당은 유해 세균에 의해 이용되어 비정상적인 가스 발생이 일어나 복부팽만, 방귀 등이 유발된다.

019 게, 가재, 새우 등의 껍질에 다량 함유된 키틴(chitin)의 구성성분은?

① 다당류 ② 단백질
③ 지방질 ④ 무기질

해설 키틴은 게, 새우 등의 갑각류 껍질에 들어 있는 다당류이다.

020 전분에 대한 설명으로 틀린 것은?

① 찬물에 쉽게 녹지 않는다.
② 달지는 않으나 온화한 맛을 준다.
③ 동물 체내에 저장되는 탄수화물로 열량을 공급한다.
④ 가열하면 팽윤되어 점성을 갖는다.

해설 전분은 식물의 저장 탄수화물이며, 동물 체내에 저장되는 탄수화물은 글리코겐(glycogen)이다.

정답 014 ③ 015 ③ 016 ④ 017 ③ 018 ① 019 ① 020 ③

021 당용액으로 만든 결정형 캔디는?

① 캐러멜(caramel)
② 폰당(fondant)
③ 마시멜로(marshmellow)
④ 젤리(jelly)

해설 폰당은 당용액을 결정화시켜 만든 캔디로, 설탕을 물과 함께 일정한 온도까지 가열하여 시럽을 식혀서 저어 결정의 집단이 생겼을 때 만들어진다.

022 폰당(fondant)과 퍼지(fudge)처럼 설탕 결정의 크기가 작게 형성되도록 하는 방법이 아닌 것은?

① 설탕시럽에서 결정체가 생기기 시작할 때 많은 작은 핵이 생기도록 해야 한다.
② 시럽이 뜨거울 때 저어주며 결정 형성이 완료될 때까지 멈추지 않고 계속 저어주어야 한다.
③ 우유, 초콜릿, 레몬즙, 난백 등의 물질을 넣는다.
④ 설탕시럽을 가열한 후 젓지 않고 그대로 식힌다.

해설 강하게 교반하면 결정의 형성을 방해하여 미세하고 균일한 결정을 만들 수 있다.

023 다음 설명 중 잘못된 것은?

① 식품 중 셀룰로오스는 인체에 중요한 열량영양소이다.
② 덱스트린은 전분의 중간분해산물이다.
③ 아밀로덱스트린은 전분의 가수분해로 생성되는 덱스트린이다.
④ 헤미셀룰로오스는 식이섬유소로 이용된다.

해설 셀룰로오스(cellulose, 섬유소)는 다당류의 일종으로 인체조직이 이용할 수 없어 열량원으로서의 가치는 없고 장을 자극하여 배변을 원활하게 한다.

024 식이섬유소(dielary fiber)가 아닌 것은?

① 알긴산(alginic acid)
② 라피노스(raffinose)
③ 한천(agar)
④ 펙틴(pectin)

해설 식이섬유소란 인체의 소화기관에서 분해되지 않는 분자량이 큰 당질류로 펙틴, 검, 셀룰로오스, 헤미셀룰로오스, 리그닌, 알긴산, 한천 등이 있다. 라피노스는 콩에 함유된 올리고당이다.

025 다음 중 식이섬유(dietary fiber)에 해당되지 않는 것은?

① 키틴(chitin)
② 펙틴(pectin)물질
③ 전분(starch)
④ 셀룰로오스(cellulose)

해설 식이섬유는 식물성으로 펙틴(pectin)질, 셀룰로오스(cellulose), 헤미셀룰로오스(hemicellulose), 리그닌(lignin) 등이 있고, 갑각류 및 곤충류에 존재하는 키틴(chitin) 등이 있다.

026 식이섬유(dietary fiber)를 구성하는 성분에 대한 설명이 잘못된 것은?

① 소화되지 않는 동물성 점액질 다당류도 포함된다.
② 인체 내 소화효소로 가수분해되지 않는 탄수화물로서 열량원으로 이용되지 못한다.
③ 식물의 세포벽을 구성하는 성분으로 식이섬유는 모두 단단한 질감을 가지며, 모두 물에는 용해되지 않는다.
④ 소화되지 않는 식물성 검질 다당류도 포함된다.

해설 식이섬유란 사람의 소화효소로는 소화되지 않는 식물성분으로 수용성의 식이섬유와 불용성의 식이섬유가 있다.

정답 021 ② 022 ④ 023 ① 024 ② 025 ③ 026 ③

027 단맛을 가지고 있어 감미료로도 사용되며 물에도 쉽게 용해되는 것은?

① 한천　　　　② 펙틴
③ 과당　　　　④ 전분

[해설] 과당은 당류 중에서 감미가 가장 강하며 포도당과 함께 과일 속에 유리 형태로 들어 있거나 포도당과 결합하여 슈크로스(sucrose)의 구성분이 되고 벌꿀 속에 많이 함유되어 있다.

028 다음의 당류 중 환원당은?

① 맥아당(maltose)
② 설탕(sucrose)
③ 트레할로오스(trehalose)
④ 라피노오스(raffinose)

[해설] 식품 중에 존재하는 당질은 크게 환원당과 비환원당으로 나눈다. 환원당이란 다른 물질을 환원시키는 성질이 있는 당질로 포도당, 과당, 젖당, 맥아당 등이 해당되며, 비환원당은 다른 물질을 환원시키지 못하는 당질로 설탕과 전분 등이 있다. 환원당은 식품의 품질 변화나 갈변현상 등과 깊은 관계가 있다.

029 다음 중 당알코올로 충치예방에 가장 적당한 것은?

① 맥아당　　　　② 글리코겐
③ 펙틴　　　　　④ 소르비톨

[해설] 소르비톨(sorbitol)은 포도당을 고압으로 첨가·환원해 만드는 당알코올로, 충치 유발균의 대사를 저해하여 충치예방에 효과가 있다.

030 곤약(konjak)에 대한 다음 설명 중 틀린 것은?

① 일반성분 중 지질이 20% 이상을 차지한다.
② 아린 맛이 강해 그대로 식용할 수 없다.
③ 곤약가루에 물을 넣고 삶아 젤화시켜 사용한다.
④ 토란과 식물인 곤약의 뿌리로 제조한다.

[해설] 곤약은 대부분 당질로 구성되어 있고, 지질은 전혀 들어 있지 않다.

031 지방에 대한 설명으로 틀린 것은?

① 에너지가 높고 포만감을 준다.
② 모든 동물성 지방은 고체다.
③ 기름으로 식품을 가열하면 풍미를 향상시킨다.
④ 지용성 비타민의 흡수를 좋게 한다.

[해설] 동물성 지방의 융점은 일반적으로 상온보다 높아 고체로 존재하지만 모든 동물성 지방이 고체인 것은 아니다.

032 지방의 성질 중 틀린 것은?

① 불포화지방산을 많이 함유하고 있는 지방은 요오드값이 높다.
② 검화란 지방이 산에 의해 분해되는 것이다.
③ 일반적으로 어류의 지방은 불포화지방산의 함량이 커서 상온에서 액체 상태로 존재한다.
④ 복합지질은 친수기와 친유기가 있어 지방을 유화시키려는 성질이 있다.

[해설] 유지가 알칼리에 의해 분해되는 반응을 검화(비누화)라 한다.

033 다음 중 중성지방의 구성성분은?

① 지방산과 무기질
② 지방산과 포도당
③ 아미노산과 글리세롤
④ 지방산과 글리세롤

[해설] 지방은 지방산과 글리세롤의 에스테르 결합이다.

034 다음 식품 성분 중 지방질은?

① 프로라민(prolamin)

② 글리코겐(glycogen)

③ 레시틴(lecithin)

④ 카라기난(carrageenan)

해설 레시틴은 인산을 함유하는 인지질이다. 프로라민은 단백질, 글리코겐과 카라기난은 당질이다.

035 다음 중 필수지방산이 아닌 것은?

① 리놀레산(linoleic acid)

② 스테아르산(stearic acid)

③ 리놀렌산(linolenic acid)

④ 아라키돈산(arachidonic acid)

해설 필수지방산은 비타민 F라고도 하며 리놀레산, 리놀렌산, 아라키돈산이 있다.

036 다음 유지 중 필수지방산의 함량이 가장 높은 것은?

① 올리브유　　② 참기름

③ 버터　　　　④ 미강유

해설 필수지방산은 콩기름, 참기름 등의 종자유 등에 많이 들어 있다.

037 상온에서 일반적으로 식물성 유지는 액체상태로, 동물성 유지는 고체 상태로 존재하는 가장 중요한 이유는?

① 구성 지방산의 종류에 따른 발연점의 차이로

② 구성 지방산의 종류에 따른 융점의 차이로

③ 구성 지방산의 종류에 따른 가소성의 차이로

④ 구성 지방산의 종류에 따른 유화성의 차이로

해설 일반적으로 동물성 유지는 포화지방산이 많

으며, 식물성 유지는 불포화지방산이 많다. 포화지방산이 많을수록 융점은 높아져 고체 상태로 존재하게 된다.

038 식물성 유지에 관한 설명 중 틀린 것은?

① 식물 중에서 기름을 추출할 때 주로 압착법을 사용한다.

② 융점이 낮아 상온에서 액체 상태이다.

③ 불포화지방산의 함량이 많다.

④ 버터, 마가린, 라드 등이 있다.

해설 마가린은 식물성 유지를 경화하여 만들고, 버터는 우유의 지방을 모아 만든 것이고 라드는 돼지기름이다.

039 유지를 가열할 경우 유지 표면에서 엷은 푸른 연기가 나기 시작할 때의 온도는?

① 팽창점　　　② 연화점

③ 용해점　　　④ 발연점

해설 유지를 가열하면 유지의 표면에서 엷은 푸른 연기가 발생할 때의 온도를 발연점이라 한다.

040 유지의 발연점이 낮아지는 원인이 아닌 것은?

① 유리지방산의 함량이 낮은 경우

② 튀김하는 그릇의 표면적인 넓은 경우

③ 기름에 이물질이 많이 들어 있는 경우

④ 오래 사용하여 기름이 지나치게 산패된 경우

해설 ① 유리지방산의 함량이 많을수록 ② 튀김그릇의 표면적인 넓을수록 ③ 이물질이 많을수록 ④ 반복 사용하여 기름이 산패된 경우 등에는 유지의 발연점이 낮아진다.

정답 034 ③　035 ②　036 ②　037 ②　038 ④　039 ④　040 ①

041 유지 중 발연점이 가장 높은 유지는?

① 대두유　　　　② 참기름

③ 돼지기름　　　④ 올리브유

해설 정제도가 높을수록 유지의 발연점은 높아지는데 참기름은 향기성분을 높이기 위해 완전히 정제하지 않기 때문에 발연점이 낮다. 들기름·참기름·올리브유는 발연점이 낮아 샐러드나 무침용으로 적당하다.

042 기름을 지나치게 가열할 때 생기는 자극성이 강한 물질은?

① 리놀레닉 액시드

② 아크롤레인

③ 뷰티릭 액시드

④ 글리세롤

해설 유지를 높은 온도로 가열하면 분해되어 자극취가 발생하는데 이것이 아크롤레인(acrolein)이다. 아크롤레인은 점막을 자극시켜 식욕을 잃게 만든다.

043 요오드값(iodine value)에 의한 식물성유의 분류로 맞는 것은?

① 건성유 – 올리브유, 우유유지, 땅콩기름

② 반건성유 – 참기름, 채종유, 면실유

③ 불건성유 – 아마인유, 해바라기유, 동유

④ 경화유 – 미강유, 야자유, 옥수수유

해설 요오드가란 유지의 불포화도를 나타내는 값으로 요오드가가 높으면 불포화도가 높다는 것을 의미하며 다음과 같이 나눈다.

구분	요오드가	종류
건성유	130 이상	들깨유, 아마인유, 잣기름, 호두기름 등
반건성유	100~130	대두유, 참기름, 해바라기유, 채종유, 면실유 등
불건성유	100 이하	낙화생유, 동백기름, 올리브유 등

044 건성유를 바르게 설명한 것은?

① 고도의 불포화지방산 함량이 많은 기름

② 대표적인 건성유는 올리브유와 낙화생유

③ 포화지방산 함량이 많은 기름

④ 공기 중에 방치해도 피막이 형성되지 않는 기름

해설 건성유는 요오드가로서 나타내는데, 요오드가가 클수록 불포화지방산의 함량이 많다.

045 유화(emulsion)와 관련이 적은 식품은?

① 버터　　　　② 마요네즈

③ 두부　　　　④ 우유

해설 두부는 콩의 수용성 단백질인 글리시닌(glycinin)의 염류 응고성을 이용한 제품이다.

046 다음 설명에 해당하는 성분은?

> • 연잎, 포도열매, 벌집 등이 표면을 덮고 있는 보조물질이다.
> • 과도한 수분의 증발 및 미생물의 침입을 방지한다.
> • 영양적 가치는 없으나 광택제로 사용한다.

① 레시친　　　　② 왁스

③ 배당체　　　　④ 콜라겐

해설 왁스(wax)란 상온에서는 고체 상태이며 높은 온도에서는 액체 상태가 된다. 벌집의 밀랍이 대표적인 동물성 천연왁스이며 포도, 연잎 등의 식물성 식품에도 미량 함유되어 있다. 광택·윤활 작용 및 방수·방부 효과가 있다.

047 유지의 품질 저하에 대한 설명으로 맞는 것은?

① 불포화지방산이 많은 것은 공기의 산화를 받기 쉽다.

② 유지를 갈색병에 넣어두면 햇빛이 비치는 곳이라도 상관없다.

③ 가열온도가 낮을수록 산화가 촉진된다.

④ 스테인리스 냄비를 사용했을 때 산화가 가장 빠르다.

해설 지방산의 불포화도가 높을수록 산패는 촉진된다.

048 튀김을 할 때 식용유지를 교체하지 않고 장시간 계속 사용하였다. 이때 유지에서 발생하는 현상과 가장 거리가 먼 것은?

① 과산화물 형성으로 과산화물가 감소

② 중합반응으로 점도 증가

③ 유리지방산 형성으로 산도 증가

④ 기름 표면에 지속성 거품 형성

해설 유지를 장시간 사용하면 산패가 일어나 과산화물이 생성되어 과산화물가가 증가한다.

049 유지에 관한 설명 중 잘못된 것은?

① 유지 1g 중에 함유되어 있는 유리지방산을 중화하는 데 요하는 KOH의 mg를 산가라고 한다.

② 불포화지방산에 수소를 첨가하여 고체상태의 포화지방산으로 만든 것을 경화유라고 한다.

③ 유지는 요오드가에 따라 건성유, 반건성유, 불건성유로 분류한다.

④ 필수지방산에는 리놀레산(linoleic acid), 리놀렌산(linolenic acid), 팔미트산(palmitic acid)이 있다.

해설 필수지방산은 비타민 F라고도 하며, 리놀레산, 리놀렌산, 아라키돈산이 있다.

050 유지의 산패 정도를 측정하는 방법에 속하지 않는 것은?

① 과산화물값

② 오븐 시험

③ 아세틸값

④ TBA(thiobarbituric acid) 시험

해설 아세틸값은 유지 또는 납(蠟) 속에 존재하는 유리된 히드록시기의 양을 나타내는 값이다.

051 유지의 변패 정도를 나타내는 변수가 아닌 것은?

① 카르보닐가　② 요오드가

③ 과산화물가　④ 산가

해설 요오드가는 유지의 불포화도를 나타내는 값이다.

052 유지의 산패(rancidity)와 가장 거리가 먼 것은?

① 우유 및 유제품이 가수분해되어 독특한 불쾌취를 내는 현상

② 튀김과정에서 고온으로 가열된 유지가 중합체를 형성하여 점도가 증가되는 현상

③ 고체유지가 어느 특정 온도에서 일부의 고체성분이 녹아서 액체성분으로 변할 때 부피가 변하는 현상

④ 식용유지를 실온에서 장기간 저장 시 산소를 흡수하여 불쾌취의 형성 등으로 품질이 저하되는 현상

해설 유지 또는 지방질 식품을 사용하거나 저장하면 빛깔이 변하고 맛과 냄새가 변하게 되는데 이와 같은 현상을 산패라 한다.

053 유지의 산패에 영향을 주는 조건과 가장 거리가 먼 것은?

① 지방산의 불포화도

② 팽윤제

③ 산화방지제

④ 온도

정답 048 ①　049 ④　050 ③　051 ②　052 ③　053 ②

해설 유지의 산패에 영향을 미치는 요소로 지방산의 불포화도(지방산의 종류), 산화방지제(항산화물질), 온도, 광선, 금속류, 효소 등이 있다.

054 천연 항산화제와 거리가 먼 것은?

① 스테비아 추출물 ② 토코페롤
③ 플라본 유도체 ④ 고시폴

해설 스테비아 추출물인 스테비오사이드는 대표적인 감미료로서 설탕의 200배 정도의 당도를 가지고 있다.

055 유지의 자동산화에 대한 내용으로 맞는 것은?

① 유지 자동산화의 직접적인 원인물질은 산소이다.
② 유지의 불포화지방산은 산화되기 어렵다.
③ 유지분자에 자외선을 조사하면 산화가 억제된다.
④ 지질가수분해효소는 자동산화를 느리게 한다.

해설 유지는 공기와 접촉하는 경우 산소를 흡수하고, 흡수된 산소는 유지를 산화시켜 산화 생성물을 형성함으로써 산패가 일어난다.

056 참깨 중에 주로 함유되어 있는 항산화 물질은?

① 토코페롤 ② 세사몰
③ 고시폴 ④ 레시틴

해설 참기름 중에 들어 있는 세사몰은 산화 방지의 효과가 있어 비교적 산패에 안정하다. 토코페롤은 비타민 E의 화학명으로 천연산화방지제로도 이용되며 곡물의 배아에 많이 함유되어 있다. 레시틴은 달걀에 함유된 인지질, 고시폴은 목화씨의 유독물질이다.

057 불포화지방산을 포화지방산으로 변화시키는 경화유에는 어떤 물질이 포함되어 있는가?

① 산소 ② 수소
③ 질소 ④ 칼슘

해설 액상의 불포화지방산에 니켈(Ni) 또는 백금(Pt)을 촉매로 수소가스를 첨가하여 포화지방산(고형)으로 만드는 것을 경화라 하고 이렇게 만든 유지를 경화유라 하며 대표적인 것으로 마가린, 쇼트닝 등이 있다.

058 트랜스지방은 식물성 기름에 어떤 원소를 첨가하는 과정에서 발생하는가?

① 수소 ② 질소
③ 산소 ④ 탄소

해설 트랜스지방은 액상의 식물성 기름에 수소를 첨가하여 고체인 포화지방산으로 경화하는 공정에서 발생한다.

059 시유 및 낙농제품에서 특히 문제가 되는 유지의 변질은?

① 중합에 의한 변질
② 가수분해에 의한 변질
③ 가열에 의한 변질
④ 변향에 의한 변질

해설 우유와 낙농제품은 수분함량이 많으므로 가수분해에 의한 변질이 잘 일어난다.

060 유지를 가열할 때 일어나는 변화를 설명한 것 중 옳지 않은 것은?

① 점성이 높아진다.
② 거품이 나고 색이 짙어진다.
③ 강한 냄새가 난다.
④ 영양가의 변화는 크게 나타나지 않는다.

해설 유지를 가열하면 이중결합이 있는 부분에서 중합이 일어나 비중과 점성이 커지며 흑색으로 변하고 향미와 소화율이 나빠진다. 또한 유지를 가열하면 산패에 의해 불포화지방산의 함량이 낮아진다.

061 단백질의 구성단위는?

① 아미노산　　② 지방산
③ 과당　　　　④ 포도당

해설 단백질은 20여 종의 아미노산이 결합된 고분자 화합물이다.

062 필수아미노산이 아닌 것은?

① 글루타민산(glutamic acid)
② 메티오닌(methionine)
③ 라이신(lysine)
④ 트레오닌(threonine)

해설 필수아미노산은 정상적인 건강 유지를 위해 반드시 필요한 아미노산으로 인체 내에서 합성되지 않으므로 음식으로 섭취해야 하는데, 발린(valine), 리신(lysine), 로이신(leucine), 이소로이신(isoleucine), 메티오닌(methionine), 트립토판(tryptophan), 페닐알라닌(phenylalanine), 트레오닌(threonine)의 8가지가 있다. 발육기의 아동 및 병후 회복기의 환자 등에는 아르기닌(arginine)과 히스티딘(histidine)의 2가지를 추가한다.

063 황함유 아미노산은?

① 트레오닌　　② 프로틴
③ 글리신　　　④ 메티오닌

해설 황함유 아미노산이란 분자 속에 유황(S)을 함유한 아미노산으로 메티오닌(methionine), 시스틴(cystine) 등이 있다.

064 단백질에 관한 설명 중 옳은 것은?

① 인단백질은 단순단백질에 인산이 결합한 단백질이다.
② 당단백질은 단순단백질에 지방이 결합한 단백질이다.
③ 시단백질은 단순단백질에 당이 결합한 단백질이다.
④ 핵단백질은 단순단백질 또는 복합단백질이 화학적 또는 산소에 의해 변화된 단백질이다.

해설 단순단백질에 비단백성 물질이 결합된 복합단백질은 다음과 같다.
① 당단백질 : 단순단백질에 당이 결합
② 지단백질 : 인지질과 단백질이 결합
③ 핵단백질 : 단순단백질에 핵산이 결합
④ 색소단백질 : 색소와 단백질이 결합

065 조단백질을 정량할 때 질소 함량에 얼마를 곱하여야 하는가?

① 2.85　　② 3.25
③ 6.25　　④ 14.25

해설 단백질은 평균 16%의 질소를 함유하고 있어, 단백질을 분해하여 생기는 질소의 양에 6.25를 곱하면 단백질의 양을 알 수 있다. 이 6.25를 단백질의 질소계수라 한다.

066 다음 중 근육 단백질은?

① 케라틴　　② 미오신
③ 히스티딘　④ 카제인

해설 케라틴은 뿔·손톱, 히스티딘은 단백질의 구성성분인 아미노산, 카제인은 우유에 들어 있다.

067 다음 중 대표적인 콩 단백질은?

① 알부민(albumin)
② 제인(zein)
③ 글리시닌(glycinin)
④ 글루텐(gluten)

해설 글리시닌은 콩의 수용성 단백질이다. 글루텐은 밀가루, 제인은 옥수수, 알부민은 난황에 들어 있는 단백질이다.

068 카제인(casein)은 어떤 단백질에 속하는가?

① 당단백질　　　② 지단백질

③ 유도단백질　　④ 인단백질

해설 카제인은 단순단백에 인산이 결합된 인단백질이다.

069 식품 중 단백질에 대한 설명이 바르게 된 것은?

① 모든 아미노산은 단백질의 구성성분으로만 존재한다.
② 동물성 단백질을 구성하는 아미노산은 모두 필수아미노산이다.
③ 탄수화물, 지방과 달리 단백질의 구성원소는 C, H, O 외에 N를 반드시 가지고 있다.
④ 인체의 단백질 형성에 필요한 필수아미노산은 모두 인체 내에서 합성된다.

해설 단백질이 화학적으로 탄수화물이나 지방과 다른 점은 탄소(C)·수소(H)·산소(O) 외에 평균 16%의 질소(N)를 함유하고 있다는 점이다.

070 완전 단백질(complete protein)이란?

① 필수아미노산과 불필수아미노산을 모두 함유한 단백질
② 함유황아미노산을 다량 함유한 단백질
③ 성장을 돕지는 못하나 생명을 유지시키는 단백질
④ 정상적인 성장을 돕는 필수아미노산이 충분히 함유된 단백질

해설 단백질은 다음과 같이 구분한다.
① 완전 단백질 : 성장과 생명 유지에 필요한 필수아미노산을 충분한 양과 모두 함유한 단백질
② 부분적 완전 단백질 : 성장을 돕지는 못하나 생명을 유지시키는 단백질로 필수아미노산을 모두 함유하고 있으나 그 양이 부족하거나 필수아미노산이 균형 있게 들어 있지 않은 단백질
③ 불완전 단백질 : 생명 유지와 성장에 충분한 양의 필수아미노산이 함유되지 않은 단백질

071 단백질의 변성 요인 중 그 효과가 가장 작은 것은?

① 산소　　　　　② 산

③ 건조　　　　　④ 가열

해설 단백질은 가열, 자외선, 방사선, 초음파, 탈수, 동결, 계면흡착 등의 물리적 작용과 산, 알칼리, 염류, 중금속염, 유기용매, 계면활성제 등의 화학적 작용 및 효소작용에 의해 변성된다.

072 식품을 저온처리할 때 단백질에서 나타나는 변화가 아닌 것은?

① 가수분해
② 탈수현상
③ 생물학적 활성 파괴
④ 용해도 증가

해설 단백질이 변성되면 용해도는 감소한다.

073 우리 몸에 중요한 영양소 중 단백질은 질이 좋아야 한다. 다음 식품 중 가장 좋은 단백질을 함유하고 있는 것은?

① 콩　　　　　　② 달걀

③ 쇠고기　　　　④ 돼지고기

해설 단백질의 질은 생물가 또는 단백가 등으로 평가하는데 달걀은 생물가 및 단백가가 100으로 가장 우수한 단백질을 함유하고 있어 단백질의 품질을 평가하는 기준이 된다.

074 다음 중 어분을 정제하여 만든 단백질 자원은?

① LPC(Leaf Protein Concentrate)
② SCP(Single Cell Protein)
③ FPC(Fish Protein Concentrate)
④ 인조육

해설 FPC란 어류 단백질 농축물을 말한다. SCP는 미생물 단백질, LPC는 녹엽(잎)단백질이다.

정답 068 ④　069 ③　070 ④　071 ①　072 ④　073 ②　074 ③

075 무기질의 생리작용이 틀린 것은?

① 인(P) – 골격이나 치아의 형성, 에너지 대사의 관여

② 아연(Zn) – 인슐린의 성분

③ 황(S) – 비타민 B_{12}의 구성성분, 함유황 아미노산의 구성성분

④ 요오드(I) – 갑상선 호르몬의 구성성분

해설 비타민 B_{12}의 구성성분인 무기질은 코발트(Co)이다.

076 무기질의 급원식품이 아닌 것은?

① Cu – 간, 해조류, 채소류

② Fe – 간, 난황, 녹황색 채소

③ K – 우유, 코코아, 콩

④ P – 멸치, 우유, 난황

해설 칼륨(K)은 돼지 간, 녹색 채소, 콩, 식물성 기름에 비교적 많이 함유되어 있다.

077 알칼리성 식품에 대한 설명 중 옳은 것은?

① Na, K, Ca, Mg이 많이 함유되어 있는 식품

② S, P, Cl이 많이 함유되어 있는 식품

③ 당질, 지질, 단백질 등이 많이 함유되어 있는 식품

④ 곡류, 육류, 치즈 등의 식품

해설 식품이 함유한 무기질의 종류에 따라 산성, 알칼리성 식품으로 나눈다.
① 알칼리성 식품 : Ca(칼슘) · K(칼륨) · Na(나트륨) · Mg(마그네슘) 등의 무기원소를 많이 함유한 채소 및 과일류, 해조류, 감자, 당근, 우유 등
② 산성식품 : P(인) · S(황) · Cl(염) 등의 무기원소를 많이 함유한 곡류, 알류, 육류, 어류, 콩류 등

078 신체를 구성하는 전 무기질의 1/4 정도를 차지하며 골격과 치아조직을 구성하는 무기질은?

① 구리   ② 철

③ 인   ④ 마그네슘

해설 몸무게의 4% 정도가 무기질이다. 2%가 칼슘(Ca), 1%가 인(P)으로 구성되어 있으며 골격과 치아를 구성한다.

079 칼슘(Ca)의 기능이 아닌 것은?

① 골격, 치아의 구성

② 혈액의 응고작용

③ 헤모글로빈의 생성

④ 신경의 전달

해설 헤모글로빈의 생성은 철분(Fe)의 기능이다.

080 칼슘의 흡수를 촉진시키는 물질은?

① 젖산   ② 포도당

③ 올레인산   ④ 전분

해설 비타민 D · 단백질 · 젖당이 있으면 칼슘의 흡수는 촉진되고, 수산염류가 있으면 칼슘의 흡수는 저해된다.

081 체내 산 · 알칼리의 평형 유지에 관여하며 체액에 알칼리성을 유지하여 가공치즈나 피클에 많은 영양소는?

① 황   ② 나트륨

③ 마그네슘   ④ 철분

해설 나트륨(Na)은 체액의 산 · 알칼리 평형 및 삼투압을 조절하며 알칼리성의 성분이 된다. 식품분석표상의 나트륨 함량은 오이피클 390mg, 가공치즈 10mg이다.

082 해조류에 많이 들어 있는 영양소는?

① 비타민
② 단백질
③ 당질
④ 요오드

해설 요오드(I)는 해조류 특히 미역, 다시마 등의 갈조류에 많이 함유되어 있다.

083 비타민의 특성 또는 기능으로 옳은 것은?

① 많은 양이 필요하다.
② 인체 내에서 조절물질로 사용된다.
③ 에너지로 사용된다.
④ 일반적으로 체내에서 합성된다.

해설 비타민은 적은 양으로 생리기능을 조절하는 영양소로, 인체 내에서 합성되지 않으므로 식품을 통하여 섭취해야 하는 필수 영양소이다.

084 지용성 비타민만으로 된 항목은?

① 비타민 A, D, E, K
② 비타민 A, B, E, P
③ 비타민 B, C, P, K
④ 비타민 C, D, E, P

해설 비타민은 용해성에 따라 물에 녹는 수용성과 기름에 녹는 지용성(비타민 A, D, E, K)으로 나눈다.

085 비타민 식품을 설명한 것 중 틀린 것은?

① 비타민 C는 대단히 불안정하여 공기, 열, 알칼리에 의해 곧 파괴된다.
② 비타민 E는 기름에 용해되며 자외선이나 산소에 의하여 쉽게 산화된다.
③ 비타민 B₁은 물에 잘 녹으므로 씻을 때 주의한다.
④ 비타민 A는 알칼리에는 강하나 산화효소에 의해 파괴된다.

해설 비타민 E는 천연의 산화방지제로 산화에 안정하다.

086 물에 녹는 비타민은?

① retinol(레티놀)
② calciferol(칼시페롤)
③ tocopherol(토코페롤)
④ riboflavin(리보플라빈)

해설 레티놀은 비타민 A, 칼시페롤은 비타민 D, 토코페롤은 비타민 E, 리보플라빈은 비타민 B₂의 화학명이다.

087 비타민에 대한 설명 중 틀린 것은?

① 카로틴은 프로비타민 A이다.
② 비타민 E는 토코페롤이라고 한다.
③ 비타민 B₁₂는 망간(Mn)을 함유한다.
④ 비타민 C가 결핍되면 괴혈병이 발생한다.

해설 비타민 B₁₂는 코발트(Co)를 함유한다.

088 카로틴(carotene)은 동물 체내에서 어떤 비타민으로 변하는가?

① 비타민 D   ② 비타민 B₁
③ 비타민 A   ④ 비타민 C

해설 카로틴은 당근 등에 많이 함유되어 있는 황색의 색소로 체내에서 분해되어 비타민 A로 전환되어 영양성을 가진다.

089 다음 중 비타민 D₂의 전구물질로 프로비타민 D로 불리는 것은?

① 프로게스테론(progesterone)
② 에르고스테롤(ergosterol)
③ 시토스테롤(sitosterol)
④ 스티그마스테롤(stigmasterol)

정답 082 ④ 083 ② 084 ① 085 ② 086 ④ 087 ③ 088 ③ 089 ②

해설 효모 및 버섯에 주로 함유되어 있는 에르고스테롤에 자외선을 조사하면 비타민 D_2로 체내 흡수되며, 동물성 지방에 주로 함유되어 있는 콜레스테롤(cholesterol)에 자외선을 조사하면 비타민 D_3로 체내 흡수되므로 이를 프로비타민 D라고 한다.

090 간유의 제조에 이용되는 생선의 간에는 어떤 영양소가 특히 많은가?

① 비타민 A와 B_1 ② 비타민 A와 C
③ 비타민 A와 E ④ 비타민 A와 D

해설 비타민 A와 D는 간유 중에 가장 많이 들어 있다.

091 토코페롤의 좋은 급원식품은?

① 육류 ② 구근 채소
③ 어패류 ④ 곡류의 배아

해설 토코페롤(tocopherol)은 비타민 E의 화학명으로 곡류의 배아에 많이 함유되어 있다.

092 다음 중 비타민 B_2의 함량이 가장 많은 식품은?

① 밀 ② 마가린
③ 우유 ④ 돼지고기

해설 식품분석표상의 비타민 B_2 함량은 밀 0.11mg, 우유 0.15mg, 돼지고기 0.16mg, 마가린에는 전혀 함유되어 있지 않다.

093 다음 중 비타민 B_{12}가 많이 함유되어 있는 급원 식품은?

① 사과, 배, 귤
② 소간, 난황, 어육
③ 미역, 김, 우뭇가사리
④ 당근, 오이, 양파

해설 비타민 B_{12}는 간, 어패류, 육류, 우유 및 유제품 등이 급원식품이다.

094 육류의 색의 안정제, 밀가루의 품질개량제, 과채류의 갈변과 변색방지제로 이용되는 비타민은?

① 나이아신(niacin)
② 리보플라빈(riboflavin)
③ 티아민(thiamin)
④ 아스코르빈산(ascorbic acid)

해설 과채류의 효소에 의한 갈변 방지를 위해 산을 이용하여 pH를 3 이하로 낮추면 되는데 산 중에서 아스코르빈산이 가장 많이 이용된다.

095 철과 마그네슘을 함유하는 색소를 순서대로 나열한 것은?

① 안토시아닌, 플라보노이드
② 카로티노이드, 미오글로빈
③ 클로로필, 안토시아닌
④ 미오글로빈, 클로로필

해설 미오글로빈(myoglobin)은 동물의 근육색소로 철분(Fe)을 클로로필(chlorophyll 엽록소)은 식물체의 잎과 줄기에 분포하는 녹색색소로 마그네슘(Mg)을 함유하고 있다.

096 식물성 식품 중의 색소성분에 대한 설명이 바르게 된 것은?

① 오이를 썰어 물에 담가 두면 녹색의 엽록소가 수용성이므로 용출된다.
② 붉은 양배추를 썰어 물에 담가 두면 붉은색의 안토시아닌계 색소가 수용성이므로 용출된다.
③ 감자를 기름에 볶으면 미황색의 플라보노이드계 색소가 지용성이므로 용출된다.
④ 당근을 썰어 물에 담가 두면 오렌지색의 카로티노이드계 색소가 수용성이므로 용출된다.

정답 **090** ④ **091** ④ **092** ④ **093** ② **094** ④ **095** ④ **096** ②

해설 식물성 식품의 색소는 지용성의 클로로필 및 카로티노이드 색소, 수용성의 안토시아닌 및 플라보노이드 색소로 분류할 수 있다.

097 식품의 색소 중 엽록소의 특징에 대해 잘못된 것은?

① 엽록소는 불안정하기 때문에 조리 가공할 때 보존이 어렵다.
② 엽록소는 산성 용액에서 녹갈색의 페오피틴이 된다.
③ 녹색 채소를 가열 조리할 때 중조를 넣으면 녹색이 보존되지만 비타민이 파괴된다.
④ 엽록소는 식물의 뿌리와 줄기의 세포 속에 있는 클로로플라스트에 지방과 결합하여 존재한다.

해설 엽록소(chlorophyll 클로로필)는 식물체의 잎과 줄기에 분포하는 녹색의 색소로 카로티노이드(carotenoid)와 함께 단백질 또는 리포프로테인(lipoprotein)과 결합한 상태로 클로로플라스트(chloroplast)에 존재하고 식물의 광합성에 중요한 역할을 한다.

098 시금치를 뜨거운 물로 살짝 데치면 선명한 녹색이 나타나는 현상을 바르게 설명한 것은?

① 시금치 삶는 물에 유기산이 용출되어 엽록소에 작용했기 때문에
② 시금치 삶는 물에 수산이 용출되어 엽록소에 작용했기 때문에
③ 시금치 조직 내에 존재하던 엽록소의 마그네슘 이온이 수소이온으로 치환되었기 때문에
④ 시금치 조직 내에서 효소가 유리되어 엽록소에 작용했기 때문에

해설 시금치의 녹색 색소는 엽록소로 가열에 의해 효소가 유리되어 공기층 아래에 있던 엽록소가 선명하게 나타난다. ① ② ③항은 엽록소가 갈변되는 원인이 된다.

099 녹색 채소를 데칠 때 소다를 넣으면 생기는 현상이 아닌 것은?

① 채소의 색을 푸르게 고정시킨다.
② 채소의 섬유질을 연화시킨다.
③ 비타민 C가 파괴된다.
④ 채소의 질감을 유지한다.

해설 알칼리는 섬유질을 연하게 하므로 소다를 넣고 데치면 채소의 섬유질을 연화할 수 있으나 물러질 수 있으므로 주의한다.

100 녹색 채소를 삶을 때 녹황색으로 변하는 이유는?

① 엽록소의 Mg이 Cu로 치환되었으므로
② 엽록소가 패오피틴(phaeophytin)으로 변했으므로
③ 엽록소의 H가 Cu로 치환되었으므로
④ 엽록소가 클로로필라이드(chlorophyllide)로 변했으므로

해설 시금치 등의 녹색 채소를 물에서 끓이면 조직이 파괴되어 조직 중에 존재하는 유기산이 유리되어 엽록소는 패오피틴(phaeophytin)으로 변하여 갈색으로 된다.

101 시금치를 오래 삶으면 갈색이 되는데, 이때 변화되는 색소는 무엇인가?

① 클로로필　　　　② 카로티노이드
③ 플라보노이드　　④ 안토크산틴

해설 클로로필(chlorophyll 엽록소)은 식물체의 잎과 줄기에 널리 분포하는 녹색 색소로 천천히 오래 삶거나 산을 가하면 마그네슘이 수소 원자와 치환되어 갈색의 패오피틴이 된다

102 완두콩의 가공 시 푸른색을 유지시킬 수 있는 것은?

① Na_2O_4　　　　② $CuSO_4$
③ H_2SO_4　　　　④ $MgSO_4$

정답 097 ④　098 ④　099 ④　100 ②　101 ①　102 ②

103 오이나 배추의 녹색은 김치를 담갔을 때 점차 갈색을 띠게 되는데 이것은 어떤 색소의 변화 때문인가?

① 카로티노이드(carotinoid)

② 클로로필(chlorophyll)

③ 안토시아닌(anthocyanin)

④ 안토잔틴(anthoxantyin)

해설 오이나 배추로 김치를 담갔을 때 김치가 젖산발효에 의해 숙성되면서 생성된 산에 의해 엽록소인 클로로필이 갈색으로 변하게 된다.

104 카로티노이드(carotenoid) 색소와 식품소재의 연결이 틀린 것은?

① 베타카로틴(ß−carotene) − 당근, 녹황색 채소

② 라이코펜(lycopene) − 토마토, 수박

③ 아스타크산틴(astaxanthin) − 감, 옥수수, 난황

④ 푸코크산틴(fucoxanthin) − 다시마, 미역

해설 카로티노이드계 색소 중 아스타크산틴은 주로 새우, 게, 연어 등 동물성 식품에 함유되어 있다.

105 생강을 식초에 절이면 적색으로 변하는데 이 현상에 관계되는 물질은?

① 안토시안 　　② 세사몰

③ 진제론 　　　④ 아밀라아제

해설 안토시안(anthocyan)계 색소는 산성에서는 적색, 중성에서는 보라색, 알칼리성에서는 청색을 띤다.

106 안토시아닌 색소의 특징을 가장 올바르게 설명한 것은?

① 당류에 의해 퇴색이 촉진된다.

② 연속된 이소프렌(isoprene) 구조에 의해 색을 낸다.

③ 황색과 오렌지색을 많이 낸다.

④ 알칼리에서 플라빌리움(flavylium) 이온을 형성한다.

해설 당류 및 당류분해물질들의 존재는 안토시아닌 색소의 파괴를 촉진한다.

107 냉장 딸기를 급히 조리하였더니 속히 퇴색하였다. 그 이유는?

① 불용성의 프로토펙틴(protopectin)이 용해성 펙틴(pectin)으로 전환되어서

② 세포의 호흡이 정지되어서

③ 섬유소가 연화되고 세포막이 변성되어

④ 조직 내의 남아 있는 산소가 색소와 반응해서

해설 딸기의 붉은색은 안토시안계 색소로 과실 특유의 선명한 색을 나타내지만 조리·가공 중에 산소에 의한 산화에 의하거나 다른 성분들과의 상호작용 또는 금속과 복합체를 형성하여 쉽게 퇴색을 일으킬 수 있다.

108 콩이나 밀, 쌀, 감자, 연근 등에 있는 백색의 수용성 색소는?

① 플라보노이드 　　② 카로티노이드

③ 멜라닌 　　　　　④ 안토시아닌

해설 플라보노이드(flavonoid)계 색소는 쌀, 밀, 감자, 콩 등의 수용성 색소이다. 카로티노이드(carotenoid)계 색소는 동·식물성 식품에 널리 분포하는 황·등·적색의 색소로 지용성이며, 안토시아닌(anthocyanin) 색소는 과일·꽃·뿌리를 아름답게 하는 수용성 색소이다.

정답 103 ② 　104 ③ 　105 ① 　106 ① 　107 ④ 　108 ①

109 밀가루에 중조를 넣으면 황색으로 변하는 원리는?

① 효소적 갈변
② 비효소적 갈변
③ 알칼리에 의한 변색
④ 산에 의한 변색

해설 밀가루의 플라보노이드 색소는 산성에서는 무색이고 경수로 가열하거나 알칼리성에서는 황색을 띠며 산화하면 갈색이 된다.

110 플라보노이드계 색소로 채소와 과일 등에 널리 분포해 있으며 산화방지제로도 사용되는 것은?

① 루테인(lutein)
② 케르세틴(quercetin)
③ 아스타산틴(astaxanthin)
④ 크립토산틴(cryptoxanthin)

해설 케르세틴은 딸기, 포도, 양파 등에 함유되어 있는 플라보노이드계 성분으로 산화방지제로도 이용된다. 루테인, 아스타산틴, 크립토산틴은 카로티노이드계 색소이다.

111 다음 설명 중 잘못된 것은?

① 모양을 내어 썬 양송이에 레몬즙을 뿌려 색이 변하는 것을 산을 이용해 억제시켰다.
② 사골의 핏물을 우려내기 위해 찬물에 담가 혈색소인 수용성 헤모글로빈을 용출시켰다.
③ 양파 썬 것의 강한 향을 없애기 위해 식초를 뿌려 효소작용을 억제시켰다.
④ 무 초절이 쌈을 할 때 얇게 썬 무를 식소다 물에 담가 두면 무의 색소성분이 알칼리에 의해 더욱 희게 유지된다.

해설 무의 플라본 색소는 알칼리에 의해 황색으로 변하고 산에 의해 더욱 희게 된다.

112 다음 색소 중 동물성 색소는?

① 헤모글로빈(hemoglobin)
② 클로로필(chlorophyll)
③ 안토시안(anthocyan)
④ 플라보노이드(flavonoid)

해설 동물성 색소로 혈색소인 헤모글로빈과 근육색소인 미오글로빈(myoglobin), 일부 카로티노이드(carotenoid)계 색소가 있다.

113 새우나 게와 같은 갑각류의 색소는 가열에 의해 아스타잔틴(astaxanthin)으로 되고 이 물질은 다시 산화되어 아스타신(astacin)으로 변한다. 이 아스타신의 색은?

① 황색　　　　　　② 회록색
③ 적색　　　　　　④ 청록색

해설 갑각류의 껍질은 적색인 아스타잔틴이 단백질과 결합하여 회록색 또는 청록색을 나타내는데 가열하면 단백질이 변성하여 분리되고 가열 중에 산화되어 적색의 아스타신으로 변한다.

114 갑각류를 끓는 물에서 데치거나 삶을 때 선명한 붉은색을 얻기 위해 넣으면 좋은 것은?

① 식초　　　　　　② 설탕
③ 소금　　　　　　④ 식용유

해설 새우, 게 등의 갑각류를 끓는 물에 삶으면 붉은색으로 변하는데 이때 소금을 약간 넣고 삶으면 투명도가 증가하여 선명한 색을 얻을 수 있다.

115 난황에 함유되어 있는 색소는?

① 안토시아닌
② 클로로필
③ 카로티노이드
④ 플라보노이드

해설 동물의 카로티노이드계 색소는 어패류, 우유, 달걀 등의 색소이다.

정답 **109** ③　**110** ②　**111** ④　**112** ①　**113** ③　**114** ③　**115** ③

116 쇠고기 가공 시 발색제를 넣었을 때 나타나는 선홍색 물질은?

① 옥시미오글로빈(oxymyoglobin)

② 니트로소미오글로빈(nitrosomyoglobin)

③ 미오글로빈(myoglobin)

④ 메트미오글로빈(metmyoglobin)

해설 고기의 붉은색은 미오글로빈 색소로 쉽게 산화하여 변색된다. 햄이나 소시지 등의 육제품 가공 시 질산이나 아질산염 등의 육류 발색제를 첨가하면 안정한 화합물인 니트로소미오글로빈이 되어 변색을 방지하고 안정된 선홍색을 유지하게 된다.

117 식품의 갈변에 대한 설명 중 잘못된 것은?

① 감자는 물에 담가 갈변을 억제할 수 있다.

② 사과는 설탕물에 담가 갈변을 억제할 수 있다.

③ 냉동채소의 전처리로 블랜칭(blanching)을 하여 갈변을 억제할 수 있다.

④ 복숭아, 오렌지 등은 갈변 원인물질이 없기 때문에 미리 벗겨 두어도 변색하지 않는다.

해설 복숭아는 페놀(phenol)류의 갈변물질을 함유하여 껍질을 벗기거나 조직에 상처가 나는 경우 그 부분이 곧 갈변한다. 그러나 오렌지, 참외 등은 갈변 원인물질을 거의 함유하지 않아 쉽게 변색하지 않는다.

118 마이야르(Maillard) 반응에 영향을 주는 인자가 아닌 것은?

① 수분　　　　② 온도

③ 당의 종류　　④ 효소

해설 마이야르 반응은 비효소적 갈변반응으로 아미노카보닐 반응, 메릴라드 반응이라고도 한다. 영향을 주는 인자로는 수분, 온도, 당의 종류 등을 들 수 있다.

119 갈변반응으로 향기와 색이 좋아지는 식품이 아닌 것은?

① 홍차　　　　② 간장

③ 된장　　　　④ 녹차

해설 간장과 된장은 비효소적 갈변반응인 아미노카보닐 반응. 홍차는 찻잎의 호흡작용에 의한 갈변을 이용한 것이다.

120 간장이나 된장의 착색은 주로 어느 반응과 관계가 깊은가?

① 캐러멜(caramel)화 반응

② 아미노카르보닐(aminocarbonyl) 반응

③ 페놀(phenol) 산화반응

④ 아스코르빈산(ascorbic acid) 산화반응

해설 간장 및 된장의 착색은 아미노카르보닐 반응. 설탕의 갈변은 캐러멜화 반응. 과실 주스의 갈변은 아스코르빈산의 산화반응으로 모두가 비효소적 갈변반응이다. 페놀의 산화반응은 효소적 갈변반응이다.

121 전분의 조리·가공 시 일어나는 비효소적 갈색반응은 어떤 성분의 작용에 의한 것인가?

① 당류와 단백질　　② 수분과 단백질

③ 지방과 단백질　　④ 당류와 지방

해설 당류 등의 카보닐(carbonyl) 화합물과 단백질 등의 아미노기를 가진 질소화합물이 반응하여 일어난다.

122 효소적 갈변반응에 의해 색을 나타내는 식품은?

① 분말 오렌지　　② 간장

③ 캐러멜　　　　④ 홍차

해설 간장은 아미노카보닐 반응. 캐러멜은 당류의 갈변반응으로 비효소적 갈변반응이다.

정답 116 ② 117 ④ 118 ④ 119 ④ 120 ② 121 ① 122 ④

123 식품의 가공 또는 저장 · 조리 중 품질의 저하를 가져오는 갈색화 반응을 억제하는 방법과 거리가 먼 것은?

① 효소의 불활성화
② 환원제의 첨가
③ 실리콘오일의 첨가
④ 산소의 제거

해설 갈변 방지 방법에는 ① 효소의 불활성화 ② 효소작용 억제(효소의 최적조건 변동) ③ 산소의 제거 ④ 금속이온의 제거 ⑤ 환원성 물질 첨가 등이 있다.

124 귤의 경우 갈변현상이 심하게 나타나지 않는 현상은?

① 갈변효소가 존재하지 않기 때문에
② 갈변의 원인물질이 없기 때문에
③ 비타민 A의 함량이 높기 때문에
④ 비타민 C의 함량이 높기 때문에

해설 귤은 비타민 C가 많이 함유되어 있어 갈변이 거의 일어나지 않는다.

125 사과를 깎아 방치했을 때 나타나는 갈변현상과 관계없는 것은?

① 산화효소   ② 섬유소
③ 산소   ④ 페놀류

해설 사과 등의 과실류의 껍질을 벗기거나 상처받은 조직에 갈변이 일어나는 것을 효소적 갈변이라 하며, 일반적인 효소적 갈변은 폴리페놀(polyphenol)을 함유하는 식품이 조직에 손상을 받으면 산소와의 접촉으로 산화효소에 의해 갈변이 일어나게 된다.

126 4가지 기본적인 맛이 아닌 것은?

① 단맛   ② 신맛
③ 떫은맛   ④ 쓴맛

해설 4가지 기본적인 맛은 단맛, 신맛, 쓴맛, 짠맛이며 떫은맛은 보조적인 맛이다.

127 다음 중 감미도가 가장 높은 것은?

① 과당   ② 포도당
③ 설탕   ④ 맥아당

해설 당류의 상대적 감미도는 설탕의 단맛을 100으로 기준할 때 과당 150, 포도당 70, 맥아당 50 정도이다.

128 역치가 가장 낮은 정미물질은?

① 쓴맛   ② 짠맛
③ 신맛   ④ 단맛

해설 역치란 그 맛을 인식할 수 있는 최저농도를 말하며 보통 쓴맛 0.00005~0.15, 신맛 0.0025~0.009, 단맛 0.005~0.48, 짠맛 0.75 정도로 쓴맛의 역치가 가장 낮다.

129 당류 중 단맛을 느낄 수 없는 것은?

① 전분   ② 포도당
③ 설탕   ④ 과당

해설 전분은 아무런 맛이 없다. 전분은 산과 함께 가열하거나 효소에 의해 가수분해되면 당화되어 단맛을 가지게 된다.

130 오이의 녹색 꼭지부분에 함유된 쓴맛 성분은?

① 이포메아마론(ipomeamarone)
② 카페인(caffeine)
③ 테오브로민(theobromine)
④ 쿠쿠르비타신(cucurbitacin)

해설 오이의 쓴맛은 쿠쿠르비타신으로 알려져 있으며 오이가 익어감에 따라 감소한다.

131 식품과 쓴맛 성분이 맞지 않는 것은?

① 양파 껍질 – 히스타민(histamine)
② 감귤류 껍질 – 나린진(naringin)
③ 맥주 – 후물론(humulone)

④ 오이 꼭지 – 쿠쿠르비타신(cucurbitacin)

해설 양파 껍질의 쓴맛 성분은 quercetin(퀘르세틴)이다.

132 해리된 수소이온이 내는 맛과 가장 관계 깊은 것은?

① 신맛　　　　② 단맛
③ 매운맛　　　④ 짠맛

해설 신맛은 수용액 중에서 해리되어 있는 수소이온(H$^+$)의 맛이다.

133 식품의 신맛에 대한 설명으로 옳은 것은?

① 신맛은 식욕을 증진시켜 주는 작용을 한다.
② 식품의 신맛의 정도는 수소이온농도와 정비례한다.
③ 동일한 pH에서는 무기산이 유기산보다 신맛이 더 강하다.
④ 포도, 사과의 상쾌한 신맛 성분은 호박산(succinic acid)과 이노신산(inosinic acid)이다.

해설 일반적으로 신맛은 수소이온(H$^+$)의 맛으로 신맛의 정도는 pH와 정비례하지 않으며 같은 pH에서 유기산이 무기산보다 신맛이 더 강하다. 포도는 주석산, 사과는 사과산이 신맛을 주는 유기산이다. 호박산은 조개류와 청주의 맛난 맛, 이노신산은 육류의 맛난 맛 성분이다.

134 양파를 가열조리 시 단맛이 나는 이유는?

① 황화아릴류가 증가하기 때문
② 가열하면 양파의 매운맛이 제거되기 때문
③ 알리신이 티아민과 결합하여 알리티아민으로 변하기 때문
④ 황화합물이 프로필메르캅탄(propyl mercaptan)으로 변하기 때문

해설 양파의 매운맛 성분인 프로필 알릴 디설파이드(propyl allyl disulfide) 및 알릴 설파이드(allyl sulfide)는 열을 가하면 기화하지만 일부는 분해되어 프로필메르캅탄을 형성하여 단맛을 낸다.

135 딸기 속에 많이 들어 있는 유기산은?

① 사과산　　　② 주석산
③ 호박산　　　④ 구연산

해설 호박산은 조개류의 맛난맛 성분이며, 사과산은 사과, 주석산은 포도에 많이 들어 있다.

136 떫은맛을 내는 물질과 관계 깊은 현상은?

① 배당체 응고　　② 단백질 응고
③ 당질 응고　　　④ 지방 응고

해설 떫은맛은 수렴성의 맛으로 혀의 점막 단백질을 응고시킴으로써 미각신경이 마비되어 일어나는 감각이다.

137 매운맛을 내는 성분의 연결이 바른 것은?

① 생강 – 호박산(succinic acid)
② 고추 – 진저롤(gingerol)
③ 겨자 – 캡사이신(capsaicin)
④ 마늘 – 알리신(allicin)

해설 생강의 매운맛은 쇼가올(shogaol)·진저론(zingerone)·진저올(gingerol), 고추의 매운맛은 캡사이신(capsaicine), 겨자의 매운맛은 시니그린(sinigrine)이다.

138 다음 중 간장의 지미(旨味) 성분은?

① 아스코르빈산(ascorbic acid)
② 포도당(glucose)
③ 전분(starch)
④ 글루탐산(glutamic acid)

해설 글루탐산은 대두 단백질 성분으로 식품의 감칠맛(지미)과 관계있다.

정답 132 ①　133 ①　134 ④　135 ④　136 ②　137 ④　138 ④

139 감칠맛 성분과 식품소재의 연결이 잘못된 것은?

① 베타인(betaine) - 오징어, 새우

② 크레아티닌(creatinine) - 어류, 육류

③ 카노신(carnosine) - 육류, 어류

④ 타우린(taurine) - 버섯, 죽순

해설 타우린은 오징어, 문어 등의 감칠맛 성분이다.

140 식물성 식품의 아린 맛에 대한 설명이 잘못된 것은?

① 대표적인 아린 맛 성분으로 무기염류, 배당체, 탄닌, 유기산 등이 관계한다.

② 죽순, 토란의 아린 맛 성분은 아미노산의 대사산물이다.

③ 고사리, 우엉, 토란, 가지 등의 채소류와 산채류에서 볼 수 있는 불쾌한 맛으로 이 맛을 제거하기 위해 조리하기 전에 물에다 담근다.

④ 아린 맛은 혀 표면의 점성 단백질이 일시적으로 변성, 응고되어 일어나는 수렴성의 불쾌한 맛이다.

해설 혀 표면의 점성 단백질의 일시적 변성, 응고에 의한 수렴성의 불쾌한 맛은 떫은맛이다.

141 다음 4가지 맛 중에서 혀의 가장 안쪽에서 강하게 느끼는 것은?

① 쓴맛　　　　② 신맛

③ 짠맛　　　　④ 단맛

해설 일반적으로 단맛은 혀의 끝부분, 짠맛은 옆부분, 신맛은 둘레, 쓴맛은 안쪽 부분에서 예민하게 느낀다.

142 다음 미각성분 중 가장 높은 온도에서 잘 느껴지는 맛 성분은?

① 신맛　　　　② 단맛

③ 짠맛　　　　④ 매운맛

해설 일반적으로 혀의 미각은 10~40℃에서 잘 느껴지고, 30℃ 전후에서 가장 예민하다. 맛의 최적온도는 쓴맛 40~50℃, 짠맛 30~40℃, 매운맛 50~60℃, 단맛 20~50℃, 신맛 5~25℃이다.

143 다음의 4가지 기본적인 맛 중에서 찬 느낌 (온도)과 가장 잘 어울릴 수 있는 것으로 짝 지어진 것은?

① 신맛 - 쓴맛　　② 단맛 - 짠맛

③ 쓴맛 - 단맛　　④ 짠맛 - 신맛

해설 찬 느낌은 짠맛이나 신맛과 잘 융화되고, 뜨거운 느낌은 쓴맛이나 단맛과 잘 융화된다.

144 온도가 미각에 영향을 미치는 현상에 대한 설명으로 틀린 것은?

① 온도가 상승함에 따라 단맛에 대한 반응이 증가한다.

② 쓴맛은 온도가 높을수록 강하게 느껴진다.

③ 신맛은 온도의 변화에 거의 영향을 받지 않는다.

④ 짠맛은 온도가 높을수록 최소감량이 늘어난다.

해설 온도가 상승하면 단맛은 증가하고 짠맛과 신맛은 감소된다. 신맛은 온도에 의해 크게 영향을 받지 않으며 온도가 내려가면 쓴맛이 가장 강해진다.

145 음식을 제공할 때 온도를 고려해야 한다. 다음 중 맛있게 느끼는 식품의 온도가 가장 높은 것은?

① 전골　　　　② 국

③ 커피　　　　④ 밥

정답 139 ④　140 ④　141 ①　142 ④　143 ④　144 ②　145 ①

해설 음식의 알맞은 온도는 전골 95℃, 국 70℃, 커피 70℃, 된장국 62~68℃, 밥 40~45℃이다.

146 설탕용액에 미량의 소금(0.01%)을 가하면 단맛이 증가하는 현상은?

① 맛의 변조　　② 맛의 상쇄
③ 맛의 발현　　④ 맛의 대비

해설 미각의 변화현상은 다음과 같다.
① 변조현상 – 한 가지 맛을 느낀 직후 다른 맛을 정상적으로 느끼지 못하는 현상
② 상쇄현상 – 두 종류의 맛이 혼합되었을 때 조화된 맛을 느끼는 현상
③ 대비현상 – 서로 다른 맛이 혼합되었을 때 주된 성분의 맛이 강하게 되는 현상
④ 미맹현상 – 쓴맛 물질인 PTC에 대하여 쓴맛을 느끼지 못하는 현상

147 쓴약을 먹은 뒤 곧 물을 마시면 단맛이 나는 것은 맛의 무슨 현상인가?

① 소실현상　　② 변조현상
③ 대비현상　　④ 미맹현상

해설 한 가지 맛을 느낀 직후 다른 맛을 정상적으로 느끼지 못하는 것을 변조현상이라고 한다.

148 사과, 배, 복숭아 등의 주된 향기성분은?

① 알코올류　　② 황화합물류
③ 에스테르류　　④ 테르펜류

해설 식물성 식품의 향기성분으로 에스테르류(사과, 복숭아, 배 등), 알코올류(감자, 오이 등), 정유류(오렌지, 레몬 등), 유황화합물(무, 양파, 양배추 등) 등이 주로 관계한다.

149 동물성 식품의 냄새성분과 거리가 먼 것은?

① 카르보닐 화합물　　② 암모니아류
③ 아민류　　④ 시니그린

해설 시니그린(sinigrin)은 겨자의 매운맛 성분이다.

150 생선의 비린내 성분은?

① 메탄올(methanol)
② 인돌(indol)
③ 스카톨(skatol)
④ 트리메틸아민(trimethylamine)

해설 어류의 신선도가 저하되면 트리메틸아민에 의하여 비린내가 심하게 난다.

151 냄새성분 중 어류와 관계가 먼 것은?

① 트리메틸아민(trimethylamine)
② 암모니아(ammonia)
③ 피페리딘(piperidine)
④ 디아세틸(diacetyl)

해설 디아세틸은 식물성 정유(精油), 베티바유, 아이리스유, 안젤리카근유 등에 포함되어 있으며 마가린이나 커피 등의 향료로서 사용된다.

152 식품의 냄새성분과 식품소재의 연결이 잘못된 것은?

① 미로신(myrocene) – 미나리
② 멘톨(menthol) – 박하
③ 푸르푸릴알코올(furfuryl alcohol) – 커피
④ 메틸메르캅탄(methyl mercaptan) – 후추

해설 메틸메르캅탄은 무의 향기성분이고, 후추의 향기성분은 피넨(pinene) · 펠란드렌(phellandrene) · 피페로날(piperonale) 등이 주성분이며, 매운맛 성분은 피페린(piperine) · 캬비신(chavicine) 등이다.

153 버터나 마가린이 지니는 중요한 물리적 성질은?

① 점탄성　　② 탄성
③ 가소성　　④ 점성

정답 146 ④　147 ②　148 ③　149 ④　150 ④　151 ④　152 ④　153 ③

해설 버터나 마가린이 갖는 중요한 물리적 성질은 '가소성'이다.

① 점탄성 : 물체에 힘을 가했을 때 탄성과 점성이 동시에 나타나는 성질
② 탄성 : 물체가 외부로부터 힘을 받아 다시 본래의 모양으로 되돌아가려는 성질
③ 가소성 : 외부에서 힘을 받으면 물질이 변형되어 힘을 제거해도 원상태로 되돌아가지 않는 성질
④ 점성 : 형태가 변화할 때 나타나는 액체나 기체의 저항 또는 서로 붙어 있는 부분이 떨어지지 않으려는 성질

154 식품의 관능적 요소를 겉모양, 향미, 텍스처로 구분할 때 겉모양(시각)에 해당하지 않는 것은?

① 색채   ② 점성
③ 외피결합   ④ 점조성

해설 점조성이란 끈기가 있고 밀도가 조밀한 성질을 말한다.

155 전분가루를 물에 풀어두면 금방 가라앉는 현상의 원인과 가장 관계가 깊은 것은?

① 전분이 완전히 물에 녹으므로
② 전분의 비중이 물보다 무거우므로
③ 전분이 호화되므로
④ 전분이 유화되므로

해설 전분은 종류에 따라 비중이 다르나 보통 1.55~1.65의 범위로 물보다 비중이 무거워 물에 잘 녹지 않고 현탁액을 만든다.

156 식품과 유지의 특성이 잘못 짝지어진 것은?

① 버터크림 – 크림성
② 쿠키 – 점성
③ 마요네즈 – 유화성
④ 튀김 – 열매체

해설 쿠키 제조에서 유지는 글루텐의 형성과 전분

입자가 서로 결합하는 것을 방해하여 쿠키를 부드럽게 하는 연화작용을 한다.

157 α−amylase에 대한 설명으로 틀린 것은?

① 전분의 α-1,4결합을 가수분해한다.
② 전분으로부터 덱스트린을 형성한다.
③ 발아 중인 곡류의 종자에 많이 있다.
④ 당화효소라 한다.

해설 α−아밀라아제는 소화효소이다.

158 고구마 가열 시 단맛이 증가하는 이유는?

① protease가 활성화되어서
② sucrase가 활성화되어서
③ α−amylase가 활성화되어서
④ β−amylase가 활성화되어서

해설 고구마를 가열하면 β−amylase의 활성이 증가되어 당화작용으로 인한 단맛이 증가하기 때문이다.

02 효소

159 일반적으로 소화효소의 구성 주체는?

① 알칼로이드   ② 복합지방
③ 당질   ④ 단백질

해설 효소와 호르몬의 본체는 단백질이다.

160 효소에 대한 일반적인 설명으로 틀린 것은?

① 기질 특이성이 있다.
② 최적온도는 30~40℃이다.
③ 100℃에서도 활성은 그대로 유지된다.
④ 최적 pH는 효소마다 다르다.

해설 효소는 30~40℃에서 최대의 활성을 가진다.

정답 **154** ④   **155** ②   **156** ②   **157** ④   **158** ④   **159** ④   **160** ③

161 효소와 기질 식품의 연결이 잘못된 것은?

① 레닌(rennin) – 우유

② 파파인(papain) – 지방

③ 아밀라아제(amylase) – 전분

④ 우레아제(urease) – 육류

해설 파파인은 파파야 열매에 들어 있는 단백질 분해효소이다.

162 다음 중 효소가 아닌 것은?

① 유당(lactose)

② 펩신(pepsin)

③ 말타아제(maltase)

④ 레닌(rennin)

해설 유당은 포도당과 갈락토오스가 결합한 이당류로 포유동물의 유즙에 많이 들어 있다.

163 당질을 소화시키는 데 관계하는 효소는?

① 리파아제(lipase)

② 펩신(pepsin)

③ 아밀라아제(amylase)

④ 레닌(rennin)

해설 펩신과 레닌은 단백질. 리파아제는 지방소화효소이다.

164 침에 들어 있는 소화효소의 작용은?

① 지방을 지방산과 글리세린으로 분해한다.

② 녹말을 맥아당으로 변화시킨다.

③ 단백질을 아미노산으로 분해한다.

④ 수용성 비타민을 분해한다.

해설 침에는 프티알린(ptyalin)이라는 효소가 있어 녹말을 맥아당으로 변화시킨다.

165 다음 각 영양소와 그 소화효소의 연결이 옳은 것은?

① 무기질 – 트립신(trypsin)

② 지방 – 아밀라아제(amylase)

③ 단백질 – 리파아제(lipase)

④ 당질 – 프티알린(ptyalin)

해설 트립신은 단백질, 아밀라아제는 당질, 리파아제는 지방의 소화효소이다.

166 수산을 가장 많이 함유한 식품은?

① 당근 ② 시금치

③ 양상추 ④ 양배추

해설 수산(oxalic acid, 옥살산)은 시금치에 많이 들어 있으며, 칼슘(Ca)의 흡수를 방해한다.

167 대두의 성분 중 거품을 내며 용혈작용을 하는 것은?

① 사포닌 ② 레닌

③ 아비딘 ④ 청산배당체

해설 사포닌은 배당체로 일반적으로 물속에서 거품이 잘 나고 쓴맛이 있으며 용혈작용, 점막자극, 혈관수축, 혈관확장 등의 약효 또는 독성을 갖는다.

168 콩 속의 영양저해인자로 칼슘, 마그네슘, 철, 아연 등의 무기질 흡수를 방해하는 것은?

① 안티트립신 ② 피트산

③ 사포닌 ④ 헤마글루티닌

해설 피트산은 곡류, 콩류에 주로 함유되어 있으며 칼슘 등의 무기질 흡수를 방해한다.

169 효소 작용에 의해 만들어진 식품으로 옳은 것은?

① 식혜 ② 된장

③ 요구르트 ④ 김치

정답 161 ② 162 ① 163 ③ 164 ② 165 ④ 166 ② 167 ① 168 ② 169 ①

해설 식혜는 엿기름(당화효소)으로 만든 식품이며, 된장 · 요구르트 · 김치는 발효에 의해 만들어진다.

03 식품과 영양

170 체조직의 구성과 성장을 촉진하는 영양소는?

① 탄수화물　　　　② 비타민
③ 단백질　　　　　④ 지방

해설 우리가 섭취하는 영양소는 그 기능에 따라 다음과 같이 나눈다.
① 구성소 : 신체의 조직과 혈액 및 골격을 만들며 신체의 소모물질을 보충하여 체력의 유지에 관여한다(단백질, 무기질, 물).
② 열량소 : 에너지를 보급하여 체온 유지와 활동력을 돕는다(당질, 지질, 단백질).
③ 조절소 : 생리기능을 조절하는 영양소로 열량소 및 구성소 등이 잘 대사할 수 있도록 보조하는 역할을 한다(무기질, 비타민, 물).

171 우리 몸 안에서 수분의 주요작용을 바르게 설명한 것은?

① 영양소를 운반하는 주요작용을 한다.
② 5대 영양소에 속하는 영양소이다.
③ 높은 열량을 공급하여 추위를 막을 수 있다.
④ 호르몬의 주요 구성성분이다.

해설 물은 신체조직의 구성 물질로 영양소를 운반하고 노폐물을 체외로 방출하는 작용을 한다. 물은 6대 영양소에 포함되며, 열량소가 아니다. 호르몬의 본체는 단백질이다.

172 인간의 생명 유지에 필요한 1일 1인당 물의 양은 어느 정도인가?

① 0.9~1.0L　　　② 2.0~3.0L
③ 4.0~5.0L　　　④ 6.0~7.0L

해설 성인의 경우 하루 평균 2.0~2.5L 정도의 물을 필요로 한다.

173 우리나라 주식은 주로 어떤 영양소로 되어 있는가?

① 당질　　　　　　② 단백질
③ 지방　　　　　　④ 무기질

해설 우리나라 주식은 곡류로, 당질 식품에 속한다.

174 다음 설명은 어떤 영양소의 기능인가?

- 대부분 열량을 내는 데 쓰인다.
- 해독작용을 한다.
- 단백질 절약작용을 한다.
- 혈당성분을 유지한다.

① 지방　　　　　　② 탄수화물
③ 단백질　　　　　④ 무기질

해설 탄수화물은 동물체의 에너지원으로 열량원으로서 충분한 양의 탄수화물을 섭취하면 단백질을 절약할 수 있다.

175 쌀과 같이 당질을 많이 먹는 식습관을 가진 한국인에게 강조해야 하는 비타민은?

① 비타민 B_1　　　② 비타민 D
③ 비타민 B_6　　　④ 비타민 A

해설 쌀과 같은 당질 식품의 섭취 시에는 당질대사에 필요한 비타민 B군도 함께 섭취해야 하는데, 특히 당질의 체내산화에서는 비타민 B_1을 많이 필요로 한다.

176 마늘과 같이 섭취 시 흡수가 증진되는 비타민은?

① 비타민 C　　　　② 비타민 A
③ 비타민 K　　　　④ 비타민 B_1

해설 마늘의 매운맛 성분인 알리신(allicin)은 비타민 B_1과 결합하여 알리티아민(allithiamin)으로 되어 체내 흡수를 돕는다.

177 인슐린 호르몬 결핍에 관한 설명 중 잘못된 것은?

① 단백질 합성 감소

② 당질대사 증가

③ 지방산 합성 감소

④ 단백질 분해 증가

해설 인슐린 호르몬이 부족하면 당질대사가 감소되어 당뇨병을 일으킨다.

178 다음의 조리과정 중 비타민 C의 손실을 최소화하는 방법이 아닌 것은?

① 사과를 블렌더로 갈 때 소금을 소량 첨가한다.

② 깍두기에 당근도 같이 첨가한다.

③ 감자는 삶는 방법보다 찌거나 볶는 방법을 선택한다.

④ 무생채에 식초를 첨가한다.

해설 당근에는 비타민 C 산화효소가 들어 있어 깍두기에 당근을 첨가하면 비타민 C의 파괴가 촉진된다.

179 조리 시 손실이 가장 큰 비타민은?

① 비타민 A ② 비타민 B_1

③ 비타민 B_2 ④ 비타민 C

해설 식품의 가공·조리 시 비타민의 손실은 E < D < A < B < C의 순서로 나타나며, 비타민 C의 손실률이 가장 크다.

180 지용성 비타민과 결핍증의 연결이 틀린 것은?

① 비타민 A – 안구 건조증, 각막 연화증

② 비타민 F – 피부염, 성장정지

③ 비타민 K – 불임증, 근육 위축증

④ 비타민 D – 골연화증, 유아발육 부족

해설 비타민 K 결핍증은 혈액응고지연이다. 그러나 비타민 K는 장내세균에 의해 합성되므로 이로 인한 장애는 사람에게 거의 나타나지 않는다. 비타민 E는 동물에게는 불임증, 사람에게는 노화현상이 나타낸다.

181 카시오카(kwashiorkor)는 다음 어느 영양소의 부족에서 발생하는가?

① 당질 ② 단백질

③ 비타민 B_{12} ④ 인(P)

해설 단백질의 과잉섭취로 인한 부작용은 거의 없으며 부족 시에는 카시오카, 성장정지, 발육장애, 체중감소, 피부 및 머리카락의 변색, 부종 등이 나타난다.

182 뼈와 관련된 영양소로 연결된 것은?

① 엽산 – 철 – 비타민 C

② 칼슘 – 단백질 – 지질

③ 인 – 칼슘 – 비타민 D

④ 물 – 달걀 – 지질

해설 비타민 D는 칼슘(Ca)과 인(P)의 흡수를 촉진하여 골격과 치아의 발육을 돕는다.

183 부족 시 갑상선종을 일으키는 무기질은?

① 칼슘(Ca) ② 요오드(I)

③ 인(P) ④ 마그네슘(Mg)

해설 요오드는 부족 시 갑상선종을 일으키고, 과잉 시에는 바세도씨병을 일으킨다.

184 철(Fe)에 대한 설명으로 옳은 것은?

① 헤모글로빈의 구성성분으로 신체의 각 조직에 산소를 운반한다.

② 골격과 치아에 가장 많이 존재하는 무기질이다.

③ 부족 시에는 갑상선종이 생긴다.

정답 177 ② 178 ② 179 ④ 180 ③ 181 ② 182 ③ 183 ② 184 ①

④ 철의 필요량은 남녀에게 동일하다.

해설 철은 혈액의 구성성분으로 신체 각 조직에 산소를 운반하고 빈혈을 예방한다.

185 '영양섭취기준(DRIs)'의 구성요소가 아닌 것은?

① 평균필요량　　　② 권장섭취량

③ 하한섭취량　　　④ 충분섭취량

해설 영양섭취기준은 평균필요량, 권장섭취량, 충분섭취량, 상한섭취량 등으로 구분하고 있다.

186 영양섭취기준 중 권장섭취량을 구하는 식은?

① 평균필요량+표준편차×2

② 평균필요량+표준편차

③ 평균필요량+충분섭취량×2

④ 평균필요량+충분섭취량

해설 권장섭취량이란 대다수 사람의 필요량을 충족시키는 수준으로 평균필요량에 표준편차의 2배를 더하여 정한다.

187 영양권장량 이용상의 유의점이 아닌 것은?

① 권장량의 값은 다양한 가정을 전제로 하여 제정된다.

② 권장량은 필요량보다 높다.

③ 권장량은 식생활자료를 기초로 하여 구해진 값이다.

④ 보충제를 통하여 섭취 시 흡수율이나 대사상의 문제점도 고려한 값이다.

해설 영양권장량이란 건강한 생활을 하기 위해 섭취해야 할 영양소의 양을 나타낸 것으로 일상적인 식사에서 얻어질 수 있는 영양소 양에 근접하도록 설정된 것이다.

188 영양섭취기준에 의한 성인의 탄수화물 섭취량은 전체 열량의 몇 % 정도인가?

① 20~35%　　　② 55~65%

③ 75~90%　　　④ 90~100%

해설 열량 섭취 적정 비율로 탄수화물 55~65%, 지질 15~30%, 단백질 7~20%로 설정하고 있다.

189 성인이 평균 1일에 필요로 하는 소금의 양은?

① 5g　　　　　② 8g

③ 15g　　　　　④ 30g

해설 소금의 1일 필요량은 성인이 약 15g 정도이며 노동자는 20~25g이다.

190 우유 100g 중에 당질 5g, 단백질 3.5g, 지방 3.7g이 함유되어 있다면 이때 얻어지는 열량은?

① 약 47kcal　　　② 약 67kcal

③ 약 87kcal　　　④ 약 107kcal

해설 열량소 1g당 당질 4kcal, 단백질 4kcal, 지방 9kcal이므로 (5×4)+(3.5×4)+(3.7×9)=67.3kcal

191 식품의 영양가를 계산하는 데에는 식품분석표가 필요하다. 몇 g의 식품을 분석한 것인가?

① 100g　　　　② 70g

③ 1,000g　　　④ 150g

해설 식품분석표란 100g의 식품 중에 함유된 영양성분을 분석한 것이다.

192 꽁치 160g의 단백질 양은?(단, 꽁치 100g 당 단백질 양 24.9g)

① 28.7g　　　　② 34.6g

③ 39.8g　　　　④ 43.2g

정답 185 ③　186 ①　187 ③　188 ②　189 ③　190 ②　191 ①　192 ③

해설 식품의 영양가를 계산하는 공식은 다음과 같다.

- 해당 식품의 양 × $\dfrac{\text{식품분석표상의 해당 성분 수치}}{100}$

- $160 \times \dfrac{24.9}{100} = 39.84g$

193 20%의 설탕이 들어 있는 설탕물 100mL를 마시면 얼마의 열량이 공급되는가?

① 100kcal   ② 180kcal

③ 140kcal   ④ 80kcal

해설 100mL의 설탕물에 20%의 설탕이 들어 있다면 20g의 설탕이 들어 있는 것이다.
설탕은 당질로 당질 1g은 4kcal의 열량을 공급하므로 20×4=80kcal가 된다.

194 1일 총급여열량 2,000kcal 중 탄수화물 섭취 비율을 65%로 한다면 하루 세 끼를 먹을 경우 한 끼당 쌀 섭취량은 약 얼마인가?(단, 쌀 100g당 371kcal)

① 98g   ② 107g

③ 117g   ④ 125g

해설 하루 세 끼 2,000kcal 중 탄수화물에서 65%를 먹으며 한 끼의 섭취량을 구하는 것이므로 2,000kcal의 65%를 구한 후 3으로 나눠 한 끼 탄수화물의 양을 구한다. 쌀 100g은 371kcal의 열량이 발생하므로 371로 나눈 후 100을 곱하면 필요한 쌀의 양을 구할 수 있다.

$2{,}000 \times \dfrac{65}{100} \div 3 \div 371 \times 100 = 116.8g$

195 기초대사량에 대한 일반적인 설명 중 맞는 것은?

① 단위체표면적에 비례한다.

② 정상 시보다 영양 상태가 불량할 때 더 크다.

③ 근육조직의 비율이 낮을수록 더 크다.

④ 여자가 남자보다 대사량이 더 크다.

해설 기초대사량은 체표면적에 비례하며 마르고 키가 큰 사람은 뚱뚱하고 작은 사람에 비해 기초대사량이 높다.

196 식단 작성 시 고려해야 할 사항으로 옳지 않은 것은?

① 급식대상자의 영양필요량

② 급식대상자의 기호성

③ 식단에 따른 종업원 및 필요기기의 활용

④ 한식의 메뉴인 경우 국(찌개), 주찬, 부찬, 주식, 김치류의 순으로 식단표 기재

해설 식단표기는 주식 → 국 → 구이·조림·튀김류 → 나물 → 김치류 → 후식, 음료의 순서로 한다.

197 대치식품의 연결이 적합하지 않은 것은?

① 돼지고기 - 두부 , 쇠고기, 닭고기

② 고등어 - 삼치, 꽁치, 동태

③ 닭고기 - 우유 및 유제품

④ 시금치 - 깻잎, 상추, 배추

해설 대치식품은 함유된 주된 영양소가 같아야 한다. 닭고기는 단백질 식품군이고, 우유와 유제품은 칼슘 식품군이므로 상호 대치식품이 될 수 없다.

198 고등어 150g을 돼지고기로 대체하려고 한다. 고등어의 단백질 함량을 고려했을 때 돼지고기는 약 몇 g이 필요한가?(단, 고등어 100g당 단백질 함량 : 20.2g 지질 : 10.4g, 돼지고기 100g당 단백질 함량 : 18.5g 지질 : 13.9g)

① 137g   ② 152g

③ 164g   ④ 178g

해설 고등어와 돼지고기는 단백질식품군이므로 단백질 양을 기준으로 계산한다.
대치식품량 계산식은 다음과 같다.

- $\dfrac{\text{원래 식품의 양} \times \text{원래 식품의 해당 성분 수치}}{\text{대치하고자 하는 식품의 해당 성분 수치}}$

정답 193 ④   **194** ③   **195** ①   **196** ④   **197** ③   **198** ③

$$\cdot \quad \frac{150 \times 20.2}{18.5} = 163.8$$

199 식단 작성 시 유의점 중 영양적 배려와 관련이 적은 것은?

① 탄수화물 식품을 충분히 제공할 것
② 에너지 급원을 충분히 생각할 것
③ 필수적으로 필요한 무기질을 골고루 공급할 것
④ 비타민의 공급을 충분히 할 것

해설 식단을 작성할 때는 모든 영양소가 골고루 제공되도록 하여야 한다.

200 작성된 식단을 평가할 때 고려할 사항과 거리가 먼 것은?

① 장식면   ② 경제면
③ 기호면   ④ 영양면

해설 식단은 영양적, 경제적, 기호적인 면이 우선 고려되어야 한다.

201 식단표 작성 항목과 거리가 먼 것은?

① 각 재료와 그 분량
② 요리명
③ 성인환산치
④ 대치식품

해설 성인환산치는 필요식품량 및 필요영양량 등을 구할 때 필요한 항목이다. 식단표에는 통상적으로 작성자명, 실시예정일, 식단명, 식품명, 1인당 사용량, 식품의 손실률, 영양가, 대치식품, 가격, 조리법 등을 기재한다.

202 표준 조리 레시피를 만들 때 포함되어야 할 사항이 아닌 것은?

① 메뉴명   ② 조리시간
③ 1일 단가   ④ 조리방법

해설 표준 조리 레시피를 만들 때 포함되어야 할 내용으로 메뉴명, 조리시간, 조리방법 외에도 1인 분량, 식재료, 그릇에 담는 방법 등이 있다.

203 식단 작성의 순서가 바르게 된 것은?

㉮ 영양기준량의 산출
㉯ 음식 수, 요리명 결정
㉰ 식품섭취량, 3식 영양 배분 결정
㉱ 식단주기 결정
㉲ 식단표 작성

① ㉮ － ㉰ － ㉲ － ㉯ － ㉱
② ㉮ － ㉯ － ㉰ － ㉱ － ㉲
③ ㉮ － ㉰ － ㉯ － ㉱ － ㉲
④ ㉮ － ㉯ － ㉰ － ㉲ － ㉱

해설 식단 작성은 영양기준량 산출 → 식품섭취량 산출 → 3식의 영양배분 결정 → 음식 수와 조리법 결정 → 식단 작성 주기 결정 → 식단표 작성의 순서로 한다.

204 아래의 식단에서 부족한 영양소는?

밥, 시금치, 국, 삼치조림, 김구이, 사과

① 단백질   ② 지질
③ 칼슘   ④ 비타민

해설 밥은 당질, 시금치국과 사과는 무기질과 비타민, 삼치조림은 단백질의 급원식품이 된다. 칼슘의 급원은 우유와 유제품, 뼈째 먹는 생선이다.

205 피급식자의 영양소요량 결정에 고려해야 할 조건으로만 묶어진 것은?

① 연령, 성별, 노동강도
② 연령, 신장, 체중
③ 연령, 노동강도, 신장
④ 연령, 성별, 체중

해설 피급식자의 영양소요량은 영양섭취기준에 따

라 급식대상자의 연령, 성별, 노동의 정도에 따라
정한다.

206 하루에 필요한 열량을 3식으로 배분할 때
그 비율은 무엇을 근거로 하는가?

① 생활시간 조사
② 영양권장량
③ 피급식자의 나이
④ 피급식자의 식습관

해설 피급식자의 생활시간 조사에 따라 주식과 부
식으로 나누어 3식의 음식 수와 영양량을 배분한다.

207 환자의 식단 작성 시 가장 먼저 고려해야 할
점은?

① 유동식부터 주는 원칙을 고려
② 비타민이 풍부한 식단 작성
③ 균형식, 특별식, 연식, 유동식 등의 식사
형태의 결정
④ 양질의 단백질 공급을 위한 식단의 작성

해설 병원식단은 환자의 질병 상태에 따라 식사형
태가 달라지므로 가장 먼저 식사 형태를 결정해야
한다.

CHAPTER 04 한식 구매관리

구매관리란 필요한 원재료 및 상품 등을 필요한 시기에 적당한 가격으로 적당한 공급자로부터 구입하기 위한 체계적 관리를 말한다.

01 시장조사 및 구매관리

1 시장조사

시장조사란 구매활동에 필요한 자료를 수집하고 분석하여 보다 좋은 구매방법을 찾아내고 그 결과를 구매방침 결정, 비용절감, 이익증대 등을 위한 조사로 장래의 구매시장을 예측하기 위해 실시한다.

1. 시장조사의 목적

구매예정가격의 결정, 합리적 구매계획의 수립, 신제품의 설계, 제품개량

2. 시장조사의 내용

품목, 품질, 수량, 가격, 시기, 구매거래처, 거래조건

3. 시장조사의 종류

(1) 일반 기본 시장조사 : 구매정책을 결정하기 위한 것으로 전반적인 업계의 동향, 기초물품의 시가, 수급변동상황, 구입처의 대금결제조건 등을 조사한다.

(2) 품목별 시장조사 : 현재 구매하고 있는 물품의 수급 및 가격변동에 대한 조사로 구매물품의 가격산정을 위한 기초자료와 구매수량 결정을 위한 자료로 활용된다.

(3) 구매거래처 업태조사 : 안정적인 거래를 유지하기 위해서 주거래 업체의 개괄적 상황, 기업의 특색, 금융상황, 판매상황, 노무상황, 생산상황, 품질관리, 제조원가 등의 업무조사를 실시한다.

(4) 유통경로 조사 : 구매가격에 직접적인 영향을 미치는 유통경로를 조사한다.

4. 시장조사의 원칙

비용 경제성의 원칙, 조사 적시성의 원칙, 조사 탄력성의 원칙, 조사 계획성의 원칙, 조사 정확성의 원칙

② 식품구매관리

1. 식품구매

1) 구매방법

① 구매조건을 제시한 후 지명경쟁입찰 또는 일반경쟁입찰, 수의계약 등의 방법으로 일정기간 동안 일정한 품질의 물품을 일정한 가격으로 납품하도록 하는 방법과 필요할 때마다 수시로 구매하는 수시계약방법이 있다.

② 어떤 구매방법을 이용할 것인가는 급식시설의 종류와 규모, 구매 물품의 종류와 양, 예산 등을 고려하여 결정하도록 한다.

2) 업자의 선정

① 필요한 품질의 물품을 필요한 양만큼 필요한 시기에 적정한 가격으로 납품할 수 있어야 한다.

② 거래처를 선정하기 위해서는 업자의 경력 및 경영 상태, 납세실적, 업자의 시설규모 및 시설관리 상태, 배송능력, 식품에 대한 지식 등 여러 사항을 종합적으로 검토한 후 거래처를 결정한다.

3) 발주 시 유의사항

① 구입하기 전에 반드시 재고조사를 하도록 한다.

② 대량구입 또는 공동구입으로 염가로 구입하도록 한다.

③ 믿을 수 있는 납품처를 몇 군데 정하여 식품의 가격과 질을 비교하여 구입한다.

④ 육류 및 어패류, 채소류 등의 신선식품은 매일매일 구입하고, 건물류와 조미료 등 장기보관이 가능한 식품은 한 달에 한 번 정도 구입한다.

⑤ 식품을 구입할 때는 불가식부 및 폐기율을 고려하여 필요량을 구매해야 한다.

$$총발주량 = \frac{정미중량 \times 100}{100 - 폐기율} \times 인원수$$

$$필요비용 = 필요량 \times \frac{100}{가식부율} \times 1kg당\ 단가$$

4) 식품 구입 시 유의할 점

① 식품 구입 계획 시 유의할 점 : 식품의 가격과 출회표

② 사과, 배 등의 과일 구입 시 유의할 점 : 산지, 상자당 개수, 품종

③ 소고기 구입 시 유의할 점 : 중량, 부위

3 식품재고관리

1. 보관설비

(1) 식품창고 : 곡물, 건물류, 조미료 등 상온에서 보존 가능한 식품을 저장한다.

(2) 냉장고 : 어패류 및 육가공품, 우유 및 유가공품 등 저장적온이 5~10℃인 식품을 저장한다.

(3) 냉동고 : 냉동보관이 필요한 식품을 저장한다.

(4) 온장고 : 내부 온도를 65℃로 유지하고, 열전도율이 좋은 금속제 용기를 사용하는 것이 좋다.

2. 보관 시 유의할 점

① 식품창고는 온도, 통풍, 습도 등에 유의하며 방서 · 방충 등의 대책을 세운다.

② 식품창고에는 식품관계자 외의 출입을 금지한다.

③ 식품의 입고와 출고 시에는 품명, 구입일자, 수량을 반드시 기록하고 상품에 꼬리표를 부착한다.

④ 청소도구, 소독약품, 세제 등은 별도의 비품창고에 보관한다.

⑤ 냉장고에는 내부용적의 65% 정도만 채워 냉기의 대류가 잘 되도록 한다.

⑥ 식품별로 저장적온이 되는 장소에 보관하고, 바나나 등의 아열대성 식품은 냉해를 입지 않도록 주의한다.

3. 재고관리

① 먼저 구입한 것을 먼저 출고하는 선입선출법(FIFO)을 원칙으로 하여 오래된 식품이 남아 있지 않도록 한다.

② 계획적인 구입에 의해 적정 재고량을 유지하여 필요 이상을 보관하지 않도록 한다.

③ 출고 시에는 선도, 품질, 수량 등을 확인한다.

④ 정기적인 재고조사를 실시하여 장부상의 재고와 실제 재고가 일치하도록 한다.

02 검수관리

1. 검수의 목적과 기능

① 품목 및 품질, 수량, 불량품 검사
② 납품가격의 적정성 및 대금지불방법 확인
③ 구매명세서와 납품(거래)명세서의 대조
④ 거래처의 신뢰도 파악

2. 검수원의 자격 요건

① 식재료에 대한 전반적인 지식과 경험이 있어야 한다.
② 식재료를 감별하고 평가할 수 있는 지식과 능력을 갖추고 있어야 한다.
③ 구매 및 생산 업무에 대해서도 일정 수준의 지식을 갖추고 있어야 한다.
④ 유통과정, 시장동향, 가격정보, 신제품 출하 등에 대한 지식을 갖추고 있어야 한다.
⑤ 물품의 저장 및 관리 등의 특성요인에 대한 지식을 갖추고 있어야 한다.
⑥ 거래처(납품업체)에 대한 외부의 평가, 성실도, 신용도 등에 대한 정보 역량을 갖추고 있어야 한다.
⑦ 검수품의 처리절차와 검수일지 작성, 일지보관 업무에 대한 지식을 갖추고 있어야 한다.
⑧ 업무에 대한 공정성과 도덕성, 신뢰도를 갖추어야 한다.

1 식재료의 품질 확인 및 선별

1. 검수

검수란 배달된 물품이 구매요청서의 내용과 일치하는지를 확인하는 절차이다.

1) 검수 시 고려사항

① 사용목적(용도)에 맞는 식품이 배달되었는지 확인한다.
② 신선한 식품이라 하더라도 유통 중 변질된 식품이 없는지 확인한다.
③ 검수 수행에 혼란이 없도록 충분한 시간계획을 세운다.
④ 외부 포장 등 오염 우려가 있는 것은 외부 박스, 포장용기 등을 제거한 후 검수실에 반입한다.

2) 검수절차

(1) 식재료의 검수는 검수하는 동안 품질 변화를 줄이기 위하여 냉장식품 → 냉동식품 → 채소·과일·생선 등의 신선식품 → 공산품의 순서로 진행한다.

(2) 검수절차는 물품의 수량과 품질 확인 → 물품의 인수 또는 반품 → 인수물품의 입고 → 검수 기록 및 문서정리 순서로 진행한다.

① 물품의 수량과 품질 확인 : 주문서와 납품서 대조와 온도를 측정하고 신선도와 포장파손 여부, 이물질 혼입 여부, 위생 상태, 제조업체명, 유통기한(제조연월일) 등을 확인한다.

② 물품의 인수 또는 반품 : 발주서와 납품서의 차이가 없으며 품질에 이상이 없는 경우 물품을 인수하고, 불량품의 반품과 불일치 사항에 대한 조치를 한다.

③ 인수물품의 입고 : 조리장으로 즉시 입고해야 하는 물품과 식자재 보관창고 및 냉장·냉동고에 입고해야 하는 물품을 구분하여 입고한다. 이때 보관해야 하는 물품은 입고(검수) 일자, 유통기한(제조연월일), 납품업체명, 가격 등을 기재한 꼬리표를 부착하면 물품의 효율적 관리에 도움이 된다.

④ 검수기록 및 문서정리 : 검수담당자는 검수일지에 품명, 단가, 수량, 총액, 제조업체, 납품업체, 원산지, 유통기한(제조연월일), 보관온도, 포장 상태 등을 기록하여 관리한다.

3) 검수방법

(1) 전수검수법 : 고가의 물품 및 손쉽게 검수가 가능한 품목 등 납품된 물품 전체를 검수하는 방법이다.

(2) 발췌검수법 : 일부 불량품이 혼합되어도 큰 관계가 없는 물품 및 검수항목이 많은 물품과 검수비용과 시간절약을 해야 하는 경우 일부 견본을 검수하는 방법이다.

2. 식품감별법

1) 식품감별의 목적

식품에 대한 올바른 지식을 가지고 부정·불량식품을 적발하고, 식품의 위생적인 적부와 부패, 변질상태, 이물 등의 위해물질함유 등을 밝힘으로써 식품으로 인하여 발생하는 각종 위해와 사고를 미연에 방지하는 데 있다.

2) 식품감별법

관능검사법과 이화학적 방법이 있으며, 색·맛·향·광택·촉감 등 외관적 관찰에 의한 관능검사에 의하는 경우가 많고 능률적이다.

3) 식품감별

(1) 육류

① 신선한 것은 색깔이 곱고 습기가 있으며 탄력성이 있다.

② 고기를 얇게 잘라 투명하게 비쳤을 때 반점이 있는 것은 기생충이 있는 경우가 많다.

(2) 어류

① 신선한 것은 안구가 돌출되어 있고 투명하며, 아가미가 선홍색을 나타내고 암모니아 냄새가 없다.

② 신선한 것은 비늘이 신선한 색을 띠고 밀착되어 있으며, 육질이 투명감이 있고 뼈에 잘 밀착되어 있다.

③ 신선한 생선은 복부의 내장이 긴장되어 있고 탄력성이 있다.

④ 신선한 생선은 물에 가라앉고 오래된 것은 물에 뜬다.

(3) 연제품 : 표면에 점액물질을 띠거나 악취가 나는 것, 어두운 곳에서 인광을 내는 것, 타액이 묻은 것처럼 미끈한 것은 오래된 것이다.

(4) 달걀

① 빛에 비쳤을 때 밝게 보이는 것은 신선하고, 어둡게 보이는 것은 오래된 것이다.

② 신선한 달걀은 흔들었을 때 이동음이 없으며, 혀를 대었을 때 둥근 부분은 온감이 있고 뾰족한 부분은 냉감이 있다.

③ 신선한 달걀의 비중은 1.08~1.09이다.

④ 신선한 달걀의 난황계수는 0.36~0.44이다.

⑤ 깨트렸을 때 노른자가 볼록하고 흰자가 퍼지지 않는 것이 신선하다.

⑥ 껍질이 꺼칠한 것이 신선하며, 광택이 있는 것은 오래된 것이다.

⑦ 6% 소금물에 넣었을 때 떠오르는 것은 오래된 것이다.

(5) 쌀 : 황색을 띠는 것을 황변미라 하는데, 곰팡이가 발생한 것이다.

(6) 우유

① 유백색이 선명하고 끈기가 없으며 침전되지 않은 것, 응고물이 없는 것이 신선하다.

② 신선한 우유의 비중은 15℃에서 1.028~1.034(평균 1.032)이다.

③ 산도는 젖산으로 0.18 이하, 조지방 3.0% 이상이어야 한다.

④ 저온살균제품은 포스파타아제 검사 시 음성이어야 한다.

⑤ 68% 알코올에 응고되면 오래된 것이다.

⑥ 대장균군은 1mL당 2 이하, 세균수는 1mL당 20,000 이하이어야 한다.

(7) 버터 : 수분 18% 이하, 유지방 80% 이상, 산도 2.8 이하이어야 한다.

(8) 통조림

① 하드 스웰(hard swell) : 통조림의 양면이 강하게 팽창되어 손가락으로 눌러도 전혀 들어가지 않는 현상이다.

② 소프트 스웰(soft swell) : 부푼 상태의 캔을 누르면 다소 원상태로 복귀되기는 하지만 정상적인 상태를 유지할 수 없는 현상이다.

③ 스프링거(springer) : 통조림의 어느 한쪽이 부풀어 있는데, 그 부분을 누르면 다시 들어가지만 바로 다른 쪽이 부푸는 현상이다.

④ 플랫사우어(Flat sour) : 캔의 외관상 변화는 없이 정상적이나 내용물이 산패되어 있는 현상으로 캔을 개관해야만 확인할 수 있다.

(9) 된장 및 고추장 : 10% 암모니아수를 떨어뜨려 가열하면서 흰 털실을 넣었을 때 털실이 염색되면 공업용 색소가 함유되었을 가능성이 크다.

(10) 벌꿀 : 알코올에 벌꿀을 녹였을 때 백색 침전이 생긴 것은 물엿을 혼합한 것이다.

2 조리기구 및 설비 특성과 품질 확인

주방에 따라 다양한 조리기구와 설비를 필요로 하는데 일반적인 조리기기와 식재료의 준비, 조리하기, 세척하기, 제공하기 등을 위한 설비뿐만 아니라 냄비와 그릇 등 다양한 것들이 필요하다.

1. 기기와 설비의 선택

기기와 설비는 용도와 주방의 형태에 맞춰 주문제작하는 경우와 제조업체에서 표준화로 만든 것이 있다. 이러한 기기와 설비는 위생ㆍ능률ㆍ경제의 3요소를 고려하여 여러 사항을 종합적으로 검토하여야 한다.

① 조리의 특성에 적합한 기능과 사용의 편리성

② 구입가격과 설치비용, 현재의 주방 상태에서 설치 가능 여부

③ 내구성과 실용성, 운영유지비용, A/S 가능 여부 등

2. 조리설비

주요 설비와 기기로는 조리작업대, 싱크대, 믹서, 슬라이서, 그라인더, 초퍼, 필러, 온장고, 세척기, 건조기, 잔반처리대, 식기보관고, 레인지, 오븐, 냉장고, 냉동고 등 조리의 종류와 메뉴 특성, 용도에 따른 다양한 조리기기와 설비가 있다.

3 검수를 위한 설비 및 장비 활용방법

1. 검수설비 및 기기류의 구비 조건

1) 검수설비

① 물품 납품 시 접근성과 편리성이 있어야 한다.

② 입고와 관련된 운반동선과 적당한 조명시설(540Lux)과 검수공간을 확보한다.

③ 사무실 설치 시에는 투명한 유리로 설치하여 외부에서 검수작업을 확인할 수 있도록 한다.

④ 검수에 필요한 계량기, 저울, 칼, 개폐기 등 검수에 필요한 장비와 기기를 구비해야 한다.

⑤ 검수대는 공산품, 농산물, 수산물, 육류 등을 구분하여 검수할 수 있도록 한다.

⑥ 검수대는 청결과 위생적으로 안전한 상태를 유지하기 위하여 세척과 소독을 실시한다.

2) 검수장비

(1) 저울(scale) : 물건의 무게를 측정하는 기구의 총칭으로 플랫폼(platform), 카운터(counter), 포션(portion) 등

(2) 측량도구 : 계량기(measurer), 계량컵(measuring cup), 온도계, 계산기 등

(3) 운반구 : 달리(dolly), 카트(cart), 핸드 트럭(hand truck) 등

(4) 칼, 망치, 캔 오프너(can opener) 등

(5) 검수일지 기록 및 작성, 보관을 위한 책상과 문서함 등

03 원가

1 원가의 의의 및 종류

1. 원가의 의의

원가란 제품을 생산하는 데 소비한 경제 가치를 화폐액수로 표시한 것으로, 제품을 만들기 위하여 사용된 재화와 용역의 소비액을 말한다.

2. 원가관리의 개념

원가관리란 원가의 통제를 위하여 가능한 원가를 합리적으로 절감하려는 경영기법이라고 할 수 있다.

3. 원가의 3요소

1) 재료비

제품의 제조를 위하여 소비된 물품의 가치로, 급식시설에서는 급식재료비를 말한다.

2) 노무비

제품의 제조를 위하여 소비된 노동의 가치를 말하며 임금, 급료, 잡급, 상여금 등으로 구분한다.

3) 경비

원가요소에서 재료비와 노무비를 제외한 것으로 수도비, 광열비, 전력비, 보험료, 통신비, 감가상각비 등이 있다.

4. 원가계산의 3단계

원가계산은 요소별 원가계산 → 부문별 원가계산 → 제품별 원가계산 순서로 한다.

1) 요소별 원가계산

제1단계 원가계산으로 비목별 원가계산이라고도 한다. 이 방법에 따라 제조원가 요소를 예시하면 다음과 같다.

(1) 제조직접비

  ① 직접재료비(주요 재료비) : 특정한 제품의 제조를 위한 재료비

  ② 직접노무비 : 임금 등

  ③ 직접경비 : 외주 가공비 등

(2) 제조간접비

  ① 간접재료비(보조재료비) : 여러 종류의 물품의 제조에 소비되는 재료비

  ② 간접노무비 : 급여, 급여수당 등

  ③ 간접경비 : 감가상각비, 보험료, 여비, 교통비, 전력비, 통신비 등

2) 부문별 원가계산

원가 부문별로 분류 집계하여 계산하는 제2단계 원가계산을 말한다.

3) 제품별 원가계산

최종적으로 각 제품의 제조원가를 계산하는 제3단계 원가계산을 말한다.

5. 원가의 종류

  ① 직접원가＝직접재료비＋직접노무비＋직접경비

  ② 제조원가＝직접원가＋제조간접비

  ③ 총원가＝제조원가＋판매관리비

  ④ 판매원가＝총원가＋이익

  ⑤ 실제 원가 : 제품을 제조한 후에 실제로 소비된 재화 및 용역의 소비량에 대하여 계산된 원가로, 보통 원가라고 하면 이를 의미하며 확정원가 또는 현실원가라고도 한다.

  ⑥ 예정원가 : 제품의 제조 이전에 제조에 소비될 것으로 예상되는 원가를 산출한 사전원가로 추정원가라고도 한다.

  ⑦ 표준원가 : 제품을 제조하기 전에 재화 및 용역의 소비량을 과학적으로 예측하여 계산한 미래원가로 실제 원가를 통제하는 기능을 가진다. 특히, 표준원가계산은 원가관리를 위한 목적으로 생긴 것이다.

6. 원가와 비용의 관계

모든 원가는 비용에 포함되므로 일반적으로 같은 의미로 쓰이고 있으나 비교하면 다음과 같다.

    ① 목적비용 : 비용인 동시에 원가가 되는 비용

    ② 기초원가 : 원가인 동시에 비용이 되는 원가

    ③ 중성비용 : 비용에는 있지만 원가에는 없는 비용

    ④ 부가원가 : 원가에는 있지만 비용에는 없는 원가

2 원가분석 및 계산

1. 원가계산의 목적

① 가격 결정의 목적 ② 원가관리의 목적 ③ 예산편성의 목적 ④ 재무제표 작성의 목적

2. 원가계산의 원칙

① 진실성의 원칙 ② 발생기준의 원칙 ③ 계산경제성의 원칙 ④ 확실성의 원칙 ⑤ 정상성의 원칙
⑥ 비교성의 원칙 ⑦ 상호관리의 원칙

3. 원가계산기간

원가계산 실시의 시간적 단위를 원가계산기간이라 하며, 1개월을 원칙으로 하지만 경우에 따라
3개월 또는 1년 단위로 실시하기도 한다.

4. 원가관리

원가를 합리적으로 절감하려는 경영기법으로, 특히 표준원가계산은 과학적인 원가관리를 목적
으로 생긴 것이다.

5. 고정비와 변동비

1) 고정비
제품의 제조 및 판매 수량의 증감에 관계없이 고정적으로 발생하는 비용으로 감가상각비, 종업
원에게 지급되는 고정급 등이 있다.

2) 변동비
제품의 제조 및 판매 수량의 증감에 따라 비례적으로 증감하는 비용으로 주요 재료비, 임금 등이
있다.

6. 손익분기점

수익과 총비용이 일치하는 점으로 이 점에서는 이익도 손실도 발생하지 않는다.

7. 재료비 계산

1) 재료비의 개념

제품의 제조과정에서 실제로 소비되는 재료의 가치를 화폐액수로 표시한 금액을 재료비라고 한다.

재료비＝재료소비량×재료소비가격

2) 재료소비량 계산법

계속기록법, 재고조사법, 역계산법

3) 재료소비가격 계산법

개별법, 선입선출법, 후입선출법, 단순평균법, 이동평균법, 총평균법

7. 감가상각

1) 감가상각비

기업의 자산 중에 고정자산의 감가를 일정한 내용연수에 일정한 비율로 할당하여 비용으로 계산하는 것으로 이때 감가된 비용을 감가상각비라고 한다.

2) 감가상각의 계산요소

감가상각을 계산할 때에는 기초가격, 내용연수, 잔존가격의 3대 요소를 결정해야 한다. 감가상각의 계산방법에는 정액법, 정률법 등이 있다.

04 한식 구매관리 예상문제

01 시장조사 및 구매관리

001 다음 중 시장조사의 목적이 아닌 것은?

① 가격비교를 통하여 시장상황을 조사하고 구입예정가격을 결정하기 위함이다.
② 위생적이고 신선한 양질의 식재료를 합리적인 가격으로 구매하는 데 있다.
③ 시장출하상황, 물가동향 등의 조사를 통하여 식재료의 구입시기와 구입의 용이성, 경제성 등을 조사하기 위함이다.
④ 새로운 제품을 판매하기 위함이다.

해설 시장조사의 목적은 다음과 같다.
① 구매예정가격 결정
② 합리적 구매계획 수립
③ 신제품의 설계
④ 제품개량의 목적

002 다음 중 시장조사의 내용이 아닌 것은?

① 품목 및 품질
② 가격과 구매수량
③ 식품감별지식 획득
④ 구매거래처 및 거래조건

해설 시장조사의 내용으로 품목, 품질, 수량, 가격, 시기, 구매거래처, 거래조건 등을 들 수 있다.

003 시장조사의 형태와 관계없는 것은?

① 일반 기본 시장조사
② 품목별 시장조사
③ 구매거래처 업태조사
④ 유통가격 조사

해설 시장조사는 일반 기본 시장조사, 품목별 시장조사, 구매거래처 업태조사, 유통경로 조사의 4가지 형태로 구분할 수 있다.

004 시장조사의 원칙과 관계없는 것은?

① 비용 경제성
② 조사 적시성
③ 조사 예측성
④ 조사 탄력성

해설 시장조사의 원칙에는 비용 경제성, 조사 적시성, 조사 계획성, 조사 탄력성, 조사 정확성의 원칙을 들 수 있다.

005 식품구매 시 고려해야 할 사항이 아닌 것은?

① 제철식품으로 저렴하고 영양가 높은 식품을 선택한다.
② 폐기부분이 적고 가식부율이 높은가를 고려한다.
③ 규격과 품질이 좋은가를 고려한다.
④ 저렴한 가격이면 물품 모두를 구매할 수 있는가를 고려한다.

해설 물품구매는 필요량만 구매하도록 한다.

정답 001 ④ 002 ③ 003 ④ 004 ③ 005 ④

006 효율적인 구매관리의 효과로 볼 수 없는 것은?

① 필요로 하는 물품의 공급이 원활해진다.

② 공급하는 음식물의 품질 유지를 할 수 있다.

③ 투자비용을 줄이는 효과가 있다.

④ 시설의 기계화 효과를 기대할 수 있다.

해설 구매관리를 효율적으로 수행함으로써 기대할 수 있는 효과는 다음과 같다.
① 원가절감
② 품질관리 용이
③ 물품공급체계 구축
④ 효율적 경영관리
⑤ 투자의 최소와 경비절감
⑥ 고객만족에 의한 매출증가

007 경쟁입찰방식의 장점으로 옳은 것은?

① 새로운 업체를 발견할 수 있다.

② 행정비용이 적게 든다.

③ 긴급할 때 빠른 조달이 가능하다.

④ 자본 · 신용 · 경험이 충분한 업자들만 응찰 가능하다.

해설 경쟁입찰은 수의계약에 비하여 행정비용이 많이 들고 긴급조달 시 시기를 놓칠 수 있으며, 업자의 담함으로 낙찰의 어려움이 있을 수 있고 자본 · 신용 · 경험이 불충분한 업자가 응찰할 수도 있다.

008 경쟁입찰보다 수의계약이 유리한 품목은?

① 육류, 채소류   ② 쌀, 육류

③ 조미료, 통조림   ④ 어패류, 건어물

해설 신선식품은 필요할 때마다 수시로 구입해야 하므로 수의계약이 유리하고, 저장 가능한 식품은 경쟁입찰 방식으로 구매하는 것이 유리하다.

009 식품 구입방법으로 적당하지 않은 것은?

① 구입계획 시 특히 식품가격과 출회표를 고려한다.

② 생선, 채소, 과일 등은 수시로 구입한다.

③ 곡류, 건어물 등은 1개월분을 한꺼번에 구입한다.

④ 과일 구입 시 중량에 유의한다.

해설 사과나 배 등 과일을 구입할 때는 산지, 상자 당 개수, 품종 등에 유의한다.

010 구매목적에 맞는 공급원(供給源)의 선정 시 알아두어야 할 점으로 잘못된 내용은?

① 공급자의 지리적 위치를 고려하여 운송 도중의 사고나 불편한 점이 없도록 해야 한다.

② 구매 품목의 변경이나 비상발주의 경우에 응할 수 있는 능력을 고려한다.

③ 공급자의 식품에 관한 위생지식, 상품감별 지식과 경험의 유무를 파악한다.

④ 공급자의 공장관리 상태, 노동력 상태에 대한 것은 고려하지 않는다.

해설 물품의 구매를 위한 공급원을 선정할 때는 공급자의 공장관리 상태와 노동력 상태, 인사관리 상태 등 여러 요소를 고려하여 결정해야 한다.

011 다음 구매방법 중 필요한 품목, 수량을 표시하며 업자에게 견적서를 제출하고 품질, 가격을 검토한 후 계약을 체결하는 방법은 무엇인가?

① 대량구매   ② 경쟁입찰

③ 계약구입   ④ 수의계약

해설 구매조건을 제시하여 견적서를 검토한 후 계약을 체결하는 것은 경쟁입찰구매이다.

012 단체급식에서 식품을 구매하고자 할 때 식품 단가는 최소한 어느 정도 점검해야 하는가?

① 1개월에 2회   ② 2개월에 1회

③ 3개월에 1회　④ 4개월에 2회

해설 단체급식에서 식품구매단가는 일반적으로 1개월에 2회 정도 점검하고, 가격변동이 심한 품목은 이보다 점검횟수를 늘려야 한다.

---

013 소고기 구입 시 가장 유의해야 할 것은?

① 중량, 부위　② 색, 부위

③ 중량, 부피　④ 색, 부피

해설 소고기는 부위별 조리용도가 다르고, 중량의 단위로 구입하는데 평균단가가 비싸므로 중량과 부위에 유의하여 구입한다.

---

014 가공품을 구입할 때 가장 주의해야 할 점은?

① 색과 향기

② 유통기한의 경과 여부

③ 착색료의 냄새

④ 가공 시의 과정

해설 가공품을 구입할 때는 유통기한 등에 유의해서 구입한다.

---

015 비교적 가식부율이 높은 식품으로만 나열된 것은?

① 고구마, 동태, 파인애플

② 닭고기, 감자, 수박

③ 대두, 두부, 숙주나물

④ 고추, 대구, 게

해설 가식부란 먹을 수 있는 부위로 식품에서 가식부를 백분율로 나타낸 것을 가식부율이라 한다.

---

016 일반적으로 폐기율이 가장 높은 식품은?

① 소살코기　② 달걀

③ 생선　④ 곡류

해설 식품의 일반적인 폐기율은 달걀 12%, 곡류

0%, 생선 30% 정도이다.

---

017 불고기용 소고기 100kg의 손질결과가 다음과 같이 산출되었다. 이 고기로 500명분의 불고기를 만들려면 쇠고기를 약 몇 kg을 주문해야 하겠는가?(단, 1인분의 소고기 양은 120g으로 하였다.)

> · 가식부분 70kg
> · 지방 25kg
> · 힘줄 및 핏물 5kg

① 56kg　② 60kg

③ 70kg　④ 86kg

해설

$$총발주량 = \frac{정미중량 \times 100 \times 인원수}{100 - 폐기율}$$

$$= \frac{120 \times 100 \times 500}{70} = 85,714g$$

---

018 김장용 배추포기김치 46kg을 담그기 위해 배추 구입에 필요한 비용은 얼마인가?(단, 배추 5통(13kg)의 값은 11,960원, 폐기율 8%)

① 23,920원　② 38,934원

③ 42,320원　④ 46,000원

해설

$$필요비용 = \frac{필요량 \times 100 \times 1kg당의 단가}{가식부율}$$

$$= \frac{46 \times 100 \times (11,960 \div 13)}{100 - 8} = 46,000$$

---

019 단체급식에서 미역국을 끓일 때 100명에 약 7kg이 소요된다면 불린 미역을 사용할 때는 약 몇 kg 정도가 필요한가?

① 약 15kg　② 약 30kg

③ 약 55kg　④ 약 100kg

해설 미역을 물에 불리면 중량은 약 6~8배로 불어난다.

정답 **013** ①　**014** ②　**015** ③　**016** ③　**017** ④　**018** ④　**019** ③

020 다음 중 식품의 보관설비가 아닌 것은?

① 식품창고   ② 온장고

③ 냉동고   ④ 살라만다

해설 살라만다는 하향식 구이용 설비이다.

021 다음 중 식품의 보관 시 유의할 점이 잘못된 것은?

① 식품창고에는 방서·방충시설을 한다.

② 식품창고에는 식품관계자 외의 출입을 금지한다.

③ 냉장고에는 내부용적의 65~70% 정도 채워 냉기의 대류가 잘 되도록 한다.

④ 식품창고의 청소를 위하여 청소도구와 세제 등도 함께 보관한다.

해설 청소도구와 세제 등은 별도의 장소에 보관해야 한다.

022 단체급식에서 식품의 재고관리가 부적당한 경우는?

① 재고량 조사 결과 차이가 발생할 때 건조, 폐기량 증가 등과 같은 오차의 면밀한 원인분석을 한다.

② 먼저 구입한 것을 먼저 소비하도록 한다.

③ 각 식품의 적당한 재고기간을 파악하여 신선한 것을 이용하도록 한다.

④ 비상시에 대처하기 위해 가능한 많은 재고량을 확보하도록 한다.

해설 필요 이상의 재고량을 확보하는 것은 피하도록 한다.

023 가식부율이 80%인 식품의 출고계수는?

① 1.25   ② 2.5

③ 4   ④ 5

해설 출고계수란 폐기율에 따른 원재료의 필요량

을 구하는 계수이다.

$$\frac{100}{80} = 1.25$$

024 재고회전율에 대한 설명이 맞는 것은?

① 수요량과 재고회전율의 관계는 반비례한다.

② 재고량과 재고회전율의 관계는 정비례한다.

③ 일정 기간 동안 재고가 몇 번이고 0에 도달하였다가 보충되었는가를 측정하는 것이다.

④ 재고회전율이 표준보다 높을 때는 재고가 많다는 뜻이다.

해설 재고회전율이란 일정한 기간 중에 재고가 몇 번이나 사용되고 판매되었는가를 의미하는 것이다.

025 아래와 같은 조건일 때 2월의 재고회전율은 약 얼마인가?

- 2월 초 초기 재고액 55,0000원
- 2월 말 마감 재고액 50,000원
- 2월 한 달 동안의 소요 식품비 2,300,000원

① 4.66   ② 5.66

③ 6.66   ④ 7.66

해설 재고회전율은 일정한 기간의 제품 등의 출고량과 재고량의 비율을 말한다.

재고회전율 =

$$\frac{매출액}{평균재고액((기초재고 + 기말재고) \div 2)}$$

$$\frac{2,300,000}{(550,000 + 50,000) \div 2} = 7.666$$

026 재고관리 시 주의점이 아닌 것은?

① 재고회전율치 계산은 주로 한 달에 1회 산출한다.

② 재고회전율이 표준치보다 낮으면 재고가 과잉임을 나타내는 것이다.

정답 020 ④   021 ④   022 ④   023 ①   024 ③   025 ④   026 ④

③ 재고회전율이 표준치보다 높으면 생산지연 등이 발생할 수 있다.

④ 재고회전율이 표준치보다 높으면 생산비용이 낮아진다.

해설 재고회전율이 표준치보다 높으면 생산비용은 높아진다.

027 재고관리에 대한 설명으로 틀린 것은?

① 재고관리는 식재료의 원가를 계산하는 데 반드시 필요하다.

② 단체급식소에서는 재료관리상 적어도 월 1회는 필요하다.

③ 식품수불부의 기록과 현물재고량의 불일치는 원가상승과는 무관하다.

④ 장부를 정리할 때는 언제든 재고량이 쉽게 파악되도록 한다.

해설 장부상의 재고량과 실제 재고량의 불일치는 원가상승의 원인이 될 수 있다.

028 식품에 따른 저장온도와 저장기간이 위생적으로 바람직하지 않은 것은?

① 우유 : 2~4℃, 2~3일

② 빵 : 5℃, 10일

③ 달걀 : 3℃, 2주

④ 소시지 : 4~7℃, 7~10일

해설 빵은 3~7℃에서 3~5일 정도 저장이 가능하다.

029 다음 중 재고관리의 기능이 아닌 것은?

① 재고투자의 최소화

② 물품의 품질 유지와 안정성 확보

③ 충분한 재고량의 확보

④ 물품의 용도와 사용빈도 확인

해설 재고관리의 기능은 다음과 같다.
① 실제물량과 예측물량 간의 차이 제공

② 재고보충 시기 결정

③ 재고투자를 최소화

④ 재고량 파악

⑤ 물품의 품질 유지와 안정성 확보

⑥ 물품의 용도와 사용빈도 확인

02 검수관리

030 검수원의 자격요건에 해당하지 않는 것은?

① 식재료에 대한 이론적 지식과 경험이 있어야 한다.

② 식재료를 감별하고 평가할 수 있어야 한다.

③ 빠른 검수가 이루어지도록 납품업자와 친분을 갖추어야 한다.

④ 구매 및 생산에 대해서도 일정 수준의 지식을 갖추고 있어야 한다.

해설 검수원은 업무에 대한 공정성과 도덕성, 신뢰도를 갖추어야 하므로 업자와의 친분은 필요요소가 아니다.

031 검수 담당자의 업무에 해당하지 않는 것은?

① 납품된 물품이 주문서의 내용과 일치하는지 확인한다.

② 납품된 물품의 수량, 중량, 신선도 등을 확인한다.

③ 검수보고서를 작성해야 한다.

④ 거래명세서에 따라 대금을 지불한다.

해설 납품한 업체의 물품청구서에 검수·확인하여 대금지불에 이상이 없도록 해야 한다.

032 검수업무에 필요한 설비조건이 아닌 것은?

① 적절한 밝기의 조명시설

② 물품의 이동에 충분한 공간 확보

③ 청결과 위생적으로 안전한 상태를 유지 가능한 검수대

④ 물품의 특성에 맞는 온도와 습도유지, 통풍 및 환기가 가능한 시설

해설 물품의 특성에 맞는 온도와 습도유지, 통풍 및 환기가 가능한 시설은 저장을 위한 설비이다.

033 다음 중 검수절차에 대한 순서가 올바른 것은?

① 냉장식품 → 냉동식품 → 신선식품 → 공산품

② 냉동식품 → 냉장식품 → 신선식품 → 공산품

③ 신선식품 → 냉장식품 → 냉동식품 → 공산품

④ 공산품 → 신선식품 → 냉장식품 → 냉동식품

해설 검수하는 동안 품질 변화를 줄이기 위하여 냉장식품 → 냉동식품 → 채소·과일·생선 등의 신선식품 → 공산품의 순서로 진행한다.

034 검수 및 저장공간으로 맞지 않는 것은?

① 계측기나 운반차 등을 구비해 두면 편리하다.

② 저장공간의 크기는 식품반입횟수, 저장식품의 양 등을 고려하여야 한다.

③ 저장공간은 냉장 저장공간보다 일반저장공간이 더 넓어야 한다.

④ 검수공간은 식품을 판별할 수 있도록 충분한 조도가 확보되어야 한다.

해설 일반식품의 경우 저온보관하는 식품이 많으므로 저장공간으로는 냉장 저장공간이 더 넓어야한다.

035 식재료의 검수 시 달걀을 6% 소금물에 넣었더니 떠올랐다. 취해야 할 조치는?

① 전수검사 　　② 발췌검사

③ 반품 　　　　④ 가열조리

해설 검수 시 품질에 이상이 발견되었을 경우 반품이 원칙이다.

036 검수한 식재료를 창고에 보관할 때 포장과 용기에 생략해도 되는 것은?

① 납품업자명 　　② 입고일자

③ 출고일자 　　　④ 품목명 및 무게

해설 물품의 창고 입고 시에는 품목(물품명), 입고일자, 무게(용량), 수량, 납품업자명, 간단한 명세서 등을 기록하여야 한다.

037 전수검사가 필요한 경우가 아닌 것은?

① 검수가 손쉬운 품목인 경우

② 검사항목이 많은 경우

③ 식품 등 위생과 관계되는 경우

④ 고가의 품목인 경우

해설 검사항목이 많아 검수에 시간이 많이 소요되는 품목이거나 일부 불량품이 혼입되어도 관계없는 품목인 경우 발췌검수를 한다.

038 식재료를 검수할 때 공급자로부터 반드시 받아야 할 서류로 옳은 것은?

① 발주표 　　　　② 납품서

③ 공급자 재료량표 　④ 구매명세서

해설 검수 시 필요한 전표는 발주서, 식품명세서, 검수일지 등이다.

039 식품감별의 목적과 거리가 먼 것은?

① 유해한 성분 검출

② 식중독을 미연에 방지

③ 영양성분의 파악

④ 불량식품의 적발

해설 식품으로 인해 발생하는 각종 위해와 사고를 미연에 방지하기 위하여 식품의 위생적인 적부와 부패, 변질의 상태, 이물 등의 위해물질 함유 여부를 감별한다.

040 식품감별능력에서 가장 중요한 것은?

① 식품검사기술

② 감별자의 풍부한 경험

③ 경험자의 의견

④ 문헌상의 지식

해설 식품감별은 오관에 의한 관능검사가 능률적인데 관능검사는 경험을 바탕으로 한다.

041 식품을 구입할 때 식품감별이 잘못된 것은?

① 육류는 고유의 선명한 색을 가지며, 탄력성이 있는 것이 좋다.

② 토란은 겉이 마르지 않고, 잘랐을 때 점액질이 없는 것이 좋다.

③ 과일이나 채소는 색깔이 고운 것이 좋다.

④ 어육연제품은 표면에 점액질의 액즙이 없는 것이 좋다.

해설 토란은 겉이 마르지 않고 잘랐을 때 점액질이 있는 것이 좋다.

042 식품의 감별로 적합하지 않은 것은?

① 송이버섯 – 봉오리가 크고 줄기가 부드러운 것

② 달걀 – 표면이 거칠고 광택이 없는 것

③ 감자, 고구마 – 병충해, 발아, 외상, 부패 등이 없는 것

④ 생과일 – 성숙하고 신선하여 청결한 것

해설 송이버섯은 봉오리가 작고 둥근 갓 모양으로 색상이 자연스럽고 광택이 있는 것이 좋다.

043 식품의 감별법으로 옳은 것은?

① 돼지고기는 진한 분홍색으로 단단하지 않은 것

② 고등어는 아가미가 붉고 눈이 들어가고 냄새가 없는 것

③ 달걀은 껍질이 매끄럽고 광택이 있는 것

④ 쌀은 알갱이가 고르고 광택이 있으며 경도가 높은 것

해설 돼지고기는 연한 분홍빛으로 단단한 것이 좋으며, 고등어는 아가미가 붉고 눈이 돌출되고 냄새가 없는 것이 신선하다. 달걀은 껍질이 꺼칠한 것이 신선하다.

044 신선한 생선의 특징이 아닌 것은?

① 눈알이 밖으로 돌출된 것

② 아가미의 빛깔이 선홍색인 것

③ 비늘이 잘 떨어지며 광택이 있는 것

④ 꼬리가 치켜 올라 간 것

해설 신선한 생선은 비늘이 밀착되어 잘 떨어지지 않는다.

045 어류의 선택 및 보관방법에 대한 설명으로 가장 맞는 것은?

① 어육은 수조육보다 수분함량이 많고 불포화지방산이 많아 산패가 잘 안 되기 때문에 취급방식이 수조육과 다르다.

② 냉동한 것은 −18℃ 이하에서 저장하면 6개월 이상 저장이 가능하다.

③ 어패류의 근육에는 수조육에 비해 결합조직이 많아 살이 쉽게 부패하므로 구입 후 바로 조리한다.

④ 생선은 손으로 여러 번 만지게 되면 세균의 오염이 심해지므로 바로 냉동 또는 냉장하는 것이 좋다.

해설 생선의 껍질, 아가미, 내장 등은 세균이 많이 부착되어 있으므로 즉시 조리하지 않을 경우 바로 냉동 또는 냉장 보관하는 것이 좋다.

정답 040 ② 041 ② 042 ① 043 ④ 044 ③ 045 ④

046 달걀 프라이를 하기 위해 프라이팬에 달걀을 깨트려 놓았다. 다음 중 가장 신선한 달걀은?

① 작은 혈액 덩어리가 있었다.
② 난황이 터져 나왔다.
③ 난백이 넓게 퍼졌다.
④ 난황은 둥글고 농후난백이 많았다.

해설 깨트렸을 때 노른자가 볼록하고 흰자가 퍼지지 않는 것이 신선하다.

047 신선도가 저하된 식품은?

① 우유의 pH가 3.0 정도로 낮다.
② 당근의 고유한 색이 진하다.
③ 햄을 손가락으로 눌렀더니 탄력이 있고 점질물이 없다.
④ 소고기를 손가락으로 눌렀더니 자국이 생겼다가 곧 없어졌다.

해설 신선한 우유의 pH(수소이온농도)는 약 6.6(평균 6.4~6.8)이다.

048 통조림 식품의 구입 시 잘못된 것은?

① 상표가 변색되지 않은 것
② 외부가 깨끗한 것
③ 두드렸을 때 탁음이 나는 것
④ 뚜껑이 돌출되지 않은 것

해설 탁음이 나는 것은 내용물이 변질되어 가스가 발생한 것이다. 통조림은 두드렸을 때 맑은 소리가 나는 것이 좋다.

049 알코올에 벌꿀을 녹였을 때 백색 침전이 생긴 경우 혼합된 물질은?

① 설탕   ② 물
③ 물엿   ④ 사카린나트륨

해설 알코올에 벌꿀을 녹였을 때 백색 침전이 생긴 것은 물엿이 혼합된 것이다.

03 원가

050 급식비 책정을 위한 식재료비의 원가가 가장 많은 비율을 차지하는 급식소는 다음 중 어느 곳인가?

① 고급레스토랑   ② 대중식당
③ 전문음식점   ④ 대학기숙사

해설 식품재료비의 비율은 일반적으로 호텔이나 식당 40% 이하, 대학기숙사 50~55%, 학교급식 60~70% 정도이다.

051 원가에 대한 설명으로 틀린 것은?

① 원가의 3요소는 재료비, 노무비, 경비이다.
② 간접비는 여러 제품의 생산에 대하여 공통으로 사용되는 원가이다.
③ 직접비에 제조 시 소요된 간접비를 포함한 것은 제조원가이다.
④ 제조원가에 관리비용만 더한 것은 총원가이다.

해설 총원가는 제조원가에 판매비와 일반관리비를 더한 값이다.

052 넓은 의미의 원가에 해당하는 것은?

① 제조원가에 포장재료비를 포함한다.
② 제조원가에 판매를 위한 일반관리비용까지 포함한다.
③ 제조원가에 얼마의 이윤까지 포함한다.
④ 제조원가에 여비, 교통비를 포함한다.

해설 원가란 제품의 제조를 위해 소비된 경제가치로, 총원가는 제조원가에 판매관리비를 더한 원가이다.

정답 046 ④ 047 ① 048 ③ 049 ③ 050 ④ 051 ④ 052 ②

053 비원가 항목이 아닌 것은?

① 도난으로 인한 것

② 화재로 인한 것

③ 지진 등으로 인한 것

④ 전력사용으로 인한 것

해설 원가란 제품을 만들기 위하여 사용된 재화와 용역의 소비액으로, 전력비는 경비에 속하는 원가 항목이다.

054 원가의 3요소에 해당하지 않는 것은?

① 직접비　　　② 경비

③ 재료비　　　④ 노무비

해설 원가의 3요소는 재료비, 노무비, 경비이다.

055 일정 기간 내에 기업의 경영활동으로 발생한 경제가치의 소비액을 의미하는 것은?

① 급부　　　② 원가

③ 비용　　　④ 수익

해설 경영활동을 위해 발생한 항목을 비용이라 한다.

056 원가계산의 목적이 아닌 것은?

① 기말재고량 측정　② 판매가격 결정

③ 원가관리　　　　④ 재무제표 작성

해설 원가계산의 목적은 ① 가격 결정 ② 원가관리 ③ 예산편성 ④ 재무제표 작성이며, 기말재고량 측정은 재고조사법에 속한다.

057 발생 형태를 기준으로 했을 때의 원가 분류는?

① 개별비, 공통비

② 직접비, 간접비

③ 재료비, 노무비, 경비

④ 고정비, 변동비

해설 원가를 발생 형태에 따라 분류하면 특정한 제품의 제조에 소요되는 직접비와 여러 종류의 물품의 제조에 소비되는 간접비로 나눌 수 있다.

058 식당 운영 시 발생하는 경비 항목은?

① 영양사의 임금　　② 소모품비

③ 급식재료비　　　④ 조리사의 임금

해설 임금은 노무비, 급식재료비는 재료비에 속하는 항목이다. 경비는 원가에서 노무비와 재료비를 제외한 부분이다.

059 제품 1단위당 원가계산의 일반적인 과정을 잘 나타낸 것은?

① 요소별 원가계산 – 제품별 원가계산 – 부문별 원가계산

② 요소별 원가계산 – 부문별 원가계산 – 제품별 원가계산

③ 제품별 원가계산 – 부문별 원가계산 – 요소별 원가계산

④ 부문별 원가계산 – 제품별 원가계산 – 요소별 원가계산

해설 원가계산 순서는 요소별 원가계산 → 부문별 원가계산 → 제품별 원가계산이다.

060 급식부문의 원가요소에서 직접원가의 급식재료비에 해당하지 않는 것은?

① 조미료비　　　② 급식용구비

③ 보험료　　　　④ 조리제 식품비

해설 보험료는 간접경비에 속한다.

061 다음 중 직접비는?

① 임금　　　② 광열비

③ 보험료　　④ 수도료

해설 임금은 작업현장에서 생산에 직접 종사하는

직원에게 지급되는 직접노무비이다. 광열비, 보험료, 수도료는 간접경비이다.

062 제품을 제조할 때 제품의 전체 또는 여러 종류의 제조를 위하여 사용된 재료의 소비가액은?

① 간접경비   ② 간접재료비
③ 직접재료비   ④ 직접경비

해설 특정한 제품의 제조에 사용된 재료비를 직접재료비(주요 재료비), 여러 물품의 제조에 소비되는 재료비를 간접재료비(보조재료비)라고 한다.

063 다음 중 직접경비는?

① 보험료   ② 외주가공비
③ 재고감모손   ④ 여비교통비

해설 직접경비는 특정제품을 위해 소비된 경비로 외주가공비가 해당된다.

064 월중 소비액을 파악하기 가장 쉬운 계산방법은?

① 월말재고액 + 월중매입액 + 월말소비액
② 월중매입액 − 월말재고액
③ 월초재고액 − 월중매입액 − 월말재고액
④ 월초재고액 + 월중매입액 − 월말재고액

해설 전기이월량. 즉 월초재고액에 월중매입량을 합하고 월말재고액을 차감함으로써 월중소비액을 알 수 있다.

065 다음은 재료의 소비단가를 정하는 방법들이다. 이 중 매입한 날짜가 빠른 것부터 먼저 출고되는 것으로 간주하여 소비단가를 결정하는 방법은?

① 선입선출법   ② 총평균법
③ 이동평균법   ④ 후입선출법

해설 선입선출법이란 먼저 구입한 것을 먼저 소비한다는 전제로 재료소비가격을 계산하는 방법이다. 후입선출법은 선입선출법과는 반대이다.

066 예정원가에 대한 설명으로 가장 올바른 것은?

① 추정원가라 하며 언제나 실제 원가보다는 조금 높게 책정하는 것이 유리하다.
② 견적원가라 하며 이는 제품의 제조 이전에 예상되는 값을 산출한 것이다.
③ 견적원가라 하며 이는 실제 원가보다 낮게 책정하는 것이 생산의욕을 위해 좋다.
④ 예정원가는 원가관리에 도움을 주지 못한다.

해설 예정원가란 제품의 생산 이전에 제품의 제조에 소비될 것으로 예상되는 원가를 산출한 사전원가이다.

067 경영활동을 합리적으로 통제하기 위한 목적으로 하는 원가계산은?

① 예정원가계산   ② 추정원가계산
③ 사전원가계산   ④ 표준원가계산

해설 표준원가계산은 효과적인 원가관리를 목적으로 하는데, 실제 원가를 통제하는 기능을 가진다.

068 다음 자료에 의해서 계산하면 제조원가는?

- 직접재료비 ₩180,000
- 간접재료비 ₩ 50,000
- 직접노무비 ₩100,000
- 간접노무비 ₩ 30,000
- 직접경비 ₩ 10,000
- 간접경비 ₩100,000
- 판매관리비 ₩120,000

① ₩ 290,000   ② ₩ 470,000
③ ₩ 410,000   ④ ₩ 590,000

정답 062 ②   063 ②   064 ④   065 ①   066 ②   067 ④   068 ②

해설 요소별 원가는 다음과 같다.
① 직접원가＝직접재료비＋직접노무비＋직접경비
② 제조원가＝직접원가＋제조간접비
③ 총원가＝제조원가＋판매관리비
④ 판매원가＝총원가＋이익

069 제품 원가계산을 보다 정확하게 할 수 있는 방법이 아닌 것은?

① 제조간접비 배분 기준을 다양하게 적용한다.
② 노무비 중 직접노무원가의 비중을 감소시킨다.
③ 제조간접비를 동질적인 집합으로 세분하여 구성한다.
④ 재료비 중 직접재료원가의 비중을 증가시킨다.

해설 원가계산 시 직접비의 비중을 감소시키고 간접비의 비중을 높이면 정확한 원가계산이 어렵다.

070 원가계산의 원칙에 속하지 않는 것은?

① 발생기준의 원칙
② 상호관리의 원칙
③ 진실성의 원칙
④ 예상성의 원칙

해설 원가란 제품의 생산을 위해 사용된 재화와 용역의 소비액을 말하며, ① 진실성 ② 발생기준성 ③ 계산경제성 ④ 확실성 ⑤ 정상성 ⑥ 비교성 ⑦ 상호관리의 원칙 등이 있다.

071 계산경제성의 원칙을 다른 말로 무엇이라고 하는가?

① 간접성의 원칙   ② 중요성의 원칙
③ 계산성의 원칙   ④ 비교성의 원칙

해설 계산경제성의 원칙을 중요성의 원칙이라고도 하는데, 원가계산에서 경제성을 고려해야 한다는 원칙이다.

072 10월 한 달간 과일통조림의 구입현황이 아래와 같고, 재고량이 모두 13캔인 경우 선입선출법에 따른 재고금액은?

날짜	구입량(캔)	구입단가(원)
10/1	20	1,000
10/10	15	1,050
10/20	25	1,150
10/25	10	1,200

① 14,500원   ② 150,000원
③ 15,450원   ④ 160,000원

해설 선입선출법이란 먼저 구입한 것을 먼저 사용한다는 전제로 재료소비가격을 계산하는 방식이다. 따라서 재고량 13캔 가운데 10월 20일 1,150원에 구입한 3캔과 10월 25일 1,200원에 구입한 10캔을 재고로 보면 된다.

073 다음은 재료소비액을 계산하는 식이다. 옳은 것은?

① 재료소비량×재료소비단가
② 재료소비량×간접재료비
③ 재료구입량×재료소비단가
④ 재료구입량×간접재료비

해설 재료의 소비액을 재료비라 한다.
재료비＝재료소비량×재료소비단가

074 다음 자료를 가지고 재고조사법에 의하여 재료의 소비량을 산출하면 얼마인가?

• 전월이월량 : 200kg
• 당월매입량 : 800kg
• 기말재고량 : 300kg

① 800kg   ② 700kg
③ 420kg   ④ 120kg

해설 재료소비량＝전기이월량＋당기매입량－기말재고량이므로 200＋800－300＝700kg이 된다.

정답 **069** ② **070** ④ **071** ② **072** ③ **073** ① **074** ②

075 재고액의 평가방법에 관한 설명이 맞는 것은?

① 후입선출법은 물가상승 시 식품비를 최대화하고 재고가치를 최소화하고 싶을 때 사용된다.

② 재고품 중 가장 최근에 구입한 식품부터 불출하는 것은 선입선출법이다.

③ 재고액을 가장 최근의 단가를 이용하여 산출하는 것은 실제 구매가법이다.

④ 식품을 구매할 때마다 재고수량과 단가를 합하여 평균단가를 계산하고 불출하는 것은 총평균법이다.

해설 ②항은 후입선출법. ④항은 이동평균법에 대한 설명이며, 실제 구매가법은 실제 구입가격을 적용하는 것이다.

076 원가 구성 요소 중 가장 높은 비율을 차지하는 식재료비의 비율은 전체 매출액 중 식재료비가 차지하는 비율로 계산한다. 1일 총 매출액이 1,200,000원, 식재료비가 780,000원인 경우의 식재료비 비율은?

① 55% ② 60%

③ 65% ④ 70%

해설

$$100 \times \frac{780,000}{1,200,000} = 65\%$$

077 식품원가율을 40%로 정하고 햄버거의 1인당 식품단가를 1,000원으로 할 때 햄버거의 식단가격은?

① 4,000원 ② 1,250원

③ 2,500원 ④ 2,250원

해설 단가가 1,000원 원가율을 40%로 하면

$$\frac{40}{100} \times \frac{1,000}{\chi} = 2,500원$$

078 수입소고기 두 근을 30,000원에 구입하여 50명의 식사를 공급하였다. 식단가격을 2,500원으로 정한다면 식품의 원가는 몇 %인가?

① 12% ② 83%

③ 42% ④ 24%

해설

$$\frac{30,000 \div 50}{2,500} \times 100 = 24$$

079 미역국을 끓이는 데 1인당 사용되는 재료와 필요량, 가격은 다음과 같다. 미역국 10인분을 끓이는 데 필요한 재료비는?

재료	필요량(g)	가격(원/100g당)
미역	20	150
쇠고기	60	850
총조미료	−	70

① 610원 ② 6,100원

③ 870원 ④ 8,700원

해설

• 미역 $\frac{150}{100} \times 20 = 30$

• 쇠고기 $\frac{850}{100} \times 60 = 510$

• 총조미료 70

• 30원 + 510원 + 70원 = 610원 × 10인분 = 6,100원

080 제품 제조수량의 증감에 따라 그 소비액도 증감하는 원가요소는?

① 공통비 ② 개별비

③ 변동비 ④ 고정비

해설 제품의 생산과 판매의 증감에 따라 변동하는 것을 변동비라 한다.

정답 **075** ① **076** ③ **077** ③ **078** ④ **079** ② **080** ③

081 다음 중 고정비에 해당하는 것은?

① 노무비 　　　　② 연료비

③ 수도비 　　　　④ 광열비

해설 고정비란 제품의 제조 및 판매 수량의 증감에 관계없이 고정적으로 발생하는 비용을 말하며, 감가상각비, 종업원에게 지급되는 고정급 등이 있다.

082 손익분기점에 대한 설명으로 틀린 것은?

① 총비용과 총수익이 일치하는 지점

② 손해액과 이익액이 일치하는 지점

③ 이익도 손실도 발생하지 않는 지점

④ 판매총액이 모든 원가와 비용만을 만족시킨 지점

해설 손익분기점이란 수익과 총비용이 일치하는 점으로, 이 점에서는 이익도 손실도 발생하지 않는다.

083 냉동식품에 대한 보관료 비용이 아래와 같을 때 당월소비액은?(단, 당월선급액과 전월미지급액은 고려하지 않는다.)

- 당월지급액 : 60,000원
- 전월선급액 : 10,000원
- 당월미지급액 : 30,000원

① 70,000원 　　　　② 80,000원

③ 90,000원 　　　　④ 100,000원

해설 선급액과 미지급액을 고려하지 않고 보관료 비용을 계산하면 다음과 같다.
60,000 + 10,000 + 30,000 = 100,000원

084 조리기계류는 사용빈도, 설치장소 등에 따라 소모도에 차이가 생기므로 이들 시설에 대한 가치감소를 일정한 방법으로 원가관리에서 고려하는 것은?

① 한계이익률 　　　　② 손익분기점

③ 감가상각비 　　　　④ 식품수불부

해설 공장이나 기계설비와 같은 고정자산은 일정 기간이 경과하면 사용이 불가능하게 되지만 그 가치는 모두 없어지는 것이 아니라 전 기간에 걸쳐서 평균적으로 감가되며, 그 기간마다 일부 가치를 생산품의 원가에 부담시키는데 이를 감가상각비라고 한다.

085 기초가격이 50,000원, 내용연수가 5년인 고정자산이 있다. 3년을 사용하였을 경우 정액법에 의한 누적 감가상각액은?

① 27,000원 　　　　② 9,000원

③ 10,000원 　　　　④ 30,000원

해설 감가상각을 계산하는 데에는 기초가격(구입가격), 내용연수, 잔존가격(구입가격의 10%)을 결정해야 하며 정액법에 의한 감가상각액은 다음과 같다.

$$감가상각액 = \frac{기초가격 - 잔존가격}{내용연수} \times 사용연수$$

$$= \frac{50,000 - 5,000}{5} \times 3 = 27,000원$$

086 감가상각의 대상은 고정자산인데 다음 중 고정자산에 속하는 것은 어느 것인가?

① 현금 　　　　② 기계

③ 예금 　　　　④ 원재료

해설 고정자산이란 기업 내에 영속적으로 편입되어 있는 재산으로 토지, 공장, 기계 등이 속한다.

CHAPTER 05 한식 기초 조리실무

01 조리 준비

1 조리의 정의 및 기본 조리조작

1. 조리의 정의

조리란 식품을 절단, 분쇄, 가열, 조미료의 첨가 등 여러 가지 수단을 사용하여 음식물을 만드는 과정을 말한다.

2. 조리의 목적

① 기호성　② 위생성(안전성)　③ 영양성　④ 저장성

3. 조리의 기본조작

(1) 계량 : 계량은 주로 무게(중량)와 부피(체적)를 계량하는 것을 말한다.

(2) 씻기(세척) : 잘게 썰어 씻으면 영양 손실이 크므로 가능한 통으로 씻는 것이 좋다.

(3) 수침(물에 담구기) : 좋지 않은 맛과 색 등을 용출시켜 맛을 좋게 하고 소화가 잘 되도록 한다.

(4) 썰기 : 불가식부의 제거, 먹기 좋은 형태 또는 크기로의 성형, 표면적의 증대, 가열시간의 단축, 식품성분의 침출, 조미료 침투의 촉진, 외관의 미화 등을 위해 필요하다.

(5) 혼합 및 교반 : 재료의 균질화, 열전도의 균질화, 조미료의 침투 및 거품내기, 점탄성의 증가 등을 위해 필요하다.

(6) 기타 조작 : 압착, 여과, 신장, 성형, 냉각, 응고, 동결 등

2 기본조리법 및 대량 조리기술

1. 기본조리법

1) 굽기

열을 가하여 굽는 방법으로 석쇠 또는 꼬챙이 등을 이용한 직접구이와 프라이팬 및 오븐 등을 이용한 간접구이가 있다.

① 고온가열이므로 성분 변화가 심하다.

② 수용성 성분의 용출이 적고 식품 표면의 수분은 감소되어 특유의 맛을 지닌다.

③ 식품 자체의 성분이 용출되지 않고 표피 가까이 보존된다.

④ 익히는 맛과 향이 잘 조화된다.

⑤ 소고기의 경우 단백질의 응고점 부근에서 구워질 때가 가장 맛있다.

2) 볶음

① 사용하는 기름의 양이 적으므로 타지 않도록 조리해야 한다.

② 수분이 많은 식품은 강한 불로 단시간에 볶고, 재료 자체를 변화시키는 양파나 밀가루 등은 약한 불로 천천히 볶는다.

3) 튀김

고온의 기름에서 단시간 조리하므로 영양 손실이 적다.

(1) 튀김기름

① 튀김기름은 발연점이 높은 것이 좋다.

② 기름의 양은 재료가 잠길 정도를 사용해야 재료를 넣었을 때 온도의 강하가 적다.

③ 한꺼번에 많은 양을 사용하는 것보다 조금씩 보충하면서 튀기는 것이 좋다.

④ 사용한 기름은 걸러서 불순물을 없애고 산화를 막기 위하여 입구가 좁은 용기에 담아 밀봉하여 보관한다.

(2) 튀김옷

① 튀김옷은 글루텐 함량이 적은 박력분이 적당하고, 밀가루는 체에 쳐서 사용한다.

② 물은 밀가루의 1.7〜1.8배로 한다.

③ 밀가루 반죽에 0.2%의 소다를 넣어 주면 가열 중에 탄산가스가 발생하여 수분이 많이 증발되므로 가볍게 튀겨진다. 그러나 소다를 0.4% 정도 넣으면 튀김옷이 단단해진다.

④ 밀가루 반죽에 달걀을 넣으면 질감이 좋아 맛있고 가볍게 튀겨진다.

(3) 튀김의 적온과 시간 : 튀김온도는 170〜180℃가 일반적이다.

≫ 튀김의 적온과 시간

재료	온도(℃)	시간(분)
도넛	160	3
고구마, 감자, 연근	160〜180	3
굴	160〜180	1.5〜2.5
어패류, 채소	180〜190	1〜2
크로켓	190〜200	0.4〜1

4) 찜

① 찜은 수증기의 잠재열(1g당 539kcal)을 이용한 조리법으로, 모양이 흐트러지지 않고 영양 손실은 비교적 적으나 조리하는 데 시간이 많이 소요된다.

② 조리하는 도중에 조미할 수 없으므로 미리 조미하든지 찌고 난 후에 조미해야 한다.

5) 삶기

① 불미성분의 제거, 식품조직의 연화, 탈수 및 색을 좋게 한다.

② 수용성 영양소의 손실이 많아지고 모양이 흐트러진다.

③ 죽순이나 우엉을 삶을 때에는 쌀뜨물을 잠길 정도로 붓고 삶으면 쌀뜨물에 있는 효소의 작용으로 연화되고 색이 희고 깨끗하게 삶아진다.

④ 시금치 등의 녹색채소를 데칠 때에는 1%의 식염을 넣어서 뚜껑을 열고 살짝 데치는 것이 좋다.

6) 끓이기

① 삶기와 유사한 조리법이나 조미료를 사용하는 점이 삶기와 다르다.

② 식품 중의 수용성 성분이 용출되므로 국물까지 이용해야 영양 손실이 적다.

2. 대량조리기술

1) 대량조리의 특징

① 대형의 조리기기와 설비를 이용하여 많은 분량의 음식을 조리한다.

② 한정된 예산과 한정된 시간으로, 다수의 조리작업자가 협력하여 조리한다.

③ 조리 소요시간, 조리방법, 1인분의 분량 등 모두 계획하에 이루어진다.

2) 대량조리의 유의점

① 대량급식은 일정한 시간 내에 일정한 양을 조리해야 하므로 가열소요시간, 분량, 취반, 분배의 소요시간 등을 구체적으로 계획하여야 한다.

② 정해진 시간 내에 많은 분량의 음식을 조리해야 하므로 시간을 절약하기 위해서는 음식의 종류에 따라 미리 반제품을 만들어 두면 일정한 맛을 유지하고 질적 저하를 방지할 수 있다.

③ 일반적으로 대량조리는 식품구입 → 검수 → 식품저장 → 예비조리(전처리) → 가열조리 → 조리완성 → 배식 → 잔반처리 → 식기세척 → 정리 · 정돈의 순서로 이루어진다.

3) 국 끓이기

① 토장국과 맑은 국의 두 가지가 있으며 단체급식에서는 토장국이 좋다.

② 재래식 된장은 처음부터 넣고 끓이고, 개량된장은 국이 끓은 후 나중에 넣어 잠깐 끓인다.

③ 국의 건더기는 국물의 1/3 정도가 적당하다.

4) 찌개

① 센 불에서 시작하여 한소끔 끓은 후에는 불을 약간 약하게 하여 푹 끓인다.

② 건더기의 분량은 국물의 2/3가 적당하다.

5) 조림

① 조림은 식품 자체에 맛이 들도록 하는 조리법이다.

② 생선은 조미료를 끓이다가 생선을 넣고 조리는 것이 영양 손실도 적고 생선살이 부서지지 않는다.

6) 생선구이

① 석쇠나 오븐을 미리 뜨겁게 달군 후 생선을 올려 굽는다.

② 소금구이를 할 때에는 소금을 뿌리고 20~30분간 두면 소금이 생선 표면에서 없어지는데 이렇게 된 후에 굽는다.

③ 생선을 구울 때 밑이 거의 익었을 때 뒤집어 굽는다. 너무 여러 번 뒤적이면 생선살이 부서진다.

7) 튀김

식물성 기름을 사용하는 것이 좋으며, 튀김은 초간장에 찍어 먹는다.

❸ 기본 칼 기술 습득

1. 칼의 종류와 용도

칼은 만든 재질과 사용 용도에 따라 매우 다양하다. 우리가 흔히 사용하는 일상용 칼, 회를 뜰 때 사용하는 회칼, 날이 넓고 각진 중국식도, 뼈 절단용 칼, 고기의 뼈를 발라낼 때 사용하는 본 나이프, 채소의 껍질을 벗기거나 모양을 낼 때 사용하는 페어링 나이프 등이 있다. 기본적으로 칼을 선택할 때에는 용도에 맞는지를 가장 먼저 고려하고, 손에 잡았을 때 얼마나 편안한 느낌을 주는지를 확인하여 선택한다.

1) 칼의 종류

가정용의 일반칼은 길이 25cm 정도이며, 한식 조리작업에서는 약 30~35cm 길이의 일반조리용 칼을 가장 많이 사용한다.

(1) 아시아형

① 칼날 길이를 기준으로 18cm 정도이다.

② 칼등은 곡선이고 칼날은 직선의 안정적 모양이다.

③ 칼이 부드럽고 똑바로 자르기 좋다.

④ 채 썰기 등 동양요리에 적당하며 우리나라와 일본 등 아시아에서 많이 사용하는 칼이다.

(2) 서구형

　① 칼날 길이를 기준으로 20cm 정도이다.

　② 칼등과 칼날이 곡선으로 되어 칼끝에서 만난다.

　③ 자르기에 편리하며 힘이 들지 않아 부엌칼이나 회칼로 많이 이용된다.

(3) 다용도칼

　① 칼날 길이를 기준으로 16cm 정도이다.

　② 칼등이 곧게 뻗어 있고 칼날은 둥글게 곡선 모양이다.

　③ 칼을 자유롭게 움직이면서 다양한 작업을 할 때 사용한다.

2. 숫돌의 종류와 특징

칼을 갈기 위한 도구로 숫돌과 샤프너, 칼갈이봉 등이 있다.

1) 숫돌의 종류

숫돌의 입자 크기를 나타내는 단위를 입도라 하며, 기호(#)로 표시한다. 숫자가 낮을수록 거칠고 높을수록 입자가 곱다.

(1) 초벌숫돌 : 80~400#의 거친 숫돌로 새 칼의 형상조절과 깨진 칼끝의 형태를 수정할 때 사용하기도 하며, 칼날이 두껍고 이가 빠진 칼을 가는 데 사용한다. 굵은 숫돌은 칼끝에 요철이 심하게 생기므로 중간 숫돌과 마무리 숫돌을 함께 사용하는 것이 좋다. 거칠어 연삭은 잘 되지만 칼날을 세우는 데는 적당하지 않다.

(2) 중간숫돌 : 700~1,200#의 숫돌로 칼이 무뎌졌을 때 잘리는 칼의 면을 어느 정도 부드럽게 하기 위해 사용하며 일반적으로 가장 많이 사용한다.

(3) 마무리 숫돌 : 3,000~8,000# 이상의 아주 고운 숫돌로 어느 정도 부드럽게 손질된 칼날을 더욱 더 윤기 나고 광이 나게 갈아준다. 고도의 절삭력이 필요할 때 사용한다.

2) 숫돌 사용과 칼 가는 방법

　① 숫돌은 사용하기 전에 물에 푹 담가 충분히 물을 먹인 후 사용한다.

　② 숫돌을 고정시키고 칼날은 숫돌에 15~20° 각도를 유지하고, 오른손은 손잡이를 잡고 왼손으로 칼 면을 가볍게 누르면서 양손에 동시에 힘을 가하면서 밀어낸다.

　③ 칼의 뒤끝부터 시작하여 안쪽으로 끌어당긴다. 지나치게 힘을 줄 필요는 없으나 계속 15~20° 각도를 유지한다.

　④ 이 과정을 계속한다. 다른 면이 거칠게 느껴지면 칼을 뒤집어서 같은 방법으로 갈아준다. 각 면을 적어도 4번씩 반복한다.

⑤ 칼을 가는 중간중간 물을 부어가며 갈아준다.

⑥ 칼을 다 간 후에는 칼과 숫돌 모두 깨끗이 씻고 그늘진 곳에 세워서 말린다.

3) 쇠 칼갈이봉 이용

① 왼손으로 칼갈이봉을 45° 정도 기울여 흔들리지 않게 힘껏 잡는다.

② 오른손으로 칼을 잡고 반원형을 그리며 칼갈이 봉을 아래쪽에 두고 칼날을 부드럽게 문지른다.

③ 칼의 반대쪽은 봉을 위쪽에 두고 같은 방법으로 문지른다. 한 면을 3~4회 넘기지 않도록 한다.

④ 마지막으로 위쪽에서 아래쪽으로 내려주면서 문질러 준다.

3. 기본 썰기

1) 칼질하는 방법

① 칼의 사용방법은 식품의 종류나 용도에 따라 사용부위와 조작의 방향이 달라진다.

② 칼은 칼날의 끝과 중앙 및 칼등의 세 부분으로 나누어 용도에 따라 사용한다.

2) 칼의 부분별 기능

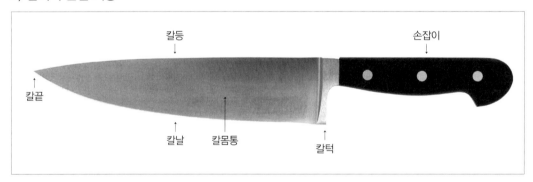

(1) 칼끝 : 날카롭고 힘을 주기 쉬워 소고기 등의 고기의 힘줄을 제거하거나 채소를 섬세하게 손질하기에 유용하다.

(2) 칼날 : 칼날은 모든 재료를 썰거나 자를 때 가장 많이 사용하는 부분이다.

(3) 칼턱 : 힘이 좋아 생선의 머리나 꼬리를 자를 때, 감자 싹이나 채소 꼭지를 도려낼 때 사용하면 편리하다.

(4) 칼등 : 칼등은 단단하고 뭉툭해서 고기를 부드럽게 하기 위해 두드리거나 생선의 비늘이나 채소껍질을 벗기는 데 사용하면 좋다.

(5) 손잡이 : 이음새 부분에 이물질이 끼기 쉬우며 세균이 번식하기 쉬우므로 깨끗하게 세척한다.

(6) 칼몸통 : 칼의 몸통을 옆으로 뉘어 마늘이나 생강, 두부 등을 으깨거나 다질 때 유용하다.

3) 기본 썰기의 종류

(1) 편 썰기(얄팍 썰기)

　① 재료를 원하는 길이로 자르거나 그대로 얄팍하게 썰거나 원하는 두께로 고르게 얇게 썬다.

　② 마늘, 생강, 편육 등을 사용하고 볶음이나 조림에 주로 이용한다.

(2) 채 썰기

　① 재료를 원하는 길이로 잘라 편으로 썰어 겹쳐 놓고 일정한 두께로 가늘게 썬다.

　② 무가 대표적으로 쓰이나 감자, 호박, 오이 등도 채 썬다.

　③ 생채, 구절판, 무침, 샐러드, 볶음 등에 사용하는 재료를 썰 때 이용한다.

(3) 다지기

　① 파, 양파, 마늘, 생강 등의 재료를 곱게 채 썰어 가지런히 모아잡고 직각으로 잘게 썬다.

　② 양념을 만드는 데 주로 쓰이며 볶음밥이나 샌드위치 등에 들어가는 속재료를 만들 때 이용한다.

(4) 막대 썰기

　① 재료를 원하는 길이로 토막 낸 다음 적당한 굵기의 토막 모양으로 썬다.

　② 무장과, 오이장과를 만들 때 사용한다.

(5) 골패 썰기 : 썰어 놓은 모양이 골패 모양으로 생겨 붙여진 이름으로 무나 당근, 달걀지단 등의 재료를 직사각형으로 썬다.

(6) 나박 썰기 : 가로 세로가 비슷한 크기의 사각형으로 반듯하고 얇게 썬다.

(7) 깍둑 썰기 : 무나 감자 등을 막대 썰기하여 가로 세로의 길이를 똑같이 네모반듯하게 썬다.

(8) 둥글려 깎기

　① 감자, 당근, 무 등 재료를 각지게 썬 모서리를 얇게 도려 모서리를 둥글게 만든다.

　② 오랫동안 끓이거나 조려도 재료가 뭉그러지지 않아 조리 후 음식의 모양새가 좋다.

(9) 반달 썰기

　① 무, 감자, 당근, 호박 등 통으로 썰기에 큰 재료를 길이로 반을 잘라 원하는 두께로 반달 모양으로 썬다.

　② 볶음, 찌개, 탕에 활용한다.

(10) 은행잎 썰기

　① 감자, 무, 당근, 등의 재료를 길이로 십자 모양으로 4등분하여 원하는 두께로 은행잎 모양으로 썬다.

　② 주로 조림이나 찌개에 이용한다.

(11) 통으로 썰기

    ① 모양이 둥근 오이, 당근, 연근 등의 재료를 통째로 둥글게 써는 방법으로 재료의 음식의 종류에 따라 두께를 조절하여 썬다.

    ② 볶음, 절임 등에 이용한다.

(12) 어슷 썰기

    ① 오이, 당근, 파, 고추 등의 가늘고 길쭉한 재료를 가지런하게 하여 적당한 두께로 어슷하게 썬다.

    ② 볶음, 찌개 등에 이용한다.

(13) 깎아 썰기(연필 깎기) : 우엉 등의 재료를 칼날 끝부분으로 연필 깎듯이 돌려가며 얇게 썬다.

(14) 저며 썰기

    ① 재료의 끝을 한 손으로 누르고 칼몸을 뉘어 재료를 안쪽으로 당기듯 한 번에 썬다.

    ② 표고버섯이나 고기, 생선포를 뜰 때 사용한다.

(15) 마구 썰기

    ① 오이나 당근처럼 비교적 가늘고 긴 재료를 한 손으로 잡고 빙빙 돌려가며 한 입 크기로 작고 각이 있게 썬다.

    ② 주로 채소조림에 이용한다.

(16) 돌려 깎기

    ① 호박, 오이, 당근 등의 재료를 일정한 길이로 토막 낸 다음 껍질에 칼집을 넣고 칼을 위아래로 움직이며 얇게 돌려 깎는다.

    ② 가늘게 채 썰 때 이용한다.

(17) 솔방울 썰기

    ① 갑오징어 및 오징어를 모양내어 써는 방법으로 오징어 안쪽에 사선으로 칼집을 넣고 다시 엇갈려 비스듬히 칼집을 넣어 끓는 물에 살짝 데쳐 모양을 낸다.

    ② 갑오징어, 오징어 볶음 또는 데쳐서 회로 낼 때 이용한다.

    ③ 솔방울 썰기를 하면 가열에 의해 콜라겐이나 근육섬유가 수축되는 현상이 방지된다.

4. 한식 상차림

1) 한국음식의 특징

    ① 곡물을 이용한 조리법이 발달하고 주식과 부식의 구분이 뚜렷하다.

    ② 조미료와 향신료를 이용하여 맛의 조화와 음식의 간을 중요시하였다.

    ③ 약식동원(藥食同原)이 기본조리법에 배여 있으며, 섬세한 손동작이 필요하다.

    ④ 유교의례를 중히 여겨 상차림과 식사예법이 발달하였다.

⑤ 의례를 중히 여겨 통과의례음식이 발달하였다.

⑥ 명절식과 시식의 풍습이 있다.

⑦ 일상식은 독상 중심이었으나 조반과 석반을 중시하였다.

2) 상차림의 종류

(1) 초조반상(아침상)

① 아침에 일어나 처음 먹는 음식으로 부담 없는 가벼운 응이, 미음, 죽 등의 유동식을 중심으로 한다.

② 죽상에는 맵고 짠 찬은 내지 않고 국물김치(동치미, 나박김치), 젓국찌개 및 마른찬(보푸라기, 유포, 어포 등)을 갖추어 낸다.

③ 죽은 큰 그릇에 담아 중앙에 놓고 오른쪽에는 공기를 놓아 조금씩 덜어 먹게 한다.

(2) 반상

① 반상은 정식상차림으로 밥상(아랫사람), 진짓상(어른), 수랏상(임금) 등으로 받는 사람의 신분에 따라 이름이 달라진다.

② 밥, 국(탕), 김치, 조치(찌개), 종지에 담아내는 조미료를 제외한 반찬의 수를 첩수라 하고 3첩, 5첩, 7첩, 9첩 반상 등 홀수로 차려진다.

③ 5첩은 평일 식사, 7첩은 여염집의 신랑·색시상, 9첩은 반가, 12첩은 궁중에서 차리는 격식이다.

(3) 낮것상(점심상)

① 점심은 간단히 요기만 하는 정도로 가볍게 먹는다.

② 손님이 오면 온면·냉면 등으로 간단한 면상을 차린다.

③ 면상차림에는 국수장국과 묽은 장, 겨울에는 배추김치, 봄·가을에는 나박김치 등이 차려지며, 면상에는 깍두기나 젓갈은 내지 않는다.

(4) 주안상

① 술을 대접하기 위한 상차림으로 안주가 곁들여진다.

② 육포·어포 등의 마른안주와 전, 편육, 찜, 전골, 생채, 김치, 과일, 떡, 한과 등을 올린다.

(5) 잔칫상

① 잔치는 경축의 뜻을 가진 상으로 대개 면상을 차리기도 하나 보통 교자상을 차린다.

② 교자상이란 큰 상에 음식을 차려 놓고 여러 사람이 음식을 먹게 하는 상차림이다.

4 조리기구의 종류와 용도

1. 조리기구의 종류와 용도

(1) 샐러맨더(salamander) : 가스 또는 전기를 열원으로 하는 하향식 구이용 기기이다. 생선 및 스테이크 구이용으로 많이 쓰인다.

(2) 그릴(grill) 및 브로일러(broiler) : 여러 가지의 열원을 이용하며, 직접 열을 발산하여 석쇠 구이의 효과를 내는 구이용 기기이다.

(3) 그리들(griddle) : 철판 아래에 열원이 있는 부침용 기기로, 전이나 부침 등을 다량으로 할 때 사용한다.

(4) 로스터(roaster) : 뜨거운 공기로 음식물을 조리하는 기기이다.

(5) 인덕션 레인지(induction range) : 자기장을 이용해 전기유도물질로 만들어진 용기와 반응시켜 열을 만들어내는 방식으로 전용 용기가 있어야 하는 제약이 있으나 직접가열방식이 아니므로 유해가스가 발생하지 않고, 화재로부터 안전하며, 화상의 위험이 없다.

(6) 전자레인지(microwave range) : 초단파를 이용한 가열기기로 전자파는 물체에 닿으면 금속의 경우는 반사되고, 유리ㆍ도자기ㆍ플라스틱ㆍ종이상자 등은 투과되며 물과 식품의 경우는 흡수하여 발열한다.
① 전자레인지에 사용할 수 있는 그릇 : 파이렉스, 도자기, 내열성 플라스틱 용기 등
② 전자레인지에 사용하지 못하는 그릇 : 알루미늄 제품, 캔, 법랑, 쇠꼬챙이, 석쇠, 칠기, 도금한 식기, 크리스탈 제품, 금테 등이 새겨진 도자기 등 금속성분이 있는 것은 사용하지 못한다.

(7) 온장고 : 조리한 음식이 식지 않도록 보관하는 기기로 내부온도는 65~70℃로 유지되어야 한다.

(8) 필러(peeler) : 감자, 무, 당근, 토란 등의 껍질을 벗기는 기계

(9) 믹서(mixer) : 액체를 교반하여 동일한 성질로 만드는 블렌더(blender)와 여러 가지 재료를 혼합하는 믹서가 있다.

(10) 식품절단기(food cutter) : 육류를 저며내는 슬라이서(slicer), 식품을 다져내는 푸드 초퍼(food chopper), 채소를 여러 가지 형태로 썰어주는 베지터블 커터(vegetable cutter) 등이 있다.

5 식재료 계량방법

정확한 계량은 재료를 경제적으로 사용하고 과학적인 조리를 할 수 있는 기본이 된다. 계량은 주로 무게(중량)와 부피(체적)를 계량하는 것을 말하는데 고체로 된 것은 무게로 하고, 액체로 된 것은 부피로 한다.

1. 계량도구

(1) 저울 : 무게를 측정하는 기구로 형태와 용도에 따라 다양하며 정확한 계량을 위해 전자저울을 많이 사용한다.

(2) 계량컵, 계량스푼, 국자 : 부피 측정에 사용하는 기구로 다양한 형태와 크기가 있다.

(3) 온도계 : 원리와 용도에 따라 수은온도계, 알코올온도계, 적외선온도계, 튀김온도계, 육온도계 등 매우 다양한 종류가 있다.

(4) 타이머 : 조리시간을 측정한다.

2. 계량단위

물은 비중이 1이므로 무게와 부피가 같지만 액체의 종류에 따라 무게와 부피는 다르다.

- 1티스푼(작은술, ts : tea spoon)＝5mL(cc)
- 1테이블스푼(큰술 Ts : table spoon)＝15mL(cc)
- 1컵(cup)＝200mL(cc) (8oz)
- 1국자＝100mL(cc)
- 1온스(ounce : OZ)＝30mL(cc)
- 1파인트(pint)＝16온스
- 1쿼터(quart)＝32온스
- 1 갤런(gallon)＝128온스

※ 1온스는 약 28.35g으로 우리나라에서는 30g(mL)으로 통용되며, 1컵은 8온스로 240mL(cc)이지만 우리나라에서는 200mL(cc)으로 통용된다.

3. 계량방법

① 밀가루 : 체에 쳐서 수북하게 담아 평평한 막대로 수평으로 깎아 계량한다. 이때 다져지지 않도록 한다.

② 백설탕 : 백설탕은 수북하게 담아 위를 평평한 막대로 수평으로 깎아 계량하고, 흑설탕은 입자가 끈적하여 표면장력이 있으므로 계량컵의 형태가 유지될 정도로 눌러 담아 평평한 막대로 수평으로 깎아 계량한다.

③ 물, 기름, 간장, 식초 등은 계량컵에 담고 눈금과 액체 표면의 아랫부분을 눈과 같은 높이 (메니스커스 meniscus)로 읽는다.

④ 마가린이나 버터 등은 실온에서 부드러워졌을 때 빈 공간이 없도록 가득 채워 평평한 막대로 수평으로 깎아 계량한다.

⑤ 다진 고기 등은 빈 공간이 없도록 가득 채워 평평한 막대로 수평으로 깎아 계량한다.

⑥ 곡류 등 알갱이 식품은 계량컵에 가득 담아 살짝 흔들어 공극을 메운 다음 평평한 막대로 수평으로 깎아 계량한다.

⑦ 고추장이나 된장 등 농도가 큰 식품은 꾹꾹 눌러 담아 평평한 막대로 수평으로 깎아 계량한다.

6 조리장의 시설 및 설비 관리

1. 조리장의 시설

1) 조리장의 위치

① 통풍 · 채광 및 급수와 배수가 용이한 곳

② 오염원과 멀리 떨어진 곳

③ 물건 구입 및 반출이 용이하고, 작업에 불편하지 않는 곳

2) 조리장 및 식당의 면적

① 조리장의 면적은 일반적으로 식당 넓이의 1/3이 기준

② 일반급식소 조리장의 경우 1식당 $0.1m^2$

③ 식당의 면적은 취식자 1인당 $1.0m^2$

3) 조리장의 설비

① 조리장의 바닥과 벽은 내수성 자재로 하여야 한다.

② 조리기기는 위생, 능률, 경제의 3가지 기본적인 조건을 고려하여 선택한다.

③ 열원의 열효율은 전력 50~65%, 가스 40~45%, 연탄 30~40%, 장작 25~45% 정도로 전력이 가장 좋다.

④ 조명도는 객석 30Lux, 조리장 50Lux 이상이어야 한다.

⑤ 환기를 위한 후드(hood)는 4방 개방형이 가장 효율적이다.

⑥ 조리장의 방충망은 30매시 이상이어야 한다.

⑦ 하수관으로부터 악취와 해충의 침입을 방지하기 위한 설비인 트랩(trap)은 수조형이 효율적이며, 지방이 하수관으로 흘러 들어가는 것을 막기 위한 경우 그리스 트랩(grease trap)이 좋다.

⑧ 사용하는 물은 수돗물 또는 공공기관에서 음용수로서 적당하다고 인정하는 것이어야 하며, 지하수를 사용하는 경우 오염원으로부터 영향을 받지 않는 곳에 위치하여야 한다.

⑨ 주방에서 사용하는 물의 양은 1식당 6.0~10.0L(평균 8.0L)이 일반적인 기준이다.

4) 작업대 배치순서

예비작업대 → 개수대 → 주조리작업대 → 가열작업대 → 배선대의 순서로 배치한다.

02 식품의 조리원리

1 농산물의 조리 및 가공 · 저장

1. 곡류

곡류에는 쌀, 맥류(밀, 보리, 귀리, 호밀) 및 잡곡(조, 옥수수, 수수 등)이 있다. 곡물저장의 가장 좋은 방법은 저온저장으로 수분 13~14%, 온도 15℃ 이하, 습도 70~80%가 적당하다.

1) 쌀

벼의 껍질을 왕겨, 이것이 벗겨진 쌀알을 현미라 하며 도정할 때 과피 · 종피 · 호분층까지 쌀겨로서 제거된다. 우리가 식용하는 부분은 배유부분으로 대부분 전분질로 구성되어 있다.

① 현미를 도정하면 맛과 빛깔, 소화율은 좋아지나 단백질, 지방, 비타민, 무기질 등의 영양성분을 대부분 잃게 되고 탄수화물의 비율이 증가한다.

② 영양, 소화율, 맛 등의 여러 가지를 종합하면 7분도미가 가장 합리적이다.

③ 쌀의 저장은 벼의 상태가 가장 좋으며 다음은 현미, 백미이다.

④ 강화미란 쌀에서 부족하기 쉬운 비타민 B1을 강화한 것이다.

2) 보리

보리는 5분도, 7분도 등에 따르는 영양분의 차이가 없으므로 보통 10분도로 하여 식용한다.

(1) 압맥 : 두 개의 롤러 사이를 통과시켜 보리의 단단한 조직을 파괴하여 소화되기 쉽게 만든다.

(2) 할맥 : 보리의 배 부분의 골을 쪼개어 섬유질을 제거한다.

3) 밀가루

(1) 밀가루의 종류와 용도 : 밀가루를 물로 반죽하면 밀가루 단백질인 글리아딘(gliadin)과 글루테닌(glutenin)이 결합하여 점탄성을 띤 글루텐(gluten)을 형성하는데, 글루텐은 밀가루 품질기준이 된다. 밀가루 반죽을 오랫동안 치대거나 반죽한 것을 비닐에 싸서 잠깐 놔두면 점성이 강한 글루텐이 많이 형성되며, 설탕 · 지방 · 전분 등을 첨가하면 글루텐 형성을 방해한다.

밀가루의 종류	글루텐 함량	용도
강력분(경질밀)	13% 이상	식빵, 마카로니 등
중력분(다목적용)	10~13%	면류 등
박력분(연질밀)	10% 이하	케이크, 쿠키, 튀김 등

(2) 제분 : 일반적으로 제분이라 하면 밀의 제분을 말하고, 제분의 주요 공정은 크게 분쇄와 사별의 두 부분으로 나눈다. 제분 직후에는 불안정하므로 약 30~40일간 저장하여 숙성시키면 제빵 적성이 좋아진다.

(3) 제면 : 제면은 밀가루 단백질인 글루텐의 점탄성을 이용한 것으로, 제조방법에 따라 선절면(대부분의 우리나라 면류), 신연면(소면, 수연중화면, 우동 등), 압출면(마카로니, 당면, 냉면 등) 등이 있다. 밀가루 반죽을 할 때 소금을 넣는 이유는 ① 수분이 내부로 스며드는 것을 촉진 ② 미생물에 의한 변질을 방지 ③ 점탄성을 높여 건조할 때 끊어지지 않게 한다.

(4) 제빵 : 빵의 품질을 평가하는 가장 중요한 항목은 빵의 맛이다.

① 밀가루 : 글루텐의 질과 함량이 높은 강력분이 적당하다.

② 효모 : 효모의 발육적온은 30℃ 정도이고, 사용량은 밀가루의 2% 정도가 일반적이다.

③ 팽창제 : 무발효빵은 팽창제를 사용하여 빵을 팽창시키는데 중탄산나트륨, 탄산암모늄, 산성주석산칼륨, 인산염 등이 있다.

④ 설탕 : 설탕은 효모의 영양원이 되며, 빵의 빛깔을 좋게 하고 단맛을 주는 등 여러 가지 효과가 있다. 설탕의 사용량은 밀가루의 2~3%가 적당하다.

⑤ 소금 : 밀가루의 점탄성을 높여 주는 동시에 유해균의 번식을 억제한다. 밀가루의 1~2%가 적당하다.

⑥ 지방 : 유지의 첨가에 의해 빵이 연해지고 향기와 저장성이 향상되며 부피를 크게 하고 반죽의 취급 및 성형을 용이하게 한다. 사용량은 밀가루의 2~3%이다.

⑦ 기타 : 이스트 푸드, 우유, 달걀, 물 등

(5) 국수 삶기

① 국수 무게의 6~7배 정도의 끓는 물에 국수를 넣어 가능한 빨리 호화되도록 삶는다.

② 국수가 익으면 빨리 냉수에 헹궈 국수가 엉켜 붙는 것을 방지하고 탄력을 유지하도록 한다.

4) 가열에 의한 전분의 변화

전분은 일반적으로 20~30%의 아밀로오스(amylose)와 70~80%의 아밀로펙틴(amylopectin)으로 구성되어 있다. 아밀로펙틴은 점성과 관계가 있는데 찹쌀·찰옥수수·차조 등은 아밀로펙틴이 대부분이다. 생전분을 β-전분, 익힌 전분을 α-전분이라고 한다.

(1) 전분의 호화(α-화)

① 전분에 물을 넣고 가열하면 전분입자는 물을 흡수하여 팽윤하며 콜로이드(colloid) 상태가 되는데, 이러한 변화를 호화라 한다.

② 호화된 전분은 세포구조가 파괴되어 소화효소의 작용을 받기 쉬워지므로 소화가 잘 되며 맛도 좋게 된다.

③ 호화에 영향을 미치는 인자 : 전분의 종류, 전분의 농도, 가열온도, 젓는 속도와 양, 수소이온농도(pH) 등

④ 호화를 방해하는 인자 : 설탕, 소금, 달걀, 지방, 분유 등

(2) 전분의 노화(β-화)

① 호화(α-화)된 전분을 실온에 방치하면 β-전분으로 되돌아가는 현상을 노화라 한다.

② 아밀로펙틴의 비율이 높을수록 노화는 늦게 일어난다.

③ 전분의 노화는 수분함량 30~60%, 온도 0~4℃일 때 가장 일어나기 쉽다.

④ 노화에 영향을 미치는 요소 : 온도, 수분함량, 수소이온농도(pH), 전분의 종류, 전분분자의 종류 등

(3) 전분의 호정화

① 전분에 물을 넣지 않고 160~170℃로 가열하면 가용성 전분을 거쳐 덱스트린으로 되는 현상을 호정화라고 한다.

② 호정화된 전분은 물에 녹기 쉽고 오랫동안 보존할 수 있으며 캐러멜화되어 점성이 없다.

(4) 전분의 노화 방지 : 호화된 전분을 80℃ 이상에서 급속히 건조하거나 0℃ 이하에서 급속히 탈수하여 수분함량을 15% 이하로 하면 된다.

2. 두류(콩류)

날콩에는 독성 단백질로서 트립신(trypsin)의 소화를 방해하는 안티트립신(antitrypsin)과 거품이 나고 용혈작용을 하는 사포닌(saponin)이 있으나 가열하면 활성을 잃는다.

1) 두부

콩 단백질의 무기염류에 의한 변성을 이용한 것으로 콩의 수용성 단백질인 글리시닌(glycinin)을 더운 물로 추출하여 여과하고 두유 온도가 70℃ 정도일 때 응고제를 가하여 단백질을 응고시킨 것이다. 두부응고제로 염화마그네슘($MgCl_2$), 황산칼슘($CaSO_4$), 염화칼슘($CaCl_2$) 등이 있다.

(1) 전두부 : 보통두부는 10배 정도의 물이 들어 있어 압착하여 5배 정도의 물을 제거하지만 전두부는 처음부터 5배가량의 물을 사용하여 진한 두유를 만들어 응고시켜 탈수하지 않고 두부상자에 넣어 모양을 만든다.

(2) 유부(튀김두부) : 수분이 적고 단단하게 두부를 만들어 두부를 얇게 썰어 표면이 황갈색이 나도록 160~200℃에서 튀긴 후 기름을 빼고 제품화한다.

(3) 건조두부(얼린 두부) : 풍미와 저장성을 좋게 한 두부 가공품이다.

(4) 유바(yuba) : 두부를 만들기 전 두유를 끓일 때 떠오르는 거품과 표면에 엉기는 것을 떠서 말린 것으로 콩 단백질을 풍부하게 함유하고 있다.

2) 간장

(1) 간장을 담근 뒤 숙성이 끝나면 60~70℃에서 30분 정도 달인다.

(2) 장을 달이는 주목적은 살균에 있으며 다소 졸이는 효과도 있다.

(3) 간장의 염분 농도는 약 19~20% 정도이며 재래식 간장, 개량간장, 아미노산 간장 등이 있다.

3) 된장

(1) 간장을 만들고 난 찌꺼기에 소금을 넣어서 만든 재래식 된장과 된장 코지(koji 누룩)와 삶은 콩을 섞어서 만든 개량된장이 있다.

(2) 된장의 소금 함량은 10~12% 정도이다.

(3) 된장이 숙성된 후에 신맛이 나는 경우
  ① 소금의 양이 적을 때
  ② 콩 및 코지의 수분 함량이 많을 때
  ③ 물을 너무 많이 넣었을 때
  ④ 콩이 덜 쑤어졌을 때
  ⑤ 원료가 골고루 섞이지 않았을 때

4) 납두(청국장)

청국장은 납두균을 번식시켜 파, 마늘, 고춧가루, 소금 등을 가미한 것으로 납두균의 최적온도는 40~42℃이다.

TIP
- 대부분의 두류는 조리하기 전에 물에 담가서 최대한으로 물을 흡수하게 하면 시간과 연료를 절약할 수 있다.
- 물의 흡수는 수온이 높을수록 시간이 단축되며, 일반적인 물의 흡수속도는 백대두 > 흑대두 > 흰강낭콩 > 얼룩강낭콩 > 팥(햇것) > 팥(묵은 것)의 순서로 팥이 흡수속도가 가장 늦다. 물의 흡수에 의해 부피가 증가하는데 대두는 2.5배 정도 증가한다.
- 콩을 빨리 연화시키는 방법으로 1%의 식염수에 담가 두었다가 끓이는 방법과 0.3%의 중조(탄산수소나트륨)를 가하여 끓이는 방법이 있는데, 중조를 가하면 비타민 B_1의 손실이 많아진다.
- 검정콩을 삶을 때 철냄비를 사용하면 검정콩의 안토시안계 색소가 철이온과 결합하여 아름다운 흑색이 된다.
- 콩나물의 가열 조리 시 비타민 B군과 비타민 C의 손실을 줄이기 위하여 약간의 소금을 넣어 조리하는 것이 효과적이다.

3. 채소 및 과일

1) 채소

(1) 채소의 조리

① 채소를 가열하면 섬유소와 반섬유소가 연화되고, 불미성분을 제거하여 조미료를 침투시켜 먹기 좋고 소화도 잘 된다.

② 수용성 성분의 유출을 방지하기 위해 적은 양의 물로 고온에서 단시간 조리하는 것이 좋으며, 물의 양은 재료의 2~5배가 적당하다.

③ 당근의 지용성 색소인 카로텐(carotene)은 영양상의 효과(비타민 A)가 있어 기름에 조리하는 것이 좋다.

④ 당근에는 비타민 C를 파괴하는 효소인 아스코르비나제(ascorbinase)가 있어 무와 함께 조리하면 무의 비타민 C의 손실이 많아진다.

(2) 조리에 의한 변화

① 섬유질의 변화 : 조리하는 물에 중조를 넣으면 섬유소를 분해하여 질감을 부드럽게 하며, 반대로 산은 질감을 단단하게 한다. 신김치로 찌개를 하였을 때 쉽게 김치잎이 연해지지 않는 것은 김치에 함유된 산이 조직을 단단하게 하기 때문이다.

② 엽록소(chlorophyll 클로로필)의 변화 : 녹색 채소를 데치면 선명한 녹색이 나타나는데 이것은 채소 조직에서 공기가 제거되어 아래에 있던 클로로필이 더 선명하게 보이기 때문이다. 클로로필은 알칼리에서 아름다운 녹색을 내므로 채소를 삶을 때 중조를 넣으면 선명한 녹색은 얻을 수 있으나 수용성 영양소의 손실이 많아지며, 알칼리는 섬유질을 연하게 하므로 물러지는 경우가 있으므로 주의한다. 녹색 채소를 데칠 때 냄비의 뚜껑을 덮으면 유기산에 의해 갈색으로 변하므로 뚜껑을 열고 끓는 물에 단시간에 데치는 것이 좋다.

2) 침채류

침채류란 채소에 소금, 고추장, 간장, 된장, 식초, 술지게미 또는 왕겨 등을 섞어 담근 것으로 김치와 단무지 등을 들 수 있다.

(1) 침채류의 숙성 : 삼투작용, 효소작용, 발효작용의 세 가지 작용에 의하여 숙성된다.

(2) 김치 : 김치의 독특한 풍미는 발효과정에 마늘, 파 등의 매운맛 성분에 의한 영향이 크다. 김치는 3~6℃에서 3주 정도면 숙성되는데 비타민은 담근 직후에는 약간 감소되지만 점차 증가하여 3주 정도 지나면 2~3배 가량으로 최고에 달한다. 비타민 C는 숙성 초기에 약간 감소되며 그 후 다소 증가하지만 점차 감소되어 연부 시에는 약 30% 정도만 남는다.

3) 토마토 가공품

(1) 토마토 퓨레(tomato puree) : 농축 정도에 따라 고형물 함량이 8.3~24% 정도이다.

(2) 토마토 케첩(tomato ketchup) : 고형분 함량이 25% 정도이다.

(3) 토마토 페이스트(tomato paste) : 퓨레를 더욱 농축하여 고형분 함량이 25% 이상 되도록 만든 것이다.

4) 과일 가공품

잼과 젤리는 펙틴의 응고성을 이용하여 만든 것으로, 펙틴 1.0~1.5%, 산 0.27~0.5%, 당분 60~65%의 범위가 적당하다.

(1) 젤리(jelly) : 과실 또는 과즙에 설탕을 넣고 가열하여 농축 응고한 것이다.

(2) 잼(jam) : 잼은 과실의 과육을 설탕과 함께 끓여 농축하여 만든 것으로, 과실 본래의 형태를 남기지 않고 점성을 띄게 한 것이다.

(3) 마멀레이드(marmalade) : 젤리 속에 과실 또는 과피, 과육의 조각을 섞어 만든 것이다.

(4) 프리저브(preserve) : 과육을 으깨지 않고 전체 또는 크게 잘라 시럽에 넣고 조리하여 연하고 투명하게 된 상태를 말한다. 천천히 끓이는 것보다 빨리 끓이는 것이 맛과 향이 좋다.

2 축산물의 조리 및 가공 · 저장

1. 육류

육류란 일반적으로 가축(소, 돼지, 말, 양 등) 및 가금류(닭, 칠면조 등)를 도살하여 얻어지는 먹을 수 있는 부분으로 보통은 근육을 말하며, 크게 횡문근과 평활근으로 구분한다. 횡문근은 다시 골격에 연결되어 있는 골격근과 심장을 구성하는 심근으로 나누며, 심장의 심근이나 각종 기관의 벽을 이루고 있는 평활근을 제외한 골격근을 주로 식용으로 하고 있다.

1) 소고기 부위별 용도

명칭	용도	명칭	용도
소머리	편육, 찜	업진육	편육, 탕, 조림, 육수
장정육	구이, 전골, 편육, 조림	우둔살	조림, 포, 구이, 산적, 육회, 육전
양지육	구이, 전골, 조림, 편육, 탕	중치살	조림, 탕
등심	전골, 구이, 볶음	홍두깨살	조림, 탕
갈비	찜, 구이, 탕	대접살	구이, 조림, 육회, 육포, 산적
쐬악지	조림, 탕	꼬리	탕
채끝살	구이, 조림, 찜, 찌개, 전골	사태	탕, 조림, 편, 찜
안심	전골, 구이, 볶음	족	족편, 탕

2) 사후강직과 숙성

(1) 사후강직

　① 도살 후 근육이 수축하여 굳어지는 현상을 말한다.

　② 도살하면 근육 중의 글리코겐이 분해되어 젖산이 생성되므로 젖산이 증가하여 강직현상이 나타난다.

　③ 도살 전에 운동을 시켜서 근육 중에 젖산량이 많은 것은 강직이 빨리 온다.

　④ 온도가 높으면 빠르고 온도가 낮으면 늦게 나타난다.

(2) 숙성

　① 자체의 효소에 의하여 자체의 성분이 분해되는 현상을 자기소화라 하며, 이것을 인위적으로 하는 것이 숙성이다.

　② 육류의 숙성은 주로 소고기에서 필요하다.

　③ 온도가 높을수록 숙성은 빨리 진행되지만 부패가 일어나기 쉬우므로, 보통 낮은 온도에서 천천히 숙성시킨다.

(3) 육류 연화법

　① 도살 후 일정 시간 숙성시키면 근육 자체의 효소에 의해 자기소화가 일어나 연해진다.

　② 고기를 냉동하면 단백질은 변성되는데, 이것을 다시 녹이면 연해진다.

　③ 고기를 갈거나 두들기고 압력을 가하면 연해진다.

　④ 설탕은 단백질 연화작용을 하므로 설탕을 첨가하여 조리하면 연화력이 향상되므로 불고기는 재워서 즉시 조리하는 것보다 몇 시간 지난 후에 조리하는 것이 좋다.

　⑤ 결체조직이 많은 고기는 장시간 끓이면 콜라겐이 젤라틴으로 가수분해되어 연해진다. 대표적인 것이 곰국이다.

(4) 육류 연화제 : 파파야의 파파인(papain), 파인애플의 브로멜린(bromelin), 무화과의 휘신(ficin), 배즙 등

3) 조리법

습열조리(편육, 장조림, 탕, 찜 등)와 건열조리(구이, 튀김 등)가 있다. 육류 단백질은 열 · 산 · 염에 의해 응고되며, 냉동육을 해동하려면 냉장고 내에서 천천히 해동하는 것이 좋다.

(1) 편육 : 편육은 끓는 물에 고기를 넣고 끓인다. 냉수에서 끓이기 시작하면 수용성 단백질과 유출물이 용해되므로 맛과 냄새가 좋지 않다.

(2) 탕 : 소금을 약간 넣은 냉수에 넣고 끓인다.

(3) 장조림 : 고기를 삶아 익힌 다음 간장을 넣어 다시 불에 얹어 조린다. 처음부터 간장을 넣고 끓이면 고기는 연해지지 않고 단단해진다.

(4) 찜 : 찜은 고기를 삶아서 익힌 후에 건져서 양념과 여러 가지 고명을 넣고 다시 끓인다. 고기를 삶기 전에 양념을 해서 찜을 만들면 찜이 마르고 부드럽지 못하다. 또한 식은 찜을 다시 데우면 염분이 점점 침투되어 부드러운 맛을 잃게 된다.

(5) 구이 : 결체조직이 적은 안심이나 등심이 좋다. 석쇠가 뜨거울 때 고기를 올리면 고기가 닿는 부분이 응고되어 수축 건조되므로 석쇠에 고기가 붙지 않는다.

4) 육류 가공품

(1) 햄 : 주로 돼지의 허벅다리 부분의 살코기를 원료로 한다.

(2) 베이컨 : 돼지 배 부분의 기름진 고기(갈비살)를 원료로 한다.

(3) 소시지 : 햄 및 베이컨을 가공하고 남은 고기에 닭고기, 내장, 선지 등을 섞고 향신료와 조미료 등을 배합하여 만든다.

(4) 라드(lard) : 정제한 돼지기름이다.

(5) 기타 : 건조육(육포), 젤라틴 등이 있다.

2. 우유

우유는 모든 영양소를 함유하는 식품으로, 소화·흡수가 잘 되며 대표적인 알칼리성 식품이다.

1) 우유의 조리

① 깨끗한 토마토 수프를 만들려면 토마토를 가열하여 산을 휘발시킨 후 데운 우유를 넣고 만든다.

② 우유를 60~65℃로 가열하면 표면에 엷은 피막이 생기는데, 우유를 데울 때는 온도에 주의하고 가볍게 저어가면서 데운다.

2) 우유가공품

(1) 크림 : 우유에서 유지방을 분리하여 만든 것으로 지방이 18% 이상 함유되어 있다.

(2) 버터 : 지방 함량 80% 이상, 수분 함량 16% 이하이어야 한다.

(3) 치즈 : 우유의 주 단백질인 카제인(casein)이 효소 레닌(rennin)에 의해 응고되는 성질을 이용하여 만든다.

(4) 연유

① 가당연유 : 설탕을 넣어 1/3 정도로 농축한 것으로, 40~45%의 설탕이 들어 있어 설탕에 의한 방부력이 있다.

② 무당연유 : 우유를 그대로 1/2~1/3로 농축한 것으로 설탕에 의한 방부력이 없다.

(5) 분유

    ① 전지분유 : 전유를 사용하여 만든다.

    ② 탈지분유 : 우유에서 지방을 제거한 탈지유로 만든다.

    ③ 가당분유 : 전지분유에 설탕을 첨가한 것이다.

    ④ 조제분유 : 모유를 대신할 수 있도록 성분을 조제하여 육아용으로 만든 것이다.

(6) 발효유 : 우유를 미생물로 발효하여 만든 제품으로 요구르트 및 칼피스 등이 있다.

3. 난(알) 가공

식용으로는 달걀과 오리알이 많이 이용되며 알의 무게는 보통 달걀이 40~60g, 오리알이 60~90g 정도이다. 흰자와 노른자의 비율은 약 13:7 정도이며, 크기가 작을수록 노른자위의 비율이 크다.

1) 저장 중의 변화

    ① 시간이 지나면 수분이 증발되어 중량이 감소한다.

    ② 산란 직후에는 기공이 없으나 시간이 지나면서 기공이 생기기 시작하여 점점 커진다.

    ③ 시간이 지나면서 흰자위의 점성이 떨어져 물처럼 퍼지기 쉽게 된다.

    ④ 시간이 지남에 따라 난황계수(난황의 높이÷난황의 직경)가 감소한다.

    ⑤ 오래되면 탄산가스의 방출이 일어나서 알칼리성이 강해진다.

2) 달걀 저장법

냉장법, 냉동법, 침지법, 도포법, 가스저장법, 간이저장법 등이 있으며 침지법은 품질이 나빠지므로 그다지 이용하지 않는 방법이다.

3) 달걀의 조리

(1) 열 응고성

    ① 난백은 60℃에서 응고되기 시작하여 65℃에서 완전히 응고되고, 난황은 65℃에서 응고되기 시작하여 70℃에서 완전히 응고된다.

    ② 고깃국을 끓일 때 달걀흰자를 넣어 끓이면 난백이 응고하면서 주변의 부유물을 흡착하므로 이것을 여과하면 맑은 국물을 얻을 수 있다.

(2) 기포성

    ① 난백은 냉장온도보다 실내온도에서 쉽게 거품이 일어난다.

    ② 신선한 달걀보다 오래된 달걀이 쉽게 거품이 일어나지만 거품의 안정성은 적다.

    ③ 산은 기포력을 도와주며 우유와 기름은 기포력을 저해하고, 소금 및 설탕은 기포력을 약화시키므로 충분히 거품을 낸 후에 넣는다.

(3) 유화성

① 난황의 레시틴(lecithin)은 유화를 촉진한다.

② 유화성을 이용한 대표적인 음식으로 마요네즈를 들 수 있고 그 외에 프렌치드레싱, 크림 수프, 잣미음, 케이크 반죽 등이 있다.

(4) 녹변현상

① 가열온도가 높을수록 반응속도가 빠르다.

② 가열시간이 길수록 녹변현상이 잘 일어난다.

③ 알칼리성에서 녹변현상이 잘 일어나므로, 오래된 달걀이 녹변이 잘 일어난다.

④ 삶은 후 즉시 찬물에 식히면 녹변현상을 방지할 수 있다.

4) 달걀 가공품

(1) 마요네즈(mayonaise) : 달걀노른자에 샐러드유와 식초를 기본으로 하여 조미료와 향신료 등을 첨가하여 유화시켜 만든 조미제품으로 산이 함유되어 있어 쉽게 변질되지 않는다.

(2) 피단(pidan) : 오리알을 발효시켜 만든 알 가공품으로, 근래에는 달걀로도 만든다. 피단은 강알칼리에 의한 달걀의 응고성을 이용한 식품으로 발효작용 · 침투작용 · 응고작용에 의해 만들어진다.

(3) 기타 가공품 : 달걀가루(건조달걀), 달걀음료, 훈연란 등이 있으며 달걀의 기포성을 이용한 엔젤케이크, 스펀지케이크, 커스터드 등이 있다.

❸ 수산물의 조리 및 가공 · 저장

수산식품은 어패류와 해조류로 크게 나눌 수 있으며, 어패류는 우리나라에서 중요한 동물성 단백질의 공급원으로 우리가 섭취하는 전체 단백질의 30%, 동물성 단백질의 80%를 차지하고 있다.

1. 어패류

1) 어패류의 특성

① 다른 수조육에 비해 부패와 변질이 쉽게 된다.

② 축산물은 자기소화에 의해 풍미가 증가되지만, 어육은 풍미가 감소된다.

③ 어류는 산란기 직전이 지질 함량이 높아 맛있고, 패류는 겨울철이 맛있다.

④ 흰살 생선은 해저 가까이 살며 운동도 별로 하지 않는 데 비해, 붉은살 생선은 해면 가까이 에 살며 활동이 심하다.

⑤ 조개류의 살은 어육에 비해 단백질은 적으나 질이 좋고, 글리코겐(glycogen)을 많이 함유 하고 있다.

⑥ 어유(魚油)는 고도의 불포화지방산을 많이 함유하여 자동산화가 잘 일어나고 산패되기 쉽다.

⑦ 정어리, 고등어, 꽁치 등의 건제품이나 염장품에 있어 복부와 같이 기름기가 많은 부분이 등적색으로 변색하는 경우가 있는데, 이를 유소(油燒)현상이라고 한다.

2) 어패류가 부패와 변질이 쉬운 이유

① 어육은 수분이 많고 지방이 적으며, 단백질은 비교적 일정하다.

② 사후강직 기간이 짧고 자기소화가 빠르게 진행된다.

③ 세균이 부착할 기회가 많고, 세균의 발육온도 범위가 넓다.

④ 근육조직이 연약하고, 천연 면역소가 적다.

3) 어패류의 조리

① 어류에는 담수어와 해수어가 있으며, 지방이 많은 어류가 맛이 좋다.

② 생선의 복부에는 지방이 많아 이 부분이 가장 맛이 좋으며 산란 직전에는 복부뿐만 아니라 전체에 기름이 올라 산란 직전이 가장 맛있다.

③ 생선회는 등뼈를 중심으로 3장 포 뜨기 한다.

④ 생선찌개는 양념이 끓을 때 생선을 넣어야 생선의 원형을 유지하고 내부 성분의 유출을 방지할 수 있다.

⑤ 생선 비린내를 없애는 데 생강, 술, 설탕, 간장, 깨소금, 파, 양파, 마늘 등의 양념을 사용하면 효과적이다.

⑥ 생선단백질 중에는 생강의 탈취작용을 방해하는 물질이 있으므로, 끓고 난 다음 생강을 넣는 것이 탈취에 효과적이다.

⑦ 구이를 할 경우 석쇠나 프라이팬이 뜨거울 때 생선을 올려 굽는다.

⑧ 소금구이에 사용하는 소금의 양은 생선 무게의 2%가 적당하다.

⑨ 전유어는 흰살 생선을 사용하고, 비린내를 없애는 가장 좋은 조리법이다.

2. 해조류

해조류는 크게 녹조류(파래, 청각 등), 갈조류(미역, 다시마 등), 홍조류(김, 우뭇가사리 등)로 나눈다. 해조류는 요오드를 많이 함유하고 있어 요오드 결핍증인 갑상선 장애의 예방과 치료에 효과가 있다.

1) 김

① 해조류 중 단백질과 비타민 A를 다량으로 함유하고 있다.

② 마른 김이 저장 중에 색소가 변하는 것은 피코시안(phycocyan)이 피코에리트린(phycoerythrin)으로 되기 때문이다.

2) 한천

① 우뭇가사리 등의 홍조류를 삶아서 그 즙액을 냉각시켜 젤리 모양으로 응고 동결시킨 다음 수분을 용출시켜 건조한 것으로 냉수에는 녹지 않고 뜨거운 물에 녹는다.

② 양갱을 만들 때 응고제로 쓰이며, 젤라틴 대용품, 유화제, 안정제, 응고제 등으로 널리 쓰인다.

3. 수산가공품

1) 건조가공

(1) 소건품 : 날것 그대로 건조

(2) 자건품 : 찌거나 삶아서 건조

(3) 염건품 : 소금에 절이거나 소금을 뿌려서 건조

(4) 훈건품 : 훈연품에는 저장을 목적으로 하는 냉훈품(청어, 연어, 방어, 고래고기 등)과 조미를 목적으로 하는 온훈품(오징어, 청어, 연어, 고등어 등)이 있다.

(5) 동건품 : 동결과 해동을 반복하여 건조

(6) 배건품 : 직접 불에 쬐어 건조

2) 젓갈

20~30%의 소금을 넣어 적당히 숙성시킨 것이다.

3) 연제품

어육단백질은 수용성의 미오겐(myogen)과 염용성의 미오신(myosin), 불용성의 콜라겐(collagen), 엘라스틴(elastin)으로 구성된다. 미오겐류는 전체 단백질의 20~30%를 차지하며 연제품의 탄력성을 저해한다. 미오신은 전체 단백질의 60~70%를 차지하며 연제품의 탄력 형성에 직접 관여하는데, 보통 선도가 좋은 어육 중에는 액토미오신(atomyosin)으로 존재한다.

(1) 원료 : 흰살 생선(조기류, 녹색치, 갯장어, 보구치 등)

(2) 부원료 : 3% 소금(탄력 보강), 10% 전분(증량 및 점탄성 보강), 5% 설탕, 0.3~0.5% MSG, 달걀흰자(결착제)

4) 어육 소시지

주로 붉은살 생선(다랑어, 청새치, 전갱이, 상어류 등)을 원료로 만들며, 경우에 따라 육류를 혼합하여 만들기도 한다.

4 유지 및 유지 가공품

1. 유지

유지는 일반적으로 상온에서 액체인 것을 기름(油)이라 하고, 고체인 것을 지방(脂肪)이라 하며 이것을 합쳐서 유지(油脂)라고 한다. 유지를 구성하고 있는 지방산의 불포화도가 높으면 기름(액체)이 되고, 포화지방산으로 되어 있을 때에는 지방(고체)이 된다. 식용 유지는 일반적으로 식물의 종자를 원료로 한다.

2. 유지가공

1) 채유법

압착법, 추출법, 용출법 등이 있으며, 채유한 다음 정제하여 불순물을 제거한다.

2) 동유 처리(witerization)

콩기름, 옥수수유, 면실유 등을 7.2℃까지 냉각시켜서 고형화된 지방을 여과하여 제거하는 것으로 저온에서 혼탁해지는 것을 방지하기 위하여 실시하는데 탈납이라고도 한다.

5 냉동식품의 조리

1. 냉동식품

냉동품의 저장은 −15℃ 이하의 저온으로 하고, 가급적 온도 변화를 작게 하는 것이 좋다. 냉동품의 해동은 냉장고에서 천천히 하는 것이 제품의 복원성이 좋다.

1) 급속동결과 완만동결

급속동결을 하면 얼음 결정이 미세하게 형성되고 완만동결을 하면 얼음 결정이 커진다. 생성된 얼음 결정이 크면 해동할 때 드립(drip)이 많이 발생하여 식품의 품질을 저하시키므로 급속동결법이 좋다. 품질 저하를 방지하려면 최대빙결정생성대(−1~−5℃)를 빨리 통과시키는 것이 좋다.

2) 해동방법
① 공기 해동 : 실온에 방치하여 해동하는 방법으로 저온 해동보다 해동은 빠르나 육질의 맛을 저하시킨다.
② 수중 해동 : 물은 공기보다 열전도가 빠르므로, 해동이 급할 때는 흐르는 물에서 해동한다.
③ 전자레인지 해동 : 냉동채소 및 냉동빵 등 작은 부피의 식품에 적합하다.
④ 가열 해동 : 해동과 가열을 동시에 행하는데, 조리제품 및 반조리제품의 해동에 적합하다.

3) 해동요령
① 채소류는 가공 전에 열처리되어 있으므로 조리 시 지나치게 가열하지 말고, 동결된 채로

단시간에 조리한다.

② 과실류는 먹기 직전에 포장된 채로 냉장고 또는 흐르는 물에서 해동한다.

③ 육류는 포장된 채로 저온에서 장시간 방치하여 완전히 해동하여, 즉시 조리한다.

6 조미료와 향신료

1. 조미료

1) 조미료의 종류

감미료(단맛), 염미료(짠맛), 산미료(신맛), 지미료(맛난맛)로 나눌 수 있다.

① 간장 : 재래식 간장은 주로 국 · 구이 · 볶음 등에 사용하며, 개량간장은 조림에 주로 사용한다.

② 식초 : 초산을 5~6% 정도 함유한 신맛을 내는 조미료로 방부작용도 있다.

③ 소금 : 천일염(호염), 정제염, 식탁염(꽃소금) 등이 있다.

④ 된장 : 재래식 된장과 개량된장이 있으며, 재래식 된장은 처음부터 넣고 오래 끓여야 맛있고 개량된장은 끓고 난 후 넣고 잠깐 끓여야 맛있다.

⑤ 기타 : 고추장, 청국장, 벌꿀 등

2) 조미료의 사용 순서

설탕 → 간장(소금) → 식초의 순서로 사용하는 것이 질감과 맛이 좋다.

2. 향신료

특유의 향과 맛이 있고 미각과 후각을 자극하여 식욕을 촉진시키는 작용이 있으며, 향신료의 매운맛은 건위 및 살균작용도 있으나 많이 사용하면 소화기를 해친다.

1) 향신료의 종류

① 생강 : 매운맛 성분으로 쇼가올(shogaol), 진저론(gingerone), 진저올(gingerol) 등이 있으며, 육류의 누린내 및 생선의 비린내를 없애는 데 효과적이다. 식품의 매운맛은 살균 · 살충작용이 있으나 생강의 매운맛은 살균 · 살충작용이 없다.

② 겨자 : 특유의 자극적인 매운맛은 시니그린(sinigrin)으로 여름철 냉채요리 및 생선요리에 주로 이용한다.

③ 고추 : 매운맛은 캡사이신(capsaicin)으로 소화의 촉진제 역할도 한다.

④ 후추 : 매운맛은 카비신(chavicin), 피페린(piperine)으로 육류 및 어류에 주로 사용하며 살균작용도 있다.

⑤ 마늘 : 매운맛은 알리신(allicin)으로 강한 살균력을 가지고 있다. 마늘은 파, 양파와 같이 비타민 B1 결합체를 가지고 있어 체내에서 비타민 B_1의 흡수를 돕는다.

05 한식 기초 조리실무 예상문제

01 조리 준비

001 조리의 목적으로 적합하지 않은 것은?

① 소화흡수를 높여 영양효과 증진
② 식품 자체의 부족한 영양성분 보충
③ 풍미, 외관을 향상시켜 기호성 증진
④ 세균 등의 위해요소로부터 안전성 확보

해설 조리는 위생성, 기호성, 영양성, 저장성 등의 향상을 목적으로 한다.

002 천연식품 상태보다 조리한 것이 부패되기 쉬운 상태로 되는 경우 그 이유를 설명한 것 중 잘못된 것은?

① 가용성분이 많아져 세균오염에 쉽게 노출되어
② 가용성분이 많아져 세균증식에 좋은 조건이 되어
③ 가열로 어패류의 천연면역이 소실되어
④ 식품의 가열로 조직이 연화되어

해설 어패류는 본래 천연의 면역체가 적으며, 조리한 어패류는 가열로 인한 조직의 연화 등으로 세균의 침입을 받기 쉬운 상태가 된다.

003 조리의 기본 조작 중 다음의 특성에 해당되는 것은?

> 표면적이 커지므로 가열할 때 열전도가 좋아지고 조미료의 침투도 잘 되나 영양소의 손실이 많다.

① 썰기   ② 씻기
③ 불리기   ④ 누르기

해설 조리 조작 중 썰기는 불가식부의 제거, 표면적의 증대, 조리시간의 단축, 조미료의 침투 등이 용이해지는 반면 표면적의 증대로 인한 영양 손실이 많다.

004 에너지 전달에 대한 설명 중 옳지 않은 것은?

① 대부분의 음식은 복합적 방법에 의해 에너지가 전달되어 식품이 조리된다.
② 대류에 의한 열의 전달은 가스(공기)나 액체를 통해서만 일어난다.
③ 물체가 열원에 직접적으로 접촉됨으로써 가열되는 것을 전도라고 한다.
④ 대류에 의한 열의 전달속도가 가장 빠르다.

해설 열 때문에 유체가 상하로 뒤바뀌며 움직이는 현상을 대류라 하며 전체가 고루 가열되지만 열의 전달속도는 전도나 복사에 비해 늦다.

005 조리의 기본 조작 중 다음의 특성에 해당되는 것은?

> 재료의 균질화와 열전도의 균질화가 커지고, 조미료의 침투를 쉽게 하며 점탄성을 증가시킨다.

① 씻기   ② 썰기

③ 가루내기   ④ 누르기

해설 가루내기는 조직이나 세포가 파괴되어 재료의 균질화 및 표면적이 커지므로 열전도와 조미료의 침투가 쉽고 점탄성이 증가된다.

006 기본 조리법에 대한 설명 중 틀린 것은?

① 채소를 끓는 물에 짧게 데치면 기공을 닫아 색과 영양의 손실이 적다.

② 로스팅(roasting)은 육류나 조육류의 큰 덩어리 고기를 통째로 오븐에 구워내는 조리방법을 말한다.

③ 감자, 뼈 등은 찬물에 뚜껑을 열고 끓여야 물을 흡수하여 골고루 익는다.

④ 튀김을 할 때 온도는 160~180℃가 적당하다.

해설 감자, 뼈 등은 익히는 데 시간이 많이 소요되므로 뚜껑을 덮고 끓여야 물을 흡수하여 골고루 익는다.

007 열전달 방식의 특징으로 바른 것은?

① 복사 – 물체에 열이 접촉되어 식품에 전달되는 방식

② 전도 – 열전달 속도가 가장 빠름

③ 대류 – 공기의 밀도차에 의한 순환

④ 복사 – 열전달 속도가 늦다.

해설 복사는 열전달 매체 없이 직접 열이 전달되는 방식으로 열전달 속도가 가장 빠르다. 전도는 물체에 열이 접촉되어 식품에 전달되는 방식으로 열전달 속도가 가장 늦다.

008 가열조리 중 건열조리에 속하는 조리법은?

① 찜   ② 구이

③ 삶기   ④ 조림

해설 가열조리법은 크게 불이나 철판, 기름 등을 열매체로 이용하는 건열조리(구이, 볶음, 튀김 등)와 물을 열매체로 이용하는 습열조리(삶기, 끓이기, 찌기 등)로 나눈다.

009 열원의 사용방법에 따라 직접구이와 간접구이로 분류할 때 직접구이에 속하는 것은?

① 오븐에 사용하는 방법

② 프라이팬에 기름을 두르고 굽는 방법

③ 숯불 위에서 굽는 방법

④ 철판을 이용하여 굽는 방법

해설 직접구이란 열매체를 이용하지 않고 직화로 굽는 것을 말한다.

010 유중수적형(W/O)에 해당하는 식품은?

① 우유   ② 마요네즈

③ 마가린   ④ 생크림

해설 물과 기름이 혼합된 형태를 유화라 하는데 물 속에 기름의 입자가 분산되어 있는 형태인 수중유적형(O/W)에는 우유 · 생크림 · 마요네즈 등이 있으며, 기름 속에 물이 분산되어 있는 형태인 유중수적형(W/O)에는 버터 · 마가린 등이 있다.

011 튀김유의 보관 방법으로 바람직하지 않은 것은?

① 공기와의 접촉을 막는다.

② 튀김찌꺼기를 여과해서 제거한 후 보관한다.

③ 광선의 접촉을 막는다.

④ 사용한 철제 팬의 뚜껑을 덮어 보관한다.

해설 튀김유는 사용한 후에 걸러서 밀폐용기에 담아 보관한다. 철제팬에 보관하면 공기 중의 산소 및 금속의 영향을 받아 산패가 일어나기 쉽다.

012 튀김옷에 대한 설명으로 잘못된 것은?

① 글루텐의 함량이 많은 강력분을 사용하면 튀김 내부에서 수분이 증발되지 못하므로 바삭하게 튀겨지지 않는다.

② 달걀을 넣으면 달걀 단백질이 열 응고함으로써 수분을 방출하므로 바삭하게 튀겨진다.

③ 식소다를 소량 넣으면 가열 중 이산화탄소를 발생함과 동시에 수분도 방출되어 튀김이 바삭해진다.

④ 튀김옷에 사용하는 물의 온도는 30℃ 전후로 해야 튀김옷의 점도를 높여 내용물을 잘 감싸고 바삭해진다.

해설 튀김옷은 점도가 낮아야 바삭하게 되므로 튀김 반죽은 얼음물에 덩어리지지 않을 정도로 가볍게 젓는 것이 좋다.

013 천연 동물성 지방이 튀김기름으로 부적당한 이유의 설명으로 맞는 것은?

① 융점이 높아 식으면 기름이 굳어 질감이 저하된다.

② 요오드값이 커서 산화안정성이 안정된다.

③ 쇼트닝성이 작아 튀김을 질기게 한다.

④ 발연점이 높아 연기를 많이 형성한다.

해설 동물성 지방은 융점이 높아 상온에서 고체이므로 식으면 기름이 굳어 질감이 저하되므로 튀김용 기름으로는 좋지 않다.

014 튀김을 할 때 두꺼운 용기를 사용하는 가장 큰 이유는?

① 기름의 비중이 작아 물 위에 쉽게 뜨므로

② 기름의 비중이 커서 물 위에 쉽게 뜨므로

③ 기름의 비열이 작아 온도가 쉽게 변하므로

④ 기름의 비열이 커서 온도가 쉽게 변하므로

해설 튀김기름은 비열(0.47)이 낮아 온도가 쉽게 변하므로 튀김그릇은 두껍고 밑이 둥글고 좁은 것이 좋다.

015 크로켓의 튀김온도는 몇 ℃가 적당한가?

① 130~140℃   ② 150~160℃

③ 160~170℃   ④ 180~190℃

해설 일반적인 튀김온도는 170~180℃이지만 크로켓은 고온에서 튀겨야 부서지지 않으므로 190~200℃에서 튀겨낸다.

016 찜의 장점에 대한 설명 중 틀린 것은?

① 수용성 성분의 용출이 끓이기에 비하여 적다.

② 수증기의 잠재열을 이용하므로 시간이 절약된다.

③ 풍미 유지에 좋다.

④ 모양이 흐트러지지 않는다.

해설 찜은 수증기의 잠재열(1g당 539kcal)을 이용하므로 조리시간이 많이 소요된다.

017 침수 조리에 대한 설명으로 틀린 것은?

① 곡류, 두류 등은 조리 전에 충분히 침수시켜 조미료의 침투를 용이하게 하고 조리시간을 단축시킨다.

② 불필요한 성분을 용출시킬 수 있다.

③ 간장, 술, 식초, 조미액, 기름 등에 담가 필요한 성분을 침투시켜 맛을 좋게 해준다.

④ 당장법, 염장법 등은 보존성을 높일 수 있고, 식품을 장시간 담가둘수록 영양성분이 많이 침투되어 좋다.

해설 당장법, 염장법 등은 설탕이나 소금의 삼투작용에 의해 식품을 보존하는 방법으로 장시간 담가두면 삼투작용에 의해 영양성분의 용출이 많아진다.

018 다음의 조리방법 중 센 불로 가열한 후 약한 불로 세기를 조절하는 것과 관계가 없는 것은?

① 생선조림　　② 된장찌개
③ 밥　　　　　④ 새우튀김

해설 튀김은 170~180℃의 기름에서 고온 단시간 조리하므로 불 조절을 하지 않는다.

019 단체급식을 성공시키기 위해 고려해야 할 점으로 가장 부적당한 것은?

① 경영자를 위한 경비절감
② 피급식자의 건강 상태
③ 급여 대상자의 영양 기준량
④ 피급식자의 생활시간 조사에 따른 3식의 영양량 배분

해설 단체급식을 성공시키기 위해서는 급식대상자가 중심이 되어야 한다.

020 단체급식의 경영형태 중 직영과 위탁방식의 각 장단점을 설명한 것으로 맞는 것은?

① 위탁방식의 단점은 인건비가 증가하고 서비스가 떨어진다.
② 직영방식의 장점은 위생관리, 식단작성 등 영양관리가 철저하다.
③ 직영방식의 단점은 서비스가 좋고 인건비의 증가가 없다.
④ 위탁방식의 장점은 급식관리 중 영양관리를 우선으로 한다.

해설 직영방식은 위생관리, 식단작성 등 영양관리 면의 장점이 있으나 인건비가 증가하고 서비스가 떨어지는 단점이 발생할 수 있다. 위탁방식은 원가 절감이 가능한 반면 영양관리 및 위생관리에 문제가 발생할 수 있다.

021 예비조리식 급식제도의 일반적인 장점은?

① 다량 구입으로 비용을 절감할 수 있다.
② 음식을 데우는 기기가 있으면 덜 숙련된 조리사를 이용할 수 있다.
③ 가스, 전기, 물 사용에 대한 관리비가 다른 제도에 비해서 적게 든다.
④ 음식의 저장이 필요 없으므로 분배비용을 최소화할 수 있다.

해설 예비조리식 급식은 일반적으로 반제품을 조리하는 것으로 미숙련 조리사를 이용한 조리가 가능하다.

022 단체급식소의 식단(메뉴)으로 특정 다수가 지속적으로 한곳의 급식장소에서 제공하기에 적합하지 않은 식단은?

① 고정메뉴(fixed menu)
② 순환메뉴(cycle menu)
③ 변동메뉴(changing menu)
④ 선택식 메뉴(selection menu)

해설 고정메뉴란 정기적인 메뉴라고 하며 일정 기간 동안 동일한 메뉴가 반복하여 사용되므로 원가절감과 생산성 향상은 기대되지만 단체급식에서는 싫증을 느낄 수 있다.

023 식품을 구입, 조리, 배식하는 모든 과정부터 서빙까지 같은 장소에서 이루어지는 급식제도는?

① 중앙공급식 급식제도
② 예비조리식 급식제도
③ 조합식 급식제도
④ 전통적 급식제도

해설 전통적 급식제도는 가장 기본적인 모델로, 식품의 생산과 소비가 한 장소에서 일어나고 거의 가공하지 않은 식재료를 구입하여 조리한다.

정답 018 ④　019 ①　020 ②　021 ②　022 ①　023 ④

024 셀프서비스(self service) 배식방법에 해당되지 않는 것은?

① 카운터 서비스(counter service)
② 카페테리아(cafeteria)
③ 자동판매기(vending machine)
④ 스모가스보드(smorgasbord service)

해설 카운터서비스란 이용고객이 카운터 테이블에 앉아 조리하는 모습을 지켜보며 식사할 수 있도록 하는 것을 말한다. 스모가스보드는 북유럽 뷔페식당의 일종이다.

025 각 조리법의 유의사항으로 옳은 것은?

① 떡이나 빵을 찔 때 너무 오래 찌면 물이 생겨 형태와 맛이 저하된다.
② 멸치국물을 낼 때는 끓는 물에 멸치를 넣고 끓여야 수용성 단백질과 지미성분이 빨리 용출되어 맛이 좋아진다.
③ 튀김 시 기름의 온도를 측정하기 위하여 소금을 떨어뜨리는 것은 튀김기름에 영향을 주지 않으므로 온도계를 사용하는 것보다 더 합리적이다.
④ 물오징어 등을 삶을 때 둥글게 말리는 것은 가열에 의해 무기질이 용출되기 때문이므로 내장이 있는 안쪽 면에 칼집을 넣어준다.

해설 멸치국물을 낼 때는 찬물에 멸치를 넣고 끓여야 맛있는 육수를 낼 수 있고, 튀김기름의 온도측정은 온도계를 이용하여야 한다. 소금 등의 이물질이 혼입되면 발연점이 낮아지게 된다. 물오징어 등을 삶을 때 둥글게 말리는 것은 가열에 의해 단백질이 응고되기 때문이다.

026 다음 칼의 사용범위가 옳지 않은 것은?

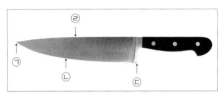

① ㉠ – 채소를 섬세하게 손질할 때
② ㉡ – 재료를 썰거나 자를 때
③ ㉢ – 생선비늘을 긁을 때
④ ㉣ – 고기를 부드럽게 하기 위해 두드릴 때

해설 ㉢은 부분은 칼턱 부분으로 힘이 좋아 생선 머리 또는 꼬리를 자를 때 사용한다.

027 숫돌로 칼을 연마하려고 한다. 일반적으로 가장 많이 사용하는 숫돌은?

① 80~400#
② 700~1,200#
③ 3,000~8,000#
④ 10,000# 이상

해설 숫돌의 입자 크기를 나타내는 단위를 입도라 하며, 기호(#)로 표시한다. 숫자가 낮을수록 거칠고 높을수록 입자가 곱다.
① 초벌숫돌 : 80~400#의 거친 숫돌로 거칠어 연삭은 잘 되지만 칼날을 세우는 데는 적당하지 않다.
② 중간숫돌 : 700~1,200#의 숫돌로 일반적으로 가장 많이 사용한다.
③ 마무리 숫돌 : 3,000~8,000# 이상의 아주 고운 숫돌로 고도의 절삭력이 필요할 때 사용한다.

028 우리의 식사예법에 따른 식사상은 어느 것인가?

① 뷔페상
② 품요리상
③ 반상
④ 풍속음식상

해설 반상은 우리의 식사예법에 따른 정식상차림이다.

029 다음과 같은 식단은 몇 첩 반상인가?

> 보리밥, 냉이국, 장조림, 쑥갓나물,
> 무숙장아찌, 배추김치, 간장

① 7첩반상   ② 3첩반상
③ 9첩반상   ④ 5첩반상

해설 첩수란 밥, 국(탕), 조치(찌개), 김치, 종지에 담아내는 조미료를 제외한 반찬의 수를 말한다.

030 반상차림에서 기본식에 포함되지 않는 것은?

① 간장   ② 탕
③ 밥   ④ 회

해설 반상에서의 기본식은 밥, 국(탕), 조치(찌개), 김치, 종지에 담아내는 조미료이다.

031 다음 중 면상에 오르지 못하는 음식은?

① 잡채   ② 수정과
③ 냉채   ④ 깍두기

해설 면상은 국수를 주식으로 하는 상차림으로 흔히 점심에 많이 사용된다. 면상에는 깍두기, 장아찌, 밑반찬, 젓갈 등은 사용하지 않는다.

032 섣달 그믐날의 절사음식은?

① 육개장   ② 편수
③ 무시루떡   ④ 골동반(비빔밥)

해설 육개장은 칠월칠석. 편수는 유월유두, 무시루떡은 시월상달의 절사음식이다.

033 조리용 기구의 표면 중 복사열을 흡수하기 쉬워 조리온도를 신속히 높여 줄 수 있는 것은?

① 희고 반질반질한 것
② 희고 거친 것
③ 검고 반질반질한 것
④ 검고 거친 것

해설 열을 받는 냄비나 솥의 밑바닥은 넓적하고 검은 것이 효율적으로 밑바닥이 거칠면 열을 받는 면적이 넓어진다.

034 조리기기와 사용용도의 연결이 적절하지 않은 것은?

① 살라만다 – 볶음하기
② 전자레인지 – 냉동식품의 해동
③ 블랜더 – 불린 콩 갈기
④ 압력솥 – 갈비찜 하기

해설 살라만다(salamander)는 하향식 구이용 기기이다.

035 조리기기와 사용용도의 연결이 잘못된 것은?

① 그리들(griddle) – 전, 부침
② 필러(peeler) – 감자, 당근의 껍질 벗기기
③ 슬라이서(slicer) – 소고기 갈기
④ 세미기 – 쌀의 세척

해설 슬라이서는 저며 내는 기기이다.

036 급식조리용 기기 중에서 고온, 고압에 의해 빠른 시간 내에 다량의 음식을 끓이고 데치고 볶아낼 수 있는 조리기기는?

① 전기오븐   ② 스팀솥
③ 스팀오븐   ④ 전기솥

해설 스팀솥은 국이나 수프 등의 조리 및 다량의 볶음조리 등에 사용되는 기기이다.

037 조리기기를 교체하려고 할 때 업체에 유익한지를 판단할 수 있는 결정요소가 아닌 것은?

① 기기 사용기간에 절약할 수 있는 인건비 총액
② 기기 사용기간에 절약할 수 있는 총세금액

정답 029 ②   030 ④   031 ④   032 ④   033 ④   034 ①   035 ③   036 ②   037 ②

③ 기기 사용기간 내의 수리비 및 보존관리비

④ 기기 구입과 시설비로 인한 차용금의 이자

해설 조리기기는 구입 시 세금부담이 있을 수 있으나, 사용기간 중의 세금 부담은 없다.

038 조리 후 배식하기 전 음식이 식지 않도록 보관하는 온장고는 몇 ℃ 정도의 온도로 유지되는 것이 가장 적당한가?

① 15~20℃ ② 35~40℃

③ 65~70℃ ④ 105~110℃

해설 온장고의 내부온도는 65℃ 정도를 유지해 주어야 한다.

039 인덕션(induction) 조리기기에 대한 내용으로 틀린 것은?

① 조리기기 상부의 표면은 매끈한 세라믹 물질로 만들어져 있다.

② 상부에 놓이는 조리기구는 금속성 철을 함유한 것이어야 한다.

③ 가열속도가 빠른 반면 열의 세기를 조절할 수 없는 단점이 있다.

④ 자기전류가 유도 코일에 의하여 발생되어 상부에 놓인 조리기구와 자기 마찰에 의한 가열이 되는 것이다.

해설 인덕션 조리기기는 열 조절이 자유롭고 안전성과 열 효율성이 높으며 매끄러운 표면으로 청소가 쉽다. 단점은 인덕션 전용의 조리기구를 사용해야 하는 점이다.

040 전자레인지를 이용한 조리에 대한 설명으로 틀린 것은?

① 음식의 크기와 개수에 따라 조리시간이 결정된다.

② 조리시간이 짧아 갈변현상이 거의 일어나지 않는다.

③ 법랑제, 금속제 용기 등을 사용할 수 있다.

④ 열전달이 신속하므로 조리시간이 단축된다.

해설 전자레인지는 극초단파를 이용한 조리법으로 금속의 경우는 반사되므로 금속성분이 있는 법랑제, 금속제, 쇠꼬챙이 등 금속성분이 있는 용기는 사용하지 못한다.

041 용량을 측정하는 단위의 연결이 잘못된 것은?

① 1컵＝200mL(8온스)

② 1큰술＝25mL

③ 1작은술＝5mL

④ 1온스＝30mL

해설 1큰술은 15mL이다. 1컵은 8온스로 240mL가 되지만 우리나라에서는 200mL로 통용되고 있다.

042 식품의 계량방법으로 옳은 것은?

① 흑설탕은 계량컵에 살살 퍼 담은 후 수평으로 깎아서 계량한다.

② 밀가루는 체에 친 후 눌러 담아 수평으로 깎아서 계량한다.

③ 조청, 기름, 꿀과 같이 점성이 높은 식품은 분할된 컵으로 계량한다.

④ 고체지방은 냉장고에서 꺼내어 액체화한 후 계량컵에 담아 계량한다.

해설 고체는 무게, 액체는 부피로 측정하며 계량컵 또는 계량스푼을 사용한다.

① 마가린 및 버터 등의 지방은 실온에서 부드러워졌을 때 계량한다.

② 백설탕은 계량컵에 담아 막대로 밀어내고, 흑설탕은 단단히 채워 계량한다.

③ 밀가루는 체로 쳐서 수북이 담아 막대로 밀어내고 계량한다.

④ 액체는 기구의 눈금과 액체 표면의 아랫부분(meniscus 메니스커스)을 눈과 같은 높이로 읽는다.

043 조리장 신축이나 개조 시 고려하여야 할 기본 조건에 속하지 않는 것은?

① 능률면　　　② 경제면
③ 위생면　　　④ 복지면

해설 양호한 조리장이란 위생적이고 능률적이며 경제적으로 되어 있는 시설을 말한다.

044 급식소의 위치 선정 중 틀린 것은?

① 급수와 배구가 잘 되고 소음, 연기, 냄새 처리가 쉬운 곳이어야 한다.
② 통풍이 잘 되고 밝고 청결한 환경이어야 한다.
③ 재료의 반입, 오물의 반출이 편리한 곳이어야 한다.
④ 지상 1층보다는 지하층이 좋다.

해설 급식소는 채광, 통풍, 환기와 급수 및 배수가 용이해야 하므로 지하층은 좋지 않다.

045 급수설비 시 1인당 사용수 양이 가장 많은 곳은?

① 학교급식　　② 병원급식
③ 기숙사급식　④ 사업체급식

해설 주방에서 사용하는 물의 양은 조리의 종류와 양, 조리법 등에 따라 다르나 6.0~10.0L(평균 8.0L)가 일반적 기준이다.

046 총고객 수 900명, 좌석 수 300석, 1좌석당 바닥면적 1.5m²일 때, 필요한 식당의 면적은?

① 300m²　　　② 350m²
③ 400m²　　　④ 450m²

해설 좌석 수 300석이고 1좌석당 바닥면적이 1.5m²이면 $300 \times 1.5 = 450m^2$

047 조리장의 설비에 대한 다음 설명 중 가장 부적당한 것은?

① 조리장에는 음식물 또는 원재료를 보관할 수 있는 시설과 냉장시설이 갖추어져 있어야 한다.
② 조리장에는 위생상 필요한 환기시설을 갖추어야 한다.
③ 그리스(grease) 트랩은 하수관으로 지방 유입을 방지한다.
④ 대형 냉동시설의 바닥재는 내구성이 강하고 청소가 용이한 타일로 하고 주방바닥보다 높게 한다.

해설 대형 냉동시설의 바닥은 주방바닥과 같은 높이로 하여야 물품의 반출입이 용이하다.

048 조리실 설비에 관한 설명으로 맞는 것은?

① 조리실 바닥의 구배는 청소 시 물이 빠지도록 1/10 정도로 해야 한다.
② 조리실의 바닥면적은 창면적의 1/2~1/5로 한다.
③ 배수관의 트랩의 형태 중 찌꺼기가 많은 오수의 경우 곡선형이 효과적이다.
④ 환기설비인 후드(hood)의 경사각은 30°로, 후드의 형태는 4방개방형이 가장 효율적이다.

해설 구배란 기울기를 말하는데 조리실 바닥의 구배는 1/100 정도가 적당하며, 조리실의 창면적은 바닥면적의 1/2~1/5로 한다. 찌꺼기가 많은 오수의 경우는 수조형이 효과적이다.

049 트랩을 설치하는 목적으로 알맞은 것은?

① 주방 바닥의 청소를 효과적으로 하기 위해
② 더러운 물이 배수구로 직접 흘러가도록 하기 위해
③ 하수구로부터 악취를 방지하기 위해

정답 **043** ④　**044** ④　**045** ②　**046** ④　**047** ④　**048** ④　**049** ③

④ 조리 시 발생하는 연기나 증기, 냄새 등을 배출하기 위해

해설 트랩은 하수구로부터 악취 방지, 하수관 역류 방지, 쥐·해충 등의 침입 방지 등을 위해 설치한다.

050 조리실의 후드(hood)는 어떤 모양이 배출효율이 가장 좋은가?

① 1방형   ② 2방형
③ 3방형   ④ 4방형

해설 후드는 조리실에서 발생하는 열기·증기·냄새·습기 등을 뽑아내기 위한 환기장치로 사방개방형이 가장 효율이 좋다.

051 조리공간에 대한 설명이 가장 올바르게 된 것은?

① 조리실 형태는 장방형보다 정방형이 좋다.
② 천장의 색은 벽에 비해 어두운 색으로 한다.
③ 벽의 마감 재료는 자기타일, 모자이크타일, 금속판, 내수합판 등이 좋다.
④ 창 면적은 벽 면적의 40~50%로 한다.

해설 조리작업장의 자재는 내수성 자재로 한다. 조리실의 형태는 장방형으로 하는 것이 동선을 줄일 수 있다. 창의 면적은 벽 면적의 70%가 적당하다.

052 전체 식수가 3,000명이고 식수변동률은 1.1, 식기 파손율을 1.07로 하였을 때 식기의 필요량은?

① 3,521개   ② 3,531개
③ 3,541개   ④ 3,551개

해설 3,000×1.1×1.07=3,531개

053 주방설비 구역 중 다음과 같은 점에 유의하여 설비해야 하는 곳은?

- 물을 많이 사용하므로 급/배수 시설이 잘 되어야 한다.
- 흙이나 오물, 쓰레기 등의 처리가 용이해야 한다.
- 냉장보관시설이 잘 되어야 한다.

① 가열조리 구역
② 식기세척 구역
③ 채소/과일처리 구역
④ 육류처리 구역

해설 채소 및 과일 처리구역은 흙이나 오물 등의 쓰레기가 많이 발생하고 이의 세척을 위하여 물을 많이 사용하므로 급수 및 배수 시설이 잘 되어 있어야 한다.

054 대규모의 주방에서 조리설비의 배치로 가장 이상적인 것은?

① 일렬형   ② 병렬형

③ ㄷ자형   ④ 아일랜드형

해설 ㄷ자형은 같은 면적인 경우 동선이 짧아 대규모 주방에 효율적이다.
① 일렬형 : 가장 일반적인 배치 형태로 소규모의 주방에 적합하다.
② 병렬형 : 서로 마주보는 두 벽면에 작업대를 배치한 형태로 작업대 사이가 다른 작업의 동선이 되면 효율이 감소하고 감독이 어렵다.
③ 아일랜드형 : 작업대를 한곳에 집중 배치하므로 환풍기나 후드의 수를 최소화할 수 있다.

정답 050 ④   051 ③   052 ②   053 ③   054 ③

055 조리대를 배치할 때 동선을 줄일 수 있는 효율적인 방법 중 잘못된 것은?

① 조리대의 배치는 오른손잡이를 기준으로 생각할 때 일의 순서에 따라 우에서 좌로 배치한다.
② 조리대에는 조리에 필요한 용구나 기기 등의 설비를 가까이 배치한다.
③ 식기와 조리용구의 세정장소와 보관장소를 가까이 두어 동선을 절약시킨다.
④ 각 작업공간이 다른 작업의 통로로 이용되지 않도록 한다.

해설 조리대의 배치는 오른손잡이를 기준으로 좌에서 우로 배치하는 것이 효율적이다.

056 작업장에서 발생하는 작업의 흐름에 따라 시설과 기기가 배치되는 데 작업의 흐름이 순서대로 연결된 것은?

> ㉠ 전처리 ㉡ 장식, 배식 ㉢ 식기세척, 수납
> ㉣ 조리 ㉤ 식재료의 구매, 검수

① ㉠ – ㉡ – ㉢ – ㉣ – ㉤
② ㉢ – ㉠ – ㉣ – ㉤ – ㉡
③ ㉤ – ㉠ – ㉣ – ㉡ – ㉢
④ ㉤ – ㉣ – ㉡ – ㉠ – ㉢

해설 조리작업장의 작업흐름을 보면 ㉤ 식재료의 구매, 검수 → ㉠ 전처리 → ㉣ 조리 → ㉡ 장식, 배식 → ㉢ 식기세척, 수납의 순서로 이루어진다.

---

02 식품의 조리원리

057 강화미에서 가장 우선적으로 강화해야 할 영양소로 짝지어진 것은?

① 비타민 A, 비타민 B_1
② 비타민 D, 칼슘

③ 비타민 B_1, 비타민 B_2
④ 비타민 D, 나이아신

해설 강화미는 쌀에서 부족하기 쉬운 비타민 B군을 강화한 것이다.

058 보리를 할맥 도정하는 이유가 아닌 것은?

① 소화율을 증가시키기 위해
② 조리를 간편하게 하기 위해
③ 수분흡수를 빠르게 하기 위해
④ 부스러짐을 방지하기 위해

해설 할맥이란 보리 배 부분의 골을 쪼개어 섬유질을 제거한 것이다.

059 맥류에 관한 설명 중 옳은 것은?

① 박력분은 글루텐의 함량이 10% 이하로 과자, 비스킷 제조 적성에 알맞다.
② 압맥, 할맥은 소화율을 저하시킨다.
③ 보리의 고유한 단백질은 오리제닌이다.
④ 강력분은 글루텐의 함량이 13% 이상으로 케이크 제조 적성에 가장 알맞다.

해설 압맥 및 할맥은 보리의 소화율을 향상하기 위하여 조직을 파괴하여 만들며, 보리의 단백질은 호르데인(hordein)이고 오리제닌(oryzenin)은 쌀 단백질이다. 강력분은 식빵, 마카로니 등의 제조에 적합하다.

060 약과를 반죽할 때 필요 이상으로 기름과 설탕을 넣으면 어떤 현상이 일어나는가?

① 매끈하고 모양이 좋다.
② 튀길 때 풀어진다.
③ 켜가 좋게 생긴다.
④ 튀길 때 둥글게 부푼다.

해설 설탕은 밀가루와 물의 결합을 방해하고 지방은 글루텐 형성을 저해하므로 필요 이상의 설탕과 기름을 넣으면 튀길 때 풀어진다.

정답 055 ① 056 ③ 057 ③ 058 ④ 059 ① 060 ②

061 밀가루를 물로 반죽하여 면을 만들 때 반죽의 점성에 관계하는 주성분은?

① 아밀로펙틴(amylopectin)

② 글로불린(globulin)

③ 글루텐(gluten)

④ 덱스트린(dextrin)

해설 밀에는 글리아딘(gliadin)과 글루테닌(glutenin) 단백질이 함유되어 있는데 이것이 결합하면서 글루텐(gluten)을 형성하여 탄성을 가진다. 글루텐은 밀가루의 품질을 결정하는 중요한 단백질로 밀가루 제품의 탄성에 관계한다.

062 밀가루 반죽 시 지방의 연화작용에 대한 설명으로 틀린 것은?

① 포화지방산으로 구성된 지방이 불포화지방산보다 효과적이다.

② 기름의 온도가 높을수록 쇼트닝 효과가 커진다.

③ 반죽횟수 및 시간과 반비례한다.

④ 난황이 많을수록 쇼트닝 작용이 감소된다.

해설 지방의 연화작용은 반죽횟수 및 시간과 비례한다.

063 밀가루 반죽에 달걀을 넣었을 때의 달걀의 작용으로 틀린 것은?

① 반죽에 공기를 주입하는 역할을 한다.

② 팽창제의 역할을 해서 용적을 증가시킨다.

③ 단백질 연화작용으로 제품을 연하게 한다.

④ 영양, 조직 등에 도움을 준다.

해설 연화작용을 하는 것은 지방이다.

064 밀가루 반죽에 첨가하는 재료 중 반죽의 점탄성을 약화시키는 것은?

① 우유　　　　　② 설탕

③ 달걀　　　　　④ 소금

해설 소금은 글루텐의 탄성을 촉진시키고, 설탕은 탄력성을 떨어뜨린다.

065 전통적으로 비스킷 및 튀김의 제품 적성에 가장 적당한 밀가루는?

① 반강력분　　　② 박력분

③ 강력분　　　　④ 중력분

해설 밀가루의 종류와 용도는 다음과 같다.

종류	글루텐 함량	용도
강력분 (경질밀)	13% 이상	식빵, 마카로니 등
중력분 (다목적용)	10~13%	면류 등
박력분 (연질밀)	10% 이하	튀김, 쿠키 등

066 빵을 만들 때 팽창효과를 내기 위한 방법으로 옳지 않은 것은?

① 물을 첨가한다.

② 효모(yeast)를 넣는다.

③ 달걀흰자를 넣는다.

④ 소금을 첨가한다.

해설 소금은 밀가루의 점탄성을 높여주는 동시에 유해균의 번식을 억제한다.

067 빵 제조 시 설탕을 사용하는 주목적과 가장 거리가 먼 것은?

① 표면의 갈색화에 도움을 준다.

② 단맛을 주기 위해서이다.

③ 효모의 성장을 촉진시키기 위해서이다.

④ 곰팡이의 발육을 억제하기 위해서이다.

해설 설탕은 단맛을 주는 동시에 효모의 영양원이 되어 발효를 도와주고 빵의 빛깔을 좋게 한다. 곰팡이의 발육 억제에는 소금을 사용한다.

정답 **061** ③　**062** ③　**063** ③　**064** ②　**065** ②　**066** ④　**067** ④

068 빵 반죽의 발효 시 적당한 온도는?

① 15~20℃   ② 25~30℃

③ 35~40℃   ④ 45~50℃

해설 이스트(yeast)의 발육적온은 25~30℃이다.

069 제빵을 할 때 재료 성분 중 지방의 역할을 바르게 설명한 것끼리 묶은 것은?

> ㉠ 연화작용을 촉진시킨다.
> ㉡ 글루텐의 작용을 증진시킨다.
> ㉢ 빵 표면의 갈색화를 촉진시킨다.
> ㉣ 제품의 색을 고르게 해준다.

① ㉠, ㉡, ㉢, ㉣   ② ㉠, ㉡, ㉢

③ ㉠, ㉢, ㉣   ④ ㉠, ㉡, ㉣

해설 제빵 시 지방을 넣으면 빵의 조직이 연해지고 동시에 결이 고르게 된다. 또한 향기와 저장성이 높아지고 빵 표면의 갈색화를 촉진시킨다.

070 전분에 대한 설명 중 맞는 것은?

① 호화는 시간의 경과에 따라 전분 일부가 결정화되는 현상이다.

② 밥은 쌀 전분이 β화된 것이다.

③ 알칼리성에서는 호화가 억제된다.

④ 전분은 수분 첨가 후 가열하면 α화된다.

해설 생전분을 β–전분, 익힌 전분을 α–전분이라 하는데 β–전분을 물과 함께 가열하면 α–전분으로 되는 현상이 호화이다.

071 전분의 호화에 대한 영향을 미치는 내용 중에서 틀린 것은?

① 젓는 정도가 너무 심하거나, 너무 오랫동안 저으면 호화전분은 점도가 점점 낮아진다.

② 괴경류 식품의 전분이 곡류식품의 전분보다 점도나 투명도가 더 낮다.

③ 빨리 가열된 호화전분이 천천히 가열한 것보다 더 걸쭉하다.

④ 설탕이나 식초 등을 호화된 후에 첨가하는 것이 점도의 영향을 덜 받게 된다.

해설 전분의 호화에 영향을 미치는 인자로 ① 전분의 종류 ② 전분의 농도 ③ 가열온도 ④ 젓는 속도와 양 ⑤ 전분액의 pH ⑥ 기타 첨가물 등이다.

072 전분의 호정화에 대한 설명으로 옳지 않은 것은?

① 호정화란 화학적 변화가 일어난 것이다.

② 호화된 전분보다 물에 녹기 쉽다.

③ 전분을 150~190℃에서 물을 붓고 가열할 때 나타나는 변화이다.

④ 호정화되면 덱스트린이 생성된다.

해설 호정화란 전분을 물기 없이 고온에서 가열하면 가용성의 덱스트린이 생성되는 현상을 말한다.

073 전분의 노화를 억제하는 방법으로 옳지 않은 것은?

① 설탕의 첨가   ② 냉동

③ 수분함량 조절   ④ 산의 첨가

해설 전분의 노화는 온도 0~4℃, 수분 30~60%일 때 가장 잘 일어나며, 산의 첨가는 노화를 촉진한다. 전분의 노화를 억제하려면 호화된 전분을 0℃ 이하로 급속동결한 후 탈수하여 수분함량을 15% 이하로 하면 된다. 또한 유화제를 첨가하거나 설탕의 첨가로 삼투압에 의해 수분이 탈수되므로 노화를 억제할 수 있다.

074 호화와 노화에 관한 설명 중 틀린 것은?

① 수분함량이 적고 산성일수록, 일부 무기염류가 존재할수록 호화는 더 잘 일어난다.

② 전분입자가 크고 지질함량이 많을수록 빨리 호화된다.

③ 0℃ 부근에서 노화가 가장 빨리 일어난다.

④ 60℃ 이상에서는 노화가 잘 일어나지 않는다.

해설 수분함량이 많고 알칼리성일수록 호화는 더 잘 일어난다.

---

075 ( ) 안에 알맞은 용어가 순서대로 나열된 것은?

> 당면은 감자, 고구마, 녹두가루에 첨가물을 혼합·성형하여 ( )한 후 건조·냉각하여 ( )시킨 것으로 반드시 열을 가해 ( )하여 먹는다.

① α화 - β화 - α화

② α화 - α화 - β화

③ β화 - β화 - α화

④ β화 - α화 - β화

해설 전분에 물을 넣고 가열하면 전분입자는 물을 흡수하여 팽윤하며 콜로이드(colloid) 상태가 되는데 이러한 변화를 α-화(호화)라 하며, α-화(호화)된 전분을 실온에 방치하면 β-전분으로 되돌아가는데 이러한 현상을 노화(β-화)라 한다.

---

076 다음 중 음식이 되었을 때의 중량 변화로 맞는 것은?

① 콩을 삶으면 3배가 된다.

② 쌀로 밥을 지으면 2.5배가 된다.

③ 밀가루로 국수를 만들어 삶으면 1.5배가 된다.

④ 쌀로 떡을 만들면 0.9배가 된다.

해설 잘된 밥은 쌀의 2.5~2.7배 정도가 된다. 콩은 삶으면 중량의 2.5배, 부피는 3배 정도 된다. 밀가루로 국수를 만들어 삶으면 3배가 되고, 쌀로 떡을 만들면 1.5배가 된다.

---

077 전통적인 식혜 제조방법에서 엿기름에 대한 설명이 잘못된 것은?

① 엿기름의 효소는 수용성이므로 물에 담그면 용출된다.

② 엿기름을 가루로 만들면 효소가 더 쉽게 용출된다.

③ 엿기름가루를 물에 담가 두고 주물러 주면 효소가 더 빠르게 용출된다.

④ 식혜 제조에 사용되는 엿기름의 농도가 낮을수록 당화 속도가 빨라진다.

해설 엿기름의 농도가 낮으면 당화 속도는 늦다.

---

078 식혜를 만드는 과정에서 밥과 엿기름을 섞은 후 보온을 유지하게 된다. 이 과정의 조리과학적 설명으로 옳지 않은 것은?

① 엿기름 내의 β-amylase의 작용이 활발하도록 최적온도를 유지하는 것이다.

② β-amylase가 작용하면 전분이 맥아당으로 당화하여 단맛이 증가한다.

③ 당화효소인 β-amylase의 최적온도인 40℃에서 보온해야 한다.

④ 밥의 전분이 당으로 분해되어 용출되므로 밥알이 가벼워져 뜰 수 있게 된다.

해설 식혜를 만들 때 당화효소인 아밀라아제(amylase)의 최적온도는 55~60℃이다.

---

079 우리나라 전통음식의 하나인 묵에 대한 설명이 바르게 된 것은?

① 전분의 크기와 모양은 묵의 특성에 큰 영향을 주지 않는다.

② 곡류 전분이 가열에 의해 유화되는 현상을 이용한 것이다.

③ 같은 종류의 전분이라도 농도가 너무 낮으면 호화시킨 후 냉각시켰을 때 묵을 형성할 수 없다.

정답 075 ① 076 ② 077 ④ 078 ③ 079 ③

④ 전분 중의 아밀로펙틴만을 모아 묵을 만든다.

해설 묵은 전분의 젤(gel)화를 이용한 음식으로 메밀, 녹두, 도토리 등의 가루에 보통 5~6배 정도의 물을 가하여 만든다. 전분의 농도는 묵의 질에 영향을 준다.

080 국수를 삶을 때 적당한 물의 pH는?

① pH 2 ② pH 6
③ pH 10 ④ pH 14

해설 국수를 삶는 물의 pH가 높으면 국수에서 전분이 용출되어 국수의 표면을 거칠기 쉬우므로 국수 삶는 물의 pH를 5~6으로 하면 전분 겔의 강도를 높이고 탄력을 증가시켜 품질을 높여준다.

081 국수를 삶는 방법으로 가장 부적당한 것은?

① 끓는 물에 넣는 국수의 양이 많아서는 안 된다.
② 국수 무게의 6~7배 정도의 물에서 삶는다.
③ 국수를 넣은 후 물이 다시 끓기 시작하면 찬물을 넣는다.
④ 국수가 다 익으면 많은 양의 냉수에서 천천히 식힌다.

해설 국수를 삶을 때 국수가 다 익으면 신속하게 찬물에 헹궈야 국수 표면이 매끄럽고 탄력이 있다.

082 팥을 물에 불리는 과정 없이 바로 가열해야 하는 이유는?

① 팥의 안토시아닌의 색을 유지하기 위해서
② 팥의 흡수시간이 너무 길어 부패될 우려가 있으므로
③ 팥의 섬유소를 분해하여 부드럽게 해주기 위해서
④ 팥의 사포닌 성분을 제거하기 위해서

해설 팥은 물의 흡수속도가 느리기 때문에 팥을 불리기 위하여 물에 오래 담가두면 부패할 우려가 있어 불리지 않고 조리하는 것이 좋다.

083 두류의 조리 시 두류를 연화시키는 방법으로 틀린 것은?

① 1% 정도의 식염용액에 담갔다가 그 용액으로 가열한다.
② 초산용액에 담근 후 칼슘, 마그네슘 이온을 첨가한다.
③ 약알칼리성의 중조수에 담갔다가 그 용액으로 가열한다.
④ 습열조리 시 연수를 사용한다.

해설 칼슘(Ca)이 첨가되면 결합하여 단단해진다.

084 담근 장이 밀려서 따로 소금물을 풀지 않고 메주덩이를 묵은장에다 넣어 우려내는 방법으로 담근 장을 무엇이라고 하는가?

① 겹장 ② 즙장
③ 토장 ④ 생황장

해설 장을 한 번 담가 된장을 떠낸 후 그 간장에 다시 메주를 넣어 장을 담가 숙성시킨 뒤 떠낸 것이 겹장으로 겹된장, 겹간장 모두 맛이 뛰어나다.

085 다음 중 두부응고제가 아닌 것은?

① 염화마그네슘($MgCl_2$)
② 황산칼슘($CaSO_4$)
③ 염화칼슘($CaCl_2$)
④ 탄산칼슘(K_2CO_3)

해설 두부응고제로 염화마그네슘, 황산칼슘, 염화칼슘 등이 주로 사용되며 두유 온도가 70~80℃일 때 두부응고제를 첨가한다.

086 일반적으로 두부제조 시 두부의 생산량은 원료 대두의 몇 배 정도인가?

① 3~4배 ② 6~7배

③ 8~10배 ④ 10~12배

해설 보통 원료콩 1.8kg에서 약 7.5kg의 두부를 얻을 수 있다.

087 두부제품을 물속에서 수 시간 침지하는 이유는?

① 맛을 증대시키기 위해

② 간수를 제거하기 위해

③ 제품의 색을 좋게 하기 위해

④ 갈변을 막기 위해

해설 두부상자에서 응고된 두부를 꺼내 물에 3시간 정도 담가 간수를 빼내는 동시에 두부 모양이 허물어지는 것을 막으면서 냉각시킨다.

088 간장이나 된장을 만들 때 누룩곰팡이에 의해서 가수분해되는 주 물질은?

① 무기질 ② 비타민

③ 지방질 ④ 단백질

해설 간장이나 된장을 만들 때 곰팡이는 콩 단백질의 분해작용을 한다.

089 된장의 발효 숙성 시 나타나는 변화가 아닌 것은?

① 유기산 생성 ② 지방 산화

③ 당화작용 ④ 단백질 분해

해설 된장의 숙성은 된장 중에 있는 국균(麴菌), 효모, 세균 등의 상호작용에 의한 것인데 된장이 발효 숙성되기까지 당화작용, 알코올 발효에 의한 유기산 생성, 산 발효작용, 단백질 분해작용 등이 일어난다.

090 된장이 숙성된 후 얼마 안 되어 산패가 일어나 신맛이 생기거나 색이 진하게 되는 이유가 아닌 것은?

① 프로테아제(protease) 생산

② Fe^{2+} 또는 Cu^{2+}가 많은 물 사용

③ 수분 과다

④ 염분 부족

해설 된장이 숙성된 후에 신맛이 나는 경우 그 원인으로 ① 소금의 양이 적은 경우 ② 콩 및 코지의 수분 함량이 많을 때 ③ 물을 너무 많이 넣었을 때 ④ 콩이 덜 쑤어졌을 때 ⑤ 원료 혼합이 불충분하여 골고루 섞이지 않았을 때를 들 수 있다.

091 다음 가공 장류 중 삶은 콩에 코지(koji)를 이용하여 만든 장류가 아닌 것은?

① 간장 ② 된장

③ 청국장 ④ 고추장

해설 청국장은 납두(natto)균으로 발효하여 만든다.

092 간장을 달이는 주목적은 무엇인가?

① 맛을 내기 위해

② 빛깔을 좋게 하기 위해

③ 살균을 위해

④ 향기를 좋게 하기 위해

해설 장을 달이는 주목적은 살균에 있으며 다소 졸이는 효과도 있다. 간장을 담근 뒤 숙성이 끝나면 여과하여 60~70℃로 30분 정도 달인다.

093 대두의 가공에 관한 설명 중 맞지 않는 것은?

① 응고제에 따라 두부의 수율과 품질이 달라진다.

② 두부는 단백질이 응고제에 의하여 상호 결합된 겔(gel) 식품이다.

③ 보통 두부는 비지를 제거한 후 두유에 응고제를 첨가한다.

④ 유바는 두유를 응고시킨 후 얇게 성형하여 건조한 제품이다.

해설 유바는 두부를 만들기 전 두유를 끓일 때 떠오르는 거품과 표면에 엉기는 것을 떠서 말린 것으로, 튀겨 먹거나 다른 재료를 싸서 먹는다.

094 김치 저장 중 김치조직의 연부현상이 나타났다. 그 이유에 대한 설명으로 가장 거리가 먼 것은?

① 조직을 구성하고 있는 펙틴질이 분해되었기 때문에
② 김치가 국물에 잠겨 수분을 흡수하기 때문에
③ 용기에 꼭 눌러 담지 않아 내부에 공기가 존재하여 호기성 미생물이 성장 번식하기 때문에
④ 미생물이 펙틴 분해효소를 생성하기 때문에

해설 김치의 연부현상(물러지는 것)은 효소가 펙틴질을 분해하여 일어나는데, 이 효소는 호기성 미생물로 공기와 접촉함으로써 연부현상은 빨라진다. 김치가 국물에 푹 잠겨 있으면 공기와의 접촉을 차단할 수 있어 연부속도는 늦어진다.

095 김치에 대한 설명 중 틀린 것은?

① 절임할 때의 소금물 농도는 10%가 적당하다.
② 배추의 염도는 약 7% 정도가 적당하다.
③ 총산함량이 0.6~0.8%일 때 김치의 맛이 가장 좋다.
④ 산막효모는 김치의 연부에 관여하는 미생물이다.

해설 김치배추는 12℃의 온도에서 염분농도 10~12% 정도인 물에 18~20시간 절이는 것이 최적이다. 절일 때 12% 정도의 염도로 맞추면 나중에 익은 김치의 염도가 2.5~3%로 되는데 이때 김치 맛이 최고가 된다.

096 감자를 삶아 으깨는(mashed) 방법이다. 맞는 것은?

① 감자가 뜨거웠을 때
② 감자가 덜 익었을 때
③ 감자가 식었을 때
④ 우유를 넣고 으깸

해설 감자의 온도가 낮아지면 끈기가 생겨 조작이 곤란하게 되고 입맛도 나빠지므로 뜨거울 때 으깨는 것이 좋다.

097 과실이 수확 후 연해지는 이유는?

① 비타민의 변화 때문
② 단백질의 변화 때문
③ 펙틴질의 변화 때문
④ 지방의 변화 때문

해설 과실은 탄수화물로 펙틴(pectin)질을 함유하고 있는데, 숙성됨에 따라 가용성의 펙틴 및 펙틴산으로 분해되어 연해진다.

098 과일의 숙성에 대한 설명이 잘못된 것은?

① 호흡 상승 현상을 보이지 않는 과일류는 수확하여 저장하여도 품질이 향상되지 않으므로 적당한 시기에 수확하여 곧 식용 및 가공하여야 한다.
② 호흡 상승 현상을 보이는 과일류는 적당한 방법으로 호흡작용을 조절하여 저장기간을 조절하면서 후숙시킬 수 있다.
③ 과일류 중 일부는 수확 후에 호흡작용이 특이하게 상승되는 현상을 보인다.
④ 과일류의 호흡에 따른 변화를 되도록 촉진시켜 빠른 시간 내에 과일을 숙성시키는 방법으로 가스저장법(CA)이 이용된다.

해설 CA 저장은 인위적으로 기체를 조절하여 과일, 채소 등의 호흡작용을 조절하여 저장하는 방법이다.

정답 094 ② 095 ② 096 ① 097 ③ 098 ④

099 미숙한 과실을 수확하여도 일정 시간 저장하면 호흡작용의 상승으로 후숙이 가능하여 맛이 상승된다. 다음의 과실 중 이러한 영향을 가장 적게 받는 것은?

① 토마토　　　② 레몬

③ 배　　　　　④ 사과

해설 멜론, 오렌지, 포도, 레몬, 파인애플, 딸기 등은 호흡작용의 영향을 적게 받아 수확하여 저장하여도 품질이 좋아지지 않으므로 적당한 시기에 수확하여야 한다.

100 잼 또는 젤리를 만들 때 가장 적당한 당분의 양은?

① 20~25%　　　② 40~45%

③ 60~65%　　　④ 80~85%

해설 잼 · 젤리 · 마멀레이드는 펙틴의 응고성을 이용하여 만드는데, 펙틴 1.0~1.5%, 산 0.27~0.5%, 당분 62~65%의 범위 내에서 젤리화가 일어난다.

101 펙틴(pectin) 물질의 젤의 정도에 미치는 영향으로 맞지 않는 것은?

① pH(수소이온농도)

② 펙틴(pectin)의 양

③ 메톡실(methoxyl)기의 양

④ 펙틴(pectin)의 분해효소

해설 펙틴은 약산성에서 적당량의 당분을 함유하면 겔화하는 성질이 있는데, 그 정도는 ① 펙틴의 양 ② 당분의 양 ③ 메톡실기의 양 ④ 펙틴의 분자량 ⑤ 수소이온농도 등에 의해 영향을 받는다.

102 마멀레이드(marmalade)에 대하여 바르게 설명한 것은?

① 과일즙에 설탕, 과일의 껍질, 과육의 얇은 조각이 섞여 가열 · 농축된 것이다.

② 과일의 과육을 전부 이용하여 점성을 띠게 농축한 것이다.

③ 과일을 설탕시럽과 같이 가열하여 과일이 연하고 투명한 상태로 된 것이다.

④ 과일즙에 설탕을 넣고 가열 · 농축한 후 냉각시킨 것이다.

해설 마멀레이드란 젤리 속에 과실 또는 과피, 과육의 조각을 섞어 만든 것이다.

103 과일 전체를 그대로 시럽에 넣고 조려 연하고 투명하게 만든 것을 무엇이라고 하는가?

① 잼(jam)

② 마멀레이드(marmalade)

③ 콘서브(conserve)

④ 프리저브(preserve)

해설 프리저브란 과육을 으깨지 않고 과일 전체 또는 크게 잘라 끓여서 과일 조각이 그대로 남아 있는 형태로 빨리 끓이는 것이 서서히 끓이는 것보다 색과 맛이 좋다.

104 과일에 물을 넣어 가열했을 때 일어나는 현상이 아닌 것은?

① 세포막은 투과성을 잃는다.

② 섬유소는 연화된다.

③ 삶아진 과일은 더 투명해진다.

④ 가열하는 동안 과일은 가라앉는다.

해설 과일은 가열에 의해 섬유소는 연화되고 세포막은 투과성을 잃으면서 투명하게 된다.

105 비교적 펙틴과 산이 적어 잼 제조에 부적당한 과일은?

① 사과, 오렌지　　② 복숭아, 포도

③ 딸기　　　　　　④ 배, 감

해설 배 · 감 · 완전히 익은 복숭아 및 너무 익은 과일 등은 펙틴과 산이 적어 젤리화가 잘 일어나지 않는다.

정답 **099** ② 　 **100** ③ 　 **101** ④ 　 **102** ① 　 **103** ④ 　 **104** ④ 　 **105** ④

106 과일에 적용하는 조리법이 아닌 것은?

① 설탕물에 졸이기　② 찌기

③ 오븐구이　　　　④ 끓이기

해설 끓이기는 과일의 연한 조직이 뭉그러져 형태를 유지할 수 없지만 찌기의 경우에는 증기가 나오면서 형태를 유지할 수 있다.

107 과일을 조리할 때 일어나는 변화에 대한 설명 중 맞는 것은?

① 조직을 연하게 하기 위하여 설탕을 가하고 삶아서 조직을 연화시킨 후에 물을 가한다.

② 딸기는 서서히 가열하여 세포의 호흡에 필요한 산소를 완전히 소모하면 색을 선명하게 보존할 수 있다.

③ 과일조직이 연해지는 것은 불용성의 펙틴(pectin)이 프로토펙틴(protopectin)으로 전환되기 때문이다.

④ 과일을 조리할 때는 열에 약한 카로틴(carotene)의 영향을 많이 받는다.

해설 적색 과일은 급히 가열하면 퇴색하는데 이는 서서히 가열함으로써 세포의 호흡에 필요한 산소를 완전히 소비시킴으로써 선명한 적색을 보존할 수 있다.

108 과일 중 저장온도가 가장 낮은 식품은?

① 사과　　　　　② 토마토

③ 수박　　　　　④ 포도

해설 과일 및 채소의 저장 적온은 사과 −1~1℃, 토마토 13℃, 수박 8~10℃, 포도 0~5℃, 고구마 10~13℃, 오이 7~10℃, 바나나 13~15℃이다.

109 수박에 대한 설명 중 옳지 않은 것은?

① 과육의 색은 안토시안 색소이다.

② 무기질로서 K이 많고 비타민 A, B, C가 소량 들어 있다.

③ 과즙은 이뇨효과가 있고 신장병에 좋다.

④ 수분과 당분이 많아서 여름 과실로 적합하다.

해설 수박의 적색 색소는 카로틴(carotene)과 리코펜(lycopene)이다.

110 감자류(서류)에 대한 설명으로 틀린 것은?

① 열량 공급원이다.

② 수분함량이 적어 저장성이 우수하다.

③ 탄수화물 급원식품이다.

④ 무기질 중 칼륨(K) 함량이 비교적 높다.

해설 감자 및 고구마 등의 서류는 수분함량이 높아 저장성이 떨어진다.

111 고구마 등의 전분으로 만든 얇고 부드러운 전분피로 냉채 등에 이용되는 것은?

① 양장피　　　　② 해파리

③ 한천　　　　　④ 무

해설 양장피는 고구마 전분을 원료로 한다.

112 감자를 선택할 때 칩(chip)이나 프렌치프라이(french fry) 용도로 가장 알맞은 것은?

① 저장 초기의 상태로 전분이 많은 것

② 저장 초기의 상태로 단백질이 많은 것

③ 오랜 저장으로 당류가 많은 것

④ 오랜 저장으로 수분이 많은 것

해설 감자는 저장 중에 전분이 감소하고 포도당·과당·서당 등이 증가하게 되는데, 전분제조용으로는 전분 함량이 많은 것이 좋으나 칩이나 프렌치프라이용은 당분이 많은 것이 좋다.

113 점성이 없고 보실보실한 매시드 포테이토(mashed patato)용 감자로 알맞은 것은?

① 충분히 숙성한 분질(mealy)의 감자

정답 106 ④　107 ②　108 ①　109 ①　110 ②　111 ①　112 ③　113 ①

② 전분의 숙성이 불충분한 수확 직후의 햇감자
③ 소금 1컵, 물 11컵의 소금물에서 표면에 뜨는 감자
④ 10℃ 이하의 찬 곳에 저장한 감자

해설 매시드 포테이토란 감자를 껍질째 무르도록 삶아 우유와 버터, 조미료를 넣고 으깬 것으로 전분이 충분히 숙성된 분질의 감자가 적당하다.

114 다음 육류를 같은 조건에서 냉장고에 보관했을 때 조직의 특성상 가장 늦게 변질이 일어나는 것은?

① 간   ② 콩팥
③ 갈비   ④ 곱창

해설 내장이 근육보다 변질현상이 빨리 나타난다.

115 근육조직 중 주로 식용으로 이용되는 근육은?

① 심근   ② 골격근
③ 평활근   ④ 불수의근

해설 가축의 근육은 크게 횡문근과 평활근으로 구분하며, 횡문근은 다시 골격에 연결되어 있는 골격근과 심장을 구성하는 심근으로 나눈다. 식육가공에서는 골격근을 주로 이용한다.

116 근원섬유를 구성하는 단백질은?

① 헤모글로빈   ② 콜라겐
③ 미오신   ④ 엘라스틴

해설 근원섬유를 구성하는 근원섬유 단백질에는 미오신(myosin)과 액틴(actin)이 있다. 콜라겐 (collagen)과 엘라스틴(elastin)은 결합조직의 구성성분으로 근육의 구조 유지에 관여하는 경단백질로서 육기질 단백질이다. 헤모글로빈(hemoglobin)은 적혈구에서 산소를 운반하는 색소단백질이다.

117 육류를 저온숙성(aging)할 때 적합한 습도와 온도 범위는?

① 습도 85~90%, 온도 1~3도
② 습도 70~85%, 온도 10~15도
③ 습도 65~70%, 온도 10~15도
④ 습도 55~60%, 온도 15~21도

해설 육류의 숙성(aging)은 주로 소고기에서 필요한데 숙성기간은 온도조건에 따라 달라지며 숙성기간 중에 수분증발을 막기 위하여 습도를 85~90%로 조절한다. 온도와 습도는 조건에 따라 달라지는데 4℃에서는 75%, 2℃에서는 88%, 0℃에서는 92%이다.

118 동물성 식품의 부패경로는?

① 사후강직 – 자기소화 – 부패
② 자기소화 – 사후강직 – 부패
③ 사후강직 – 부패 – 자기소화
④ 자기소화 – 부패 – 사후강직

해설 동물은 도살 후 근육이 굳어지는 사후강직이 일어나고, 시간이 경과함에 따라 경직이 풀려서 자기소화가 일어난다. 자기소화과정이 지나면 부패하게 된다.

119 다음 중 육장 단백질은?

① 헤모글로빈   ② 콜라겐
③ 미오신   ④ 엘라스틴

해설 육장(肉將)이란 생육(生肉)을 압착했을 때의 즙액으로, 육장 단백질의 대부분은 글로불린 (globulin)으로서 미오신(myosin)이 68%를 차지하고 있다.

120 근육의 자기소화에 의해 나타나는 현상은?

① 휘발성 지방산의 감소
② 가용성 질소화합물의 증가
③ 글리코겐(glycogen)의 증가
④ 젖산의 증가

해설 자체의 성분이 자체의 효소에 의해 분해되는 현상을 자기소화라 하며, 자기소화가 일어나면 가용성 질소화합물이 증가하여 고기가 연해지고 맛이 좋아진다.

121 육류의 사후강직을 설명한 것으로 가장 관련이 적은 것은?

① 근육에서 호기성 해당 과정에 의해 산이 증가된다.

② 해당 과정에 의해 생성된 산에 의해 pH가 낮아진다.

③ 경직 속도는 도살 전의 동물의 상태에 따라 다르다.

④ 근육의 글리코겐이 젖산으로 된다.

해설 사후강직이 일어나면 산이 증가하는 것은 근육의 글리코겐이 젖산으로 분해되기 때문이다.

122 육류의 사후강직의 원인물질은?

① 액토미오신(actomyosin)

② 젤라틴(gelatin)

③ 엘라스틴(elastin)

④ 콜라겐(collagen)

해설 동물이 도살된 후 근육조직이 굳어지는 현상을 사후강직이라 하며, 시간이 경과함에 따라 근육의 미오신(myosin) 단백질이 액틴과 결합하여 액토미오신(actomyosin)이 생성되어 강직이 일어난다.

123 숙성에 의해 맛이 더 나빠지는 것은?

① 돼지고기　　　　② 쇠고기

③ 고등어　　　　　④ 닭고기

해설 일반적으로 육류는 숙성에 의해 맛이 좋아지지만, 어패류는 숙성과 부패과정이 동시에 진행되므로 어류의 숙성은 좋지 않다.

124 육류의 글리코겐(glycogen) 함량이 적을 때는 언제인가?

① 심한 운동으로 피로가 심할 때

② 사료를 충분히 섭취하였을 때

③ 운동을 하지 않고 휴식을 취하였을 때

④ 적온에 방치하여 두었을 때

해설 심한 운동으로 피로가 심하면 근육 중의 글리코겐이 분해되어 젖산의 양이 증가하게 된다.

125 햄(ham)이나 베이컨(bacon) 제품은 주로 어떤 고기로 만드는가?

① 소고기　　　　　② 돼지고기

③ 닭고기　　　　　④ 양고기

해설 햄은 돼지의 허벅다리 부분, 베이컨은 기름진 뱃살(갈비살)을 원료로 한다. 소시지(sausage)는 햄, 베이컨을 만들고 남은 잔육 고기에 여러 가지를 넣어 만든다.

126 라드(lard)는 무엇으로 만드나?

① 돼지기름　　　　② 소기름

③ 버터　　　　　　④ 식용유

해설 라드는 돼지의 지방을 말하며, 돼지비계를 가공하여 만든다.

127 동물에서 추출되는 천연 검질 물질은?

① 펙틴, 전분

② 한천, 알긴산염

③ 젤라틴, 키틴

④ 메뚜기콩검, 구아검

해설 검(gum)이란 점질물로서 식품제조에 안정제로 주로 사용되며 젤라틴은 동물의 가죽·힘줄·연골 등을 구성하는 천연 단백질인 콜라겐을 뜨거운 물로 처리하면 얻어지는 유도 단백질이고, 키틴은 새우나 게 등에서 얻을 수 있다.

정답 121 ①　122 ①　123 ③　124 ①　125 ②　126 ①　127 ③

128 닭튀김을 하였을 때 살코기 색이 연한 핑크색을 나타내는 것은?

① 병에 걸린 닭이므로 먹어서는 안 된다.
② 닭의 크기가 클수록 핑크반응이 심하다.
③ 근육성분의 화학적 반응이므로 먹어도 된다.
④ 변질된 닭이므로 먹지 못한다.

해설 냉동 닭의 해동과정에서 발생하는 근육성분의 화학반응으로 맛에는 변함이 없고 위생상 무해하므로 먹어도 된다.

129 우유를 데울 때 가장 좋은 방법은?

① 냄비에 담고 끓기 시작할 때까지 강한 불에서 데운다.
② 이중냄비에 넣어 뚜껑을 열고 젓지 않고 데운다.
③ 냄비에 담고 약한 불에서 뚜껑을 열고 젓지 않고 데운다.
④ 이중냄비에 넣고 저어가면서 데운다.

해설 우유를 젓지 않고 끓이면 냄비의 밑바닥에 우유가 눌어 타기 쉬우므로 이중냄비에 넣고 저어가며 데운다.

130 우유에 첨가하면 응고현상을 나타낼 수 있는 것으로만 짝지어진 것은?

① 설탕 – 레닌(rennin) – 토마토
② 레닌(rennin) – 설탕 – 소금
③ 식초 – 레닌(rennin) – 페놀(phenol)화합물
④ 소금 – 설탕 – 카제인

해설 우유의 단백질인 카제인(casein)은 산, 레닌, 탄닌, 염, 효소 등에 의해 응고된다.

131 우유를 가열할 때 용기 바닥이나 옆에 들러붙는 것은 주로 어떤 성분인가?

① 유청(whey)단백질
② 카제인(casein)
③ 레시틴(lecithin)
④ 유당(lactose)

해설 우유의 단백질은 약 80%의 카제인과 나머지는 유청단백질로 되어 있다. 카제인은 열에 비교적 안정하여 가열 시 잘 응고되지 않으나, 유청단백질은 60℃ 정도에서 변성되어 우유를 가열하면 용기 바닥이나 옆에 들러붙는 원인이 된다.

132 버터의 특성이 아닌 것은?

① 쇼트닝성이 있어 과자류가 연하고 잘 부스러지게 한다.
② 독특한 맛과 향기를 가져 음식에 풍미를 준다.
③ 크림성이 있어 제과 시 가열 팽화나 버터크림 제조 등에 이용한다.
④ 우유의 단백질로 만든 것이다.

해설 버터는 우유의 지방을 모아 만든다.

133 치즈는 우유 단백질의 어떤 성질을 이용한 것인가?

① 산응고
② 열응고
③ 효소에 의한 응고
④ 알칼리 응고

해설 우유 단백질인 카제인(casein)은 효소 레닌(rennin)에 의해 응고되는데 이 성질을 이용하여 치즈를 만든다.

134 가공치즈(processed cheese)의 설명으로 틀린 것은?

① 자연 치즈에 유화제를 가하여 가열한 것이다.
② 일반적으로 자연 치즈보다 저장성이 크다.
③ 약 85℃에서 살균하여 pasteurized

정답 **128** ③ **129** ④ **130** ③ **131** ① **132** ④ **133** ③ **134** ④

cheese라고도 한다.

④ 자연 치즈를 원료로 사용하지 않는다.

해설 가공 치즈는 자연 치즈에 유화제 및 여러 가지 향신료 등을 첨가하여 만든 것으로 맛과 풍미가 좋다.

135 우유에 들어 있는 비타민 중에서 함유량이 적어 강화우유에 사용되는 지용성 비타민은?

① 비타민 D   ② 비타민 C

③ 비타민 B_1 ④ 비타민 E

해설 강화우유는 우유에 부족한 비타민(A, B, D, niacin)이나 무기질(칼슘, 철분 등) 등을 강화한 우유를 말한다.

136 우유 가공에 관한 설명으로 틀린 것은?

① 크림의 주성분은 우유의 지방성분이다.

② 분유는 전유, 탈지유, 반탈지유 등을 건조시켜 분말화한 것이다.

③ 저온살균법은 61.6~65.6℃에서 30분간 가열하는 것이다.

④ 무당연유는 살균과정을 거치지 않고, 유당연유만 살균과정을 거친다.

해설 유당(가당)연유는 우유에 40~45%의 설탕을 넣어 1/3 정도로 농축한 것으로 설탕이 들어 있어 설탕의 방부력을 이용하여 따로 살균하지 않고 저장할 수 있다.

137 우유의 살균처리방법 중 다음과 같은 살균 처리는 71.1~75℃로 15~30초간 가열처리하는 방법?

① 저온살균법

② 초저온살균법

③ 고온단시간살균법

④ 초고온살균법

해설 가열살균법은 다음과 같다.

① 저온살균법 : 62~65℃에서 30분간 가열하며 영양소 보존과 병원균의 사멸에 목적이 있다. 우유, 술, 주스, 맥주 등의 살균

② 고온순간살균법(HTST) : 71.1℃에서 15초간 가열하며 우유 및 주스 등의 살균

③ 초고온순간살균법(UHT) : 130~150℃에서 0.75~2초간 가열하며 우유 및 주스 등의 살균

④ 고온장시간살균법 : 95~120℃에서 30~60분간 가열하며 통조림 등의 살균

⑤ 초저온살균(ultrapasteuri-zation) : 우유의 온도를 약 2초 동안 280℉(137.8℃)로 올렸다가 급속냉각시키는 방법

138 아이스크림 제조 시 사용되는 안정제는?

① 전화당   ② 바닐라

③ 레시틴   ④ 젤라틴

해설 젤라틴은 동물의 뼈, 껍질을 원료로 콜라겐을 가수분해하여 얻을 수 있으며, 젤리 · 샐러드 · 족편 등의 응고제로 쓰이고, 아이스크림 및 기타 얼린 후식 등에 안정제로 이용된다.

139 휘핑크림의 원료는?

① 유지방률이 36%인 크림

② 유지방률이 18%인 크림

③ 달걀흰자

④ 아이스크림의 일종

해설 휘핑크림은 유지방 함량이 30% 이상으로 제과용으로 많이 쓰인다.

140 연질우유(soft curd milk)와 관계없는 것은?

① 칼슘과 인을 20%씩 빼내 소화되기 쉽게 만든 우유

② 허약한 환자나 어린이를 위한 특수식품 우유

③ 우유 중에 저나트륨식이 필요한 사람을 위한 좋은 우유

④ 우유에 트립신(trypsin)을 넣어 일부 단

정답 135 ①   136 ④   137 ③   138 ④   139 ①   140 ③

백질을 분해시킨 우유

해설 연질우유는 환자나 어린이를 위해 만든 특수식품으로 우유에 트립신(trypsin)을 넣어 단백질을 분해시키고 칼슘과 인을 20%씩 빼내 소화되기 쉽게 만든 제품이다.

141 우유로 만든 제품이 아닌 것은?

① 아이스크림　　② 푸딩

③ 치즈　　④ 발효유

해설 푸딩(pudding)은 달걀을 희석시켜 만든 일종의 달걀찜이다.

142 달걀의 난황 속에 있는 단백질이 아닌 것은?

① 리포비텔린(lipovitellin)

② 리포비텔리닌(lipovitellenin)

③ 리비틴(livetin)

④ 레시틴(lecithin)

해설 레시틴은 난황에 함유된 인지질이다.

143 달걀 조리 시 응고성에 대한 내용 중에서 틀린 것은?

① 수란을 만들 때 끓는 물에 소금이나 식초를 넣으면 빨리 응고되나 표면의 광택이 상실될 수 있다.

② 설탕을 달걀 혼합물에 넣으면 응고온도가 높아져 부드럽게 된다.

③ 달걀은 가열하면 응고되므로 농후제 또는 젤 형성을 위해 사용된다.

④ 달걀은 높은 온도에서 신속히 가열하는 것이 부드러운 느낌을 만들어 준다.

해설 달걀은 고온에서 가열하면 단단하고 질긴 응고물이 된다.

144 달걀의 열응고성에 대한 설명 중 옳은 것은?

① 식초는 응고를 지연시킨다.

② 소금은 응고온도를 낮추어 준다.

③ 설탕은 응고온도를 내려주어 응고물을 연하게 한다.

④ 온도가 높을수록 가열시간이 단축되어 응고물은 연해진다.

해설 달걀에 소금이나 우유를 넣으면 응고온도는 낮아지고, 설탕을 넣으면 응고온도는 높아진다.

145 달걀의 조리 중 상호관계로 가장 거리가 먼 것은?

① 응고성 – 달걀찜

② 유화성 – 마요네즈

③ 기포성 – 스펀지케이크

④ 가소성 – 수란

해설 수란이란 달걀을 국자에 담아 끓는 물속에서 익히는 요리로 달걀의 열 응고성을 이용한 요리이다. 가소성이란 어떤 물체에 힘을 가했을 때 원래 상태로 회복되지 않고 변형되는 것을 말한다.

146 달걀흰자의 거품 형성과 관련된 내용으로 맞는 것은?

① 거품 형성에는 수동교반기가 전동교반기보다 효과가 더 크다.

② 교반시간이 길어질수록 거품의 용적과 안정성이 유지된다.

③ 달걀흰자는 실온에서보다 냉장온도에서 보관하는 것이 더 교반하기 쉽다.

④ 지나치게 오래 교반하면 거품은 작아지지만 가만히 두면 굵은 거품을 형성하게 된다.

해설 난백의 기포 형성은 계속 교반하면 거품은 작아져 부피가 감소되지만 방치해두면 거품은 파괴되어 거칠어지게 된다. 수동 젓기는 힘이 약하므로 전동교반기를 이용하면 쉽게 거품을 낼 수 있다.

정답 141 ②　142 ④　143 ④　144 ②　145 ④　146 ④

거품의 안정성은 처음에는 높으나 계속 교반하면 안정성이 감소되며, 실온에 보관된 난백이 기포력이 좋다.

147 난백의 기포성에 영향을 주는 인자에 대한 설명으로 옳은 것은?

① 난백의 온도가 낮을수록 기포 생성이 용이하다.
② 설탕은 난백의 기포성은 증진되나 안정성이 감소된다.
③ 레몬즙을 넣으면 단백질 점도가 저하되어 기포성이 좋아진다.
④ 물을 40% 첨가하면 기포성이 저하되고 안정성은 증가된다.

해설 난백에 소량의 산을 가하면 기포성이 좋아지므로 레몬즙을 넣으면 기포성이 좋아진다. 소량의 산은 기포 형성을 도와주고 기름, 설탕, 소금, 우유, 난황 등은 기포형성을 방해한다.

148 머랭을 만들고자 할 때 설탕 첨가는 어느 단계에 하는 것이 가장 효과적인가?

① 거품이 없어졌을 때
② 처음 젓기 시작할 때
③ 충분히 거품이 생겼을 때
④ 거품이 생기려고 할 때

해설 설탕은 기포를 방해하므로 충분히 거품이 생기고 난 후 넣는 것이 효과적이다.

149 달걀을 삶았을 때 난황 주위에 일어나는 암녹색의 변색에 대한 설명으로 옳은 것은?

① 100℃의 물에서 5분 이상 가열 시 나타난다.
② 신선한 달걀일수록 색이 진해진다.
③ 난황의 철과 난백의 황화수소가 결합하여 생성된다.

④ 낮은 온도에서 가열할 때 색이 더욱 진해진다.

해설 달걀을 높은 온도로 15분 이상 삶으면 난백과 난황의 경계면이 녹색으로 변하는 경우가 있다. 이것은 난백의 황화물이 황화수소(H_2S)를 유리하고 난황의 철(Fe)과 결합하여 녹색의 황화철(FeS)이 생성되기 때문이다.

150 난황에 들어 있으며, 마요네즈 제조 시 유화제 역할을 하는 성분은?

① 오브알부민   ② 레시틴
③ 갈락토오스   ④ 글로불린

해설 레시틴은 기름을 물에 분산시키는 작용인 유화성을 가지고 있는데, 달걀노른자에 많이 들어 있다.

151 마요네즈 제조 시 기름과 난황이 분리되기 쉬운 경우는?

① 기름을 조금씩 넣을 때
② 기름의 양이 많을 때
③ 밑이 둥근 모양의 그릇에서 만들 때
④ 한 방향으로만 저을 때

해설 기름의 양이 많을 때에는 유화가 방해되어 난황과 기름이 분리된다.

152 마요네즈 제조 시 안정된 마요네즈를 형성하는 경우는?

① 기름을 빠르게 많이 넣을 때
② 달걀흰자만 사용할 때
③ 약간 더운 기름을 사용할 때
④ 유화제 첨가량에 비하여 기름의 양이 많을 때

해설 기름의 온도가 낮으면 제대로 분산이 되지 않아 마요네즈를 만들고 난 후 분리되는 경우가 있다.

정답 147 ③ 148 ③ 149 ③ 150 ② 151 ② 152 ③

153 분리된 마요네즈를 재생시키는 방법으로 가장 적합한 것은?

① 기름을 더 넣어 한 방향으로 빠르게 저어준다.

② 레몬즙을 넣은 후 기름과 식초를 넣어 저어준다.

③ 분리된 마요네즈를 양쪽 방향으로 빠르게 저어준다.

④ 새로운 난황에 분리된 것을 조금씩 넣으며 한 방향으로 저어준다.

해설 분리된 마요네즈의 재생법으로
① 분리된 마요네즈의 기름을 따라낸 후 난황에 식초를 조금씩 넣어 잘 젓고 여기에 분리된 기름을 조금씩 넣어 다시 만든다.
② 새로운 난황이나 만들어진 마요네즈에 분리된 마요네즈를 조금씩 넣고 저어준다.
③ 즉시 먹을 것이면 삶은 감자 으깬 것 또는 호화 전분을 조금 넣어서 재생할 수 있다.

154 달걀에 대한 설명으로 틀린 것은?

① 식품 중 단백가가 가장 높다.

② 난황의 레시틴 유화제이다.

③ 난백의 수분이 난황보다 많다.

④ 당질은 글리코겐 형태로만 존재한다.

해설 달걀 중의 당은 유리 상태로는 거의 존재하지 않고 난백에는 다당류가 단백질과 결합하여 존재하며 난황에는 포도당, 만노오스, 갈락토오스가 유리 상태로 존재한다. 글리코겐(glycogen)은 동물의 저장탄수화물이다.

155 달걀에 대한 다음 설명 중 맞는 것은?

① 흰자와 노른자의 비율은 일반적으로 7:13이다.

② 노른자는 인지질을 다량 함유하고 있다.

③ 흰자는 유화성을 갖는다.

④ 노른자는 거품성을 갖는다.

해설 달걀의 흰자에는 지질은 거의 없고 노른자에 약 33% 인지질이 들어 있다. 달걀의 흰자와 노른자의 비율은 약 13:7 정도로 크기가 작을수록 노른자의 비율이 크다. 달걀의 유화성은 노른자, 기포성은 흰자와 관계된다.

156 달걀의 보존 중 품질 변화에 대하여 옳지 못한 것은?

① 농후 난백의 수양화

② 산도(pH)의 감소

③ 수분의 증발

④ 난황의 크기 증가 및 난황막의 약화

해설 달걀이 오래되면 탄산가스의 방출이 일어나 수소이온농도(pH)의 증가로 알칼리성이 강해진다.

157 달걀의 저장 중 발생하는 변화에 대한 설명이 잘못된 것은?

① 수분 증발로 인해 중량이 감소된다.

② 알껍질의 표면에서 석회질 분말이 떨어져 반들반들해진다.

③ 달걀의 기공을 통한 미생물의 침입은 불가능하므로 부패는 내부 물질의 변화에 의해서만 발생한다.

④ 농후난백의 점성이 감소하여 수양화된다.

해설 달걀의 부패는 기공에 의한 세균감염이 원인이 되기도 한다.

158 달걀을 프라이(fried)할 경우 다음 중 적당한 온도는?

① 약 70℃ ② 약 90℃

③ 약 100℃ ④ 약 120℃

해설 난백은 60℃에서 응고하기 시작하여 65℃에서 응고되며, 난황은 65℃에서 응고되기 시작하여 70℃에서 완전히 응고된다.

정답 153 ④ 154 ④ 155 ② 156 ② 157 ③ 158 ①

159 달걀의 저장방법으로 많이 사용하지 않는 것은?

① 냉장법 ② 냉동법
③ 약물침수법 ④ 건조법

해설 약물침수법은 달걀을 3% 물유리용액 또는 석회유용액에 담가 저장하는 방법으로 불쾌한 냄새와 품질이 떨어지는 단점이 있어 많이 이용되지 않는 방법이다.

160 생선의 육질이 육류보다 연한 이유는?

① 미오글로빈 함량이 적으므로
② 미오신과 액틴의 함량이 많으므로
③ 콜라겐과 엘라스틴의 함량이 적으므로
④ 불포화지방산의 함량이 많으므로

해설 결체조직은 백색의 콜라겐(collagen)과 황색의 엘라스틴(elastin)이 있는데 생선에는 거의 함유되어 있지 않아 생선의 육질이 육류에 비해 연하다.

161 성숙한 생선이 1년 중 가장 맛이 있는 시기는?

① 산란기에 들어간 후
② 산란기 전
③ 봄
④ 가을

해설 생선은 산란기 전에는 산란 준비로 먹이를 많이 먹기 때문에 살이 찌며 지방도 많아져서 맛이 좋다.

162 일반적으로 겨울이 제철인 생선은?

① 뱀장어 ② 조기
③ 대구 ④ 민어

해설 뱀장어는 여름, 조기와 민어는 봄철이 제철이다.

163 한천을 이용한 조리 시 겔 강도를 증가시킬 수 있는 성분은?

① 설탕 ② 과즙
③ 지방 ④ 수분

해설 설탕을 첨가하면 점성, 탄성, 투명감이 증가하며 설탕 농도가 높을수록 겔의 강도는 증가한다.

164 어류의 부패속도에 관하여 가장 올바르게 설명한 것은?

① 얼음물에 보관하는 것보다 냉장고에 보관하는 것이 더 쉽게 부패한다.
② 해수어가 담수어보다 쉽게 부패한다.
③ 어류는 비늘이 있어서 미생물의 침투가 육류에 비해 높다.
④ 토막을 친 것이 통째로 보관하는 것보다 쉽게 부패한다.

해설 생선을 토막 내면 통째로 보관한 것에 비해 부패미생물 등의 접촉 면적이 많아지므로 부패하기 쉽다.

165 어패류의 조리법에 대한 설명 중 옳은 것은?

① 조개류는 높은 온도에서 조리하여 단백질을 급격히 응고시킨다.
② 바닷가재는 껍질이 두꺼우므로 찬물에 넣어 오래 끓여야 한다.
③ 작은 생새우는 강한 불에서 연한 갈색이 날 때까지 삶은 배 쪽에 위치한 모래점액을 제거한다.
④ 생선숙회는 신선한 생선만을 끓는 물에 살짝 데치거나 끓는 물을 생선에 끼얹어 회로 이용한다.

해설 끓는 물에 살짝 데치거나 끓는 물을 생선에 끼얹어 만드는 회를 숙회라 하는데, 조미를 하지 않으므로 신선한 것을 사용하는 것이 좋다.

정답 159 ③ 160 ③ 161 ② 162 ③ 163 ① 164 ④ 165 ④

166 어패류의 조리원리가 바르게 설명된 것은?

① 홍어회가 물기가 없고 오돌오돌한 것은 생선단백질이 식초에 의해 응고되기 때문이다.

② 어묵이 탄력성 젤을 만드는 주체는 전분이 열에 의해 응고되기 때문이다.

③ 달구어진 석쇠에 생선을 구우면 생선단백질이 갑자기 응고되어 모양이 잘 유지되지 않는다.

④ 빵가루 등을 씌운 냉동가공품은 자연해동시켜 튀기는 것이 모양이 잘 유지된다.

해설 단백질은 열·산·염에 의해 응고된다. 어묵의 탄력은 염용성 단백질인 미오신(myosin) 때문이며, 뜨거운 석쇠에 생선을 올려 구우면 생선단백질이 응고되어 모양을 유지하고 영양 손실을 줄일 수 있다. 냉동가공품은 냉동 상태로 조리한다.

167 어류를 가열조리 할 때 일어나는 변화와 거리가 먼 것은?

① 결합조직 단백질인 콜라겐의 수축 및 용해

② 근육섬유단백질의 응고수축

③ 열응착성이 약해짐

④ 지방의 용출

해설 생선의 열응착성이란 생선이 프라이팬이나 석쇠에 붙는 성질로 미오겐(myogen)이 금속 이온과 반응하여 일어나는 현상이다.

168 오징어에 대한 설명으로 틀린 것은?

① 오징어는 가열하면 근육섬유와 콜라겐 섬유 때문에 수축하거나 둥글게 말린다.

② 오징어의 살이 붉은색을 띠는 것은 색소포에 의한 것으로 신선도와는 상관이 없다.

③ 신선한 오징어는 무색투명하며 껍질에는 짙은 적갈색의 색소포가 있다.

④ 오징어의 근육은 평활근으로 색소를 가지지 않으므로 껍질을 벗긴 오징어는 가열하면 백색이 된다.

해설 신선한 오징어 살은 무색투명하며 표피는 복잡한 녹색을 띤 적갈색이다. 선도가 떨어지면 표피의 색소세포가 찢어지기 시작하여 붉은색을 띠게 된다.

169 스파게티나 국수에 이용되는 문어나 오징어 먹물의 색소는?

① 타우린   ② 멜라닌

③ 미오글로빈   ④ 히스타민

해설 오징어 먹물에는 세피오 멜라닌(sepio melanin)이라는 색소가 함유되어 있다.

170 어패류에 관한 설명 중 잘못된 것은?

① 문어, 오징어, 꼴뚜기는 연체류에 속한다.

② 붉은살 생선은 해저 가까이에 살며 지방함량이 5% 이하이다.

③ 연어의 분홍살색은 카로티노이드 색소에 의한다.

④ 생선은 자가소화에 의하여 품질이 저하된다.

해설 붉은살 생선은 수온이 높은 해면 가까이에 살며, 종류에 따라 지방함량의 차이는 많다.

171 어패류에 대한 설명으로 거리가 먼 것은?

① 일반적으로 흰살 생선보다 붉은살 생선의 지방함량이 높다.

② 어패류의 붉은살 색소는 아스타잔틴(astaxanthin)에 의한 것이다.

③ 어패류의 부패는 자기소화효소에 의하여 더욱 쉽게 진행된다.

④ 어류의 근육조직은 수육류보다 근섬유가 길고 얇다.

해설 어류는 육류에 비하여 근육 조직이 육류보다 길이가 짧고 굵다.

정답 166 ①   167 ③   168 ②   169 ②   170 ②   171 ④

172 어류의 지방함량에 대한 설명으로 옳은 것은?

① 흰살 생선은 5% 이하의 지방을 함유한다.

② 흰살 생선이 붉은 생선보다 함량이 많다.

③ 산란기 이후 함량이 많다.

④ 등 쪽이 배 쪽보다 함량이 많다.

해설 흰살 생선은 붉은살 생선보다 지방 함량은 5% 이하로 지방질이 적고 바다 깊이 살면서 운동량이 적어 살이 비교적 연하다.

173 어패류의 동결냉장에 대한 설명 중 가장 알 맞은 것은?

① 원료 상태의 신선도가 떨어져도 저장성에 영향을 주지 않는다.

② 지방함량이 높은 어패류도 성분 변화 없이 저장된다.

③ 조개류는 내용물만 모아 찬물에 씻은 후 냉동시키기도 한다.

④ 어묵, 어육 소시지의 경우 20℃로 저장하는 것이 가장 적당하다.

해설 조개류는 내용물만 모아 씻어 모래 등을 제거한 후 냉동시켜 보관한다.

174 건조어패류 제품에 방향을 주고 산화 방지의 목적으로 훈건품을 이용하는 데 해당되지 않는 생선은?

① 고등어　　　② 방어

③ 명태　　　　④ 민어

해설 훈제품은 저장을 목적으로 하는 냉훈품과 조미를 목적으로 하는 온훈품의 두 가지 종류가 대표적이다. 냉훈품은 청어·연어·방어·고래고기 등을 원료어로 사용하고, 온훈품은 오징어·청어·연어·고등어 등을 원료어로 사용한다.

175 건조된 식품의 유소현상이란?

① 기름이 변하여 적갈색을 띠게 되는 것

② 악취가 나면서 맛이 변한 상태

③ 미생물의 번식으로 변화된 것

④ 기름이 변하여 흑색을 띠게 되는 것

해설 정어리·꽁치·고등어 등의 건제품이나 염장 연어 등에서는 복부와 같이 기름이 많은 부분이 등 적색으로 변하는 경우가 있는데 이를 유소(油燒)현상이라고 한다.

176 소금의 침투를 균일하게 하며 유지의 산화를 적게 할 수 있는 염장법은?

① 마른간법　　② 개량간법

③ 물간법　　　④ 염수주사법

해설 물간법(염수법)은 원료식품을 적당한 농도의 소금물에 담그는 방법으로, 소금의 삼투가 균일하여 품질이 일정하고 염장 중에 공기와 접촉하지 않아 유지의 산화가 적게 일어난다.

177 어육을 염장법으로 저장 시 나타나는 주된 현상은?

① 어육 단백질이 염에 의한 변성으로 불용성이 된다.

② 어육 단백질이 산에 의한 변성으로 불용성이 된다.

③ 어육 단백질이 염에 의한 변성으로 가용성이 된다.

④ 어육 단백질이 산에 의한 변성으로 가용성이 된다.

해설 생선을 염장하면 어육 단백질이 염에 의해 변성되어 불용성이 된다.

178 미역에 대한 설명으로 틀린 것은?

① 칼슘과 요오드가 많이 함유되어 있다.

② 알칼리성 식품이다.

③ 감조식물이다.

④ 점액질 물질인 알긴산은 중요한 열량급원이다.

정답 **172** ①　**173** ③　**174** ③　**175** ①　**176** ③　**177** ①　**178** ④

해설 미역의 점액질 물질인 알긴산은 열량급원이 아니며, 복합다당류 물질로 장 점막을 자극하고 변비예방에 효과적이다.

179 김의 보관 중 변질을 일으키는 인자와 거리가 먼 것은?

① 산소　　　　　② 광선
③ 저온　　　　　④ 수분

해설 김의 변질에 관여하는 인자는 미생물, 효소, 광선, 수분, 산소 온도 등을 들 수 있다. 김은 저장 중에 차츰 변색하여 빛깔을 잃어 적자색으로 되는데 이것은 피코시안(phycocyan)이 피코에리트린(phycoerytrin)으로 되기 때문이다.

180 한천에 대한 설명으로 틀린 것은?

① 겔은 고온에서 잘 견디므로 안정제로 사용된다.
② 홍조류의 세포벽 성분인 점질성의 복합다당류를 추출하여 만든다.
③ 30℃ 부근에서 굳어져 겔화된다.
④ 일단 겔화되면 100℃ 이하에서는 녹지 않는다.

해설 한천은 찬물에는 녹지 않지만 끓는 물에서는 즉시 용해되며 42℃에서 액체이지만 30℃ 정도에서는 겔(gel)로 응고된다.

181 홍조류에 속하며 무기질이 골고루 함유되어 있고 단백질도 많은 해조류는?

① 미역　　　　　② 김
③ 우뭇가사리　　④ 다시마

해설 해조류는 크게 홍조류(김, 우뭇가사리 등), 녹조류(파래, 청각 등), 갈조류(미역, 다시마 등)로 나눈다. 우뭇가사리에는 무기질과 단백질이 거의 함유되어 있지 않다.

182 건조된 갈조류 표면의 흰 가루 성분으로 단맛을 나타내는 것은?

① 만니톨　　　　② 알긴산
③ 클로로필　　　④ 피코시안

해설 말린 다시마 등의 갈조류 표면의 흰 가루는 만니톨(mannitol)로 다시마의 감미 성분으로 알려져 있다.

183 젓갈의 숙성에 대한 설명으로 틀린 것은?

① 농도가 묽으면 부패하기 쉽다.
② 새우젓의 용염량은 60% 정도가 적당하다.
③ 자기소화 효소작용에 의한 것이다.
④ 세균에 의한 작용도 많다.

해설 젓갈은 20~30%의 소금을 넣어 적당히 숙성시킨 것이다.

184 젓갈의 부패를 방지하기 위한 방법이 아닌 것은?

① 고농도의 소금을 사용한다.
② 방습, 차광포장을 한다.
③ 합성보존료를 사용한다.
④ 수분활성도를 증가시킨다.

해설 젓갈은 소금의 삼투압을 이용하여 식품을 저장하는 염장법의 하나로, 탈수에 의해 수분활성도가 낮아져서 보존성이 증가하게 된다.

185 젓갈 제조방법 중 큰 생선이나 지방이 많은 생선을 서서히 절이고자 할 때 생선을 일단 얼렸다가 절이는 방법을 무엇이라 하는가?

① 습염법　　　　② 혼합법
③ 냉염법　　　　④ 냉동염법

해설 냉동염법이란 큰 생선이나 지방이 많은 생선을 일단 얼렸다가 절이는 방법이다. 습염법은 소금물에 어패류를 넣는 방법을 말하며, 냉염법은 더운

정답 179 ③　180 ④　181 ②　182 ①　183 ②　184 ④　185 ④

계절이나 수온이 높은 지역에서 생선을 0~5℃로 냉각시킨 후 염장하는 방법을 말한다.

186 생선묵의 탄력과 가장 관계 깊은 것은?

① 결합 단백질 – 콜라겐
② 색소 단백질 – 미오글로빈
③ 염용성 단백질 – 미오신
④ 수용성 단백질 – 미오겐

해설 어묵의 탄력은 전체 단백질의 60~70%를 차지하는 염용성 단백질인 미오신(myosin)과 관계 깊은데, 어육에 소금을 넣고 갈면 미오신이 소금물에 녹아 탄력이 생기게 된다.

187 생선묵의 점탄성을 부여하기 위해 첨가하는 물질은?

① 소금   ② 전분
③ 설탕   ④ 물

해설 생선묵 제조에 사용하는 부원료 중 소금은 탄성, 전분은 점탄성 및 증량을 목적으로 사용한다.

188 어육가공품의 원료인 수리미(surimi)를 이용한 대표적인 가공품과 가장 거리가 먼 것은?

① 살라미(salami)
② 게맛살
③ 가마보코(kamaboko)
④ 새우맛살

해설 수리미란 어육을 갈아서 만든 어육재료를 말한다. 살라미는 저온에서 장기간 건조시켜 만든 소시지이다.

189 유지에 관한 설명 중 옳은 것끼리 연결된 것은?

㉠ 튀김용으로 발연점이 높은 대두유나 옥수수유를 사용한다.
㉡ 튀김기름의 흡수량은 강력분보다는 박력분이 더 많다.
㉢ 새우튀김에 쇼트닝을 사용하는 것이 좋다.
㉣ 튀김옷을 만들 때 밀가루 양의 0.5% 정도의 중조를 넣으면 품질이 좋아진다.
㉤ 케이크 제조 시 크리밍(creaming) 시간이 과다하면 부피는 작고 경도는 높아진다.
㉥ 튀김옷을 만들 때 물의 1/3 정도를 달걀로 대치하면 튀김옷이 연해지고 맛이 좋다.

① ㉠, ㉣, ㉤   ② ㉠, ㉡, ㉥
③ ㉢, ㉤, ㉥   ④ ㉡, ㉣, ㉥

해설 튀김기름은 발연점이 높은 식물성 유지가 좋으며, 지방은 막을 형성하여 글루텐의 형성을 방해하는데 강력분은 글루텐 함량이 높으므로 기름의 흡수량은 강력분보다 박력분이 많다. 물의 1/3~1/4을 달걀을 넣으면 글루텐의 형성을 방해하여 가볍게 튀겨지고 맛이 좋아진다.

190 어유와 일반 식물유의 차이점은?

① 어유는 포화지방산이 많고 요오드가가 적다.
② 어유는 불포화지방산이 적고 요오드가가 높다.
③ 어유는 불포화지방산이 많고 혼합 글리세리드이다.
④ 어유는 불포화지방산이 적고 요오드가가 적다.

해설 어유의 지방은 중성지방(triglyceride)으로 식물성유에 비해 불포화지방산을 많이 함유하여 요오드가가 높다.

191 냉동식품을 해동하는 방법으로 틀린 것은?

① 7℃ 이하의 냉장온도에서 자연해동시킨다.

정답 186 ③　187 ②　188 ①　189 ②　190 ③　191 ③

② 전자레인지오븐에서 해동한다.

③ 35℃ 이상의 온수에 담가 2시간 정도 녹인다.

④ 직접 가열조리하면서 해동한다.

해설 냉동식품은 저온에서 서서히 해동하는 것이 영양 손실 및 제품의 복원성에 좋다.

192 각 식품을 냉장고에서 보관할 때 나타나는 현상의 연결이 틀린 것은?

① 바나나 – 껍질이 검게 변한다.

② 고구마 – 전분이 변해서 맛이 없어진다.

③ 식빵 – 딱딱해진다.

④ 감자 – 솔라닌이 생성된다.

해설 감자의 유독성분인 솔라닌(solanine) 독소는 장기간 보관하면 녹색 부분 및 발아 부위에 생성된다. 감자를 냉장보관하면 아크릴아마이드(acrylamide)를 생성하는 환원당의 양이 증가하므로 8℃ 정도의 서늘한 곳에서 보관한다.

193 냉동보관한 식품의 조리방법을 설명한 것 중 맞는 것은?

① 신선도가 떨어지는 식품도 냉동하면 위생상 문제가 되지 않는다.

② 가능한 한 큰 덩어리 상태로 냉동하였다가 필요시 부분 해동시켜 일정량 사용하고 다시 냉동시킨다.

③ 가능한 한 급속냉동하여 식품조직의 손상을 적게 한다.

④ 국물은 용기에 공간 없이 가득 담아 냉동한다.

해설 급속 동결을 하면 얼음결정이 미세하게 형성되고 완만 동결을 하면 얼음결정이 커진다. 생성된 얼음결정이 크면 해동할 때 드립(drip)이 많이 발생하여 식품의 품질을 저하시킨다.

194 해동방법 중 가장 빠르게 해동되는 것은?

① 냉장고 안에서 해동한다.

② 흐르는 물에서 해동한다.

③ 전자레인지에서 해동한다.

④ 실온에서 해동한다.

해설 전자레인지 해동은 냉동채소 및 냉동빵 등 작은 부피의 냉동식품의 해동에 적합하며 신속하게 해동할 수 있다.

195 냉동 중 육질의 변화가 아닌 것은?

① 육 내의 수분이 동결되어 체적 팽창이 이루어진다.

② 건조에 의한 감량이 발생한다.

③ 고기 단백질이 변성되어 고기의 맛을 떨어뜨린다.

④ 단백질 용해도가 증가된다.

해설 단백질은 변성되면 용해도가 감소한다.

196 냉동저장 채소로 적합하지 않은 것은?

① 완두콩   ② 브로콜리

③ 콜리플라워   ④ 셀러리

해설 셀러리는 냉장보관이 적당하다.

197 육류의 냉동에 대한 다음 설명 중 옳지 않은 것은?

① 0℃ 이하가 되면 미생물 번식이나 효소의 작용이 억제된다.

② 급속동결시키면 즙액의 유출량이 적어진다.

③ 급속동결은 고기 덩어리가 작고 낮은 온도일수록 효과적이다.

④ 서서히 동결되면 결체조직이 약해져서 고기가 연해진다.

해설 육류를 냉동하면 미생물의 번식이나 효소의 작용이 억제되어 부패와 변질을 막을 수 있다. 육류의 냉동은 −15℃ 이하로 하도록 한다.

정답 192 ④ **193** ③ **194** ③ **195** ④ **196** ④ **197** ①

198 냉동시켰던 소고기를 해동하니 드립(drip)이 많이 발생하였다. 다음 중 가장 관계 깊은 것은?

① 탄수화물의 호화 ② 단백질의 변질
③ 무기질의 분해 ④ 지방의 산패

해설 냉동식품을 상온에 방치하면 식품조직에서 액이 분리되어 나오는데 이 액을 드립이라 한다. 드립은 단백질의 변성과 관계있어 많이 발생하면 품질이 나빠지고 변질의 원인이 된다.

199 우리나라의 전통적인 향신료가 아닌 것은?

① 생강 ② 고추
③ 팔각 ④ 겨자

해설 팔각은 중국요리에 사용하는 향신료이다.

200 소금의 종류 중 불순물이 가장 많이 함유되어 있고 가정에서 배추를 절이거나 젓갈을 담글 때 주로 사용하는 것은?

① 재제염 ② 재염
③ 호염(천일염) ④ 식탁염

해설 천일염은 불순물의 함량이 가장 높으며 이것을 정제한 것이 재제염이다. 식탁염은 순도 99% 이상의 소금이다.

201 짠맛을 내는 조미료인 소금에 대한 설명 중 틀린 것은?

① 신맛을 줄여주고, 단맛을 높여준다.
② 제빵, 제면에 첨가하면 제품의 물성을 향상시킨다.
③ 식품의 조리와 방부력을 지닌 보존료이며, 무기질의 공급원이다.
④ 온도에 따른 용해도의 차가 크다.

해설 소금은 물에 대한 용해성이 매우 높아 온도에 따른 큰 차이는 없다.

202 일반적으로 소금 1g에 해당하는 염미를 내려면 된장과 간장을 약 몇 g씩 사용해야 하는가?

① 10g, 6g ② 1g, 6g
③ 10g, 10g ④ 1g, 1g

해설 된장은 10~15%, 간장은 18~20% 정도의 소금을 함유하고 있다.

203 식초에 대한 설명이 잘못된 것은?

① 식초산 발효에 가장 강력하여 널리 이용되는 미생물은 곰팡이이다.
② 식초는 우리나라의 전통 발효식품이면서 세계적으로 공통된 일종의 발효식품이다.
③ 일반적으로 동양에서는 식초원료로 주로 곡류가 이용되고, 서양에서는 주로 과실이 이용되었다.
④ 식초의 원료는 술이며, 화학적으로 알코올이 산화되어 식초산이 되는 것이다.

해설 식초산의 발효에는 주로 초산균을 이용하는데 초산균은 세균이다.

204 화학조미료가 가진 맛 성분을 다량 함유하고 있어서 천연조미료로 사용될 수 있는 식품에 해당되지 않는 것은?

① 건표고버섯 ② 멸치
③ 마늘 ④ 다시마

해설 화학조미료의 맛난맛 성분은 글루타민산으로 다시마, 마른 표고, 멸치, 오징어, 새우, 게 등에 함유되어 있다.

205 MSG(Monosodium Glutamate)의 설명으로 틀린 것은?

① 아미노산계 조미료이다.
② pH가 낮은 식품에는 정미력이 떨어진다.

③ 흡습력이 강하므로 장기간 방치하면 안 된다.

④ 신맛과 쓴맛을 완화시키고 단맛에 감칠맛을 부여한다.

해설 MSG는 흡습성이 약해 장기간 방치해도 변하지 않는다.

206 조미료의 침투속도를 고려한 사용 순서로 옳은 것은?

① 소금 - 설탕 - 식초

② 설탕 - 소금 - 식초

③ 소금 - 식초 - 설탕

④ 설탕 - 식초 - 소금

해설 조미료는 설탕 → 소금(간장) → 식초의 순서로 사용하는 것이 질감이 좋다.

207 조리효과를 상승하는 향신료의 작용을 묶은 것 중 맞는 것은?

① 착색작용 - 마늘, 생강, 월계수

② 방향작용 - 올스파이스, 계피

③ 무향작용 - 파프리카, 레드페퍼

④ 식욕증진작용 - 후추, 겨자, 레드페퍼

해설 후추, 겨자, 레드페퍼의 매운맛은 식욕을 촉진하고 건위 · 살균 · 살충작용을 돕는다. 육류 및 어패류 조리 시에는 누린내와 비린내를 감소하는 효과도 있다.

208 단맛을 내는 조미료에 속하지 않는 것은?

① 올리고당(oligosaccharide)

② 설탕(sucrose)

③ 스테비오사이드(stevioside)

④ 타우린(taurine)

해설 타우린은 오징어, 문어, 조개류 등에 많이 함유되어 있는 감칠맛 성분이다.

209 공기 중의 습기를 흡수하는 성질이 있어 뚜껑을 닫아서 보관해야 하는 것으로만 묶인 것은?

① 된장, 고추장　　② 소금, 설탕

③ 물엿, 마요네즈　④ 간장, 식초

해설 소금 및 설탕은 흡습성과 조해성이 있어 밀폐 용기에 보관하는 것이 좋다.

210 설탕의 특성을 설명한 것 중 틀린 것은?

① 설탕은 물에 녹기 쉽다.

② 설탕은 다른 당류와 함께 흡습성을 가지고 있다.

③ 설탕은 전분의 노화를 촉진시킨다.

④ 설탕은 농도가 높아지면 방부성을 지닌다.

해설 전분에 설탕을 가하면 탈수하고 전분 분자 간의 결합을 저해하므로 노화가 억제된다.

211 식초의 기능에 대한 설명으로 틀린 것은?

① 생선에 사용하면 생선살이 단단해진다.

② 붉은 비트(beets)에 사용하면 선명한 적색이 된다.

③ 양파에 사용하면 황색이 된다.

④ 마요네즈를 만들 때 사용하면 유화액을 안정시킨다.

해설 양파의 플라본 색소는 알칼리에서는 황색, 산성에서는 무색을 띤다. 따라서 식초를 양파에 사용하면 희게 되고 소다를 양파에 사용하면 황색을 띤다.

212 겨자를 갤 때 매운맛을 가장 강하게 느낄 수 있는 온도는?

① 20~25℃　　② 30~35℃

③ 40~45℃　　④ 50~55℃

해설 겨자의 매운맛 성분은 시니그린(sinigrin)으로 40℃ 정도에서 매운맛이 강하다.

213 식품에 대한 설명이 잘못된 것은?

① 한천 – 다시마를 삶아서 그 액을 냉각시켜 젤리 모양으로 응고시킨 후 건조하여 제조한다.

② 겨자유(mustard oil) – 흑겨자 분말에 효소를 처리하여 가수분해시킨 상징액을 증류하여 제조한다.

③ 고추냉이가루 – 고추냉이 무를 얇게 썰어 60℃ 이하에서 건조분말로 하여 전분·색소·향료·겨자가루를 첨가하여 제조한다.

④ 곤약 – 토란과 식물인 곤약의 뿌리를 건조시켜 분쇄한 가루에 물을 넣고 삶은 후 석회유를 넣어 젤화시켜 제조한다.

해설 한천은 우뭇가사리 등의 홍조류를 원료로 한다.

214 식품과 그 가공에 관계하는 주요 미생물을 연결한 것 중 잘못된 것은?

① 개량메주 – 효모

② 빵 – 효모

③ 요구르트 – 세균

④ 식초 – 세균

해설 개량메주는 곰팡이를 이용한 것이다.

215 다음의 식품가공 시 단백질 변성에 의한 응고작용에 해당되지 않는 것은?

① 치즈 가공　　② 두부 제조

③ 달걀 삶기　　④ 딸기잼 제조

해설 잼은 펙틴의 응고성을 이용한 식품이다.

216 젤 형성을 이용한 식품과 젤 형성 주체성분의 연결이 바르게 된 것은?

① 도토리묵 – 한천

② 양갱 – 펙틴

③ 족편 – 젤라틴

④ 과일잼 – 전분

해설 족편은 수용성 경단백질인 콜라겐을 가열에 의해 유도단백질인 젤라틴으로 변성시켜 만든 젤(gel) 식품이다. 양갱은 한천. 도토리묵은 전분. 과일잼은 펙틴이 주체 성분이다.

217 다음 중 설탕의 조리성에 대한 설명으로 잘못된 것은?

① 설탕농도 80% 이상일 때 비등점은 높다.

② 설탕농도가 낮을수록 비등점은 높다.

③ 설탕은 단백질 연화작용을 한다.

④ 설탕은 전분의 노화를 억제한다.

해설 설탕의 농도가 높을수록 비등점은 높아진다.

CHAPTER 06 한식 밥 조리

1 밥 재료 준비

1. 쌀

1) 형태에 따른 구분

쌀은 형태에 따라 크게 인디카형, 자포니카형으로 분류하지만 인도네시아 자바섬 부근의 섬에서만 재배하는 자바니카형도 있다.

① 인디카형(Indica 인도종) : 쌀알이 길고 가늘며 점성이 적어 밥을 지었을 때 끈기가 없어 한국인이나 일본인의 기호에는 맞지 않다.

② 자포니카형(Japonica 일본종) : 입자가 짧고 점성이 있으며 우리나라, 일본, 중국 북부에서 주로 소비 되며, 전 세계 생산량의 10% 정도를 차지한다.

2) 도정도에 따른 구분

쌀의 주성분은 당질로 도정도가 높을수록 단백질, 지방, 회분, 섬유질, 무기질, 비타민 등의 함량이 감소하고 당질의 비율이 증가한다.

① 현미 : 벼의 껍질을 왕겨라 하며, 왕겨층을 벗겨낸 쌀알을 현미라 한다.

② 백미 : 현미를 도정할 때 과피 · 종피 · 호분층까지 쌀겨로서 제거되고, 우리가 식용하는 부분은 배유부분으로 대부분 전분질로 구성되어 있다.

3) 멥쌀과 찹쌀

전분은 아밀로오스(amylose)와 아밀로펙틴(amylopectin)으로 구성되어 있는데, 멥쌀은 20~30%의 아밀로오스와 70~80%의 아밀로펙틴으로 구성되어 있고, 찹쌀은 아밀로펙틴으로만 구성되어 있다. 아밀로펙틴의 함량이 많을수록 점성이 강하고 노화가 늦다. 따라서 찹쌀로 만든 밥이나 떡이 점성이 있고 노화가 늦게 일어난다.

2. 보리

보리의 주성분은 전분이며 탄수화물 70%, 단백질 8~12% 정도이고 비타민 B군을 많이 함유하고 있으며 도정도에 따른 영양 손실은 거의 없다.

① 압맥 : 고온의 증기로 찐 다음 기계로 눌러 만들어 부드럽다.

② 할맥 : 보리의 중심부를 2등분하여 섬유질을 제거한 것으로 소화율이 높다.

3. 두류(콩류)

양질의 단백질과 지방의 공급원으로 종피가 단단하여 날것으로는 섭취가 어렵고 소화율도 낮다. 또한 대두의 독성물질로 트립신(trypsin)의 소화를 방해하는 안티트립신(antitrypsin)과 거품이 나고 용혈작용을 하는 사포닌(saponin), 적혈구를 응집시키는 헤마글루티닌(hemagglutinin) 독소가 있으나 이들은 열에 약하여 가열에 의해 쉽게 파괴된다.

① 고단백, 고지방, 저당질 : 대두, 땅콩 등
② 저단백, 저지방, 고당질 : 팥, 녹두, 강낭콩, 완두콩 등
③ 채소의 성격의 지닌 두류 : 조림콩, 풋완두콩 등

4. 조

오곡의 하나인 조는 아밀로펙틴 함량에 따라 메조와 차조로 구분한다. 차조는 메조에 비해 단백질과 지방 함량이 높으며 밥을 지을 때 넣으면 밥맛을 좋게 하므로 대표적인 쌀 혼용 곡물이다.

5. 기장

이삭의 형태에 따라 이삭가지가 사방으로 퍼지는 평수형(산수형), 줄기가 짧고 빽빽하게 자라는 밀수형, 가지나 줄기가 길고 한쪽으로 몰리는 기수형의 3가지가 있으며 우리나라에서 재배하는 품종은 대부분 기수형이다. 메기장과 찰기장이 있으며 주성분은 당질이고 단백질, 지방질, 비타민 A 등이 풍부하고 팥과 혼식한다.

2 밥 조리

1. 밥 짓기

1) 조리기구

전기밥솥, 압력밥솥, 돌솥, 취반기 등 다양한 종류와 형태가 있으며 밥의 종류와 특징, 밥의 양 등에 따라 적당한 것을 선택하도록 한다.

① 돌솥 : 보온성이 좋고 음식 고유의 맛을 그대로 살릴 수 있다.
② 압력솥 : 압력솥 내부의 압력을 일정 압력(1.5kg/cm² 이하의 설정압)으로 유지시켜 줌으로써 조리를 가능하게 하고, 압력조절장치에 이상이 발생하여 정상적으로 작동되지 않을 경우 압력을 안전하게 빼주는 안전장치가 있다. 짧은 시간 조리되므로 영양소 파괴가 적고 재료의 색상이 그대로 유지된다.

2) 세척과 침지

(1) 세척

① 먼지나 오염물질 등을 없애기 위해 맑은 물이 나올 때까지 씻는다.

② 비타민 B_1 등 영양 손실을 줄이기 위해 가볍게 3회 정도 씻는다.

(2) 수침하기(물에 담그기)

① 쌀을 충분히 불리지 않은 상태로 가열하면 쌀알 겉층의 전분이 굳어져 수분의 침투를 막아 딱딱한 밥알이 될 수 있다.

② 맛있는 밥을 짓기 위해서는 쌀을 미리 물에 침수시켜 쌀을 충분히 불려 밥을 짓는 것이 좋다.

③ 멥쌀은 30분, 찹쌀은 50분 정도 담가 놓으면 최대의 물을 흡수하고 그 이상 담가 놓아도 더 흡수하지는 않는다.

3) 물의 양

① 밥을 지을 때 물의 양은 쌀의 종류와 수침시간, 물의 온도 등에 따라 다르다.

② 잘된 밥의 양은 쌀 중량의 2.5배 정도가 된다. 즉, 100g의 쌀로 밥을 지으면 대략 250g 정도가 된다.

③ 쌀은 15% 정도의 수분을 함유하며, 밥을 지으면 약 65% 정도의 수분을 함유한다.

≫ 쌀의 종류에 따른 물의 분량

쌀의 종류	중량(무게) 비율	체적(부피) 비율
정백미	쌀의 1.5배	쌀의 1.2배
햅쌀	쌀의 1.4배	쌀의 1.0배
찹쌀	쌀의 1.1~1.2배	쌀의 0.9~1.0배

4) 뜸 들이기

① 가열하면 처음 5~10분은 쌀과 물이 동시에 끓으면서 쌀알 내부에 수분이 고루 흡수되는 시기로 최대한 불을 높여주는 것이 좋다.

② 다음 7~8분은 쌀에 흡수되지 않고 남은 물이 끓는 시간으로 이때는 불을 조금 낮춰주어야 꼬들꼬들한 밥이 되는 것을 막아준다.

③ 마지막 뜸 들이기는 밥맛을 결정하는 가장 중요한 단계로 물이 완전히 잦아들어 눈는 소리가 나면 불을 끄고 10~15분 정도 뜸을 들여 솥 안에 남아 있는 수분을 날려 보내면 맛있는 밥이 된다.

5) 밥맛의 구성요소

① 외관적으로 모양이 일그러졌거나 찹쌀처럼 부분적으로 백색이 보이는 것은 피한다.

② 깨졌거나 금이 가고 반점이 있는 쌀은 피한다.

③ 도정일자를 확인한다. 쌀은 도정 후 여름 1개월, 겨울 2개월 정도 지나면 맛이 나빠진다.

④ 밥물의 산성이 높을수록 밥맛은 나쁘다.

⑤ 약간(0.03%)의 소금을 넣으면 밥맛은 좋아진다.

⑥ 쌀은 수확 후 오래되거나 변질되면 밥맛이 나쁘다.

⑦ 지나치게 건조된 쌀은 밥맛이 나쁘다.

⑧ 쌀의 품종과 재배지역에 따라 밥맛은 다르다.

⑨ 쌀의 일반성분은 밥맛과 거의 관계가 없다.

③ 밥 담기

1. 밥 담기

1) 그릇 선택

밥의 종류와 색, 형태, 인원수, 분량 등을 고려하여 그릇을 선택한다.

2) 담기

① 먹는 시간에 맞춰 따뜻하게 담아낸다.

② 밥의 종류에 따라 골고루 잘 섞어 색과 모양의 조화를 고려하여 담는다.

③ 콩나물밥은 지어서 오래 두면 콩나물의 수분이 빠져나가 가늘고 질겨져서 맛이 없어지므로 먹는 시간에 맞춰 밥을 짓는다.

3) 고명 및 양념장

① 밥의 종류에 따라 나물 등 부재료와 고명을 얹거나 양념장을 곁들인다.

② 음식의 고명이란 모양과 색을 돋보이게 하기 위해 장식하는 것으로 웃기 또는 꾸미라고도 한다. 한국음식의 색은 오행설에 바탕을 두어 붉은색(다홍고추, 실고추, 대추 등), 녹색(미나리, 실파, 호박, 오이 등), 황색·흰색(달걀의 황백지단), 검은색(석이버섯 등)의 오색이 기본이다.

③ 잣·은행 등의 견과류와 고기완자, 표고버섯 등도 고명으로 사용한다.

TIP 식기는 만든 재질에 따라 유기·은·스테인리스 등의 금속제품과 흙으로 빚어 구운 토기·도기·자기 제품이 있으며, 유리로 만든 제품, 대나무로 만든 죽제품, 나무로 만든 목기 등이 있다. 반상기는 계절에 따라 여름철과 겨울철의 식기를 구분하여 사용하는데 단오부터 추석까지는 여름철의 식기로 도자기로된 것을 사용하고 그 외의 계절에는 유기나 은기를 사용한다.

(1) 주발, 사발 : 유기나 은기, 사기로 만든 남자용 밥그릇으로 사기로 만든 것을 사발이라고 한다. 아래는 넓고 위는 차츰 넓어지며 뚜껑이 있다.

(2) 바리 : 유기로 만든 여자용 밥그릇으로 아가리가 조금 좁고 중배가 나왔으며 뚜껑에 꼭지가 있다.

(3) 합 : 둥글넓적한 뚜껑이 있는 그릇으로 작은 합은 밥그릇으로 쓰이고 큰 합은 떡이나 약식, 찜 등을 담는다.

(4) 탕기 : 국을 담는 그릇으로 주발과 비슷한 모양이다.

(5) 대접 : 위가 넓적하고 운두가 낮은 뚜껑이 없는 그릇으로 국이나 물, 면을 담는 데 쓴다.

(6) 조치보 : 찌개나 찜을 담는 주발과 비슷한 모양의 그릇으로 뚜껑이 있다.

(7) 보시기 : 사발 모양의 낮고 작은 반찬그릇으로 쟁첩보다는 약간 크고 조치보다는 운두가 낮은 김치류를 담는 그릇을 말한다.

(8) 쟁첩 : 전, 구이, 나물, 장아찌 등을 찬을 담는 납작하고 뚜껑이 있는 그릇으로 반상기의 그릇 중에 가장 많은 수를 차지한다.

(9) 종지 : 간장, 초장, 초고추장의 장류나 꿀을 담는 크기가 가장 작은 그릇이다.

001 전 세계 생산량의 10% 정도를 차지하며 우리나라에서 주로 소비되는 쌀의 형태는?

① 인디카형 　　② 자포니카형
③ 자바니카형 　④ 아시아형

해설 쌀은 형태에 따라 크게 인디카형, 자포니카형으로 분류하며 인디카형은 쌀알이 길고 가늘며 점성이 적고, 자포니카형은 입자가 짧고 점성이 있다.

002 밥짓기에서 평균 열효율이 가장 좋은 연료는?

① 석탄 　　　② 연탄
③ 전기(전기솥) 　④ 가스

해설 평균 열효율을 보면 전력 50~65%, 가스 40~45%, 장작 25~45%, 연탄 30~40% 정도이다

003 밥짓기에 대한 설명으로 잘못된 것은?

① 쌀을 미리 물에 불리는 것은 가열 시 열전도를 좋게 하여 주기 위함이다.
② 밥물은 쌀 중량의 2.5배, 부피의 1.5배 정도 되도록 붓는다.
③ 쌀 전분이 완전히 α화되려면 98℃ 이상에서 20분 정도 걸린다.
④ 밥맛을 좋게 하기 위하여 0.03% 정도의 소금을 넣을 수 있다.

해설 쌀의 종류에 따른 물의 분량은 다음과 같다.

쌀의 종류	중량(무게) 비율	체적(부피) 비율
정백미	쌀의 1.5배	쌀의 1.2배
햅쌀	쌀의 1.4배	쌀의 1.0배
찹쌀	쌀의 1.1~1.2배	쌀의 0.9~1.0배

004 쌀의 호화를 돕기 위해 밥을 짓기 전에 침수시키는데 이때 최대 수분 흡수량은?

① 5~10% 　　② 20~30%
③ 55~65% 　　④ 75~85%

해설 쌀을 침수시켰을 때 수분흡수량은 대개 20~25% 정도로 30분~1시간 정도 담가 놓으면 최대의 물을 흡수하고 그 이상 담가 놓아도 흡수량에는 큰 차이가 없다.

005 밥짓기 과정의 설명으로 옳은 것은?

① 쌀을 씻어서 2~3시간 푹 불리면 맛이 좋다.
② 햅쌀은 묵은 쌀보다 물을 약간 적게 붓는다.
③ 쌀은 80~90℃에서 호화가 시작된다.
④ 묵은 쌀인 경우 쌀 중량의 약 2.5배 정도의 물을 붓는다.

해설 쌀을 씻어서 30분 정도 불리는 것이 적당하고, 호화온도는 70℃이다. 물의 양은 쌀 중량의 약 1.5배, 부피의 1.2배가 적당하다.

정답 001 ② 　002 ③ 　003 ② 　004 ② 　005 ②

006 밥을 지을 때 전분이 빨리 α화 하려면?

① 쌀의 정백도가 낮을수록 좋다.

② 수침시간이 짧은 것일수록 좋다.

③ 가열온도가 높을수록 좋다.

④ 수소이온농도가 낮을수록 좋다.

해설 쌀의 정백도가 높을수록, 수침시간이 길수록, 가열온도가 높을수록, 수소이온농도가 높을수록 호화(α화)는 빠르다.

007 밥맛을 좌우하는 요소를 설명한 것 중 잘못된 것은?

① 같은 쌀이라도 밥물의 양에 따라 밥맛이 달라질 수 있다.

② 밥물이 산성일수록 밥맛이 좋아진다.

③ 같은 쌀이라도 밥 짓는 열원에 따라 밥맛이 달라질 수 있다.

④ 수확 후 오래된 쌀일수록 밥맛이 나빠진다.

해설 밥물의 산도는 pH 7~8의 것이 적당하나, 산도가 높으면 밥맛은 나빠진다.

008 검정콩밥을 섭취하면 쌀밥을 먹었을 때보다 어떤 영양소를 보충할 수 있는가?

① 단백질 　　② 탄수화물

③ 지방 　　　④ 비타민

해설 콩은 단백질 급원식품이므로 쌀에서 부족한 단백질을 보충할 수 있다.

009 쌀에서 식용으로 하는 부분은?

① 미강층 　　② 배아

③ 배유 　　　④ 외피

해설 벼의 껍질을 왕겨라 하고 이것을 제거한 것을 현미라 한다. 현미는 과피, 종피, 호분층, 배유, 배아로 이루어져 있으며 도정할 때 과피, 종피, 호분층까지 쌀겨로서 제거되고 우리가 식용하는 부분은 배유부분이다.

010 다음 중에서 소화흡수율이 가장 좋은 쌀은?

① 현미 　　　② 7분도미

③ 백미 　　　④ 9분도미

해설 벼의 도정도가 높을수록 영양 손실은 많으나 소화흡수율은 높다.

CHAPTER 07 한식 죽 조리

1 죽 재료 준비

1. 종류

① 죽 : 쌀의 5~8배가량의 물을 붓고 끓여 전분을 완전히 호화시킨 것이다.

② 미음 : 곡물을 껍질만 남을 정도로 충분히 고아서 체에 밭친 것으로 죽보다 묽은 음식이다.

③ 응이 : 곡물을 곱게 갈아 전분을 가라앉혀 가루로 말린 것을 물에 풀어 익혀 마실 정도의 농도로 만든 것이다.

④ 암죽 : 모유가 부족할 때 아기를 키우던 대용식으로 이유식을 겸한 음식이다.

⑤ 타락죽 : 타락은 우유를 뜻하는데 왕이 병에 걸렸을 때 원기를 회복시키기 위해 먹는 등 특별한 경우에 먹는 보양식으로 여겼다.

⑥ 초조반 : 궁중에서 아침 식사 전에 올리는 죽이다.

⑦ 자릿조반 : 아침에 잠에서 깨어나는 대로 그 자리에서 먹는 죽이나 미음 등의 간단한 식사이다.

2. 재료 준비

1) 재료 준비하기

① 재료의 품질 상태를 확인하고 주재료와 부재료를 선택하여 필요량에 맞게 계량한다.

② 주재료인 쌀과 잡곡을 씻고 용도에 맞게 불린다.

③ 부재료를 조리방법에 맞게 손질한다.

④ 조리방법에 맞게 쌀 등의 재료를 갈거나 부순다.

2 죽 조리

1. 죽 조리하기

1) 죽 조리하기

① 죽의 종류와 형태에 따라 조리시간과 방법을 조절한다.

② 조리도구, 조리법, 쌀과 잡곡의 재료 특성에 따라 물의 양을 가감한다.

③ 조리도구와 조리법, 재료 특성에 따라 화력과 가열시간을 조절한다.

2) 죽 조리방법

① 주재료인 곡물은 물에 미리 담가 충분히 불려야 한다(2시간 정도).

② 죽의 일반적인 물의 양은 5~6배 정도가 적당하며, 끓이는 도중에 물을 보충하면 전체가 잘 어우러지지 않으므로 물은 처음부터 전부를 넣고 끓인다.

③ 죽을 끓이는 솥이나 냄비는 두꺼운 재질이 좋다. 돌이나 옹기로 된 것이 열을 부드럽게 전하여 오래 끓이기에 적합하다.

④ 불의 세기는 중불 이하에서 천천히 오래 끓인다.

⑤ 죽을 끓이는 동안 너무 자주 젓지 않도록 하고 반드시 나무주걱으로 젓는다.

⑥ 간은 곡물이 완전히 호화되어 부드럽게 퍼진 후에 하며, 간은 아주 약하게 하고 먹는 사람의 기호에 따라 간장 · 소금 · 설탕 · 벌꿀 등으로 맞춘다.

3) 죽 끓이기

처음에는 강한 화력으로 신속하게 가열하고 한 번 끓은 후에는 약한 불로 천천히 오랫동안 끓이는 것이 중요하다. 가열시간은 분량, 온도, 화력 등에 따라 다르다.

(1) 온도 상승기

① 20~25%의 수분을 흡수한 쌀 입자는 온도가 상승하기 시작하면 더 많은 수분을 흡수하여 팽윤한다.

② 60~65℃에서 호화가 시작하여 70℃에서 진행되며 강한 화력에서 10~15분 정도 끓인다.

(2) 비등기

① 쌀의 팽윤이 계속되면서 호화가 진행되어 점성이 높아져서 점차 움직이지 않게 된다. 이때 내부온도는 100℃ 정도이다.

② 화력은 중간 정도로 하여 5분 정도 유지한다.

(3) 증자기

① 쌀 입자가 수증기에 의해 쪄지는 상태로 이때 내부온도는 98~100℃가 유지되도록 한다.

② 쌀 입자의 내부가 호화 · 팽윤하도록 화력을 약하게 해서 보온이 되도록 한다.

③ 이 상태를 15~20분 정도 유지하고 유리된 물이 거의 없어졌을 때 불을 끈다.

(4) 뜸 들이기

① 고온 중에 일정 시간 유지하게 하는 것이다.

② 쌀알 중심부의 전분이 호화되어 맛있는 죽이 된다.

③ 뜸 들이는 시간이 너무 길면 수증기가 밥알 표면에서 응축되어 죽 맛이 떨어진다.

④ 뜸 들이는 도중에 죽을 가볍게 뒤섞어서 물의 응축을 막도록 한다.

4) 죽의 맛에 영향을 미치는 요소

① 죽을 쑤는 물의 pH는 7~8일 때 가장 좋으며, 산도가 높을수록 맛이 나빠진다.

② 약간(0.03%)의 소금 첨가 시 맛이 좋아진다.

③ 오래 묵은 쌀보다 햅쌀이 좋다.

④ 조리도구는 열전도가 작고 열용량이 큰 무쇠나 돌로 만든 것이 좋다.

3 죽 담기

1. 죽 담아 내기

1) 그릇 선택

죽의 종류와 색, 형태, 인원수, 분량 등을 고려하여 그릇을 선택한다.

2) 죽 담기

① 죽을 따뜻하게 담아낸다.

② 죽의 종류에 따라 간장으로 색과 간을 맞추어 담는다.

3) 고명 올리기

① 죽의 고명은 죽의 외관적 품질과 맛을 높여주는 요소의 하나로 죽의 종류에 따라 어울리는 고명을 올린다.

② 죽의 종류에 따라 죽을 덜어 먹을 수 있는 그릇이나 간장, 소금, 꿀 등을 종지에 담아낸다.

③ 죽의 종류에 따라 동치미, 물김치, 매듭자반, 북어무침 등을 곁들인다. 죽상에는 맵고 짠 찬은 올리지 않는다.

07 한식 죽 조리 예상문제

001 죽을 끓이기 전 재료를 세척하는 이유로 옳지 않은 것은?

① 식품에 부착된 이물질 제거

② 영양가 향상

③ 색과 외관의 품질 향상

④ 맛과 입에서 촉감 향상

해설 ① ③ ④ 외에도 유해물과 불미성분 제거를 목적으로 세척한다.

002 죽 재료의 세척방법이 옳지 않은 것은?

① 곡류는 맑은 물이 나올 때까지 세척한다.

② 채소류는 물에 잠깐 담갔다가 흐르는 물에 세척한다.

③ 육류는 흐르는 물에서 핏물이 없어질 때까지 세척한다.

④ 어패류는 용도에 맞게 잘라 세척한다.

해설 어패류는 비늘, 지느러미, 내장을 뺀 후 물에 깨끗이 씻어 절단하도록 한다.

003 죽 재료를 써는 목적으로 옳지 않은 것은?

① 불가식부의 제거

② 조리시간 증가

③ 먹기 좋게 하기 위해

④ 다양한 재료의 외관상 조화

해설 식재료를 썰어 표면적을 크게 하여 조리 시 열전도율을 높여 조리시간을 단축하고 조미료의 침투를 용이하게 한다.

004 죽 조리 시 죽의 종류에 따라 재료를 분쇄하게 되는데 분쇄의 목적으로 적당하지 않은 것은?

① 조직의 파괴로 영양소 손실이 많아지므로 분쇄하지 않고 조리해야 한다.

② 일정한 입자의 형태로 만들어 이용가치와 품질을 향상시킨다.

③ 재료의 표면적을 증대시켜 조리시간을 단축할 수 있다.

④ 다른 재료와 혼합 또는 조합시킬 경우 균일한 제품을 얻을 수 있다.

해설 조직의 파괴로 유용성분의 추출과 분리를 쉽게 하기 위한 목적으로 분쇄한다.

005 죽 조리의 특성으로 옳지 않은 것은?

① 밥 조리와 죽 조리의 가장 큰 차이는 물의 양이다.

② 죽을 끓일 때는 일반적으로 재료의 5~7배가량의 물을 붓는다.

③ 죽은 소량의 재료로 많은 사람이 먹을 수 있다.

④ 죽은 다양한 재료를 사용하여 조리하므로 밥보다 열량이 높다.

해설 죽은 많은 양의 물을 붓고 끓여 양을 많게 하므로 소량의 재료로 많은 사람이 먹을 수 있다. 죽의 열량은 100g당 30~50kcal로 밥의 1/3~1/4 정도이다.

정답 001 ② 002 ④ 003 ② 004 ① 005 ④

006 죽 조리 시 맛에 영향을 주는 인자로 옳지 않은 것은?

① 조리에 사용하는 물은 산성이 높으면 맛이 좋아지므로 산성의 물을 사용하는 것이 좋다.

② 약간의 소금을 첨가하면 죽 맛이 좋아진다.

③ 조리기구는 열전도가 작고 열용량이 큰 무쇠나 돌로 만든 것이 좋다.

④ 연료는 가스나 전기보다 숯불이나 장작 같이 재가 남는 것이 좋다.

해설 죽 조리에 사용하는 물은 산성이 강할수록 맛이 나빠지고, pH 7~8(중성~약알칼리)일 때 가장 좋다.

007 죽 조리방법 중 잘못된 것은?

① 곡물은 미리 물에 담가 충분히 수분을 흡수시켜야 한다.

② 처음부터 물을 전부 넣고 끓이면 농도가 묽을 수 있으므로 끓이는 중간중간 물을 보충하며 조리한다.

③ 죽을 쑤는 동안 너무 자주 젓지 않도록 하고 반드시 나무주걱으로 젓는다.

④ 간은 완전히 호화되어 부드럽게 퍼진 후에 한다.

해설 죽은 끓이는 도중에 물을 보충하면 죽 전체가 잘 어우러지지 않으므로 죽에 넣을 물을 계량하여 처음부터 전부를 넣고 끓인다.

008 다음 중 죽 조리방법이 잘못된 것은?

① 장국죽은 냄비에 참기름을 두르고 부순 쌀을 먼저 볶다가 표고버섯과 소고기를 넣고 볶은 후 물을 붓고 끓인다.

② 전복죽은 냄비에 불린 쌀과 전복내장을 넣고 참기름에 무쳐 볶다가 물을 붓고 끓이다가 어느 정도 퍼지면 전복 살을 넣고 끓인다.

③ 녹두죽은 녹두가 쉽게 으깨질 정도로 삶아 체에 밭쳐 나무주걱으로 으깨어 걸러 앙금을 가라앉힌 후 불린 쌀에 물을 붓고 끓인다.

④ 잣죽을 끓일 때 사용하는 잣은 고깔을 떼서 물을 붓고 곱게 갈아 고운체에 밭쳐 앙금을 가라앉혀 잣 간 윗물을 끓이다가 앙금을 넣고 끓인다.

해설 장국죽은 냄비에 참기름을 두르고 먼저 표고버섯과 소고기를 넣고 볶다가 부순 쌀을 넣고 쌀알이 반투명해질 때까지 볶은 후 물을 붓고 끓인다.

009 죽 조리 시 뜸들이기 과정이 옳은 것은?

① 온도 상승기 → 비등기 → 증자기 → 뜸들이기

② 비등기 → 온도 상승기 → 증자기 → 뜸들이기

③ 온도 상승기 → 증자기 → 비등기 → 뜸들이기

④ 비등기 → 증자기 → 온도 상승기 → 뜸들이기

해설 죽 조리 시 가열에 의해 쌀이 수분을 흡수하여 온도가 상승하면서 팽윤하고 호화된다. 호화가 진행되어 쌀 입자가 수증기에 의해 쪄지는 상태의 증자기를 거쳐 쌀알 중심부의 전분이 호화되어 맛있는 죽이 되는 뜸 들이기가 진행된다.

010 다음 중 여름철의 식기로 적당한 것은?

① 유기 ② 은기

③ 도자기 ④ 스테인리스

해설 일상의 반상차림에는 여름철에는 도자기를 사용하고 그 외의 계절에는 유기나 은기를 사용한다.

정답 006 ① 007 ② 008 ① 009 ① 010 ③

011 죽상에 곁들이는 찬이 아닌 것은?

① 동치미   ② 매듭자반

③ 북어무침   ④ 배추김치

해설 죽상에는 맵고 짠 찬은 어울리지 않는다.

012 죽을 담아낼 때 고명으로 적당하지 않은 것은?

① 달걀지단   ② 미나리

③ 표고버섯   ④ 전복

해설 고명으로 달걀지단, 소고기, 표고버섯, 실고추, 다진 고추, 실파, 미나리, 통깨, 잣, 은행, 호두, 대추, 밤 등을 주로 사용한다.

CHAPTER 08

한식 국·탕 조리

1 국·탕 재료 준비

1. 재료 준비

1) 국, 국물, 육수

(1) 국 : 국과 탕에 대한 명확한 구분은 없으며 육류·어패류·채소류·해조류 등을 주재료로 끓인 일상식의 국물 요리로 보통은 밥에 곁들여 먹지만 갈비탕이나 설렁탕처럼 진한 국물에 밥을 말아서 탕반을 만들어 먹기도 한다.

① 맑은 장국 : 육수나 장국에 간장 또는 소금으로 간을 맞추어 끓인다.

② 토장국 : 된장 또는 고추장으로 간을 맞추고 건더기를 넣어 끓인다.

③ 곰국 : 뼈와 살코기, 내장 등을 푹 고아 끓인다.

④ 냉국 : 끓여서 차게 식힌 물에 간장과 식초로 간을 하고 기호에 따라 참기름이나 고춧가루를 쓰기도 한다.

(2) 국물 : 국이나 찌개 등의 음식에서 건더기를 제외한 물을 뜻한다.

(3) 육수 : 고기를 삶아낸 물로 육류 또는 가금류, 뼈, 건어물, 채소류, 향신채 등을 넣고 물에 충분히 끓여 국물로 사용하는 재료를 말한다.

2) 도구와 재료 준비

① 육수는 장시간 끓이므로 가급적 수분 증발이 적도록 하여야 한다. 따라서 두껍고 둘레보다 깊이가 깊은 것이 증발량이 적고 온도를 일정하게 유지하기에 알맞으므로 좋다.

② 용도와 필요한 맛에 따라 여러 가지 재료가 사용되며 국물의 재료에 따라 쌀뜨물, 멸치 또는 조개국물, 다시마육수, 버섯육수, 소고기육수, 사골육수 등 매우 다양하다.

3) 재료의 전처리

① 육류와 가금류는 찬물에 담가 핏물을 없앤다.

② 멸치는 반으로 갈라 내장을 빼고, 비린 맛을 줄이기 위해 팬이나 냄비에 볶는다.

③ 채소류는 끝부분과 불가식부를 자르고 세척한 다음 필요한 크기에 맞게 잘라 끓는 물에 데친 후 찬물에 씻은 후 물기를 없앤다.

④ 조개류는 껍질을 깨끗하게 씻은 다음 3~4%의 소금물에 담가 해감시킨다.

⑤ 다시마 등의 마른 해조류는 마른 행주로 닦은 후 찬물에 30분~1시간 정도 담가 준비한다.

⑥ 흙이나 모래, 티끌 등의 이물질을 충분히 제거해야 하고 필요에 따라 깨끗한 물로 깨끗이 씻어야 한다.

4) 재료 계량하기

① 사용하는 재료를 필요량에 맞게 계량한다. 이때 제공량에 맞도록 재료의 불가식부를 제외한 양을 정확하게 계량한다.

② 곡류 · 어육류 · 과일 등 무게로 측정하는 것은 저울, 기름이나 간장 등의 액체는 계량컵 또는 계량스푼으로 계량한다.

5) 육수 준비하기

① 찬물에 육수재료를 넣고 끓이는 시간과 불의 강도를 조절하여 육수를 끓인다. 육수가 끓기 시작하면 화력을 조절하여 육수의 온도를 약 90℃로 유지하며 은근하게 끓여준다.

② 육수를 끓이는 동안 생기는 불순물을 제거하지 않으면 육수를 혼탁하게 하므로 부유물을 제거한다.

③ 육류, 가금류, 뼈 등으로 낸 육수는 걸러서 식힌 후 표면에 굳어지는 기름을 거둬내고 다시 끓인다.

④ 완성된 육수는 내용물과 국물을 서로 분리하고 깨끗하고 투명한 육수를 만들기 위해 국물에 채소나 뼈, 다른 불순물이 섞이지 않도록 한다.

⑤ 육수의 종류에 따라 뚜껑이 있는 용기에 담아 냉 · 온으로 보관한다.

2 국 · 탕 조리

1. 조리하기

1) 건더기 비율

① 물이나 육수에 재료를 적절히 배합하여 국물의 양을 조절하여 끓인다.

② 일반적으로 건더기는 국물의 1/3이 적당하다.

2) 끓이기

① 국의 종류와 재료의 특성을 고려하여 부재료와 양념을 첨가하여 끓인다.

② 국의 종류와 재료의 특성을 고려하여 끓이는 시간과 화력을 조절하여 재료의 맛을 살릴 수 있도록 끓인다.

③ 끓이는 시간은 재료의 종류와 크기에 따라 차이가 있으며 감자 15~20분, 당근 15~20분, 무 15분, 토란 10~15분, 호박 7분, 콩나물 5~8분, 배추 5~8분, 미역 5분, 파 4~6분, 두부 2분 정도이다.

3 국 · 탕 담기

1. 담아내기

1) 그릇 선택

국의 종류와 색, 형태, 인원수, 분량, 제공하는 온도 등을 고려하여 탕기나 대접, 뚝배기 등 그릇을 선택한다.

2) 담아내기

① 국은 국물이 주가 되는 음식으로 국물과 건더기의 비율은 6 : 4 또는 7 : 3으로 하여 담는다.

② 국이나 탕의 종류에 따라 달걀지단, 미나리초대, 미나리, 고기완자, 홍고추 등의 고명을 올려 낸다.

08 한식 국 · 탕 조리 예상문제

001 끓이는 조리법의 단점은?

① 식품의 중심부까지 열이 전도되기 어려워 조직이 단단한 식품의 가열이 어렵다.
② 영양분의 손실이 비교적 많고 식품의 모양이 변형되기 쉽다.
③ 식품의 수용성분이 국물 속으로 유출되지 않는다.
④ 가열 중 재료식품에 조미료의 충분한 침투가 어렵다.

해설 끓이기는 수용성 영양소의 손실이 많고 모양이 흐트러지기 쉽다.

002 다음 설명 중 맞는 것은?

① 육류를 끓는 물에 넣고 설탕을 넣어 끓이면 맛 성분의 용출이 잘되어 맛있는 국물을 만든다.
② 육류를 오래 끓이면 근육조직인 젤라틴이 콜라겐으로 용출되어 맛있는 국물을 만든다.
③ 육류를 오래 끓이면 질긴 지방조직인 콜라겐이 젤라틴화되어 맛있는 국물을 만든다.
④ 육류를 찬물에 넣어 끓이면 맛 성분의 용출이 잘 되어 맛있는 국물을 만든다.

해설 육류를 찬물에 넣어 오랫동안 끓이면 질긴 근육조직인 콜라겐(collagen)이 젤라틴(gelatin)화 되어 고기가 연하고, 맛 성분의 용출이 잘 되어 맛있는 국물을 만들 수 있다.

003 젤라틴과 관계없는 것은?

① 바바리안 크림
② 양갱
③ 아이스크림 안정제
④ 족편

해설 젤라틴은 젤리 · 샐러드 · 족편 등에는 응고제로 쓰이고, 마시멜로 · 아이스크림 등에는 유화제로 쓰인다. 양갱의 응고제로는 한천이 사용된다.

004 다음의 요리들은 육류조리의 어떤 원리를 특히 이용한 것인가?

> 사태찜, 족편, 꼬리곰탕, 쇠머리편육

① 콜라겐 결합조직의 젤라틴화
② 단백질의 열에 의한 응고
③ 국물의 부드럽고 진한 맛
④ 오랜 시간의 가열에 의한 연화

해설 질긴 근육조직인 콜라겐(collagen)은 물과 함께 장시간 끓이면 젤라틴(gelatin)화하여 연하게 된다. 사태찜, 족편, 꼬리곰탕, 편육 등은 이러한 성질을 이용한 음식이다.

005 국을 끓일 때 사용하는 기본 재료로 적당하지 않은 것은?

① 쌀뜨물, 멸치, 조개
② 다시마, 소고기, 사골
③ 멸치, 양파, 대파
④ 소고기, 다시마, 조개

정답 001 ② 002 ④ 003 ② 004 ① 005 ③

해설 국물의 기본 재료로는 쌀뜨물, 멸치, 조개, 다시마, 소고기, 사골 또는 단순한 맹물을 사용하기도 한다.

006 다음 국의 분류에 속하지 않는 것은?

① 맑은장국　　② 냉국

③ 온국　　　　④ 곰국

해설 국은 한국요리에서 중요한 부식으로 소금이나 간장으로 간을 맞춘 맑은장국, 된장이나 고추장으로 간을 맞춘 토장국, 소고기나 사골내장 등을 고아 만든 곰국, 끓여서 차게 식힌 냉수로 만든 냉국 등이 있다.

007 육수를 끓일 때 적당한 조리기구로 옳지 않은 것은?

① 육수를 끓일 때는 빨리 끓이기 위해 두께가 얇은 냄비가 적당하다.

② 육수는 장시간 끓이므로 두께가 두꺼운 냄비가 좋다.

③ 육수냄비는 둘레가 넓은 것보다 높이가 있는 깊은 것이 좋다.

④ 육수는 수분 증발이 적고 온도를 일정하게 유지할 수 있는 냄비가 좋다.

해설 육수는 장시간 끓이므로 수분 증발을 적게 하기 위해 두께가 두꺼운 냄비를 사용하는 것이 좋다.

008 다음 중 설명이 잘못된 것은?

① 맑은 육수를 끓일 때에는 사골, 잡뼈, 도가니 등의 부위가 적당하다.

② 소머리, 소꼬리, 갈비 등으로 육수를 끓이면 맛이 진하고 좋다.

③ 내장류는 특유의 잡내가 나므로 육류와 함께 넣지 않는 것이 좋다.

④ 맑은 육수를 끓일 때에는 사골, 잡뼈, 도가니 등을 섞어 끓이면 맛이 진해진다.

해설 맑은 육수는 사태육, 업진육 등 질긴 부위의 소고기가 적당하고 사골, 잡뼈, 도가니 등을 섞어 끓이면 맛이 진해지지만 육수가 탁해진다.

009 다음 육수 재료 준비가 잘못된 것은?

① 양지머리는 큼직하게 잘라 찬물에 하룻밤 담가 핏물을 완전히 뺀다.

② 사골은 찬물에 하룻밤 담가 핏물을 완전히 뺀다.

③ 멸치는 내장을 제거하고, 다시마는 면보로 깨끗이 닦아 사용한다.

④ 닭은 구석구석에 있는 노란 기름을 없애고 냄비에서 닭의 겉면만 익을 정도로 30분 정도 데쳐 기름기를 제거한 후 찬물에 헹궈 사용한다.

해설 양지머리는 큼직하게 잘라 찬물에 20분쯤 담가 핏물을 완전히 뺀 다음 고기가 잠길 정도의 물을 붓고 끓인다.

010 다음 계절별 국의 종류로 잘못 짝지어진 것은?

① 봄 – 쑥국, 생고사리국

② 여름 – 미역냉국, 삼계탕

③ 가을 – 무국, 토란국

④ 겨울 – 우거짓국, 육개장

해설 계절에 따른 국의 종류가 특별히 정해진 것은 아니지만 식품의 계절적 맛을 살리는 것이 영양적·경제적 측면에서 좋다.

계절	국의 종류
봄	쑥국, 생선맑은장국, 생고사리국, 냉이토장국, 소루쟁이토장국
여름	미역냉국, 오이냉국, 깻국, 육개장, 영계백숙, 삼계탕
가을	무국, 토란국, 버섯맑은장국
겨울	시금치토장국, 우거짓국, 선짓국, 꼬리탕

011 다음 중 맑게 끓이는 탕류는?

① 갈비탕　　　　② 추어탕

③ 육개장　　　　④ 매운탕

해설 맑게 끓이는 탕에는 곰탕 · 갈비탕 · 설렁탕 · 조개탕 등이 있고, 추어탕 · 육개장 · 매운탕은 얼큰하게 끓이며, 삼계탕과 초계탕은 닭육수로 끓인다.

012 다음 중 담백한 맛의 요리의 밑국물로 쓰이며, 생선 또는 해물요리에 잘 어울리는 육수는?

① 다시마육수　　② 된장육수

③ 사골육수　　　④ 고기육수

해설 다시마육수는 담백한 맛을 요하는 요리의 밑국물로 쓰이며, 두부를 이용한 국이나 생선, 해물요리에 잘 어울리는 육수이다.

013 육수에 국간장은 언제 넣는 것이 좋은가?

① 처음부터 넣는다.

② 끓고 난 후에 넣는다.

③ 끓을 때 넣는다.

④ 먹기 직전에 넣는다.

해설 국간장은 끓는 과정에 넣어야 간장의 날 냄새가 나지 않는다.

014 다음의 국 재료 중 끓이는 시간이 가장 오래 걸리는 것은?

① 감자　　　　　② 토란

③ 콩나물　　　　④ 무

해설 감자 15~20분, 토란 10~15분, 콩나물 5~8분, 무 15분, 당근 15~20분, 미역 5분, 배추 5~8분, 호박 7분, 두부 2분, 파 4~6분 정도이다.

015 국 그릇으로 적당하지 않은 것은?

① 탕기　　　　　② 대접

③ 뚝배기　　　　④ 주발

해설 주발은 유기나 사기, 은기로 된 밥그릇으로 주로 남성용이다.

016 조개류가 국에서 독특한 맛을 내도록 하는 성분은?

① 글루타민산　　② 크리아틴

③ 호박산　　　　④ 이노신산

해설 조개류의 독특한 감칠맛 성분은 호박산이다. 글루타민산은 화학조미료, 크리아틴과 이노신산은 육류의 맛난맛 성분이다.

정답 011 ①　012 ①　013 ③　014 ①　015 ④　016 ③

CHAPTER 09

한식 찌개 조리

1 찌개 재료 준비

1. 찌개 재료

찌개는 궁중용어로는 조치라 하며 국에 비하여 건더기가 많고 국물은 적다. 섞는 재료와 간을 하는 재료에 따라 구분하고 맑은 찌개류와 탁한 찌개류가 있다.

(1) 맑은 찌개류 : 소금이나 새우젓으로 간을 맞춘 것으로 두부젓국찌개, 명란젓국찌개 등이 있다.

(2) 탁한 찌개류 : 된장이나 고추장으로 간을 맞춘 것으로 된장찌개, 생선찌개, 순두부찌개, 청국장찌개, 두부고추장찌개, 호박감정, 게감정 등이 있다.

2. 재료 준비하기

1) 재료 전처리

재료의 종류에 따라 알맞은 방법으로 전처리한다.

(1) 육류

    ① 소고기와 소뼈는 찬물에 담가 핏물을 제거한다.

    ② 닭고기는 내장을 제거하고 끓는 물에 한 번 데친다.

    ③ 곱창은 기름기와 곱창을 둘러싼 얇은 막을 제거하고 소금을 넣고 주물러 깨끗하게 씻는다.

(2) 어패류 및 해조류

    ① 생선은 깨끗이 씻어 꼬리에서 머리 쪽으로 비늘을 제거하고 아가미와 내장을 제거한다.

    ② 조개류는 살아 있는 것을 구입하여 껍질을 깨끗이 씻어 3~4%의 소금물에 담가 해감한다.

    ③ 낙지는 머리에 칼집을 내고 내장과 먹물을 제거한 다음 굵은 소금과 밀가루를 뿌려 다리와 몸통을 주물러 두었다가 씻을 때 껍질을 제거한다.

    ④ 게는 수세미나 솔로 깨끗이 씻은 후 배 부분의 삼각형 딱지를 떼고 몸통과 등딱지로 분리한다. 몸통에 붙어 있는 모래주머니와 아가미를 제거하고 발끝은 가위로 잘라낸다.

    ⑤ 새우는 머리와 꼬리는 그대로 두어 모양을 살리고 몸통의 껍질만 벗기고 꼬리 쪽의 마지막 껍질은 벗기지 않는다. 배 쪽에 잔칼집을 넣거나 몸통에 꼬챙이를 끼워 가열에 의해 수축되어 구부러지는 것을 방지한다.

300 NCS 기반 한식조리기능사 필기

⑥ 다시마는 찬물에 담가두거나 끓여 감칠맛 성분을 우려낸다.

(3) 버섯류

① 말린 표고버섯은 깨끗이 씻은 다음 미지근한 물에 1시간 이상 충분히 불린 후 기둥을 제거한다.

② 느타리버섯은 끓는 물에 데친 후 손으로 찢는다.

③ 석이버섯은 미지근한 물에 불려 양손으로 비벼 뒷면의 이끼를 제거한 후 깨끗이 씻는다.

(4) 견과류

① 호두는 물에 불려 이쑤시개를 이용하여 속껍질을 제거한다.

② 은행은 뜨거운 프라이팬에 약간의 기름을 두르고 은행을 굴리면서 볶은 후 마른 행주로 싸서 비벼 속껍질을 없앤다.

2) 육수 준비하기

① 육수는 재료에 따라 다양한 종류가 있으며 한 가지 또는 몇 가지의 재료를 섞어서 육수를 만들기도 한다.

② 맑은 육수를 만들기 위해서는 고기나 뼈에 있는 지방을 제거하고 끓이는 동안 생기는 거품과 지방을 제거한다. 동물성 재료로 만든 육수는 차게 식힌 후 지방을 걷어낸다.

③ 육수를 완성한 후에는 체에 실러 주어야 한다.

2 찌개 조리

1. 조리하기

1) 찌개의 종류

① 명란젓국찌개 : 명란젓, 두부, 무, 파 등을 함께 넣고 새우젓국으로 간을 맞춘 담백한 맛의 찌개로 특히 겨울철에 맛있다.

② 된장찌개 : 두부와 채소, 소고기 등 여러 가지 재료를 함께 넣고 국물을 넉넉하게 부어 끓이는 찌개로 사용하는 재료는 다양하며 장국은 주로 멸치나 소고기를 이용하여 만든다.

③ 생선찌개 : 주로 민어 · 조기 · 대구 · 동태 등의 흰살생선을 사용하며 고추장과 고춧가루로 매운맛을 내는데 고추장만 사용하는 것보다 고춧가루를 섞어 사용하면 더 시원한 맛이 난다.

④ 순두부찌개 : 연한 순두부로 매운맛을 낸 찌개로 밥의 찬으로 알맞다. 조갯살이나 굴을 넣어 만들기도 하지만 소고기나 돼지고기를 넣어도 잘 어울린다.

⑤ 청국장찌개 : 청국장을 장국에 풀어 두부와 김치를 넣고 끓인 찌개를 말한다.

2) 찌개 조리하기

① 찌개와 마찬가지이나 국물을 많이 하는 것을 지짐이라 하고, 고추장으로 조리한 찌개는 감정이라고 한다.

② 단단한 채소류는 삶거나 데쳐서 사용한다.

③ 재료와 조리법에 따라 미리 양념을 밑간하여 조리하거나 조리 도중에 양념을 첨가한다.

④ 재료와 조리법에 따라 육수에 재료와 양념을 넣는 시점을 조절한다.

3 찌개 담기

1. 담아내기

1) 그릇 선택

(1) 찌개의 종류와 색, 형태, 인원수, 분량 등을 고려하여 그릇을 선택한다.

(2) 찌개를 담는 그릇을 조치보라 하며 주발과 같은 모양으로 탕기보다 한 치수 작은 크기이다.

  ① 냄비 : 음식을 끓이는 데 쓰는 도구로 솥에 비해 운두가 낮고 손잡이는 고정되어 있고 바닥은 평평하다.

  ② 뚝배기 : 가장 토속적인 그릇의 하나로 찌개를 끓이거나 조림을 할 때 쓰였다.

  ③ 오지냄비 : 찌개나 지짐을 끓이거나 조림에 사용하는 도구로 솥 모양이다.

(3) 찌개는 온도를 뜨겁게 유지하여 제공하는 음식이므로 내열성 용기를 선택한다.

2) 담아내기

(1) 국물과 건더기의 비율을 알맞게 담는다. 찌개는 국물보다 건더기가 많아야 한다.

(2) 찌개는 뜨겁게 하여 제공하는 음식이며, 찌개의 종류에 따라 상 위에서 끓여 먹는 것도 있다.

09 한식 찌개 조리 예상문제

001 찌개의 특징과 종류에 대한 설명으로 옳지 않은 것은?

① 찌개는 조치라고도 하며, 국보다 건더기와 국물이 많다.

② 간하는 재료에 따라 소금이나 새우젓으로 간을 맞춘 맑은 찌개와 된장이나 고추장으로 간을 맞춘 탁한 찌개가 있다.

③ 찌개 조리의 명칭은 섞는 재료와 간을 하는 재료에 따라 구분된다.

④ 고추장으로 조미란 찌개를 감정이라 하며 호박감정, 오이감정, 게감정 등이 있다.

해설 찌개는 국에 비해 건더기가 많고 국물은 적은 것이 특징이다.

002 다음 중 찌개 육수를 만들기 위한 재료 선택이 잘못된 것은?

① 육류는 사태나 양지머리와 같이 결합조직이 많은 부위를 선택한다.

② 조개류는 살아 있는 것을 선택한다.

③ 다시마는 빛깔이 짙은 녹색으로 얇은 것이 좋다.

④ 소고기와 소뼈는 찬물에 담가 핏물을 제거한다.

해설 갈조류인 다시마는 빛깔이 검고 두꺼운 것이 좋다.

003 찌개조리를 위한 어패류의 전처리 방법으로 옳지 않은 것은?

① 생선은 깨끗이 씻은 후 머리에서 꼬리 쪽으로 긁어 비늘을 제거한다.

② 조개류는 살아 있는 것을 구입하여 껍질을 깨끗이 씻어 3~4%의 소금물에서 해감시킨다.

③ 게는 몸통과 등딱지를 분리하여 모래주머니와 아가미를 제거하고 발끝은 가위로 잘라낸다.

④ 생선을 통째로 사용하는 경우 배를 가르지 말고 아가미 뚜껑을 열고 내장을 제거한다.

해설 생선은 꼬리에서 머리 쪽으로 긁어 비늘을 제거한다.

004 찌개조리를 위한 버섯류의 전처리 방법으로 옳지 않은 것은?

① 느타리버섯은 끓는 물에 살짝 데쳐 손으로 찢는다.

② 말린 표고버섯은 끓는 물에 살짝 데쳐 사용한다.

③ 석이버섯은 미지근한 물에 불려 양손으로 비벼 뒷면의 이끼를 제거한 후 깨끗하게 씻는다.

④ 팽이버섯은 밑동을 자르고 깨끗이 살짝 씻는다.

정답 001 ① 002 ③ 003 ① 004 ②

해설 말린 표고버섯은 깨끗이 씻은 다음 미지근한 물에 1시간 이상 충분히 불린 후 기둥을 제거한 후 사용한다.

005 두부를 부드럽게 끓이려고 한다. 다음 중 어떤 방법이 가장 좋은가?

① 두부와 소량의 전분과 물을 동시에 넣고 끓인다.

② 물에 소금과 소량의 전분을 넣고 끓이다가 두부를 넣고 끓인다.

③ 맹물에 넣고 끓인다.

④ 두부를 먼저 끓이다가 소금과 소량의 전분을 넣는다.

해설 두부의 경화를 억제하는 효과를 현저하게 나타내는 것이 소금이고 다음으로 전분, 중조, 글루타민산나트륨 등이다. 두부를 소금물에서 가열할 때 연화되는 것은 Na 이온이 Ca 이온과 두유가 결합하는 것을 방해하기 때문이다.

006 신김치로 찌개를 조리할 때 잎의 조직이 단단해지는 주된 이유는?

① 고춧가루가 조직에 침투되기 때문에

② 김치에 함유된 산이 조직을 단단하게 하기 때문에

③ 세포 간의 물질이 쉽게 용해될 수 없기 때문에

④ 함유된 단백질이 응고하기 때문에

해설 알칼리는 섬유소를 분해하지만 산은 섬유소를 단단하게 한다. 김치가 익으면서 생성된 산에 의하여 섬유소가 단단해지기 때문이다.

007 생선의 어취제거 방법으로 옳지 않은 것은?

① 미지근한 물에 담갔다가 그 물에 조리

② 조리 전 우유에 담갔다가 꺼내어 조리

③ 식초나 레몬즙 첨가

④ 고추나 겨자 사용

해설 생선의 어취제거 방법은 다음과 같다.

① 뜨거운 물을 살짝 끼얹어 냉수로 깨끗이 씻으면 어느 정도 비린내를 없앨 수 있다.

② 산은 트리메틸아민과 결합하여 냄새가 없는 물질을 생성하므로 식초, 레몬즙, 유자즙 등 산을 함유한 과즙을 사용하면 좋다.

③ 생선을 우유에 담가 두면 우유 단백질인 카제인이 트리메틸아민을 흡착하여 비린내를 약화시킨다.

④ 생강, 술, 설탕, 간장, 깨소금, 파, 양파, 마늘 등의 양념을 사용하면 비린내를 없애는 데 효과적이다. 특히 생강과 술이 탈취효과가 크고, 무를 함께 넣고 조려도 같은 효과가 있다.

008 찌개를 그릇에 담을 때 고려해야 할 사항이 아닌 것은?

① 찌개의 종류와 특성에 맞게 건더기와 국물의 양을 조절한다.

② 찌개의 종류와 특성에 맞게 온도를 유지하여 낼 수 있어야 한다.

③ 찌개의 종류와 맛에 따라 그릇을 선택한다.

④ 찌개를 냄비에 내는 경우 개인용 그릇도 함께 낸다.

해설 그릇은 조리의 종류와 색, 형태, 인원수, 분량 등을 고려하여 선택한다.

정답 005 ② 006 ② 007 ① 008 ③

009 다음 중 찌개용 그릇에 대한 설명으로 옳지
않은 것은?

① 냄비는 '쟁개비'라고도 부르며 끓이는 도
구로 솥에 비해 낮고 손잡이가 고정되어
있다.

② 뚝배기는 가장 토속적인 그릇으로 찌개
를 끓이거나 조림을 할 때 쓰였다.

③ 오지남비는 솥 모양으로 찌개나 지짐이
를 끓이거나 조림을 할 때 사용하던 기구
이다.

④ 찌개를 담아내는 그릇을 주발이라 한다.

해설 주발은 놋쇠로 만든 밥그릇으로 운두가 나직
하고 아래보다 위가 약간 벌어졌으며 뚜껑이 있다.
찌개그릇으로 냄비, 뚝배기, 오지남비, 조치보 등이
있다. 조치보는 찌개를 담아내는 그릇으로 주발과
같은 모양으로 탕기보다 한 치수 작은 크기이다.

010 감정을 끓일 때 사용하는 양념은?

① 간장
② 된장
③ 고추장
④ 청국장

해설 찌개보다 국물을 많이 하는 것을 지짐이라 하
고, 고추장으로 조리한 찌개는 감정이라고 한다.

한식 전·적 조리

1 전·적 재료 준비

1. 전·적

1) 전(煎)

우리나라 음식 중 기름을 가장 많이 섭취할 수 있는 조리법으로 전유어·전유아·저냐·전 등으로 부르며 궁중에서는 전유화라고 하였다. 간남은 제사에 쓰이는 전으로 납·갈납이라고도 하였다.

(1) 전 : 전이란 육류·어패류·채소류 등의 재료를 얇게 썰거나 다져 양념을 한 다음 밀가루와 달걀물을 입혀 기름 두른 팬에 지져내는 음식이다. 재료의 종류에 따라 생선전·육원전·호박전·파전 등 다양한 종류가 있으며 교자상, 면상, 주안상 등에 차려지며 부쳐낸 전은 겹치지 않도록 펴서 식히고 접시에 담아 초간장을 곁들여 낸다.

(2) 지짐 : 빈대떡이나 파전처럼 밀가루 푼 것에 재료들을 섞어 직접 기름에 지져낸다.

2) 적(炙)

재료를 꼬치에 꿰어 불에 구워 조리하는 음식으로 석쇠에 굽는 직화구이와 번철에 굽는 간접구이로 구분하며 조리방법에 따라 산적과 누르미(누름적)로 나눈다. 재료에 따라 산적의 이름을 붙이므로 재료를 꼬치에 꿸 때에는 반드시 처음 재료와 마지막 재료가 같아야 한다.

① 산적 : 익히지 않은 재료를 양념하여 꼬치에 꿰어 옷을 입히지 않고 구워낸 음식을 말한다. (소고기산적, 섭산적, 장산적 등)

② 누름적 : 누르미라고도 하며 재료를 양념하여 꼬치에 꿰어 밀가루와 달걀물을 입혀서 속 재료가 잘 익도록 누르면서 지지는 방법과 재료를 양념하여 익힌 다음 꼬치에 꿰는 방법이 있다. (지짐누름적, 화양적 등)

2. 재료 준비하기

1) 도구준비

(1) 프라이 팬

① 가볍고 코팅이 쉽게 벗겨지지 않는 것을 선택한다.

② 금속으로 만든 조리기구나 금속젓가락, 철수세미 등과 함께 사용하지 않는다.

③ 주물로 된 프라이팬을 사용하는 경우 사용하기 전 불에 달구고 기름을 바르는 과정을 반복하여 길을 들여서 사용해야 녹이 생기지 않고 식품도 달라붙지 않는다.

④ 사용한 후에는 바로 세척하여 기름때가 눌러 붙는 것을 방지한다.

(2) 번철

① 그리들(griddle)은 두께 10mm 정도의 철판으로 만들어진 것으로 주로 대량조리에 사용한다.

② 조리 시 식품이 철판에 달라붙지 않도록 반드시 예열하여 사용한다.

③ 청소 시에는 80℃ 정도에서 닦아야 기름때도 잘 벗겨지고 관리가 용이하다.

(3) 석쇠 : 사용하기 전에 예열을 하여 기름을 바른 후 식품을 올려 사용해야 식품이 석쇠에 달라붙지 않는다.

2) 재료 준비

① 주재료는 특유의 향취가 있는 신선한 것으로 준비한다.

② 부재료인 밀가루와 달걀 등은 용도에 맞는 것으로 유통기한을 확인한다.

③ 사용하는 유지류는 발연점이 높은 것이 좋다.

④ 사용하는 재료를 필요량에 맞게 불가식부를 제외한 재료량을 계량한다.

⑤ 육류와 어류의 전을 준비할 때는 중간 정도 얼어 있는(−5℃) 상태에서 써는 것이 좋다.

⑥ 준비한 재료는 미리 썰어 냉동보관한다.

⑦ 재료를 냉장고에 보관하고 사용할 때에는 채소는 2~3일, 소고기 3일, 돼지고기 2일, 해물은 1일 내에 사용하도록 한다.

3) 전처리

① 단단한 재료는 미리 데치거나 익혀 놓고 파, 마늘, 생강은 곱게 다져 놓는다.

② 육류나 해산물은 익으면서 길이가 줄어들므로 다른 재료의 길이보다 길게 자른다.

③ 육류나 어패류는 포를 떠서 잔칼집을 넣어 익힐 때 오그라들지 않고 편편하게 익도록 하고 소금과 후춧가루로 밑간을 한다.

④ 속 재료는 육류, 해산물, 두부 등을 다지거나 으깨서 양념하는데 물기 짠 두부는 약간의 소금과 참기름으로 밑간을 한다.

4) 반죽물

① 밀가루와 달걀 등의 재료를 섞은 반죽물을 준비한다.

② 곡류나 서류는 갈아놓은 상태로 오래두면 물과 전분으로 분리되고 시간이 지나면 공기가 없어지면서 전분이 숙성되어 조리 후 바삭거림이 덜하고 쉽게 굳는다.

③ 반죽물은 사용할 만큼만 농도를 맞춰 준비한다.

② 전 · 적 조리

1. 조리하기

1) 주재료에 따라 전의 형태 만들기

① 주재료의 크기가 적당한 경우 원형을 살린다. 원형을 살리기 어렵거나 질감이 강해 씹기가 어려운 경우 또는 작업공정이 지나치게 어려울 때는 재료를 다지거나 갈아서 준비한다.

② 양파, 깻잎, 피망, 호박, 표고, 양송이 등과 같이 소를 채워서 전을 만들 수 있는 공간을 가지고 있거나 공간을 임의로 만들어 사용할 수 있는 경우에는 소를 만들어 채운다.

③ 두 가지 이상의 재료를 꿴 것을 꼬치전 또는 사슬적이라 하는데 재료 중 비중이 큰 재료명에 따라 이름을 붙인다.

2) 전류의 형태에 따른 조리방법 선택

① 고기 · 생선 · 채소 등의 재료를 다지거나 얇게 저며 간을 하여 밀가루와 달걀물로 옷을 입혀 번철에 기름을 두르고 납작한 양면을 뜨겁게 지져내는 일반적인 전의 조리법으로 조리한다.

② 주재료와 부재료를 일정한 크기와 굵기로 잘라 꼬치에 꿴 다음 밀가루와 달걀물을 씌워서 지져낸 후 꼬치를 빼서 상에 내는 방법으로 조리한다.

③ 녹말이나 밀가루, 쌀가루 등을 연결제로 사용하여 여러 가지 채소나 육류(특히 돼지고기)를 섞어서 번철에 기름을 두르고 눌러 부치듯 익혀 조리한다.

④ 다진 재료에 양념과 밀가루, 녹말가루, 달걀 등을 함께 넣어서 둥글납작하게 부치는 방법으로 조리한다.

3) 재료와 조리방법에 따라 기름의 종류와 양, 온도를 조절

① 전을 부칠 때 사용하는 기름은 콩기름, 옥수수기름 등과 같이 발연점이 높은 것이 좋으며, 참기름 및 들기름 등의 발연점이 낮은 것은 재료가 쉽게 타기 때문에 좋지 않다.

② 전을 지질 때에는 번철에 기름을 두르고 양면을 지져 익힌다.

③ 처음에는 센 불로 팬을 달구고 재료를 올릴 때부터는 중간보다 약한 불로 재료의 속까지 익도록 천천히 부치고 자주 뒤집지 않아야 전이 곱게 부쳐진다.

④ 번철에 기름을 적당량 골고루 둘러야 전의 옷이 똑같은 색으로 곱게 부쳐진다. 기름의 양이 적으면 번철에 둘러붙고 모양이 볼품없게 된다.

⑤ 곡류를 갈아 전을 반죽하는 경우 기름을 넉넉히 사용해야 흡유량이 많아 바싹한 전을 만들 수 있으며, 육류 · 채소 · 생선전은 기름이 많으면 쉽게 색이 누렇게 되고 밀가루 또는 달걀 옷이 쉽게 벗겨지므로 기름을 적게 사용한다.

4) 전류 조리 시 주의할 점

① 전을 만드는 모든 재료는 신선해야 한다.

② 한 입에 넣을 수 있는 크기로 빚으며, 크게 지져낸 전은 적당한 크기로 썰어낸다.

③ 재료의 간을 소금과 후춧가루로 하는데 소금간은 2% 정도 하는 것이 알맞다.

④ 밀가루는 재료의 5% 정도를 준비하여 너무 꼭꼭 눌러가며 묻히지 말고 물기를 가시게 할 정도로 살짝 묻힌다.

⑤ 달걀 푼 것에 소금으로 간을 해야 하는데 너무 짜면 옷이 벗겨지므로 주의한다.

3 전·적 담기

1. 담아내기

1) 그릇 선택

① 음식의 크기와 양을 고려하여 그릇의 재질, 색, 모양 등을 선택한다.

② 그릇의 재질은 도자기, 스테인리스, 유리, 목기, 대나무 채반 등을 사용할 수 있다.

③ 음식의 색을 강조하고자 할 때에는 그릇의 색이 어두울수록 효과적이며, 같은 계열의 그릇을 섞어 사용하면 풍부한 느낌을 줄 수 있다.

④ 그릇의 모양은 넓고 평평한 접시 형태로 선택한다.

⑤ 오목한 접시에 담으면 열기가 증발하여 벽에 부딪혀 물방울이 맺히거나 증기가 아래로 내려와 음식 안에 침투하지 않게 된다.

2) 담기

① 전이나 적을 조리한 다음에는 기름에서 꺼내 넓은 채반에 종이타월을 바닥에 깔고 서로 겹치지 않게 종이 위에서 기름이 흡수되게 식힌다.

② 전이나 적은 조리 후 따뜻한 온도를 유지하고 60℃ 이상에서는 색이 갈변되므로 지나치게 높은 온도에서 보관하지 않는다.

③ 그릇의 내원을 벗어나지 않도록 담는다.

④ 재료별 특성을 이해하고 일정한 공간을 두고 담으며, 너무 획일적이지 않은 일정한 질서와 간격을 두어 담는다.

⑤ 불필요한 고명은 피하고 간단하면서도 깔끔하게 담는다.

⑥ 소스 사용으로 음식의 색상이나 모양이 망가지지 않게 유의해서 담는다.

⑦ 따뜻한 음식은 65~70℃, 찬 음식은 12~15℃를 유지하는 것이 좋다.

10 한식 전 · 적 조리 예상문제

001 전에 대한 다음의 설명 중 잘못된 것은?

① 전은 우리나라 음식 중 기름을 가장 많이 섭취할 수 있는 조리법이다.

② 전의 다른 이름으로 전유어, 전유아, 저냐, 전유화 등으로 부른다.

③ 제사에 쓰인 전은 간남이라 하는데 납, 갈납으로도 불렸다.

④ 파전처럼 재료의 형태를 그대로 살려 지져낸 전을 부침개라 한다.

해설 빈대떡이나 파전처럼 재료들을 밀가루 푼 것에 섞어서 직접 기름에 지져낸 음식을 지짐이라 하고, 부침개는 재료의 형태를 무시하고 잘게 썰어 밀가루와 함께 반죽한다.

002 전유어를 부쳤을 때 부침옷이 들뜨고 벗겨지는 원인은?

① 온도가 높았다.

② 기름이 너무 많았다.

③ 오래 지졌다.

④ 밀가루 반죽을 미리 해두었다.

해설 부침옷 반죽을 미리 해두면 글루텐이 많이 형성되어 전유어에 반죽이 잘 묻지 않아 붙어 있지 못하고 들뜨고 벗겨진다.

003 전유어로 부적당한 생선은?

① 도미　　　② 민어

③ 동태　　　④ 고등어

해설 전유어(생선전)는 생선의 비린내를 없애는 가장 효과적인 조리법으로 흰살 생선을 재료로 사용하며, 고등어 등의 붉은살 생선은 사용하지 않는다.

004 빈대떡을 부칠 때 가장 바삭바삭하게 조리할 수 있는 기름은?

① 마가린

② 옥수수기름

③ 콩기름

④ 라드

해설 라드(lard)는 돼지의 비계에서 정제한 기름으로 비교적 발연점이 높으며 부드러운 맛과 독특한 향이 있어 빈대떡의 주재료인 녹두와 어우러져 구수한 맛을 가진다.

005 다음 중 적에 대한 설명이 잘못된 것은?

① 고기 등의 재료를 꼬치에 꿰어 불에 굽는 것을 적이라 한다.

② 옷을 입히지 않고 굽는 것을 누름적이라 하고, 전을 부치듯 밀가루와 달걀물을 입혀서 굽는 것을 산적이라 한다.

③ 적은 꼬치에 꿰인 처음 재료와 마지막 재료가 반드시 같아야 한다.

④ 석쇠에 굽는 직화구이와 번철에 굽는 간접구이가 있다.

해설 산적은 익히지 않은 재료를 양념하여 꼬치에 꿰어 옷을 입히지 않고 굽는 것을 말한다. 누름적은 누르미라고도 하며 재료를 양념하여 꼬치에 꿰

정답 001 ④　002 ④　003 ④　004 ④　005 ②

어 전을 부치듯 밀가루와 달걀물을 입혀 속재료가 잘 익도록 누르면서 지지는 방법과 재료를 양념하여 익힌 다음 꼬치에 꿰는 방법이 있다.

006 전을 부치는 반죽이 묽을 때 첨가하는 재료로 적당한 것은?

① 쌀가루
② 달걀
③ 소금
④ 샐러드유

해설 반죽이 묽어 전의 모양이 형성되지 않고 뒤집기가 어려우면 달걀 넣는 것을 줄이고 밀가루나 쌀가루를 추가로 사용한다.

007 전 조리에 대한 설명으로 옳지 않은 것은?

① 완자전은 재료에 밀가루와 달걀물을 입혀 지진다.
② 오징어전은 재료를 다져 밀가루와 달걀물을 섞어 먹기 좋은 크기로 지진다.
③ 파전은 재료를 썰어 반죽물에 잘 섞어 지진다.
④ 전을 부치는 반죽물은 미리 만들어 숙성시켜 사용한다.

해설 전을 부치는 반죽물은 시간이 지날수록 전분이 숙성되어 조리 후 바삭거림이 덜하고 쉽게 굳는다.

008 전 재료를 준비하여 냉장고에 보관하는 경우 그 기간이 옳은 것은?

① 채소 1일   ② 소고기 3일
③ 돼지고기 3일   ④ 해물 2일

해설 채소 2~3일, 돼지고기 2일, 해물 1일 내에 사용하는 것이 좋다.

009 다음 중 적 재료 준비가 잘못된 것은?

① 고기와 해물은 익으면 수축되므로 다른 재료보다 약간 크게 썬다.
② 어산적에 사용하는 생선은 지질 때 오그라들지 않도록 잔칼집을 넣는다.
③ 재료를 다져 사용하는 경우 두부는 물기를 짜서 곱게 으깨어 사용한다.
④ 채소는 설탕을 약간 넣은 끓는 물에 데친 후 찬물에 헹구고 물기를 없앤다.

해설 채소는 소금을 약간 넣은 끓는 물에 데친 후 찬물에 헹구고 물기를 없앤 다음 밑간한다.

010 전을 조리할 때 사용하는 밀가루와 소금의 양이 적당한 것은?

① 밀가루 5%, 소금 2%
② 밀가루 10%, 소금 2%
③ 밀가루 5%, 소금 5%
④ 밀가루 5%, 소금 1%

해설 전은 소금간을 2% 정도 하는 것이 알맞고, 밀가루는 재료의 5% 정도로 준비하여 꼭꼭 눌러가며 묻히지 말고 물기를 가시게 할 정도로 살짝 묻힌다.

011 전을 조리하는 방법으로 잘못된 것은?

① 달걀 푼 것에 소금으로 간을 하는데 너무 짜면 옷이 벗겨지므로 주의한다.
② 곡류전은 기름을 넉넉히 사용하고, 육류·생선·채소전은 기름을 적게 사용한다.
③ 사용하는 기름은 콩기름, 옥수수기름 등의 발연점이 높은 것이 좋다.
④ 전의 양면을 고르게 익히기 위하여 자주 뒤집어 준다.

해설 전을 지질 때 자주 뒤집지 않아야 전이 곱게 된다.

정답 006 ①   007 ④   008 ②   009 ④   010 ①   011 ④

012 전을 담아내는 그릇 선택이 잘못된 것은?

① 전의 크기와 양, 그릇의 재질, 색, 모양 등을 고려하여 선택한다.

② 넓고 평평한 접시 형태가 좋다.

③ 요리의 색감을 강조하기 위하여 음식과 같은 색상의 그릇을 선택한다.

④ 그릇에 담을 때 그릇에 손자국 등의 얼룩이 남지 않도록 한다.

해설 음식의 색을 강조하고자 할 때는 그릇색이 어두울수록 효과적이다.

013 음식을 그릇에 담을 때 주의할 사항으로 잘못된 것은?

① 재료의 특성을 알고 일정한 공간을 두어 담는다.

② 불필요한 고명은 피하고 간단하면서도 깔끔하게 담는다.

③ 접시의 내원을 벗어나지 않게 담는다.

④ 소스를 사용하는 경우 뿌려서 낸다.

해설 소스로 인하여 음식의 색상이나 모양이 망가지지 않도록 유의하여 담아내고, 고객의 편리성에 초점을 두어 담는다.

CHAPTER 11 한식 생채 · 회 조리

1 생채 · 회 재료 준비

1. 생채 · 회

1) 생채
생채란 계절채소를 날 것으로 초간장, 초고추장, 겨자즙 등에 무친 것을 말한다.

2) 회(膾)
육류 · 어패류 · 채소 등을 초간장, 초고추장, 겨자장, 소금기름 등에 찍어 먹는 음식으로 익힌 것을 숙회, 식초나 간장 · 소금으로 살짝 간을 한 것을 초회라 한다.

2. 준비하기

1) 도구와 재료 준비
① 회, 숙회의 도구 사용 시 도마 및 칼 등은 구분하여 사용하고 청결해야 한다.
② 생채와 회는 날것으로 먹으므로 재료는 신선해야 한다.

2) 전처리
① 음식의 종류에 따라 특성에 맞게 재료를 손질하고 전처리한다.
② 채는 일정한 굵기로 곱게 썬다.
③ 채소는 손상되기 쉬우므로 조심스럽게 다듬고, 채소를 데칠 때에는 약간의 소금과 물을 넉넉히 붓고 끓는 물에 살짝 데쳐 헹군다. 이때 색상이 변하지 않게 유의한다.
④ 육류를 삶을 때는 꼬지로 익었는지 확인하고 익힌 육류의 살이 단단해지지 않도록 한다.
⑤ 삶거나 데칠 때 식재료의 특성을 고려하여 화력을 조절한다.

② 생채 · 회 조리

1. 조리하기

1) 생채 조리

① 생채는 일정한 굵기로 곱게 채 썰어야 한다.

② 생채는 조리 시 물이 생기지 않도록 한다.

③ 생채 조리 시 양념이 잘 배이게 하려면 고추장이나 고춧가루로 미리 버무려 놓는다.

④ 양념장 재료는 비율대로 혼합, 조절을 하고 설탕, 소금, 식초의 순서로 사용한다.

2) 회 조리

① 숙회는 재료를 끓는 물에 삶거나 익힌 후 썰어 초고추장이나 겨자즙 등에 찍어 먹는 조리법으로 재료의 특성에 맞게 조리한다.

② 미나리강회 재료인 편육을 삶을 때 꼬지로 찔러보고 핏물이 나오지 않아야 하고, 고기가 익은 후 면보에 싸서 네모지게 모양을 잡는다.

③ 미나리강회의 채소와 황백지단, 고기는 일정한 크기로 잘라 데쳐낸 미나리로 꼬지를 이용하여 매듭을 고정시킨다.

③ 생채 · 회 담기

1. 담아내기

1) 그릇 선택

음식의 종류, 분량, 인원수와 용도에 맞게 그릇을 선택한다.

2) 담아내기

① 음식의 종류와 특성에 맞게 고명을 올리거나 양념장을 곁들여야 하는 경우 종지에 담아낸다.

② 최종 완성 그릇에 이물질이나 물기, 손자국, 지문 등이 묻지 않도록 한다.

11 한식 생채 · 회 조리 예상문제

001 채소를 냉동하기 전 블랜칭(blanching)하는 이유로 틀린 것은?

① 미생물 번식의 억제
② 수분감소 방지
③ 효소의 불활성화
④ 산화반응 억제

해설 채소를 블랜칭(데치기)하면 효소를 불활성화하여 산화반응을 억제하고 갈변을 억제할 수 있으며, 가열에 의해 미생물 살균효과와 조직의 연화, 부피감소 등의 효과가 있다.

002 다음 채소들 중 일반적으로 꽃 부분을 식용으로 하는 것과 가장 거리가 먼 것은?

① 브로콜리(broccoli)
② 콜리플라워(cauli flower)
③ 비트(beets)
④ 아티초크(artichoke)

해설 비트는 뿌리부분을 식용한다.

003 4월에서 5월 상순에 날카로운 가시가 있는 나뭇가지로부터 따낸 어린 순으로, 다른 종에는 독활이라 불리는 것이 있으며 쓴맛과 떫은맛을 제거한 후 회나 전으로 이용되는 식품은?

① 죽순　　　　② 아스파라거스
③ 셀러리　　　　④ 두릅

해설 두릅에는 땅두릅과 나무두릅이 있다. 땅두릅은 4~5월에 돋아나는 새순을 땅을 파서 잘라낸 것이고, 나무두릅은 나무에 달리는 새순을 말한다.

004 버섯에 대한 일반적인 설명과 거리가 먼 것은?

① 엽록소가 들어 있다.
② 불검화물이 많다.
③ 단백질 급원식품이 아니다.
④ 비교적 소화율이 낮다.

해설 버섯류는 엽록소가 없어 광합성 반응을 못하여 다른 식물에 기생하여 생육한다.

005 다음 보기의 조리과정은 공통적으로 어떠한 목적을 달성하기 위하여 수행하는 것인가?

- 팬에서 오이를 볶은 후 즉시 접시에 펼쳐 놓는다.
- 시금치를 데칠 때 뚜껑을 열고 데친다.
- 쑥을 데친 후 즉시 찬물에 담근다.

① 비타민 A의 손실을 최소화하기 위함이다.
② 비타민 C의 손실을 최소화하기 위함이다.
③ 클로로필의 변색을 최소화하기 위함이다.
④ 안토시아닌의 변색을 최소화하기 위함이다.

해설 녹색 채소를 냄비 뚜껑을 열고 데치거나 하는 것 등은 클로로필 색소가 산에 의해 변색되므로 산을 휘발시켜 변색을 방지하기 위함이다.

006 우엉의 조리에 관련된 내용으로 틀린 것은?

① 우엉을 삶을 때 청색을 띠는 것은 독성물질 때문이다.

② 껍질을 벗겨 공기 중에 노출하면 갈변된다.

③ 갈변현상을 막기 위해서는 물이나 1% 정도의 소금물에 담근다.

④ 우엉의 떫은맛은 탄닌, 클로로겐산 등의 페놀 성분이 함유되어 있기 때문이다.

해설 우엉을 삶을 때 청색으로 변하는 경우가 있는데 이는 우엉에 함유된 K, Na, Ca, Mg 등의 알칼리성 무기질이 용출되어 안토시안(anthocyan)계 색소를 청색으로 변화시키기 때문이다.

007 소고기 등급에서 육질등급의 판단 기준이 아닌 것은?

① 등지방 두께　　② 근내지방도

③ 육색　　　　　④ 지방색

해설 소고기의 육질등급은 근내지방도, 육색, 지방색, 조직감을 기준으로 1++, 1+, 1, 2, 3등급의 5단계로 구분되며, 그중에서 1++ 등급이 가장 높은 등급이다.

008 고기를 썰 때 근육 결의 방향대로 썰어야 하는 것은?

① 찌개용 고기　　② 편육이나 수육

③ 구절판용 고기　④ 생선회

해설 구절판용 고기는 채 썰어 사용하므로 결 반대 방향으로 썰면 부서지기 쉽다.

009 식품감별 시 품질이 좋지 않은 것은?

① 석이버섯은 봉우리가 작고 줄기가 단단한 것

② 무는 가벼우며 어두운 빛깔을 띠는 것

③ 토란은 껍질을 벗겼을 때 황색으로 단단하고 끈적끈적한 감이 강한 것

④ 파는 굵기가 고르고 뿌리에 가까운 흰색의 부분이 긴 것

해설 무는 무겁고 밝은 색을 지닌 것이 좋다.

010 채소류의 감별법 중 틀린 것은?

① 양배추는 가볍고 잎이 얇으며 신선하고 광택이 있는 것이 좋다.

② 우엉은 살질이 굳고 외피가 부드러운 것이 좋다.

③ 당근은 둥글고 살찐 것으로 짧고 마디가 없는 것이 좋다.

④ 오이는 굵기가 고르며 만졌을 때 가시가 있고 무거운 느낌이 나는 것이 좋다.

해설 양배추는 잘 결구되어 무겁고 광택이 있는 것이 신선하다.

011 숙회 재료 준비가 잘못된 것은?

① 편육은 뜨거울 때 모양을 잡아준다.

② 육류를 삶을 때에는 꼬지로 고기가 익은 것을 확인한다.

③ 미나리는 데칠 때 식소다를 약간 넣고 데친다.

④ 미나리로 감을 때 매듭은 옆면이나 뒤에서 꼬지로 마무리한다.

해설 미나리는 데칠 때 소금을 약간 넣고 데친다. 소다를 넣으면 선명한 녹색을 얻을 수 있으나 수용성 영양소의 손실이 많고 물러질 수 있다.

CHAPTER 12 한식 조림 · 초 조리

① 조림 · 초 재료 준비

1. 조림 · 초

(1) 조림 : 조림의 궁중용어로 '조리니'라 하고 궁중에서는 '조리개'라고 하였다. 조림은 고기 · 생선 · 감자 · 두부 등을 간장으로 조린 식품으로 재료를 큼직하게 썰어 간을 하고 처음에는 센 불에서 가열하다가 중불에서 은근히 속까지 간이 배이도록 조리고 약한 불에서 오래 익힌다.

(2) 초(炒) : 초(炒)는 조림을 달게 만들어 국물에 녹말을 풀고 그것이 재료에 엉기면서 국물 없이 바싹 조린 요리로 전복초, 홍합초, 해삼초 등이 있다.

2. 재료 준비하기

1) 장조림 재료

(1) 주재료 : 장조림은 주로 소고기를 사용하지만 돼지고기, 닭고기, 전복 등을 사용하기도 한다.

   ① 소고기 : 장조림용으로는 지방이 적은 사태나 우둔을 사용한다. 소고기의 품온 측정은 냉장육은 0~5℃, 냉동육은 -18℃ 이하가 적당하다.

   ② 돼지고기 : 등심, 안심, 앞다리, 뒷다리살을 사용하는데 신선한 어린 돼지고기가 대체로 연하고 맛있다. 돼지고기의 색은 분홍색이 좋으며 지나치게 창백한 것은 조리 시 감량이 크고 조리 후에는 퍽퍽한 맛이 난다. 재료 검수 시 돼지고기의 품온 측정은 냉장육은 0~5℃, 냉동육은 -18℃ 이하가 적당하다.

   ③ 닭고기 : 주로 가슴살을 사용하는데 살이 단단하지 못하고 풀어진 것은 품질이 좋지 않다. 재료 검수 시 닭고기의 품온 측정은 냉장육은 0~5℃, 냉동육은 -18℃ 이하가 적당하다.

(2) 부재료 : 주재료에 따라 부재료로 사용하는 식품이 다르나 주로 소고기 장조림이 부재료를 사용한다.

   ① 메추리알 : 껍질이 깨끗하고 금이 가지 않아야 한다. 윤기가 있고 반점이 크며 껍질이 거칠고 크기에 비해 무거운 것이 좋다. 메추리알은 유통이 느리기 때문에 선도에 주의가 필요하다. 재료 검수 시 품온 측정은 10~15℃가 적당하다.

   ② 꽈리고추 : 출하의 성수기는 7월 상순부터 8월 하순까지로 모양이 곧고 탄력이 있는 것이 좋으며, 저장의 적정온도는 5~7℃이다.

2) 홍합초 재료

① 홍합초 : 생홍합을 끓는 물에 데쳐 양념하고 생강을 편으로 썰어 조리다가 설탕을 넣어 조린 다음 국물이 자작해지면 홍합 데친 것을 넣고 마지막에 참기름을 넣는다.

② 홍합다시마초 : 생홍합은 2% 농도의 소금물에 1시간 정도 담가 불순물을 제거하고 물에 살짝 데쳐 물기를 빼준다. 양념장을 만들어 데쳐낸 홍합과 다시마, 편으로 썬 생강과 함께 윤기 나게 졸여낸다.

3. 재료 전처리

1) 소고기 전처리

① 소고기의 핏물을 제거한다.

② 초벌 삶기는 고기의 3~3.5배 가량의 끓는 물에 30~40분간 가열한다. 센 불에서 시작하여 끓어오르면 중불, 약한 불로 줄이고 끓이는 도중에 생기는 거품은 걷어낸다.

③ 대파, 양파, 마늘, 통후추 등의 향신채와 함께 가열하고, 30분쯤 경과한 후 먼저 건져낸다.

④ 꼬치로 고기를 찔러가며 익었는지 확인한다.

⑤ 소고기를 삶은 후 10분 정도 식힌 후 찢는다. 너무 식히면 결대로 잘 찢어지지 않는다.

⑥ 소고기 덩어리를 결 방향으로 3~4cm 길이가 되도록 자르거나 찢는다.

⑦ 삶은 육수의 기름기를 걷는다.

⑧ 냉장고에 보관할 때는 국물과 건더기를 함께 담아 보관한다.

2) 메추리알 전처리

① 메추리알을 냄비에 넣고 메추리알이 잠길 정도로 물을 붓고 소금을 약간 넣고 삶으면 터지지 않고 잘 삶아진다.

② 찬물에 메추리알을 넣고 삶는 것보다 소금을 넣고 물의 온도가 올라갈 때 넣고 삶으면 알이 덜 깨지고 껍질 제거가 잘 된다.

③ 삶는 중간중간 저어 주어 노른자가 중앙에 오도록 한다.

④ 물이 끓기 시작한 후 10분 정도 더 삶아 건져 찬물에 헹군 후 껍질을 제거한다.

3) 꽈리고추 전처리

① 신선한 꽈리고추를 골라 꼭지를 제거하여 흐르는 물에 깨끗이 씻은 후 체에 건져 물기를 제거한다.

② 꽈리고추를 포크로 한 번씩 쿡 찔러 구멍을 내면 양념이 배여 고추에 간이 잘 든다.

4) 홍합 전처리

① 홍합의 가운데 수염처럼 생긴 털을 가위로 제거한다. 손으로 잡아당기면 홍합살이 뜯긴다.

② 껍질은 솔로 깨끗이 씻고 홍합을 옅은 소금물에 넣어 살살 흔들어 씻어 찬물에 헹군 후 체에 밭쳐 물기를 뺀다.

③ 냄비에 물을 붓고 소금을 약간 넣고 끓는 물에 홍합을 넣고 데친다. 홍합을 살짝 데칠 때 염분이 있으므로 소금을 많이 넣지 않는다.

④ 홍합을 익히는 과정에서 물이 생기므로 홍합을 넣고 오래 끓이지 않는다.

⑤ 홍합은 1분 정도 끓이면 딱딱하지 않고 부드럽다. 데친 홍합은 물에 씻지 않고 그대로 물기만 제거한다.

⑥ 말린 홍합은 물에 30분 정도 불려서 끓는 물에 데쳐 사용하고, 냉동홍합은 물에 씻어 바로 사용한다.

4. 양념장 준비하기

① 조림냄비에 간장, 설탕, 물을 넣고 설탕이 잘 녹도록 골고루 섞는다.

② 다진 마늘, 다진 대파, 물엿, 참기름, 후춧가루를 넣어 준다.

③ 모든 재료를 섞어 조림냄비를 약불에 올려 잘 섞이도록 저어주고 끓기 직전 불에서 내린다. 양념장이 식은 후 사용한다.s

④ 제조한 양념장은 바로 사용할 경우 상온에서 2~4시간 숙성한 다음 사용하고, 보관하여 사용할 경우는 상온보다 8~12℃ 정도 더 낮은 온도에서 보관 사용하면 된다.

⑤ 초 양념장은 조리 마지막에 전분물을 사용하는 것이 다르다.

⑥ 전분물은 1:1 동량을 만들어 물을 따라내고 사용하는데 불을 끄고 열기가 있을 때 전분물을 넣어 빨리 젓는다.

② 조림 · 초 조리

1. 조리하기

1) 조림 조리

(1) 조리용기 : 조림에는 작은 냄비보다는 큰 냄비를 사용하여 바닥에 닿는 면이 넓어야 재료가 균일하게 익으며 조림장이 골고루 배어들어 조림의 맛이 좋아진다.

(2) 불 조절 : 조림은 강한 불에서 끓이기 시작하여 끓기 직전에 중불 이하로 줄이고 거품을 걷어내는 것이 조림의 맛을 결정하는 데 중요하다.

① 센 불 : 센 불은 구이, 볶음, 찜처럼 처음에 재료를 익히거나 국물을 팔팔 끓일 때 사용한다.

② 중불 : 국물요리에서 한 번 끓어오른 다음 부글부글 끓는 상태를 유지할 때 사용한다.

③ 약불 : 오랫동안 끓이는 조림이나 뭉근히 끓이는 국물요리에 사용한다. 그러나 조림의 경우 처음에는 센 불에서 그 다음 중불, 약불로 사용한다.

(3) 장조림 조리하기

① 전처리해 둔 소고기, 꽈리고추, 메추리알과 양념장을 배합비율에 맞게 준비하여 혼합한 후 95℃에서 20~30분간 조리한다.

② 국물을 졸이는 정도에 따라 간이 달라지므로 불의 세기와 시간을 잘 조절한다.

③ 소고기와 메추리알이 잘 조려질 때쯤 꽈리고추를 넣고 살짝 더 조린다.

④ 오래 보관하려면 상하기 쉬운 부재료는 넣지 말고 소고기만 사용한다.

⑤ 장조림의 당도는 평균 30Brix 정도이고 염도는 평균 5% 정도이다.

2) 초 조리

(1) 초 조리 맛을 좌우하는 조리 원칙

① 재료의 써는 크기와 모양에 따라 맛이 좌우되므로 일정한 크기를 유지한다.

② 양념을 적게 써야 식재료 고유의 맛을 살릴 수 있다.

③ 삶기와 데치기는 끓는 물에서 재빨리 데쳐 냉수에 헹군다. 푸른색 채소는 소금을 넣고 데쳐야 색이 더욱 선명하고 질감이 유지되며, 우엉과 연근은 식초를 넣으면 갈변을 방지할 수 있다.

④ 센 불에서 조리하다가 양념이 배기 시작하면 불을 줄여 속까지 익히며 국물을 끼얹으면서 조리한다. 남는 국물의 양이 10% 이내로 간이 강하지 않게 한다.

⑤ 조미료는 설탕 → 소금 → 간장 → 식초의 순서로 사용한다.

(2) 홍합초 조리

① 전처리해 둔 홍합과 양념장을 배합비율에 맞게 준비한다.

② 마늘과 생강은 0.2cm 두께의 편으로 썰고, 대파의 흰 부분은 2cm 길이로 썬다.

③ 전분과 물을 1:1의 비율로 잘 섞어 전분물을 만들어 전분이 가라앉으면 물은 따라내고 사용한다. 시간이 지나면 전분이 가라앉아 단단해지는데 다시 휘저어 사용하면 된다.

④ 냄비에 양념장을 넣고 끓이다가 데친 홍합과 마늘, 생강을 넣고 중불로 줄여 국물을 끼얹어가면서 뚜껑을 열고 윤기 나게 조린다. 홍합은 딱딱하지 않게 중불에서 양념장을 끼얹어 가면서 은근히 조려야 색깔이 곱고 윤기 나게 조려진다.

⑤ 거의 완성되어 갈 때 대파를 넣는다. 대파는 거의 조려졌을 때 넣어야 숨이 죽지 않는다.

⑥ 전분물을 냄비에 넣고 재빨리 저어준다. 국물이 걸쭉해지면 참기름을 넣고 윤기 나게 조린다.

3 조림 · 초 담기

1. 담아내기

1) 그릇 선택

① 조리 종류와 색, 형태, 인원수, 분량 등을 고려하여 그릇을 선택한다. 한식에는 일반적으로 원형의 그릇이 가장 잘 어울린다.

② 조림 · 초 조리의 종류에 따라 그릇을 선택한다. 국물이 있게 조리한 장조림은 오목한 형태의 그릇이 좋다.

2) 담기

① 조림 · 초 조리의 종류에 따라 국물의 양을 조절하면서 담는다.

② 재료의 표면이 말라보이지 않게 국물을 끼얹어 가면서 담는다.

③ 조림 · 초 조리의 종류에 따라 고명을 얹는다.

12 한식 조림 · 초 조리 예상문제

001 다음 중 조리가 잘못된 경우에 대한 이유로 부적당한 것은?

① 장조림 고기가 단단하고 잘 찢어지지 않는다. – 물에서 먼저 삶은 후 진간장을 부어 약한 불로 서서히 조렸기 때문이다.

② 튀긴 도넛에 기름 흡수가 많다. – 낮은 온도에서 튀겼기 때문이다.

③ 오이 무침의 색이 누렇게 변했다. – 식초를 미리 넣었기 때문이다.

④ 생선을 굽는데 석쇠에 붙어 잘 떨어지지 않는다. – 석쇠를 달구지 않았기 때문이다.

해설 장조림 고기가 단단하고 잘 찢어지지 않는 것은 처음부터 간장을 넣고 조렸기 때문이다.

002 조림과 초에 대한 설명으로 옳지 않은 것은?

① 조림은 궁중에서는 '조치'라 불렀다.

② 장조림의 당도는 평균 30Brix 정도이고 염도는 평균 5% 정도이다.

③ 초(炒)는 조림을 달게 만들어 녹말물을 풀어 넣고 국물 없이 바싹 조린 요리이다.

④ 소고기 장조림을 할 때 소고기를 삶은 후 결 방향으로 찢는다.

해설 조치는 찌개를 말한다. 조림은 궁중에서는 '조리니', '조리개'라 불렀다.

003 소고기의 부위 중 각 조리법에 적합한 것끼리 묶인 것은?

① 장조림 – 우둔, 등심, 꼬리

② 국 – 꼬리, 사태, 양지

③ 구이 – 꼬리, 우둔, 안심

④ 찜 – 안심, 등심, 사태

해설 등심과 안심은 전골 · 구이 · 볶음. 우둔은 조림 · 포 · 산적 · 육회 등의 조리에 주로 사용한다.

004 생선을 조릴 때 어취를 제거하기 위하여 생강을 넣는다. 이때 생선을 미리 가열하여 열변성시킨 후에 생강을 넣는 주된 이유는?

① 생강을 미리 넣으면 다른 조미료가 침투되는 것을 방해하기 때문에

② 열변성되지 않은 어육단백질이 생강의 탈취작용을 방해하기 때문에

③ 생선의 비린내 성분이 지용성이기 때문에

④ 생강이 어육단백질의 응고를 방해하기 때문에

해설 단백질 중에는 생강의 탈취작용을 저해하는 물질이 있어 고기나 생선을 가열하여 단백질을 변성시킨 후 생강을 넣는 것이 탈취작용에 효과적이다.

005 생선조림에 대해서 잘못 설명한 것은?

① 생선을 빨리 익히기 위해서 냄비뚜껑은 처음부터 닫아야 한다.

② 조리시간은 재료에 따라 다르나 약 15분 정도가 가장 좋다.

③ 가열시간이 너무 길면 어육에서 탈수작용이 일어나 맛이 없다.

④ 가시가 많은 생선을 조릴 때 식초를 약간 넣어 약한 불에서 졸이면 뼈째 먹을 수 있다.

해설 생선조림을 할 때 처음 수 분간은 냄비 뚜껑을 열어 비린내 성분을 휘발시킨 후 뚜껑을 닫고 조리하는 것이 좋다.

006 소고기 간장조림의 경우 냉장보관 시 어느 정도 보관이 가능한가?

① 2~3일　　　② 4~5일

③ 7~10일　　　④ 10일 이상

해설 소고기 간장조림의 경우 염절임 효과와 수분 활성도의 저하 및 당도가 상승되어 냉장보관 시 10일 정도의 안전성을 갖지만 보관 중 온도 상승을 받거나 보관기한이 10일이 넘으면 신속히 부패할 위험이 있다.

007 조림을 할 때 화력조절은 어떻게 해야 하는가?

① 센 불 → 중불 → 약불

② 중불 → 센 불 → 약불

③ 약불 → 중불 → 센 불

④ 약불 → 센 불 → 중불

해설 조림은 재료를 큼직하게 썬 다음 간을 하여 처음에는 센 불에서 가열하다가 중불에서 은근히 속까지 간이 배도록 조리고 약불에서 오래 익히는 것이다.

008 흰살 생선 조림을 할 때 주로 사용하는 양념은?

① 간장　　　② 고춧가루

③ 고추장　　　④ 된장

해설 흰살 생선은 간장을 주로 사용하고, 붉은살 생선 및 비린내가 나는 생선은 고춧가루나 고추장을 넣어 조린다.

CHAPTER 13
한식 구이 조리

1 구이 재료 준비

1. 구이 재료 준비

구이는 육류·어패류·채소류 등의 재료를 갖은 양념 또는 소금으로 간을 하여 불에 구운 요리로 직접구이와 간접구이가 있다. 양념에 따라서는 소금구이, 간장구이, 고추장양념구이, 기름구이 등이 있다.

1) 도구와 재료 준비
① 구이의 종류에 맞추어 도구와 재료를 준비한다.
② 재료 손질 시 손실되는 양을 계산하여 주재료와 부재료의 필요량을 정확히 계량한다.

2) 전처리
① 계량된 재료를 깨끗이 씻고 주재료와 조리법의 종류에 맞게 자른다.
② 생선은 내장과 비늘을 제거하고, 육류는 핏물을 제거하고 칼집을 넣는 등 재료와 조리법의 특성을 고려하여 전처리한다.
③ 도마와 칼은 용도별로 구분하여 사용하여 교차오염을 방지하도록 한다.
④ 양념용 채소의 전처리는 재료 전체를 곱게 다져야 조리 시 양념이 타는 것을 방지한다.

3) 양념장 준비
① 주재료의 특성을 고려하여 양념재료를 준비한다.
② 구이에 따른 양념은 전통적으로 소금과 간장, 고추장을 양념하여 재우는 방법이다.
③ 고추장 양념장은 미리 만들어 3일 정도 숙성하여야 고춧가루의 거친 맛이 없고 맛이 깊어진다.
④ 유장은 간장과 참기름을 1:3의 비율로 만든다.
⑤ 간장 양념은 양념 후 30분 정도 재워 두는 것이 좋으며 오래두면 육즙이 빠져 질겨진다.

2 구이 조리

1. 조리하기

1) 조리방법

(1) 직접구이

① 석쇠나 망을 이용하여 직접 불에 올려 굽는 복사열을 이용한 구이법이다.

② 일반적으로 직접구이 표면온도는 250℃라고 하는데 물기가 많은 식품은 300℃, 모양이 커서 속까지 열이 잘 통하지 않는 식품은 200℃ 정도 되도록 하여 화력과 식품거리를 조절한다.

③ 불과 식품 사이의 거리를 조절하여 온도를 맞추지 않으면 표면만 타거나 건조하여 맛없게 되기 쉽다. 열원과 식품과의 거리는 8~10cm가 좋다.

④ 김이나 미역 등 수분이 적은 식품과 감자·고구마 등 전분성 식품은 약한 불에서 굽고 어패류와 수조육류 등 단백질 식품으로 수분을 75~80% 정도 함유하고 있는 것은 비교적 센 불에서 단시간 가열하여 표면 단백질을 응고시켜 내부의 육즙의 유출을 막아 맛있게 조리된다.

(2) 간접구이

① 열원 위에 프라이팬이나 철판 등을 놓고 선도열을 이용하여 굽는 방법이다.

② 지방이 많은 육류나 어류처럼 직접구이를 하면 지방손실이 많은 것 또는 곡류처럼 직접구이를 할 수 없는 식품에 사용된다.

③ 철판이나 프라이팬에 기름을 칠하여 식품이 달라붙지 않게 한다.

④ 두께가 두꺼운 식품은 중심부가 균일하게 가열되지 않으므로 굽는 도중에 물을 가하고 뚜껑을 덮으면 가열된 증기에 쪄지면서 구워지게 된다.

2) 조리하기

① 생선처럼 수분이 많은 것은 화력을 강하게 하면 겉만 타고 속은 제대로 익지 않는 경우가 있으므로, 생선을 통으로 구울 때는 제공하는 면을 먼저 갈색이 나도록 구운 다음 약한 불로 천천히 구워 속까지 익힌다.

② 지방이 많은 식재료는 직화로 구우면 기름이 불 위에 떨어져 타고 색이 나빠지고 그을리게 되므로 주의한다.

③ 소고기는 62.5~73℃의 단백질 응고점 부근에서 가장 맛있고, 생선은 응고점보다 조금 더 높은 70~80℃로 잘 응고시키는 것이 맛있다.

④ 종류에 따라 유장처리나 양념을 한다.

⑤ 종류에 따라 초벌구이를 한다. 초벌구이 후 양념을 발라가며 구워야 타지 않는다.

⑥ 너비아니 구이를 할 때는 고기를 결대로 썰면 질기므로 결 반대 방향으로 썬다.

⑦ 화력이 너무 약하면 고기의 육즙이 빠져나와 맛이 없어지므로 중불 이상의 화력으로 굽는다.

⑧ 너무 자주 뒤집으면 부서지고 모양이 흐트러지기 쉬우므로 주의한다.

❸ 구이 담기

1. 담아내기

1) 그릇 선택

① 구이 재료와 형태, 사용한 양념장의 색 등을 고려하여 그릇을 선택한다.

② 분량과 인원수를 고려하여 적절한 크기의 그릇을 선택한다.

2) 담기

① 조리한 음식을 부서지지 않게 담는다.

② 구이 종류에 따라 따뜻한 온도를 유지하여 담고, 고명으로 장식한다.

001 다음 중 방자구이 양념은?

① 간장   ② 소금

③ 된장   ④ 고추장

해설 방자(房子)란 관청의 종을 말하는데, 상전을 기다리면서 밖에서 고기 한 조각을 얻어 양념하지 않고 즉석에서 소금만 뿌려 구워 먹은 데서 유래하였다고 한다.

002 다음 중 맥적(貊炙)에 해당하는 구이는?

① 고기구이   ② 생선구이

③ 채소구이   ④ 산적구이

해설 맥적이란 고기를 꼬챙이에 꿰어 직화로 굽는 요리이다.

003 소고기를 얇고 넓게 저며서 양념장에 재웠다가 구운 음식으로 오늘날 불고기에 해당하는 궁중요리는?

① 맥적(貊炙)   ② 방자구이

③ 너비아니   ④ 누름적

해설 너비아니란 궁중과 서울의 양반가에서 쓰던 말로 고기를 넓게 저몄다는 뜻이다.

004 생선 소금구이의 경우 보통 생선 중량의 얼마만큼 소금을 뿌리면 탈수가 일어나지 않고 간도 맞는다고 볼 수 있는가?

① 1%   ② 2%

③ 5%   ④ 10%

해설 생선구이를 할 때 생선 중량의 2~3%의 소금을 뿌려서 20~30분간 두었다가 물로 다시 한 번 씻고 그 물이 빠진 후 다시 약간의 소금을 뿌려 석쇠에 굽는다.

005 고기의 질감을 연하게 하는 단백질 분해효소와 가장 거리가 먼 것은?

① 파파인(papain)

② 브로멜린(bromelin)

③ 펩신(pepsin)

④ 글리코겐(glycogen)

해설 파파인은 파파야, 브로멜린은 파인애플에 들어 있는 육류 연화효소이고, 펩신은 척추동물의 위액에 함유된 단백질 분해효소이다. 글리코겐은 동물의 저장 탄수화물이다.

정답 001 ②   002 ①   003 ③   004 ②   005 ④

006 육류를 연화시키는 방법으로 적합하지 않은 것은?

① 생파인애플즙에 재워 놓는다.

② 칼등으로 두드린다.

③ 소금을 적당히 사용한다.

④ 끓여서 식힌 배즙에 재워 놓는다.

해설 배즙에는 육류 연화효소가 있어 육류를 연화시키지만 끓이면 효소는 파괴된다.

007 다음 중 구이 조리방법이 잘못된 것은?

① 너비아니구이를 위해 소고기를 결대로 썰었다.

② 화력이 약하면 육즙이 빠져나와 맛이 없으므로 중불 이상의 온도에서 구웠다.

③ 오징어를 구울 때 껍질을 벗기고 안쪽에 가로 세로로 사선의 칼집을 넣었다.

④ 고등어를 구울 때 중불에서 껍질 쪽을 먼저 구운 후 살 쪽을 구웠다.

해설 너비아니구이를 할 때 소고기를 결대로 썰면 질기므로 결 반대 방향으로 썬다.

008 석쇠나 망을 이용한 직접구이를 할 때 불과 식품과의 적당한 거리는?

① 3~5cm

② 8~10cm

③ 10~15cm

④ 20cm 이상

해설 일반적으로 직접구이에 있어 표면온도가 250℃라고 하는데 물기가 많은 식품은 300℃, 커서 속까지 열이 잘 통하지 않는 식품은 200℃ 정도 되도록 불과 식품의 거리를 조절하도록 하는데 8~10cm 정도의 거리가 좋다.

009 다음 중 구이에 사용하는 양념장에 대한 설명으로 잘못된 것은?

① 구이 양념은 전통적으로 소금과 간장, 고추장을 이용하여 재우는 방법이 있다.

② 고추장 양념장은 미리 만들어 3일 정도 숙성시켰다.

③ 유장은 간장과 참기름을 3:1의 비율로 만들었다.

④ 간장 양념은 양념 후 30분 정도 재워 두었다.

해설 유장은 간장과 참기름을 1:3의 비율로 만든다. 고추장 양념장은 미리 만들어 숙성시키는 것이 고춧가루의 거친 맛이 없고 맛이 깊어진다. 간장 양념은 양념 후 오래 두면 육즙이 빠져 질기게 되므로 30분 정도 재우는 것이 좋다.

010 다음 중 두 번 구워야 하는 구이는?

① 고추장 양념구이

② 소금구이

③ 간장 양념구이

④ 유장 양념구이

해설 고추장 양념구이를 할 때 처음부터 고추장 양념을 바르면 겉만 타고 속은 익지 않기 때문에 먼저 기름과 소금을 발라 애벌 굽고 고추장 양념을 발라 다시 굽는다.

011 다음 중 입자가 고운 소금으로 음식의 간을 맞추거나 적은 양의 채소나 생선을 절일 때 사용하는 소금은?

① 호염   ② 재제염

③ 식탁염   ④ 가공염

해설 재제염은 보통 꽃소금이라고도 부른다. 호염은 장을 담그거나 생선 및 채소를 절일 때 사용하고 식탁염은 이온교환법으로 만든 정제도가 높은 소금으로 설탕처럼 입자가 곱다. 가공염은 식탁염에 다른 맛을 첨가한 소금이다.

정답 006 ④ 007 ① 008 ② 009 ③ 010 ① 011 ②

012 육류의 조리·가공 중 색소성분의 변화에 대한 설명이 바르게 된 것은?

① 육류 조직 내의 미오글로빈(myoglobin)은 공기 중에 노출되면 산소와 결합하여 메트미오글로빈(metmyoglobin)으로 되어 선명한 붉은색이 된다.

② 햄, 베이컨, 소시지 등의 육류가공품은 질산염이나 아질산염과 작용하여 옥시미오글로빈(oxymyoglobin)으로 되어 선명한 붉은색이 된다.

③ 신선한 육류의 절단면이 계속 공기 중에 옥시미오글로빈(oxymyoglobin)으로 되어 갈색이 된다.

④ 육류를 가열하면 미오글로빈(myoglobin)이 메트미오글로빈(metmyoglobin)으로 되어 갈색이 된다.

해설 육류의 근육색소인 미오글로빈은 공기 중의 산소에 의해 옥시미오글로빈이 되어 선명한 붉은색을 띠며 시간이 지나면 암갈색의 메트미오글로빈이 된다. 이것은 가열에 의해서도 일어난다.

013 고기를 구울 때 화력조절은 어떻게 해야 하는가?

① 고기 두께가 얇을수록 센 불에서 굽는다.

② 고기 두께가 얇을수록 약한 불에서 굽는다.

③ 고기 두께가 두꺼울수록 센 불에서 굽는다.

④ 고기의 두께와 화력은 관계없다.

해설 고기 두께가 얇을수록 센 불에서 빨리 구워야 표면 단백질이 응고되어 육즙이 유출되는 것을 막아 맛있는 구이를 할 수 있다.

CHAPTER 14 한식 숙채 조리

1 숙채 재료 준비

1. 숙채

숙채란 나물이라고도 하며, 채소를 데치거나 삶아 양념으로 무치거나 기름에 볶아 양념하는 반찬으로 거의 모든 채소가 재료로 사용된다.

1) 도구와 재료 준비
① 숙채의 종류에 맞추어 도구와 재료를 준비한다.
② 조리에 사용하는 재료를 불가식부를 고려하여 필요량에 맞게 계량한다.

2) 전처리
① 재료의 종류와 조리법의 특성에 따라 알맞은 전처리를 한다.
② 녹색채소는 천천히 오래 삶으면 갈색으로 변하므로 끓는 물에 채소를 넣고 뚜껑을 열어 휘발성 산을 증발시키고 고온에서 단시간 가열한다.
③ 녹색채소는 중조 등의 알칼리 처리를 하면 녹색은 보존되지만 비타민 C가 파괴되고 물러진다.
④ 데친 시금치를 찬물에 오래 담가 두면 비타민 C가 용출되어 맛이 없다.
⑤ 고사리는 미지근한 쌀뜨물에 불려야 부드러워지고 특유의 잡내도 없다.
⑥ 건고사리는 이물질을 없애고 깨끗이 씻은 후 6시간 정도 물에 불린다.
⑦ 오래된 건고사리는 뻣뻣하고 질겨질 수 있으므로 식소다를 넣고 데치면 부드러워지고 물러지는 것을 방지할 수 있다.
⑧ 고사리를 삶아도 부드러워지지 않으면 물기를 짜서 냉동실에 넣고 냉장에 녹여 사용하면 수분이 팽창되어 불려져서 부드럽다.

② 숙채 조리

1. 조리하기

① 채소를 데치거나 삶거나 찌거나 볶는 등 익혀서 조리하면 재료의 쓴맛이나 떫은맛을 없애고 부드러운 식감을 줄 수 있다.

② 녹색채소의 클로로필은 산에 의해 갈변되므로 조리 시 먹기 직전에 간장, 된장, 식초 등을 마지막에 넣어 변색을 최소화한다.

③ 양념장 재료를 비율대로 혼합, 조절하여 만들어 양념이 잘 배합되도록 무치거나 볶는다.

④ 숙채는 끓는 물에 살짝 데쳐야 변색이 없다.

⑤ 데친 식재료는 물기를 빼고 양념의 일부를 넣어 버무리듯 가볍게 무쳐 두었다가 볶으면 조리가 간편하고 양념도 잘 밴다.

⑥ 시금치 양념을 할 때에는 살살 무친다.

⑦ 고사리의 굵기에 따라 볶는 온도를 조절해 주고 뚜껑을 덮거나 물을 주며 부드럽게 볶아 익힌다.

③ 숙채 담기

1. 담아내기

1) 그릇 선택

① 숙채의 종류와 색, 형태, 인원수, 분량 등을 고려하여 그릇을 선택한다.

② 숙채의 종류에 따라 그릇의 형태가 달라져야 한다.

2) 담기

① 숙채의 종류에 따라 고명을 올리거나 양념장을 곁들인다.

② 기름기나 이물질이 그릇에 묻지 않도록 담는다.

14 한식 숙채 조리 예상문제

001 식품의 조리방법 중 데치기의 주된 목적으로 옳은 것은?

① 식품의 깨끗한 세척
② 영양소를 증가시키기 위해
③ 효소의 불활성화를 위해
④ 식품의 수분을 제거하기 위해

해설 데치기(blanching 블랜칭)는 효소를 불활성화하여 변색을 방지할 목적으로 한다.

002 푸른 채소를 데칠 때 색을 선명하게 유지하며 비타민 C의 산화도 억제해 주는 것은?

① 기름
② 소금
③ 설탕
④ 식초

해설 엽록소를 함유한 푸른 채소를 데칠 때 1% 정도의 소금을 넣으면 채소가 물러지는 것을 방지하고 선명한 녹색을 얻을 수 있고, 식염이 비타민의 안정작용을 하므로 비타민 C의 손실을 줄일 수 있다.

003 식소다(중조)를 넣고 채소를 데치면 어떤 영양소의 손실이 가장 크게 발생하는가?

① 비타민 A, E, K
② 비타민 B_1, B_2, C
③ 비타민 A, C, E
④ 비타민 B_6, B_{12}, D

해설 채소를 데칠 때 식소다 등의 알칼리 처리를 하면 선명한 색을 얻을 수는 있으나 수용성 영양소의 손실이 많아진다. 비타민 A, D, E, K는 지용성이다.

004 채소의 조리가공 중 비타민 C의 손실에 대한 설명이 맞는 것은?

① 시금치를 데칠 때 사용수의 양이 많으면 비타민 C의 손실이 적다.
② 당근을 데칠 때 크기를 작게 할수록 비타민 C의 손실이 적다.
③ 무채를 곱게 썰어 공기 중에 장시간 방치해도 비타민 C의 손실에는 영향이 없다.
④ 동결처리한 시금치는 낮은 온도에서 저장할수록 비타민 C의 손실이 적다.

해설 비타민 C는 저장온도에 따라서도 손실률의 차이가 크며, −4℃의 동결저장에서 손실률이 가장 낮다.

정답 001 ③　002 ②　003 ②　004 ④

005 푸른색 채소의 색과 질감을 고려할 때 데치기의 가장 좋은 방법은?

① 식소다를 넣어 오랫동안 데친 후 얼음물에 식힌다.

② 공기와의 접촉으로 산화되어 색이 변하는 것을 막기 위해 뚜껑을 닫고 데친다.

③ 물을 적게 하여 데치는 시간을 단축시킨 후 얼음물에 식힌다.

④ 많은 양의 물에 소금을 약간 넣고 데친 후 얼음물에 식힌다.

해설 녹색 채소는 뚜껑을 열고 끓는 물에서 소금을 약간 넣은 후 단시간 삶는 것이 선명한 녹색을 얻을 수 있고 수용성 비타민의 손실이 적다. 식소다를 넣고 오래 삶으면 선명한 녹색은 얻을 수 있으나 수용성 영양 손실이 많고 물러지는 수가 있다.

006 채소를 데치는 요령으로 적합하지 않은 것은?

① 1~2% 식염을 첨가하면 채소가 부드러워지고 푸른색을 유지할 수 있다.

② 연근을 데칠 때 식초를 3~5% 첨가하면 조직이 단단해져서 씹을 때의 식감이 좋아진다.

③ 죽순을 쌀뜨물에 삶으면 불미성분이 제거된다.

④ 고구마를 삶을 때 설탕을 넣으면 잘 부스러지지 않는다.

해설 고구마를 삶을 때 소금이나 명반을 약간 넣으면 잘 부스러지지 않고 색을 선명하게 할 수 있다.

007 토란을 조리하기 위하여 삶을 때 미리 식초나 명반을 약간 넣는 가장 중요한 이유는?

① 맛을 특히 좋게 하기 위해서

② 색을 희게 하고 겉의 조직감을 단단하게 유지시키기 위해서

③ 국물이 뽀얗게 우러나오게 하기 위해서

④ 국물이 걸쭉하게 우러나오게 하기 위해서

해설 식초나 명반은 색을 희게 하고 삼투압을 높여 겉이 뭉개지는 것을 방지한다. 또한 단백질을 응고시켜 조직을 단단하게 한다.

008 일반적으로 미역, 고사리, 당면 등을 물에 불렸을 때 건어물 양의 몇 배가 되는가?

① 4~5배 ② 10~12배
③ 1~3배 ④ 6~8배

해설 미역, 고사리, 당면 등을 불리면 6~8배 정도로 불어난다.

009 다음 중 국이나 찌개의 간을 맞추거나 나물을 무칠 때 사용하는 간장은?

① 청장 ② 진간장
③ 양조간장 ④ 향신간장

해설 청장은 국간장이라고도 부르며, 소금물에 메주를 담가 1~2개월 자연 숙성시켜 만든 간장으로 염도는 24% 정도이다. 진간장은 아미노산을 분해하여 만든 화학간장으로 조림이나 초를 할 때, 불고기를 재울 때, 장아찌 만들 때, 구이 찜 등에 사용한다. 양조간장은 보통 6개월 정도 발효 숙성시킨 간장으로 생음식, 무침, 샐러드, 생선회 등에 사용하며 향신간장은 진간장에 대파, 양파, 다시마 등 여러 가지를 넣고 끓여 사용하는 간장으로 풍미를 높이기 위해 만들어 사용한다.

정답 005 ④ 006 ④ 007 ② 008 ④ 009 ①

한식 볶음 조리

1 볶음 재료 준비

1. 준비하기

육류, 어패류, 채소류 등의 식재료에 간장이나 고추장 등의 양념을 재료에 맛이 배이도록 하여 볶는 조리법으로 고온에서 단시간 조리하므로 영양 손실이 적다.

1) 도구와 재료 준비

① 볶음은 큰 냄비를 사용하여 바닥에 닿는 면적이 넓어야 재료가 균일하게 익으며 양념장이 골고루 배어들어 맛이 좋아진다.

② 볶음용 팬은 두꺼운 것이 좋다.

③ 조리에 사용하는 재료를 불가식부를 고려하여 필요량에 맞게 계량한다.

2) 재료의 전처리와 양념장 준비

① 재료와 조리법의 특성에 따라 알맞게 손질한다.

② 말린 채소는 생채소보다 비타민과 미네랄 함량이 높다.

③ 미지근한 물에 호박을 오래 불리면 볶음 조리 후 식감이 떨어지며, 불린 호박은 밑간을 미리 해두면 간이 골고루 배여 맛이 좋다.

④ 염장다시마와 해조류는 바닷물 농도의 소금물에 해감한 후 이용한다.

⑤ 양념장 재료를 비율대로 혼합 조절하여 만들고, 필요에 따라 숙성한다.

2 볶음 조리

1. 조리하기

① 재료에 따라 양념장 또는 기름에 볶는다.

② 팬을 충분히 달군 후 소량의 기름을 두르고 고온에서 단시간 볶아야 원하는 질감과 색, 향을 얻을 수 있다.

③ 낮은 온도에서 볶으면 기름이 많이 흡수되어 좋지 않다.

④ 강한 불로 시작하여 끓기 시작하면 중불로 줄이고 단시간에 조리한다. 재료가 눌어붙거나 모양이 흐트러지지 않게 화력 조절을 한다.

❸ 볶음 담기

1. 담아내기

① 볶음의 종류와 색, 형태, 인원수, 분량 등을 고려하여 그릇을 선택한다.
② 접시의 내원을 벗어나지 않게 담는다.
③ 온도, 색, 풍미를 유지하여 담는다.
④ 재료별 특성에 맞게 일정한 공간을 유지하여 담는다.
⑤ 고명은 간단하고 깔끔하게 담는다.

15 한식 볶음 조리 예상문제

001 다음 중 볶음 조리에 대한 설명으로 옳지 않은 것은?

① 높은 온도에서 볶으면 타기 쉬우므로 낮은 온도에서 천천히 볶는다.

② 밑이 넓고 두꺼운 팬을 사용하였다.

③ 화력은 처음에는 센 불에서 볶다가 중불, 약불로 조리하였다.

④ 마른 표고버섯을 볶을 때 물을 약간 넣었다.

해설 낮은 온도에서 볶으면 재료에 기름이 많이 흡수되어 좋지 않다.

002 다음 중 볶음 양념 재료의 설명이 옳은 것은?

① 짠맛 – 소금, 고추장

② 신맛 – 매실, 산초

③ 쓴맛 – 생강, 된장

④ 매운맛 – 고추냉이, 후추

해설 짠맛(소금, 간장, 고추장, 된장 등), 단맛(꿀, 설탕, 조청, 물엿 등), 신맛(식초, 감귤류, 매실 등), 쓴맛(생강 등), 매운맛(고추, 후추, 겨자, 산초, 생강 등)

003 영양 손실이 가장 적은 조리법은?

① 끓이기

② 삶기

③ 볶기

④ 데치기

해설 볶기(볶음)는 적은 양의 기름으로 단시간 조리하므로 영양 손실이 적다.

004 기름에 볶는 조리에 가장 적합한 재료는?

① 무

② 당근

③ 감자

④ 양파

해설 당근에는 지용성의 프로비타민 A인 카로텐(carotene)을 함유하고 있어 기름에 조리하면 영양 효율이 좋아진다.

정답 001 ① 002 ① 003 ③ 004 ②

005 다음 중 한식에 가장 잘 어울리는 음식 담는 방법은?

① 돔형 담기 ② 돌려 담기

③ 세워 담기 ④ 묶어 담기

해설 한식에 가장 잘 어울리는 음식 담는 방법은 돔형(소복이 쌓는 방법)이다.

006 음식을 그릇에 담을 때에는 음식의 적정 크기와 담음새의 조화를 고려해야 한다. 다음 중 볶음을 그릇에 담을 때 그릇의 몇 % 정도가 적당한가?

① 50% ② 60%

③ 70% ④ 90%

해설 찬품류를 식기에 담을 때 일반적인 적합한 양은 다음과 같다.

음식의 종류	적당한 양
국, 찜선, 생채, 나물, 조림, 초, 전유어, 구이, 적, 회, 쌈, 편육, 족편, 튀각, 부각, 포, 김치	식기의 70%
탕, 찌개, 전골, 볶음	식기의 70~80%
장아찌, 젓갈	식기의 50%

007 볶음에 사용하는 고명에 대한 설명이 잘못된 것은?

① 음양오행설에 따라 적·청·황·백·흑의 오색고명을 사용한다.

② 고명으로 견과류, 알류, 채소류 등 외에도 육류, 어패류, 과실류, 꽃 등도 사용된다.

③ 고명은 음식의 맛보다는 모양과 색을 좋게 하기 위해 사용한다.

④ 통깨는 완성된 음식에 보기 좋게 고르게 뿌려준다.

해설 통깨를 흐트려 뿌리면 지저분해 보일 수 있으므로 꼭대기 부분에 모아서 뿌리는 것이 좋다.

001 조리사 또는 영양사 면허의 취소처분을 받고 그 취소된 날부터 얼마의 기간이 경과되어야 면허를 받을 자격이 있는가?

① 1개월 　　② 3개월

③ 6개월 　　④ 1년

해설 조리사 또는 영양사가 면허 취소된 날로부터 1년이 경과되어야 면허를 받을 자격이 있다.

002 식품위생법상 출입·검사·수거에 대한 설명 중 틀린 것은?

① 관계 공무원은 영업소에 출입하여 영업에 사용하는 식품 또는 영업시설 등에 대하여 검사를 실시한다.

② 관계 공무원은 영업상 사용하는 식품 등을 검사를 위하여 필요한 최소량이라 하더라도 무상으로 수거할 수 없다.

③ 관계 공무원은 필요에 따라 영업에 관계되는 장부 또는 서류를 열람할 수 있다.

④ 출입·검사·수거 또는 열람하려는 공무원은 그 권한을 표시하는 증표를 지니고 이를 관계인에 내보여야 한다.

해설 검사에 필요한 최소량의 식품 등을 무상으로 수거할 수 있다.

003 일반음식점의 모범업소의 지정기준이 아닌 것은?

① 화장실에 1회용 위생종이 또는 에어타월

이 비치되어 있어야 한다.

② 주방에는 입식조리대가 설치되어 있어야 한다.

③ 1회용 물컵을 사용하여야 한다.

④ 종업원은 청결한 위생복을 입고 있어야 한다.

해설 모범업소의 지정은 시장·군수·구청장이 하며 1회용 물컵, 1회용 숟가락, 1회용 젓가락 등을 사용해서는 안 된다.

004 우리나라 식품위생법 등 식품위생 행정업무를 담당하고 있는 기관은?

① 환경부

② 고용노동부

③ 식품의약품안전처

④ 보건복지부

해설 식품의약품안전처는 식품 및 의약품의 안전에 관한 사무를 관장하는 중앙행정기관이다.

005 소분업 판매를 할 수 있는 식품은?

① 전분 　　② 식용유지

③ 식초 　　④ 빵가루

해설 어육제품, 식용유지, 특수용도식품, 통·병조림 제품, 레토르트식품, 전분, 장류 및 식초는 소분·판매할 수 없다.

정답 001 ④ 　002 ② 　003 ③ 　004 ③ 　005 ④

006 사람이 평생 동안 매일 섭취하여도 아무런 장해가 일어나지 않는 최대량으로 1일 체중 kg당 mg 수로 표시하는 것은?

① 최대무작용량(NOEL)

② 1일 섭취 허용량(ADI)

③ 50% 치사량(LD_{50})

④ 50% 유효량(ED_{50})

해설 ADI란 사람이 평생 동안 농약 등의 화학물질을 매일 섭취해도 건강에 아무런 악영향을 미치지 않는 상한의 양으로 1일 섭취허용량이라고 하며, 잔류기준을 정하는 기준이 된다.

007 바지락 속에 들어 있는 독성분은?

① 베네루핀(venerupin)

② 솔라닌(solanine)

③ 무스카린(muscarine)

④ 아마니타톡신(amanitatoxin)

해설 솔라닌은 감자, 무스카린과 아마니타톡신은 독버섯의 유독성분이다.

008 다음 중 잠복기가 가장 짧은 식중독은?

① 황색포도상구균 식중독

② 살모넬라균 식중독

③ 장염 비브리오 식중독

④ 장구균 식중독

해설 세균성 식중독의 잠복기는 비브리오 8~20시간, 장구균 1~36시간, 살모넬라 12~48시간, 포도상구균 1~6시간이다.

009 세균 번식이 잘 되는 식품과 가장 거리가 먼 것은?

① 온도가 적당한 식품

② 수분을 함유한 식품

③ 영양분이 많은 식품

④ 산이 많은 식품

해설 미생물 번식에 필요한 3대 요소는 영양소, 수분, 온도이다.

010 생선 및 육류의 초기부패 판정 시 지표가 되는 물질에 해당되지 않는 것은?

① 휘발성염기질소(VBN)

② 암모니아(ammonia)

③ 트리메틸아민(trimethylamine)

④ 아크롤레인(acrolein)

해설 기름을 고온에서 계속 가열하면 검푸른 연기를 내는데 이것이 아크롤레인으로 후각을 자극하여 식욕을 잃게 한다.

011 세균성 식중독과 병원성 소화기계 감염병을 비교한 것으로 틀린 것은?

	세균성 식중독	소화기계 감염병
①	많은 균량으로 발병	균량이 적어도 발병
②	2차 감염이 빈번함	2차 감염이 없음
③	식품위생법으로 관리	감염병예방법으로 관리
④	비교적 짧은 잠복기	비교적 긴 잠복기

해설 식중독은 2차 감염이 없다.

012 관능을 만족시키는 식품첨가물이 아닌 것은?

① 동클로로필린나트륨

② 질산나트륨

③ 아스파탐

④ 소르빈산

해설 관능을 만족시키는 식품첨가물이란 색, 맛, 향과 관련되는 첨가물로 소르빈산은 보존제이다.

013 중금속에 대한 설명으로 옳은 것은?

① 비중이 4.0 이하의 금속을 말한다.

② 생체기능 유지에 전혀 필요하지 않다.

정답 006 ② 007 ① 008 ① 009 ④ 010 ④ 011 ② 012 ④ 013 ③

③ 다량이 축적될 때 건강장해가 일어난다.

④ 생체와의 친화성이 거의 없다.

해설 비중이 4.0 이상의 금속을 중금속이라 하며, 체내에는 필요하지 않으며 체내에 쌓이면 독성을 나타낸다.

014 이타이이타이병과 관계있는 중금속 물질은?

① 수은(Hg) ② 카드뮴(Cd)

③ 크롬(Cr) ④ 납(Pb)

해설 이타이이타이(itai-itai)병은 카드뮴(Cd)이 함유된 폐수에 의해 발생하였으며 보행곤란, 골연화 등을 일으킨다.

015 오래된 과일이나 산성 채소 통조림에서 유래되는 화학성 식중독의 원인물질은?

① 칼슘 ② 주석

③ 철분 ④ 아연

해설 통조림 캔은 주로 양철판에 주석으로 도금을 한다.

016 냉동생선을 해동하는 방법으로 위생적이며 영양 손실이 가장 적은 경우는?

① 18~22℃의 실온에 둔다.

② 40℃의 미지근한 물에 담가둔다.

③ 냉장고 속에 해동한다.

④ 23~25℃의 흐르는 물에 담가둔다.

해설 냉동생선의 해동은 저온에서 천천히 하는 것이 영양 손실이 적고 원형유지가 잘 된다.

017 식품의 감별법 중 틀린 것은?

① 쌀알은 투명하고 앞니로 씹었을 때 강도가 센 것이 좋다.

② 생선은 안구가 돌출되어 있고 비늘이 단단하게 붙어 있는 것이 좋다.

③ 닭고기의 뼈(관절) 부위가 변색된 것은 변질된 것으로 맛이 없다.

④ 돼지고기의 색이 검붉은 것은 늙은 돼지에서 생산된 고기일 수 있다.

해설 닭고기의 뼈(관절) 부위가 변색된 것은 냉동된 닭이 해동되는 과정에서 일어나는 화학반응으로 위생 및 맛과는 관계없다.

018 다음 중 신선한 달걀은?

① 달걀을 흔들어서 소리가 나는 것

② 삶았을 때 난황의 표면이 암녹색으로 쉽게 변하는 것

③ 껍질이 매끈하고 윤기 있는 것

④ 깨보면 많은 양의 난백이 난황을 에워싸고 있는 것

해설 달걀 감별법은 다음과 같다.

① 빛에 비쳤을 때 밝게 보이는 것은 신선하고, 어둡게 보이는 것은 오래된 것이다.

② 신선한 달걀은 흔들었을 때 이동음이 없으며, 혀를 대었을 때 둥근 부분은 온감이 있고 뾰족한 부분은 냉감이 있다.

③ 신선한 달걀의 비중은 1.08~1.09이다.

④ 신선한 달걀의 난황계수는 0.36~0.44이다.

⑤ 깨뜨렸을 때 노른자가 볼록하고 흰자가 퍼지지 않는 것이 신선하다.

⑥ 껍질이 꺼칠한 것이 신선하며, 광택이 있는 것은 오래된 것이다.

⑦ 6% 소금물에 넣었을 때 떠오르는 것은 오래된 것이다.

019 식혜를 만들 때 엿기름을 당화시키는 데 가장 적합한 온도는?

① 10~20℃ ② 30~40℃

③ 50~60℃ ④ 70~80℃

해설 식혜를 만들 때 사용하는 엿기름의 당화효소인 아밀라아제는 50~60℃가 최적의 당화온도이다.

020 많이 익은 김치(신김치)는 오래 끓여도 쉽게 연해지지 않는 이유는?

① 김치에 존재하는 소금에 의해 섬유소가 단단해지기 때문이다.

② 김치에 존재하는 소금에 의해 팽압이 유지되기 때문이다.

③ 김치에 존재하는 산에 의해 섬유소가 단단해지기 때문이다.

④ 김치에 존재하는 산에 의해 팽압이 유지되기 때문이다.

해설 산은 섬유소를 단단하게 하고, 알칼리는 섬유소를 부드럽게 한다. 신김치로 찌개를 하였을 때 쉽게 김치잎이 연해지지 않는 것은 김치에 함유된 산이 조직을 단단하게 하기 때문이다.

021 조리대 배치형태 중 환풍기와 후드의 수를 최소화할 수 있는 것은?

① 일렬형 ② 병렬형

③ ㄷ자형 ④ 아일랜드형

해설 조리대 배치형태별 특징은 다음과 같다.

① 일렬형 : 가장 일반화된 배치형태로 소규모의 주방에 적합하며, 길이가 길어지면 작업동선이 길어 다소 능률이 떨어진다.

② 병렬형 : 서로 마주보는 두 벽면에 작업대를 배치한 형태로 높은 효율을 올릴 수 있으나 작업대 사이가 다른 작업의 동선이 되면 효율이 감소하고 감독이 어렵다.

③ ㄱ자형 : ㄱ 자로 구부러진 주방을 최대로 활용하고 동선을 최소화하기 위해서는 각별한 주의가 필요하다.

④ ㄷ자형 : 대규모 주방에 효율적이며, 같은 면적의 경우 동선이 가장 짧다.

⑤ 아일랜드형 : 조리기기를 한 곳에 집중 배치하므로 환풍기나 후드의 수를 최소로 할 수 있다.

022 우유를 데울 때 가장 좋은 방법은?

① 냄비에 담고 끓기 시작할 때까지 강한 불로 데운다.

② 이중냄비에 넣고 젓지 않고 데운다.

③ 냄비에 담고 약한 불에서 젓지 않고 데운다.

④ 이중냄비에 넣고 저으면서 데운다.

해설 우유를 젓지 않고 끓이면 냄비의 밑바닥에 우유가 눌어 타기 쉬우므로 이중냄비에 넣고 저어가며 데운다.

023 아래의 조건에서 당질 함량을 기준으로 고구마 180g을 쌀로 대치하려면 필요한 쌀의 양은?

- 고구마 100g의 당질 함량 29.2g
- 쌀 100g의 당질 함량 31.7g

① 165.8g ② 170.6g

③ 177.5g ④ 184.7g

해설

대치식품량 =

$$\frac{\text{원래식품의 양} \times \text{원래식품의 해당성부 수치}}{\text{대치하고자 하는 식품의 해당성분 수치}}$$

$$\frac{180 \times 29.2}{31.7} = 165.8g$$

024 아래 보기 중 단체급식 조리장을 신축할 때 우선적으로 고려할 사항 순으로 배열된 것은?

가. 위생 나. 경제 다. 능률

① 다 → 나 → 가 ② 나 → 가 → 다

③ 가 → 나 → 다 ④ 가 → 다 → 나

해설 양호한 조리장이란 위생적이고 능률적이며 경제적으로 되어 있는 시설을 말한다.

025 스파게티와 국수 등에 이용되는 문어나 오징어 먹물의 색소는?

① 타우린(taurine)

② 멜라닌(melanin)

③ 미오글로빈(myoglobin)

④ 히스타민(histamine)

해설 오징어 먹물에는 세피오 멜라닌(sepio melanin)이라는 색소가 함유되어 있다.

026 수분 70g, 당질 40g, 섬유질 7g, 단백질 5g, 무기질 4g, 지방 3g이 들어 있는 식품의 열량은?

① 165kcal ② 178kcal

③ 198kcal ④ 207kcal

해설 열량소는 당질, 지질, 단백질로 g당 당질 4kcal, 지방 9kcal, 단백질 4kcal의 열량을 낸다.

$(40×4)+(5×4)+(3×9)=207$kcal

027 조리장의 입지조건으로 적당하지 않은 곳은?

① 급 · 배수가 용이하고 소음, 악취, 분진, 공해 등이 없는 곳

② 사고 발생 시 대피하기 쉬운 곳

③ 조리장이 지하층에 위치하여 조용한 곳

④ 재료의 반입, 오물의 반출이 편리한 곳

해설 조리장은 채광 및 통풍, 환기 등이 잘되어야 하므로 지하층은 좋지 않다.

028 버터 대용품으로 생산되고 있는 식물성 유지는?

① 쇼트닝 ② 마가린

③ 마요네즈 ④ 땅콩버터

해설 마가린은 불포화지방산 함량이 많은 액체유지, 즉 식물성 기름에 수소를 첨가하여 고체유지로 만든 것으로 주로 버터 대용품으로 사용한다.

029 조미의 기본 순서로 가장 옳은 것은?

① 설탕 → 소금 → 간장 → 식초

② 설탕 → 식초 → 간장 → 소금

③ 소금 → 식초 → 간장 → 설탕

④ 간장 → 설탕 → 식초 → 소금

해설 조미료는 분자량이 적은 것이 먼저 침투하므로 소금이나 식초를 설탕보다 먼저 넣으면 설탕의 침투가 어려워 식품의 질감이 떨어지게 된다. 또한 식초나 간장 등의 향기 있는 조미료는 가열에 의해 향기가 손실되므로 가능한 나중에 넣는 것이 좋다.

030 편육을 할 때 가장 적합한 삶기 방법은?

① 끓는 물에 고기를 덩어리째 넣고 삶는다.

② 끓는 물에 고기를 잘게 썰어 넣고 삶는다.

③ 찬물에서부터 고기를 넣고 삶는다.

④ 찬물에서부터 고기와 생강을 넣고 삶는다.

해설 편육은 끓는 물에 고기 덩어리를 넣고 삶으며, 탕은 소금을 약간 넣은 냉수에 넣고 끓인다.

031 단체급식의 목적이 아닌 것은?

① 피급식자의 건강의 회복, 유지, 증진을 도모한다.

② 피급식자의 식비를 경감한다.

③ 피급식자에게 물질적 충족을 준다.

④ 영양교육과 음식의 중요성을 교육함으로써 바람직한 급식을 실현한다.

해설 단체급식별 목적이 다르나 피급식자에게 물질적 충족감은 단체급식의 목적에 해당하지 않는다.

032 소화흡수가 잘 되도록 하는 방법으로 가장 적절한 것은?

① 짜게 먹는다.

② 동물성 식품과 식물성 식품을 따로따로 먹는다.

③ 식품을 잘고 연하게 조리하여 먹는다.

④ 한꺼번에 많은 양을 먹는다.

해설 식품을 잘고 연하게 조리하여 섭취하는 것이 소화흡수가 용이하다.

033 젤라틴과 한천에 관한 설명으로 틀린 것은?

① 한천은 보통 28~35℃에서 응고되는데 온도가 낮을수록 빨리 굳는다.

② 한천은 식물성 급원이다.

③ 젤라틴은 젤리, 양과자 등에서 응고제로 쓰인다.

④ 젤라틴에 생파인애플을 넣으면 단단하게 응고한다.

해설 젤라틴은 동물의 결체조직에 포함되어 있는 불용성 단백질인 콜라겐을 물과 함께 가열하여 분해해서 수용성으로 만든 유도단백질의 일종이다. 생파인애플에는 단백질 분해효소인 브로멜린이 있어 단백 연화작용을 한다.

034 밀가루 반죽 시 넣는 첨가물에 관한 설명으로 옳은 것은?

① 유지는 글루텐 구조형성을 방해하여 반죽을 부드럽게 한다.

② 소금은 글루텐 단백질을 연화시켜 밀가루 반죽의 점탄성을 떨어뜨린다.

③ 설탕은 글루텐 망사구조를 치밀하게 하여 반죽을 질기고 단단하게 한다.

④ 달걀을 넣고 가열하면 단백질의 연화작용으로 반죽이 부드러워진다. 빵의 노화도 지연된다.

해설 유지의 첨가에 의해 빵이 연해지고 향기와 저장성이 향상되며 부피를 크게 하고 반죽의 취급 및 성형을 용이하게 한다. 또한 빵의 노화도 지연된다.

035 원가계산의 목적으로 옳지 않은 것은?

① 원가의 절감 방안을 모색하기 위해

② 제품의 판매가격을 결정하기 위해

③ 경영손실을 제품가격에서 만회하기 위해

④ 예산편성의 기초자료로 활용하기 위해

해설 원가계산의 목적으로 ① 가격 결정 ② 원가관리 ③ 예산편성 ④ 재무제표 작성을 들 수 있다.

036 탄수화물의 조리가공 중 변화되는 현상과 가장 관계 깊은 것은?

① 거품 생성   ② 호화

③ 유화   ④ 산화

해설 전분에 물을 넣고 가열하면 전분입자는 물을 흡수하여 팽윤하며 콜로이드(colloid) 상태가 되는데, 이러한 변화를 호화라 한다. 거품 생성, 유화, 산화는 지방과 관련이 있다.

037 색소를 보존하기 위한 방법 중 틀린 것은?

① 녹색채소를 데칠 때 식초를 넣는다.

② 매실지를 담글 때 소엽(차조기 잎)을 넣는다.

③ 연근을 조릴 때 식초를 넣는다.

④ 햄 제조 시 질산칼륨을 넣는다.

해설 녹색채소의 클로로필 색소는 알칼리에 안정하고 산에는 불안정하다. 따라서 소다를 넣으면 안정된 색을 유지하지만 식초를 가하면 갈색으로 변한다.

038 효소적 갈변반응에 의해 색을 나타내는 식품은?

① 분말 오렌지   ② 간장

③ 캐러멜   ④ 홍차

해설 홍차의 갈변반응은 찻잎에 함유된 효소의 작용에 의하여 일어난다.

039 단맛 성분에 소량의 짠맛 성분을 혼합할 때 단맛이 증가하는 현상은?

① 맛이 상쇄현상   ② 맛의 억제현상

③ 맛의 변조현상   ④ 맛의 대비현상

해설 미각의 변화현상은 다음과 같다.

① 대비(강화)현상 : 서로 다른 맛이 혼합되었을 때 본래의 맛이 강해지는 현상

② 변조현상 : 한 가지 맛을 느낀 직후 다른 맛을 정상적으로 느끼지 못하는 현상

정답 033 ④   034 ①   035 ③   036 ②   037 ①   038 ④   039 ④

③ 상쇄현상 : 두 종류의 맛이 혼합되었을 때 조화된 맛을 느끼게 되는 현상

④ 피로(순응)현상 : 같은 맛을 계속 봤을 때 미각이 둔해지거나 그 맛이 변하는 현상

⑤ 미맹(味盲) : 쓴맛 물질인 PTC에 대해 쓴맛을 느끼지 못하는 현상

040 브로메린(bromelin)이 함유되어 있어 고기를 연화시키는 데 이용되는 과일은?

① 사과　　　　② 파인애플

③ 귤　　　　　④ 복숭아

해설 육류연화제로 파인애플의 브로메린, 파파야의 파파인(papain), 무화과의 휘신(ficin), 배즙 등이 있다.

041 지방의 경화에 대한 설명으로 옳은 것은?

① 물과 지방이 서로 섞여 있는 상태이다.

② 불포화지방산에 수소를 첨가하는 것이다.

③ 기름을 7.2℃까지 냉각시켜서 지방을 여과하는 것이다.

④ 반죽 내에서 지방층을 형성하여 글루텐 형성을 막는 것이다.

해설 불포화지방산 함량이 많은 액체유지에 수소를 첨가하여 고체유지로 만드는 것을 경화라 하고 이렇게 만들어진 유지를 경화유라 하며, 경화유의 대표적인 것으로 마가린이 있다.

042 어류의 염장법 중 건염법(마른간법)에 대한 설명으로 틀린 것은?

① 식염의 침투가 빠르다.

② 품질이 균일하지 못하다.

③ 선도가 낮은 어류로 염장을 할 경우 생산량이 증가한다.

④ 지방질의 산화로 변색이 쉽게 일어난다.

해설 건염법이란 어패류를 염장할 때 소금을 직접 뿌리는 것으로 산화되기 쉽고 염분이 균일하지 않는 등의 단점이 있다. 선도가 낮은 어류로 염장을 할 경우 초기 부패로 인해 생산량은 떨어진다.

043 대두를 구성하는 콩단백질의 주성분은?

① 글리아딘　　　② 글루테닌

③ 글루텐　　　　④ 글리시닌

해설 글리시닌(glycinin)은 수용성 콩단백질이다. 밀가루 단백질인 글리아딘과 글루테닌이 결합하여 글루텐을 형성한다.

044 간장, 다시마 등의 감칠맛을 내는 주된 아미노산은?

① 알라닌(alanine)

② 글루탐산(glutamic acid)

③ 리신(lysine)

④ 트레오닌(threonine)

해설 다시마의 맛난 맛 성분으로 유명한 글루타민산1나트륨염(MSG)은 조미료로서 널리 이용되고 있다

045 열에 의해 가장 쉽게 파괴되는 비타민은?

① 비타민 C　　　② 비타민 A

③ 비타민 E　　　④ 비타민 K

해설 비타민의 열에 대한 손실은 E < D < A < B < C의 순서로 비타민 C의 손실이 가장 크다.

046 가열에 의해 고유의 냄새성분이 생성되지 않는 것은?

① 장어구이　　　② 스테이크

③ 커피　　　　　④ 포도주

해설 식품을 가열하면 당질 및 섬유질, 지질, 단백질 등의 식품 성분이 용해되고 열에 의해 변성되면서 특유의 향기 성분을 만든다.

정답 040 ②　041 ②　042 ③　043 ④　044 ②　045 ①　046 ④

047 연제품 제조에서 탄력성을 주기 위해 꼭 첨가해야 하는 것은?

① 소금
② 설탕
③ 글루타민산소다
④ 펙틴

해설 어육연제품의 부원료 가운데 소금은 어육 중의 단백질을 용해시켜 탄성을 갖게 한다. 전분은 점탄성 및 증량제로, 설탕과 글루타민산소다는 풍미개량제로서 사용된다.

048 어떤 단백질의 질소함량이 18%라면 이 단백질의 질소계수는 약 얼마인가?

① 5.56
② 6.30
③ 6.47
④ 6.67

해설

단백질의 질소계수는 $\dfrac{100}{질소함량}$ 이므로 $\dfrac{100}{18}=5.56$

049 맥아당은 어떤 성분으로 구성되어 있는가?

① 포도당 2분자가 결합된 것
② 과당과 포도당 각 1분자가 결합된 것
③ 과당 2분자가 결합된 것
④ 포도당과 전분이 결합된 것

해설 맥아당은 포도당 2분자가 결합된 이당류이다.

050 1g당 발생하는 열량이 가장 큰 것은?

① 당질
② 단백질
③ 지방
④ 알코올

해설 g당 열량은 당질 4kcal, 단백질4kcal, 지방 9kcal, 알코올 7kcal이다.

051 상수처리과정에서 가장 마지막 단계는?

① 급수
② 취수
③ 정수
④ 도수

해설 취수(도수) → 침전(정수) → 여과 → 소독 → 급수의 순서로 처리가 이루어진다.

052 규폐증에 대한 설명으로 틀린 것은?

① 먼지 입자의 크기가 $0.5\sim5.0\mu m$일 때 잘 발생한다.
② 대표적인 진폐증이다.
③ 암석가공업, 도자기공업, 유리제조업의 근로자들이 주로 많이 발생한다.
④ 일반적으로 위험요인에 노출된 근무 경력이 1년 이후부터 자각 증상이 발생한다.

해설 일반적으로 근무 경력 3년 이후부터 자각 증상이 발생한다.

053 공중보건학의 목표에 관한 설명으로 틀린 것은?

① 건강 유지
② 질병 예방
③ 질병 치료
④ 지역사회 보건수준 향상

해설 공중보건은 질병의 예방에 목적이 있다.

054 생균(live vaccine)을 사용하는 예방접종으로 면역이 되는 질병은?

① 파상풍
② 콜레라
③ 폴리오
④ 백일해

해설 ① 생균백신을 접종하는 전염병 : 두창, 탄저, 광견병, 황열, 결핵, 폴리오, 홍역 등
② 사균백신을 접종하는 전염병 : 장티푸스, 파라티푸스, 콜레라, 백일해, 일본뇌염, 폴리오 등
③ 순화독소를 접종하는 전염병 : 디프테리아, 파상풍 등

055 돼지고기를 날것으로 먹거나 불완전하게 가열하여 섭취할 때 감염될 수 있는 기생충은?

① 유구조충　　　② 무구조충

③ 광절열두조충　④ 간디스토마

해설 무구조충은 소, 광절열두조충은 송어·연어, 간디스토마는 붕어·잉어가 중간숙주이다.

056 소음의 측정단위는?

① dB　　　　　② kg

③ A　　　　　　④ ℃

해설 소음은 dB로 나타낸다.

057 인수공통감염병으로 그 병원체가 세균인 것은?

① 일본뇌염　　　② 공수병

③ 광견병　　　　④ 결핵

해설 일본뇌염, 공수병, 광견병의 병원체는 바이러스이다.

058 음식물이나 식수에 오염되어 경구적으로 침입되는 감염병이 아닌 것은?

① 유행성 이하선염

② 파라티푸스

③ 세균성 이질

④ 폴리오

해설 유행성 이하선염은 비말감염, 타액과의 접촉을 통해서 감염된다.

059 적외선에 속하는 파장은?

① 200nm　　　　② 400nm

③ 600nm　　　　④ 800nm

해설 자외선의 파장은 2~400nm, 적외선 파장의 범위는 700~3,000nm로 알려져 있다.

060 매개 곤충과 질병이 잘못 연결된 것은?

① 이 - 발진티푸스

② 쥐벼룩 - 페스트

③ 모기 - 사상충증

④ 벼룩 - 렙토스피라증

해설 렙토스피라 균은 주로 쥐와 같은 짐승들에게서 쉽게 옮겨진다.

정답 055 ①　056 ①　057 ④　058 ①　059 ④　060 ④

001 하수오염 조사방법과 관련이 없는 것은?

① THM의 측정 　② COD의 측정

③ DO의 측정 　④ BOD의 측정

해설 THM(총트리할로메탄)은 상수도 수질검사항목이다.

002 다음 중 가장 강한 살균력을 갖는 것은?

① 적외선 　　② 자외선

③ 가시광선 　④ 근적외선

해설 적외선은 열선, 가시광선은 사물을 구별할 수 있게 한다.

003 호흡기계 감염병이 아닌 것은?

① 폴리오 　　② 홍역

③ 백일해 　　④ 디프테리아

해설 폴리오(소아마비)는 소화기계 감염병이다.

004 학교 급식의 교육 목적으로 옳지 않은 것은?

① 편식 교육

② 올바른 식생활 교육

③ 빈곤 아동들의 급식 교육

④ 영양에 대한 올바른 교육

해설 학교급식의 교육적 목적은 다음과 같다.
① 건전한 심신의 발달 도모
② 학력의 향상
③ 기본생활습관의 함양
④ 영양교육의 장

005 채소로부터 감염되는 기생충으로 짝지어진 것은?

① 편충, 동양모양선충

② 폐흡충, 회충

③ 구충, 선모충

④ 회충, 무구조충

해설 폐흡충(가재, 게), 선모충(돼지고기), 무구조충(소고기)

006 감각온도의 3요소가 아닌 것은?

① 기온 　　② 기습

③ 기류 　　④ 기압

해설 감각온도의 3요소는 기온 · 기습 · 기류이고, 온열(온도)조건에 관여하는 기온 · 기습 · 기류 · 복사열 등을 온열인자라 한다.

007 인수공통감염병에 속하지 않는 것은?

① 광견병

② 탄저

③ 고병원성 조류인플루엔자

④ 백일해

해설 동일병원체에 의하여 사람과 동물이 공히 감염되는 전염병으로 탄저(소 · 양), 결핵(소), 살모넬라(소 · 돼지), 선모충(돼지), 광견병(개), 페스트(쥐), 돈단독(돼지), 브루셀라(소 · 양 · 돼지), 야토병(다람쥐 · 쥐) 등과 조류독감으로 불리는 조류인플루엔자(조류) 등이 있다.

정답 **001** ① 　**002** ② 　**003** ① 　**004** ③ 　**005** ① 　**006** ④ 　**007** ④

008 아메바에 의해서 발생되는 질병은?

① 장티푸스 ② 콜레라

③ 유행성 간염 ④ 이질

해설 장티푸스와 콜레라의 병원체는 세균이고, 유행성 간염의 병원체는 바이러스이다. 이질은 세균성이질과 아메바성 이질이 있다.

009 폐기물 소각처리 시의 가장 큰 문제점은?

① 악취가 발생되며 수질이 오염된다.

② 다이옥신이 발생한다.

③ 처리방법이 불쾌하다.

④ 지반이 약화되어 균열이 생길 수 있다.

해설 다이옥신은 다양한 물질이 포함된 쓰레기가 소각되면서 가스형태로 배출되어 문제시 된다.

010 공중보건사업과 거리가 먼 것은?

① 보건교육 ② 인구보건

③ 감염병 치료 ④ 보건행정

해설 공중보건은 감염병의 예방에 그 목적이 있다.

011 카제인(casein)은 어떤 단백질에 속하는가?

① 당단백질 ② 지단백질

③ 유도단백질 ④ 인단백질

해설 인단백질이란 단순단백질에 인(P)이 결합된 복합단백질로 우유의 카제인, 난황의 비텔린 또는 포스비틴이 대표적이다.

012 전분 식품의 노화를 억제하는 방법으로 적합하지 않은 것은?

① 설탕을 첨가한다.

② 식품을 냉장보관한다.

③ 식품의 수분함량을 15% 이하로 한다.

④ 유화제를 사용한다.

해설 전분의 노화를 방지하려면 호화된 전분을 80℃ 이상에서 급속히 건조하거나 0℃ 이하에서 급속히 탈수하여 수분함량을 15% 이하로 하면 된다. 설탕이나 유화제를 첨가하여도 효과가 있다.

013 과실 저장고의 온도, 습도, 기체 조성 등을 조절하여 장기간 동안 과실을 저장하는 방법은?

① 산 저장 ② 자외선 저장

③ 무균포장 저장 ④ CA 저장

해설 CA 저장(가스 저장법)이란 이산화탄소(CO_2), 질소(N_2) 등의 불활성 기체를 이용하여 채소류 및 과일류 등의 호흡작용을 억제하는 저장법이다.

014 유지를 가열할 때 생기는 변화에 대한 설명으로 틀린 것은?

① 유리지방산의 함량이 높아지므로 발연점이 낮아진다.

② 연기 성분으로 알데히드(aldehyde), 케톤(ketone) 등이 생성된다.

③ 요오드값이 높아진다.

④ 중합반응에 의해 점도가 증가된다.

해설 요오드가는 지방산의 불포화도를 나타내는 값으로 불포화도가 높을수록 이중결합이 많다. 유지는 가열에 의해 산패가 일어나 이중결합이 없어지게 되므로 요오드가는 낮아지게 된다.

015 완두콩 통조림을 가열하여도 녹색이 유지되는 것은 어떤 색소 때문인가?

① chlorophyll(클로로필)

② Cu-chlorophyll(구리-클로로필)

③ Fe-chlorophyll(철-클로로필)

④ chlorophylline(클로로필린)

해설 녹색색소인 클로로필은 구리(Cu)와 같은 염들과 함께 가열하면 클로로필의 마그네슘(Mg) 이온이 치환되어 안정된 녹색을 유지한다.

016 신맛 성분과 주요 소재 식품의 연결이 틀린 것은?

① 구연산(citric acid) - 감귤류

② 젖산(lactic acid) - 김치류

③ 호박산(succinic acid) - 늙은 호박

④ 주석산(tartaric acid) - 포도

해설 호박산은 감칠맛이 나는 신맛을 가진 성분으로 조개류·청주의 맛난맛 성분이다.

017 미생물의 생육에 필요한 수분활성도의 크기로 옳은 것은?

① 세균 〉효모 〉곰팡이

② 곰팡이 〉세균 〉효모

③ 효모 〉곰팡이 〉세균

④ 세균 〉곰팡이 〉효모

해설 생육이 가능한 최저 수분활성도는 세균 0.9, 효모 0.88, 곰팡이 0.80이다.

018 달걀 100g 중에 당질 5g, 단백질 8g, 지질 4.4g이 함유되어 있다면 달걀 5개의 열량은 얼마인가?(단, 달걀 1개의 무게는 50g이다.)

① 91.6kcal

② 229kcal

③ 274kcal

④ 458kcal

해설 열량소 1g당 당질 4kcal, 단백질 4kcal, 지방 9kcal이다. 달걀 100g의 열량은 $(5 \times 4) + (8 \times 4) + (4.4 \times 9) = 91.6$이 된다. 달걀 1개의 무게는 50g이고 5개는 250g이 되므로

$$\frac{91.6}{100} \times 250 = 229\text{kcal}$$

019 근채류 중 생식하는 것보다 기름에 볶는 조리법을 적용하는 것이 좋은 식품은?

① 무

② 고구마

③ 토란

④ 당근

해설 당근의 색소인 카로티노이드(carotinoid)는 비타민 A의 기능을 가지는데 지용성이므로 기름을 사용하여 조리하면 영양소 섭취에 효과적이다.

020 다음 중 단백가가 가장 높은 것은?

① 쇠고기

② 달걀

③ 대두

④ 버터

해설 단백가란 식품 중의 단백질 질소 1g당 식품 중의 제1제한아미노산과 동일 종류의 필수아미노산 양의 비율을 구하고 이것을 백분율로 산출한 것으로 단백질의 영양가를 평가하는 데 쓰이고 있으며 달걀이 100으로 가장 높다. 단백가 70 이상이면 양질의 단백질에 속하며 쇠고기 83, 돈육 86, 우유 78, 대두 73, 쌀 72이다.

021 가정에서 많이 사용되는 다목적 밀가루는?

① 강력분

② 중력분

③ 박력분

④ 초강력분

해설 밀가루의 종류와 용도는 다음과 같다.

밀가루의 종류	글루텐 함량	용도
강력분 (경질밀)	13% 이상	식빵, 마카로니 등
중력분 (다목적용)	10~13%	면류 등
박력분 (연질밀)	10% 이하	케이크, 쿠키, 튀김 등

022 산성 식품에 해당하는 것은?

① 곡류　　　　② 사과

③ 감자　　　　④ 시금치

해설 식품이 함유하고 있는 무기질의 종류에 따라 산성 식품과 알칼리성 식품으로 나눈다.

① 산성 식품 : S(황), P(인), Cl(염)을 많이 함유하는 육류, 어류, 알류, 곡류, 콩류 등

② 알칼리성 식품 : Ca(칼슘), K(칼륨), Na(나트륨), Mg(마그네슘)을 많이 함유하는 채소 및 과일류, 해조류, 감자, 당근, 우유 등

023 아미노산, 단백질 등이 당류와 반응하여 갈색 물질을 생성하는 반응은?

① 폴리페놀 옥시다아제(polyphenol oxidase)

② 마이야르(Maillard) 반응

③ 캐러멜화(caramelization) 반응

④ 티로시나아제(tyrosinase) 반응

해설 식품의 갈색화 반응은 효소에 의한 갈변반응과 비효소적 갈변반응의 두 가지로 분류한다.

(1) 효소에 의한 갈변 : 효소에 의한 갈변현상은 많은 종류의 과실류나 채소류를 파쇄하거나 껍질을 벗길 때 일어난다. 폴리페놀 옥시다아제와 티로시나아제 반응은 효소적 갈변이다.

(2) 비효소적 갈변반응

① 아미노카보닐 반응 : 아미노산·아민·단백질 등이 당류 등과 반응하여 갈색물질을 생성하는 것으로, 간장·된장 등에서 볼 수 있다. 마이야르 반응이라고도 한다.

② 캐러멜화 반응 : 당류인 설탕을 160~180℃로 가열하면 적갈색을 띤 점조성의 물질로 변하는데 이 현상을 캐러멜화 현상이라고 한다.

③ 아스코르빈산의 산화반응 : 감귤류 및 기타 과실주스나 농축물에 있어 매우 중요한 갈색화 반응이다.

024 제조과정 중 단백질 변성에 의한 응고작용이 일어나지 않는 것은?

① 치즈 가공　　② 두부 제조

③ 달걀 삶기　　④ 딸기잼 제조

해설 치즈는 카제인의 산에 의한 응고, 두부는 글리시닌의 염류에 의한 응고, 달걀은 열에 의한 응고작용이다.

025 난황에 주로 함유되어 있는 색소는?

① 클로로필　　　② 안토시아닌

③ 카로티노이드　④ 플라보노이드

해설 난황의 노란색은 주로 카로티노이드 색소의 일종인 크산토필류이고 그 밖에 카로틴과 크립토크산틴도 소량 함유되어 있다.

026 식품에 존재하는 유기물질을 고온으로 가열할 때 단백질이나 지방이 분해되어 생기는 유해물질은?

① 에틸카바메이트(ethylcarbamate)

② 다환방향족탄화수소
　(polycyclic aromatic hydrocarbon)

③ 엔-니트로소아민(N-nitrosoamine)

④ 메탄올(methanol)

해설 다환방향족탄화수소는 불완전연소나 유기물의 열분해로 발생되며, 인체나 환경에 중대한 오염원이 되고 있다.

027 식품의 위생과 관련된 곰팡이의 특징이 아닌 것은?

① 건조식품을 잘 변질시킨다.

② 대부분 생육에 산소를 요구하는 절대 호기성 미생물이다.

③ 곰팡이독을 생성하는 것도 있다.

④ 일반적으로 생육 속도가 세균에 비하여 빠르다.

해설 세균의 생육에는 다습조건이 필수적이며, 생육속도는 곰팡이에 비하여 훨씬 빠르다.

정답 022 ①　023 ②　024 ④　025 ③　026 ②　027 ④

028 대장균의 최적 증식 온도 범위는?

① 0~5℃ ② 5~10℃

③ 30~40℃ ④ 55~75℃

해설 미생물은 생육온도 범위에 따라 다음과 같이 나누며 대부분은 중온균이다.
① 저온균 : 최적온도 15~20℃, 발육가능온도 0~25℃
② 중온균 : 최적온도 25~37℃, 발육가능온도 15~55℃
③ 고온균 : 최적온도 55~60℃, 발육가능온도 40~75℃

029 모든 미생물을 제거하여 무균 상태로 하는 조작은?

① 소독 ② 살균

③ 멸균 ④ 정균

해설 소독과 유사한 명칭들의 정의는 다음과 같다.
① 소독 : 병원미생물의 생활력을 파괴하여 병원균의 감염력을 억제하는 것
② 살균 : 미생물의 영양세포를 죽이는 것
③ 멸균 : 강한 살균력으로 모든 미생물을 멸살하는 것
④ 정균 : 미생물의 생장이나 발육, 증식을 억제하는 것

030 60℃에서 30분간 가열하면 식품 안전에 위해가 되지 않는 세균은?

① 살모넬라균

② 클로스트리디움 보툴리늄균

③ 황색포도상구균

④ 장구균

해설 ① 살모넬라균 : 60℃에서 20분 가열하면 사멸 가능
② 클로스트리디움 보툴리늄균 : 아포는 내열성이 강하나 독소는 열에 약해 80℃에서 10분간의 가열로 파괴
③ 황색포도상구균 : 포도상구균은 열에 약하여 60℃에서 30~60분간의 가열로 사멸하지만, 독소는 열에 강해 120℃에서 20분간의 가열로도

사멸되지 않는다.
④ 장구균 : 60℃에서 30분간의 가열에도 견딘다.
⑤ 장염비브리오균 : 60℃에서 15분간 가열하면 사멸

031 육류의 발색제로 사용되는 아질산염이 산성 조건에서 식품 성분과 반응하여 생성되는 발암성 물질은?

① 지질 과산화물(aldehyde)

② 벤조피렌(benzopyrene)

③ 니트로사민(nitrosamine)

④ 포름알데히드(formaldehyde)

해설 햄, 소시지 등의 육류가공품을 만들 때 고운 색을 내기 위해 아질산염 등의 발색제가 사용되는데 아민과 결합하여 니트로사민이라는 발암물질이 생성된다.

032 사용이 허가된 산미료는?

① 구연산 ② 계피산

③ 말톨 ④ 초산에틸

해설 신맛을 내기 위해 사용하는 것이 산미료이다. 계피산(cinnamic acid), 말톨(maltol), 초산에틸(ethyl acetate)은 착향료이다.

033 식품과 자연독의 연결이 맞는 것은?

① 독버섯 - 솔라닌(solanine)

② 감자 - 무스카린(muscarine)

③ 살구씨 - 파세오루나틴(phaseolunatin)

④ 목화씨 - 고시폴(gossypol)

해설 독버섯은 무스카린, 감자는 솔라닌, 살구씨는 아미그달린(amygdalin), 파세오루나틴은 미얀마콩(오색두)의 자연독 물질이다.

034 식품첨가물 중 보존료의 목적을 가장 잘 표현한 것은?

① 산도 조절
② 미생물에 의한 부패 방지
③ 산화에 의한 변패 방지
④ 가공과정에서 파괴되는 영양소 보충

해설 보존료란 방부제라고도 하며 미생물의 증식을 억제하여 부패를 방지하는 것을 말한다. ①항은 산도조절제, ③항은 산화방지제, ④항은 영양강화제이다.

035 알레르기성 식중독을 유발하는 세균은?

① 병원성 대장균(E. coli 0157 : H7)
② 모르가넬라 모르가니(Morganella morganii)
③ 엔테로박터 사카자키(Enterobacter sakazakii)
④ 비브리오 콜레라(Vibrio cholerae)

해설 알레르기(Allergy)성 식중독은 부패산물의 하나인 히스타민(histamine)에 의한 식중독으로 부패식중독이라고도 한다. 히스티딘(histidine) 함량이 많은 꽁치나 전갱이 같은 붉은살생선에 모르가니균이 증식하여 발생한다.

036 식품위생법상 식품위생 수준의 향상을 위하여 필요한 경우 조리사에게 교육을 받을 것을 명할 수 있는 자는?

① 관할 시장
② 보건복지부장관
③ 식품의약품안전처장
④ 관할 경찰서장

해설 식품의약품안전처장은 식품위생수준 및 자질의 향상을 위하여 필요하다고 인정하는 경우 조리사 및 영양사에게 교육을 받을 것을 명할 수 있다.

037 식품위생법의 정의에 따른 '기구'에 해당하지 않는 것은?

① 식품 섭취에 사용되는 기구
② 식품 또는 식품첨가물에 직접 닿는 기구
③ 농산품 채취에 사용되는 기구
④ 식품 운반에 사용되는 기구

해설 기구란 음식기와 식품 또는 식품첨가물의 채취·제조·가공·조리·저장·운반·진열·수수 또는 섭취에 사용되는 것으로서 식품 또는 식품첨가물에 직접 접촉되는 기계·기구 기타의 물건을 말한다. 다만, 농업 및 수산업에 있어서 식품의 채취에 사용되는 기계·기구 기타의 물건은 제외한다.

038 즉석판매제조·가공업소 내에서 소비자에게 원하는 만큼 덜어서 직접 최종 소비자에게 판매하는 대상 식품이 아닌 것은?

① 된장　　　　② 식빵
③ 우동　　　　④ 어육제품

해설 어육제품은 소분업의 대상이 아니다.

039 식품위생법상 조리사가 식중독이나 그 밖에 위생과 관련한 중대한 사고 발생의 직무상 책임에 대한 1차 위반 시 행정처분기준은?

① 시정명령　　② 업무정지 1개월
③ 업무정지 2개월　④ 면허취소

해설 조리사가 식중독이나 그 밖에 위생과 관련한 중대한 사고 발생에 직무상의 책임이 있는 경우의 행정처분기준은 1차 위반 업무정지 1개월, 2차 위반 업무정지 2개월, 3차 위반 면허취소이다.

040 식품위생법상 식품접객업 영업을 하려는 자는 몇 시간의 식품위생교육을 미리 받아야 하는가?

① 2시간　　　　② 4시간
③ 6시간　　　　④ 8시간

정답 **034** ②　**035** ②　**036** ③　**037** ③　**038** ④　**039** ②　**040** ③

해설 식품접객업 영업을 하려는 자는 6시간의 사전위생교육을 받아야 한다.

041 튀김옷의 재료에 관한 설명으로 틀린 것은?

① 중조를 넣으면 탄산가스가 발생하면서 수분도 증발되어 바삭하게 된다.

② 달걀을 넣으면 달걀 단백질의 응고로 수분 흡수가 방해되어 바삭하게 된다.

③ 글루텐 함량이 높은 밀가루가 오랫동안 바삭한 상태를 유지한다.

④ 얼음물에 반죽을 하면 점도를 낮게 유지하여 바삭하게 된다.

해설 튀김옷은 글루텐 함량이 낮은 박력분을 사용한다. 글루텐 함량이 높은 밀가루는 튀김재료의 수분증발을 억제하여 튀김의 질감이 떨어진다.

042 식품구매 시 폐기율을 고려한 총발주량을 구하는 식은?

① 총발주량＝(100−폐기율)×100×인원수

② 총발주량＝[(정미중량−폐기율)/(100−가식률)]×100

③ 총발주량＝(1인당 사용량−폐기율)×인원수

④ 총발주량＝[정미중량/(100−폐기율)]×100×인원수

해설 식품을 구입할 때는 불가식부 및 폐기율을 고려하여 필요량을 구매해야 한다.

$$총발주량＝\frac{정미중량}{100-폐기율}×100×인원수$$

043 달걀의 기능을 이용한 음식의 연결이 잘못된 것은?

① 응고성 − 달걀찜

② 팽창제 − 시폰케이크

③ 간섭제 − 맑은장국

④ 유화성 − 마요네즈

해설 맑은장국은 달걀의 응고성을 이용하여 불순물을 걸러 맑게 만든다.

044 냉장고 사용방법으로 틀린 것은?

① 뜨거운 음식은 식혀서 냉장고에 보관한다.

② 문을 여닫는 횟수를 가능한 한 줄인다.

③ 온도가 낮으므로 식품을 장기간 보관해도 안전하다.

④ 식품의 수분이 건조되므로 밀봉하여 보관한다.

해설 식품의 특성에 따라 냉장고는 식품을 일시적으로 보관하고, 장기간 보관은 냉동고에 보관한다.

045 식품을 고를 때 채소류의 감별법으로 틀린 것은?

① 오이는 굵기가 고르며 만졌을 때 가시가 있고 무거운 느낌이 나는 것이 좋다.

② 당근은 일정한 굵기로 통통하고 마디나 뿔이 없는 것이 좋다.

③ 양배추는 가볍고 잎이 얇으며 신선하고 광택이 있는 것이 좋다.

④ 우엉은 껍질이 매끈하고 수염뿌리가 없는 것으로 굵기가 일정한 것이 좋다.

해설 양배추는 단단하고 무거운 것으로 겉잎이 광택이 있고 신선한 녹색이 좋다.

046 조리장의 설비에 대한 설명 중 부적합한 것은?

① 조리장의 내벽은 바닥으로부터 5cm까지 수성 자재로 한다.

② 충분한 내구력이 있는 구조여야 한다.

③ 조리장에는 식품 및 식기류의 세척을 위한 위생적인 세척시설을 갖춘다.

④ 조리원 전용의 위생적 수세시설을 갖춘다.

정답 041 ③   042 ④   043 ③   044 ③   045 ③   046 ①

047 고추장에 대한 설명으로 틀린 것은?

① 고추장은 곡류, 메주가루, 소금, 고춧가루, 물을 원료로 제조한다.

② 고추장의 구수한 맛은 단백질이 분해하여 생긴 맛이다.

③ 고추장은 된장보다 단맛이 더 약하다.

④ 고추장의 전분 원료로 찹쌀가루, 보릿가루, 밀가루를 사용한다.

해설 고추장의 재료로 물엿, 조청 등이 사용되므로 된장보다 단맛이 강하다.

048 다음 원가의 구성에 해당하는 것은?

> 직접원가 + 제조간접비

① 판매가격　　　② 간접원가

③ 제조원가　　　④ 총원가

해설 원가의 종류는 다음과 같다.
① 직접원가 = 직접재료비 + 직접노무비 + 직접경비
② 제조원가 = 직접원가 + 제조간접비
③ 총원가 = 제조원가 + 판매관리비
④ 판매원가 = 총원가 + 이익

049 조리 시 일어나는 현상과 그 원인으로 연결이 틀린 것은?

① 장조림 고기가 단단하고 잘 찢어지지 않음 － 물에서 먼저 삶은 후 양념간장을 넣어 약한 불로 서서히 조렸기 때문

② 튀긴 도넛에 기름 흡수가 많음 － 낮은 온도에서 튀겼기 때문

③ 오이무침의 색이 누렇게 변함 － 식초를 미리 넣었기 때문

④ 생선을 굽는데 석쇠에 붙어 잘 떨어지지 않음 － 석쇠를 달구지 않았기 때문

해설 장조림 고기가 단단하고 잘 찢어지지 않는 것은 처음부터 간장을 넣고 조렸기 때문이다.

050 식단을 작성할 때 구비해야 하는 자료로 가장 거리가 먼 것은?

① 계절 식품표

② 장비, 기기 위생점검표

③ 대치 식품표

④ 식품영양구성표

해설 장비, 기기 위생점검표는 식단작성과 관계가 없다.

051 탈수가 일어나지 않으면서 간이 맞도록 생선을 구우려면 일반적으로 생선 중량 대비 소금의 양은 얼마가 가장 적당한가?

① 0.1%　　　② 2%

③ 16%　　　④ 20%

해설 생선구이에 사용하는 소금의 양은 생선 무게의 2%가 적당하다.

052 소고기 40g을 두부로 대체하고자 할 때 필요한 두부의 양은 약 얼마인가?(단, 100g당 소고기 단백질 함량은 20.1g, 두부 단백질 함량은 8.6g으로 계산한다.)

① 70g　　　② 74g

③ 90g　　　④ 94g

해설 대치식품은 식품에 함유된 주된 영양소가 같아야 한다.

대치식품량

$$= \frac{원래식품의\ 양 \times 원래식품의\ 해당성분\ 수치}{대치하고자\ 하는\ 식품의\ 해당성분\ 수치}$$

$$= \frac{40 \times 20.1}{8.6} = 93.49$$

053 약과를 반죽할 때 필요 이상으로 기름과 설탕을 넣으면 어떤 현상이 일어나는가?

① 매끈하고 모양이 좋아진다.
② 튀길 때 둥글게 부푼다.
③ 튀길 때 모양이 풀어진다.
④ 켜가 좋게 생긴다.

해설 설탕은 밀가루와 물의 결합을 방해하고 지방은 글루텐 형성을 저해하므로 필요 이상의 설탕과 기름을 넣으면 튀길 때 풀어진다.

054 육류 조리에 대한 설명으로 맞는 것은?

① 육류를 오래 끓이면 질긴 지방조직인 콜라겐이 젤라틴화되어 국물이 맛있게 된다.
② 목심, 양지, 사태는 건열조리에 적당하다.
③ 편육을 만들 때 고기는 처음부터 찬물에서 끓인다.
④ 육류를 찬물에 넣어 끓이면 맛 성분 용출이 용이해져 국물 맛이 좋아진다.

해설 탕은 찬물에서 고기를 넣고, 편육은 끓는 물에 고기를 넣고 끓이는 것이 맛이 좋다.

055 단체급식에서 식품의 재고관리에 대한 설명으로 틀린 것은?

① 각 식품에 적당한 재고기간을 파악하여 이용하도록 한다.
② 식품의 특성이나 사용 빈도 등을 고려하여 저장 장소를 정한다.
③ 비상시를 대비하여 가능한 한 많은 재고량을 확보할 필요가 있다.
④ 먼저 구입한 것은 먼저 소비한다.

해설 재고는 최소량으로 한다.

056 식혜에 대한 설명으로 틀린 것은?

① 전분이 아밀라아제에 의해 가수분해되어 맥아당과 포도당을 생성한다.

② 밥을 지은 후 엿기름을 부어 효소반응이 잘 일어나도록 한다.
③ 80°C의 온도가 유지되어야 효소반응이 잘 일어나 밥알이 뜨기 시작한다.
④ 식혜 물에 뜨기 시작한 밥알은 건져내어 냉수에 헹구어 놓았다가 차게 식힌 식혜에 띄워 낸다.

해설 식혜의 발효 적정 온도는 55~60°C이다.

057 중조를 넣어 콩을 삶을 때 가장 문제가 되는 것은?

① 비타민 B_1의 파괴가 촉진됨
② 콩이 잘 무르지 않음
③ 조리수가 많이 필요함
④ 조리시간이 길어짐

해설 0.3%의 중조(탄산수소나트륨)를 가하여 끓이면 콩을 빨리 연화시킬 수 있으나 비타민 B_1의 손실이 많아진다.

058 고기를 연하게 하기 위해 사용하는 과일에 들어 있는 단백질 분해효소가 아닌 것은?

① 피신(ficin)
② 브로멜린(bromelin)
③ 파파인(papain)
④ 아밀라아제(amylase)

해설 아밀라아제는 전분분해효소이다.

059 찹쌀떡이 멥쌀떡보다 더 늦게 굳는 이유는?

① pH가 낮기 때문에
② 수분함량이 적기 때문에
③ 아밀로오스의 함량이 많기 때문에
④ 아밀로펙틴의 함량이 많기 때문에

해설 전분은 20~30%의 아밀로오스와 70~80%의 아밀로펙틴으로 구성되어 있으며, 아밀로펙틴은 점성과 관계가 있는데 찹쌀·찰옥수수·차조 등은 아밀로펙틴이 대부분이다. 아밀로펙틴의 비율이 높을수록 노화가 늦다.

060 일반적으로 폐기율이 가장 높은 식품은?

① 살코기   ② 달걀

③ 생선   ④ 곡류

해설 식품의 일반적인 폐기율은 달걀 12%, 곡류 0%, 생선 30% 정도이다.

정답 060 ③

한식조리기능사 필기시험 모의고사 3

001 인분을 사용한 밭에서 특히 경피적 감염을 주의해야 하는 기생충은?

① 십이지장충   ② 요충

③ 회충   ④ 말레이사상충

해설 십이지장충(구충)은 경피침입하므로 인분을 사용한 밭에서 맨발로 다니지 말아야 한다.

002 무구조충(민촌충) 감염의 올바른 예방대책은?

① 게나 가재의 가열 섭취

② 음료수의 소독

③ 채소류의 가열 섭취

④ 소고기의 가열 섭취

해설 무구조충(민촌충)은 불충분하게 가열된 소고기를 섭취함으로써 감염된다.

003 사람이 예방접종을 통하여 얻는 면역은?

① 선천면역   ② 자연수동면역

③ 자연능동면역   ④ 인공능동면역

해설 면역의 종류는 다음과 같다.
(1) 선천적 면역 : 종속저항성, 인종저항성, 개인저항성
(2) 후천적 면역
  ① 인공능동면역 : 예방접종 후에 형성
  ② 자연능동면역 : 질병 감염 후에 형성
  ③ 인공수동면역 : 혈청제제에 의해 형성
  ④ 자연수동면역 : 모체로부터 형성

004 쥐에 의하여 옮겨지는 감염병은?

① 유행성 이하선염   ② 페스트

③ 파상풍   ④ 일본뇌염

해설 유행성 이하선염은 볼거리라고도 부르며 바이러스(virus)에 의해 감염, 파상풍은 토양감염, 일본뇌염은 모기에 의해 감염된다.

005 눈 보호를 위해 가장 좋은 인공조명 방식은?

① 직접조명   ② 간접조명

③ 반직접조명   ④ 전반확산조명

해설 간접조명은 빛이 부드럽고 눈부심이 적어 눈의 피로가 적다.

006 중금속과 중독 증상의 연결이 잘못된 것은?

① 카드뮴 – 신장기능 장애

② 크롬 – 비중격천공

③ 수은 – 홍독성 홍분

④ 납 – 섬유화 현상

해설 납(Pb)중독(연(鉛)중독)의 4대 증세로 코프로포피린(coproporphyrin) 출현, 염기성과립 적혈구 수 증가, 연연(鉛緣), 연산통(鉛山痛)을 들 수 있다.

007 국소진동으로 인한 질병 및 직업병의 예방 대책이 아닌 것은?

① 보건교육   ② 완충장치

③ 방열복 착용   ④ 작업시간 단축

정답 001 ①   002 ④   003 ④   004 ②   005 ②   006 ④   007 ③

해설 방열복 착용은 고온환경 작업자에게 필요하다.

008 쓰레기 처리방법 중 미생물까지 사멸할 수는 있으나 대기오염을 유발할 수 있는 것은?

① 소각법　　　　② 투기법
③ 매립법　　　　④ 재활용법

해설 소각법은 위생적으로는 좋으나 대기오염이 문제가 된다.

009 디피티(DPT) 기본접종과 관계없는 질병은?

① 디프테리아　　② 풍진
③ 백일해　　　　④ 파상풍

해설 DPT는 디프테리아, 백일해, 파상풍의 종합예방주사약으로 생후 6개월 이내에 예방접종을 3회 실시하고 18개월째 추가접종을 한다.

010 국가의 보건수준 평가를 위하여 가장 많이 사용되고 있는 지표는?

① 조사망률　　　② 성인병 발생률
③ 결핵 이환율　　④ 영아 사망률

해설 영아는 환경에 크게 영향을 받아 환경이 불량한 지역에서는 영아사망률이 높으므로 공중보건수준을 나타내는 가장 대표적인 지표로 영아 사망률이 이용된다.

011 황색포도상구균의 특징이 아닌 것은?

① 균체가 열에 강함
② 독소형 식중독 유발
③ 화농성 질환의 원인균
④ 엔테로톡신(enterotoxin) 생성

해설 황색포도상구균은 화농성 질환의 원인균으로, 포도상구균이 생성하는 장독소인 엔테로톡신에 의하여 발병한다. 포도상구균은 열에 약하여 60℃에서 30분의 가열로 사멸하지만, 독소는 열에 강해

120℃에서 20분의 가열로도 파괴가 어려워 보통의 조리법으로는 사멸하기 어렵다.

012 섭조개에서 문제를 일으킬 수 있는 독소 성분은?

① 테트로도톡신(tetrodotoxin)
② 셉신(sepsine)
③ 베네루핀(venerupin)
④ 삭시톡신(saxitoxin)

해설 테트로도톡신(복어), 셉신(썩은 감자), 베네루핀(모시조개)의 유독성분이다.

013 어패류의 선도 평가에 이용되는 지표성분은?

① 헤모글로빈　　② 트리메틸아민
③ 메탄올　　　　④ 이산화탄소

해설 어류의 신선도가 저하되면 트리메틸아민(trimethylamine)에 의하여 비린내가 심하게 난다.

014 식품에서 자연적으로 발생하는 유독물질을 통해 식중독을 일으킬 수 있는 식품과 가장 거리가 먼 것은?

① 피마자　　　　② 표고버섯
③ 미숙한 매실　　④ 모시조개

해설 식품 중의 유독성분은 피마자(리신 ricin), 미숙한 매실(아미그달린 amygdalin), 모시조개(베네루핀 venerupin)이다.

015 과거 일본 미나마타병의 집단발병 원인이 되는 중금속은?

① 카드뮴　　　　② 납
③ 수은　　　　　④ 비소

정답 **008** ①　**009** ②　**010** ④　**011** ①　**012** ④　**013** ②　**014** ②　**015** ③

해설 미나마타병은 일본에서 수은(Hg)이 포함된 어패류를 먹은 주민들에게서 집단적으로 발생하면서 사회적으로 큰 문제가 되었다.

016 소시지 등 가공육 제품의 육색을 고정하기 위해 사용하는 식품첨가물은?

① 발색제
② 착색제
③ 강화제
④ 보존제

해설 식품첨가물의 사용 목적은 다음과 같다.
① 발색제 : 그 자체는 색이 없으나, 식품 중의 색소와 작용해서 색을 안정시키거나 발색을 촉진한다.
② 착색제 : 변색 또는 퇴색된 색을 복원하거나 외관을 아름답게 하여 식욕을 돋우게 한다.
③ 강화제 : 손실되거나 식품 중에 부족한 영양성분을 보충하여 영양을 강화시키는 데 사용한다.
④ 보존제 : 미생물의 증식을 억제하여 식품의 부패와 변질을 방지하기 위하여 사용한다.

017 소독의 지표가 되는 소독제는?

① 석탄산
② 크레졸
③ 과산화수소
④ 포르말린

해설 석탄산은 보통 3% 수용액을 기구·용기·의류 및 오물 등의 소독에 이용한다. 각종 소독약의 소독력을 나타내는 기준이 되는 소독약품으로 3% 석탄산이 일정한 온도하에서 장티푸스균에 대한 살균력과 비교하여 각종 소독제의 효능을 표시하는데, 이를 석탄산계수라 한다.

$$석탄산계수 = \frac{소독약의\ 희석배수}{석탄산의\ 희석배수}$$

018 식품의 변화현상에 대한 설명 중 틀린 것은?

① 산패 : 유지식품의 지방질 산화
② 발효 : 화학물질에 의한 유기화합물의 분해
③ 변질 : 식품의 품질 저하
④ 부패 : 단백질과 유기물이 부패 미생물에 의해 분해

해설 식품의 성상이 변하여 식용으로 적당하지 않은 상태가 되는 현상을 변질이라고 한다.

019 파라티온(parathion), 마라티온(malathion)과 같이 독성이 강하지만 빨리 분해되어 만성중독을 일으키지 않는 농약은?

① 유기염소제 농약
② 유기인제 농약
③ 유기수은제 농약
④ 유기불소제농약

해설 유기인제(마라티온, 다이아지논, 파라티온 등) 농약은 독성은 강하나 빨리 분해되어 만성중독을 일으키지 않지만, 유기염소제 농약(DDT, BHC 등)은 안정하여 토양에서 오랫동안 분해되지 않고 잔류하여 지용성이기 때문에 인체의 지방조직에 축적되어 문제가 된다.

020 식품첨가물의 용도 연결이 옳은 것은?

① 삼이산화철 – 표백제
② 이산화티타늄 – 발색제
③ 명반 – 보존료
④ 호박산 – 산도 조절제

해설 산도조절제란 식품의 산도를 적절한 범위로 조절하는 식품첨가물로 호박산은 감칠맛이 나는 신맛을 가진 물질로 산도조절제로 사용된다.

021 식품위생법상 식중독 환자를 진단한 의사는 누구에게 이 사실을 제일 먼저 보고하여야 하는가?

① 보건복지부장관
② 경찰서장
③ 보건소장
④ 관할 시장·군수·구청장

해설 식중독 보고순서는 의사(한의사), 집단급식소의 설치·운영자 → 시장·군수·구청장 → 식품의약품안전처장 및 시·도지사

정답 016 ① 017 ① 018 ③ 019 ② 020 ④ 021 ④

022 조리사 면허 취소에 해당하지 않는 것은?

① 식중독이나 그 밖에 위생과 관련한 중대한 사고 발생에 직무상의 책임이 있는 경우

② 면허를 타인에게 대여하여 사용하게 한 경우

③ 조리사가 마약이나 그 밖의 약물에 중독이 된 경우

④ 조리사 면허의 취소처분을 받고 그 취소된 날부터 2년이 지나지 아니한 경우

해설 조리사 면허의 취소처분을 받은 경우 그 취소된 날부터 1년이 지나야 조리사 면허를 받을 수 있다.

023 식품위생법상 식품 등의 위생적인 취급에 관한 기준이 아닌 것은?

① 식품 등을 취급하는 원료보관실·제조가공실·조리실·포장실 등의 내부는 항상 청결하게 관리하여야 한다.

② 식품 등의 원료 및 제품 중 부패·변질되기 쉬운 것은 냉동·냉장시설에 보관·관리하여야 한다.

③ 유통기한이 경과된 식품 등을 판매하거나 판매의 목적으로 전시하여 진열·보관하여서는 아니 된다.

④ 모든 식품 및 원료는 냉장·냉동시설에 보관·관리하여야 한다.

해설 식품 및 원료는 그 특성에 따라 보관·관리하여야 한다.

024 식품위생법상 허위표시, 과대광고, 비방광고 및 과대포장의 범위에 해당하지 않는 것은?

① 허가·신고 또는 보고한 사항이나 수입신고한 사항과 다른 내용의 표시·광고

② 제조방법에 관하여 연구하거나 발견한 사실로서 식품학·영양학 등의 분야에서 공인된 사항의 표시

③ 제품의 원재료 또는 성분과 다른 내용의 표시·광고

④ 제조연월일 또는 유통기한을 표시함에 있어서 사실과 다른 내용의 표시·광고

해설 식품학·영양학 등의 분야에서 공인된 사항의 표시는 허위표시, 과대광고, 비방광고 및 과대포장의 범위에 해당하지 않는다.

025 식품위생법상 '식품을 제조·가공 또는 보존하는 과정에서 식품에 넣거나 섞는 물질 또는 식품을 적시는 등에 사용하는 물질'로 정의된 것은?

① 식품첨가물   ② 화학적 합성품

③ 항생제   ④ 의약품

해설 식품첨가물이란 식품을 제조·가공·조리 또는 보존하는 과정에서 감미, 착색, 표백 또는 산화방지 등을 목적으로 식품에 사용되는 물질을 말한다. 이 경우 기구·용기·포장을 살균·소독하는 데에 사용되어 간접적으로 식품으로 옮아갈 수 있는 물질을 포함한다.

026 β−전분이 가열에 의해 α−전분으로 되는 현상은?

① 호화   ② 호정화

③ 산화   ④ 노화

해설 ① 호화(α−화) : 전분에 물을 넣고 가열하면 전분입자는 물을 흡수하여 팽윤하며 콜로이드(colloid) 상태가 되는데, 이러한 변화를 호화라 한다.

② 노화(β−화) : 호화(α−화)된 전분을 실온에 방치하면 β−전분으로 되돌아가는 현상을 노화라 한다.

③ 호정화 : 전분에 물을 넣지 않고 160~170℃로 가열하면 가용성 전분을 거쳐 덱스트린으로 되는 현상을 호정화라고 한다.

027 중성지방의 구성성분은?

① 포도당과 지방산

② 아미노산

③ 지방산과 글리세롤

④ 탄소와 질소

해설 중성지방은 물에 녹지 않는 지방으로 지방산과 글리세롤로 구성된다.

028 젓갈의 숙성에 대한 설명으로 틀린 것은?

① 농도가 묽으면 부패하기 쉽다.

② 새우젓의 소금 사용량은 60% 정도가 적당하다.

③ 자기소화 효소작용에 의한 것이다.

④ 호염균의 작용이 일어날 수 있다.

해설 젓갈은 보통 20~30%의 소금을 사용한다. 새우의 신선도와 계절에 따라 다르지만, 소금의 사용량은 일반적으로 여름에는 35~40%, 가을에는 30% 정도 넣는 것이 좋다.

029 결합수의 특징이 아닌 것은?

① 전해질을 잘 녹여 용매로 작용한다.

② 자유수보다 밀도가 크다.

③ 식품에서 미생물의 번식과 발아에 이용되지 못한다.

④ 동 · 식물의 조직에 존재할 때 그 조직에 큰 압력을 가하여 압착해도 제거되지 않는다.

해설 결합수는 용질에 대해 용매로 작용하지 못한다.

030 요구르트 제조는 우유 단백질의 어떤 성질을 이용하는가?

① 응고성   ② 용해성

③ 팽윤   ④ 수화

해설 우유를 발효시켜 젖산균이 생육하면 pH가 낮아져서 우유 단백질인 카제인이 변성되어 응고되면서 침전한다.

031 알칼리성 식품에 대한 설명으로 옳은 것은?

① Na, K, Ca, Mg이 많이 함유되어 있는 식품

② S, P, Cl이 많이 함유되어 있는 식품

③ 당질, 지질, 단백질 등이 많이 함유되어 있는 식품

④ 곡류, 육류, 치즈 등의 식품

해설 식품이 함유하는 주요 무기질에 따라 산성 식품과 알칼리성 식품으로 나눈다.

① 알칼리성 식품 : Ca(칼슘) · K(칼륨) · Na(나트륨) · Mg(마그네슘) 등의 무기원소를 많이 함유한 채소 및 과일류, 해조류, 감자, 당근, 우유 등이 있다.

② 산성 식품 : P(인) · S(황) · Cl(염) 등의 무기원소를 많이 함유한 곡류, 알류, 육류, 어류, 콩류 등이 있다.

032 우유의 균질화(homogenization)에 대한 설명이 아닌 것은?

① 지방구 크기를 0.1~$2.2\mu m$ 정도로 균일하게 만들 수 있다.

② 탈지유를 첨가하여 지방의 함량을 맞춘다.

③ 큰 지방구의 크림층 형성을 방지한다.

④ 지방의 소화를 용이하게 한다.

해설 우유의 지방이 분리되는 것을 막기 위해 높은 압력에서 지방구를 잘게 부수어 소화되기 쉽게 만든 균질우유와 이러한 과정을 거치지 않은 무균질 우유가 있다.

033 레드 캐비지로 샐러드를 만들 때 식초를 조금 넣은 물에 담그면 고운 적색을 띠는 것은 어떤 색소 때문인가?

① 안토시아닌(anthocyanin)

② 클로로필(chlorophyll)

③ 안토잔틴(anthoxanthin)

④ 미오글로빈(myoglobin)

해설 안토시아닌 색소는 산성에서는 적색, 알칼리

에서는 청색, 중성에서는 보라색을 띤다. 따라서 식초를 조금 넣은 물에 담그면 적색을 띤다.

034 섬유소와 한천에 대한 설명 중 틀린 것은?

① 산을 첨가하여 가열하면 분해되지 않는다.
② 체내에서 소화되지 않는다.
③ 변비를 예방한다.
④ 모두 다당류이다.

해설 섬유소는 물에 용해되지 않고 묽은 산에 가수분해된다.

035 과실의 젤리화 3요소와 관계없는 것은?

① 젤라틴   ② 당
③ 펙틴   ④ 산

해설 잼과 젤리는 펙틴의 응고성을 이용하여 만든 것으로 과실 중에 펙틴, 산, 당분의 3가지 성분이 각기 일정한 농도와 비율로 들어 있을 때 일어나는데 일반적으로 펙틴 1.0~1.5%, 산 0.27~0.5%, 당분 60~65%의 범위가 적당하다.

036 탄수화물의 분류 중 5탄당이 아닌 것은?

① 갈락토오스(galactose)
② 자일로오스(xylose)
③ 아라비노오스(arabinose)
④ 리보오스(ribose)

해설 탄수화물은 구성 탄소원자수에 따라 3탄당, 5탄당, 6탄당으로 나누는데 갈락토오스는 3탄당이다.

037 CA 저장에 가장 적합한 식품은?

① 육류   ② 과일류
③ 우유   ④ 생선류

해설 CA 저장(가스 저장법)은 이산화탄소(CO_2), 질소(N_2) 등의 불활성 기체를 이용하여 호흡작용을 억제하여 저장하는 방법으로 채소 및 과일, 달걀 등의 저장에 주로 이용한다.

038 황함유 아미노산이 아닌 것은?

① 트레오닌(threonine)
② 시스틴(cystine)
③ 메티오닌(methionine)
④ 시스테인(cysteine)

해설 황(S)을 함유하고 있는 아미노산으로 메티오닌, 시스틴, 시스테인이 있다.

039 하루 필요 열량이 2,500kcal일 경우 이 중의 18%에 해당하는 열량을 단백질에서 얻으려 한다면, 필요한 단백질의 양은 얼마인가?

① 50.0g   ② 112.5g
③ 121.5g   ④ 171.3g

해설 2500kcal의 18%는 450kcal가 된다. 단백질 1g은 4kcal의 열량을 내므로 450÷4 = 112.5g

040 조리와 가공 중 천연색소의 변색 요인과 거리가 먼 것은?

① 산소   ② 효소
③ 질소   ④ 금속

해설 영향을 미치는 인자로 산소, 효소, 광선, 열, 금속, 온도, pH 등이 있다.

041 조리에 사용하는 냉동식품의 특성이 아닌 것은?

① 완만 동결하여 조직이 좋다.
② 미생물 발육을 저지하여 장기간 보존이 가능하다.
③ 저장 중 영양가 손실이 적다.
④ 산화를 억제하여 품질 저하를 막는다.

해설 급속 동결을 하면 얼음결정이 미세하게 형성되고 완만 동결을 하면 얼음결정이 커진다. 생성된 얼음결정이 크면 해동할 때 드립(drip)이 많이 발생한다. 드립이 많이 발생할수록 식품의 영양가, 맛, 색 등의 손실이 많아 품질이 저하되고 식품은 부패하게 된다.

정답 034 ①   035 ①   036 ①   037 ②   038 ①   039 ②   040 ③   041 ①

042 조리기구의 재질 중 열전도율이 커서 열을 전달하기 쉬운 것은?

① 유리　　　　② 도자기
③ 알루미늄　　④ 석면

해설 금속성이 열전도율이 빠르다. 알루미늄은 금속성이고, 유리·도자기·석면은 비금속성이다.

043 달걀을 이용한 조리식품과 관계가 없는 것은?

① 오믈렛　　　② 수란
③ 치즈　　　　④ 커스터드

해설 치즈는 발효에 의하여 젖산이나 효소로 우유 중의 단백질을 응고시켜 만든다.

044 소금 절임 시 저장성이 좋아지는 이유는?

① pH가 낮아져 미생물이 살아갈 수 없는 환경이 조성된다.
② pH가 높아져 미생물이 살아갈 수 없는 환경이 조성된다.
③ 고삼투성에 의한 탈수효과로 미생물의 생육이 억제된다.
④ 저삼투성에 의한 탈수효과로 미생물의 생육이 억제된다.

해설 소금 절임은 소금의 삼투작용에 의해 수분을 탈수시켜 미생물의 생육이 억제되므로 저장성을 가지게 된다.

045 밀가루의 용도별 분류는 어느 성분을 기준으로 하는가?

① 글리아딘　　② 글로불린
③ 글루타민　　④ 글루텐

해설 밀가루의 단백질은 주로 글리아딘(gliadin)과 글루테닌(glutenin)으로 구성되어 있는데, 물을 섞고 반죽을 하면 점탄성이 있는 글루텐(gluten)이 형성된다. 글루텐은 밀가루의 품질을 결정하는 요소가 된다.

046 소고기의 부위별 용도와 조리법 연결이 틀린 것은?

① 앞다리 – 불고기, 육회, 장조림
② 설도 – 탕, 샤브샤브, 육회
③ 목심 – 불고기, 국거리
④ 우둔 – 산적, 장조림, 육포

해설 설도는 소의 뒷다리 중 넓적다리 앞쪽과 위쪽에 붙어 있는 엉덩이의 살코기로 육포, 산적, 육회, 불고기용으로 많이 쓰인다.

047 젤라틴의 응고에 관한 설명으로 틀린 것은?

① 젤라틴의 농도가 높을수록 빨리 응고된다.
② 설탕의 농도가 높을수록 응고가 방해된다.
③ 염류는 젤라틴의 응고를 방해한다.
④ 단백질의 분해효소를 사용하면 응고력이 약해진다.

해설 염류가 젤라틴이 물을 흡수하는 것을 막아 응고를 단단하게 하고, 산은 응고를 억제한다.

048 과일의 일반적인 특성과는 다르게 지방함량이 가장 높은 과일은?

① 아보카도　　② 수박
③ 바나나　　　④ 감

해설 지방함량은 아보카도 18g, 수박 0.4g, 바나나 0.2g, 감 0.1g 정도이다.

049 전자레인지의 주된 조리 원리는?

① 복사　　　　② 전도
③ 대류　　　　④ 초단파

해설 전자레인지는 전자파를 이용한 조리기구로 금속은 전자파를 반사하기 때문에 전자레인지에는 금속성의 용기는 피해야 한다.

정답 **042** ③　**043** ③　**044** ③　**045** ④　**046** ②　**047** ③　**048** ①　**049** ④

050 닭고기 20kg으로 닭강정 100인분을 판매한 매출액이 1,000,000원이다. 닭고기의 kg당 단가를 12,000원에 구입하였고 총양념 비용으로 80,000원이 들었다면 식재료의 원가 비율은?

① 24%   ② 28%

③ 32%   ④ 40%

해설 1kg당 가격이 12,000원이므로 20kg의 구입가격은 240,000원이고 양념비용 80,000원을 합하면 총원가는 320,000원이 된다. 매출액이 1,000,000원이므로 식재료비의 원가비율은 32%가 된다.

051 생선에 레몬즙을 뿌렸을 때 나타나는 현상이 아닌 것은?

① 신맛이 가해져서 생선이 부드러워진다.
② 생선의 비린내가 감소한다.
③ pH가 산성이 되어 미생물의 증식이 억제된다.
④ 단백질이 응고된다.

해설 단백질은 산에 의해 응고된다. 따라서 레몬즙은 산이므로 생선단백질이 응고되어 단단해진다.

052 튀김의 특징이 아닌 것은?

① 고온 단시간 가열로 영양소의 손실이 적다.
② 기름의 맛이 더해져 맛이 좋아진다.
③ 표면이 바삭바삭해 입안에서의 촉감이 좋아진다.
④ 불미성분이 제거된다.

해설 튀김은 손질한 재료를 단시간에 조리하는 방법으로 불미성분의 제거와는 관계가 적다.

053 생선의 조리방법에 관한 설명으로 옳은 것은?

① 생선은 결제조직의 함량이 많으므로 습열조리법을 많이 이용한다.

② 지방함량이 낮은 생선보다는 높은 생선으로 구이를 하는 것이 풍미가 더 좋다.
③ 생선찌개를 할 때 생선 자체의 맛을 살리기 위해서 찬물에 넣고 은근히 끓인다.
④ 선도가 낮은 생선은 조림국물의 양념을 담백하게 하여 뚜껑을 닫고 끓인다.

해설 구이는 식품 자체의 성분이 용출되지 않고 표피 가까이에 보존되어 풍미가 좋은데, 지방 함량이 높은 생선으로 구이를 하는 것이 풍미가 좋다.

054 계량방법이 잘못된 것은?

① 된장, 흑설탕은 꼭꼭 눌러 담아 수평으로 깎아서 계량한다.
② 우유는 투명기구를 사용하여 액체 표면의 윗부분을 눈과 수평으로 하여 계량한다.
③ 저울은 반드시 수평한 곳에서 0으로 맞추고 사용한다.
④ 마가린은 실온일 때 꼭꼭 눌러 담아 평평한 것으로 깎아 계량한다.

해설 액체는 계량컵에 담고 눈금과 액체 표면의 아랫부분을 눈과 같은 높이(메니스커스 meniscus)로 읽는다.

055 총원가에 대한 설명으로 맞는 것은?

① 제조간접비와 직접원가의 합이다.
② 판매관리비와 제조원가의 합이다.
③ 판매관리비, 제조간접비, 이익의 합이다.
④ 직접재료비, 직접노무비, 직접경비, 직접원가, 판매관리비의 합이다.

해설 원가의 종류는 다음과 같다.
① 직접원가＝직접재료비＋직접노무비＋직접경비
② 제조원가＝직접원가＋제조간접비
③ 총원가＝제조원가＋판매관리비
④ 판매원가＝총원가＋이익

정답 050 ③   051 ①   052 ④   053 ②   054 ②   055 ②

056 대상집단의 조직체가 급식운영을 직접 하는 형태는?

① 준위탁급식   ② 위탁급식

③ 직영급식   ④ 협동조합급식

해설 직영급식은 주체가 직접 경영하고 운영하는 급식이고 위탁급식은 전문업체에 맡겨 운영하는 급식이다.

057 수라상의 찬품 가짓수는?

① 5첩   ② 7첩

③ 9첩   ④ 12첩

해설 밥, 국(탕), 조치(찌개), 종지에 담는 조미료를 제외한 반찬의 수에 따라 반상의 종류(첩수)가 정해진다. 수라상은 반상형식 중 첩수가 가장 많은 12첩을 쓴다.

058 다음 중 방자구이 양념은?

① 간장   ② 소금

③ 된장   ④ 고추장

해설 방자(房子)란 관청의 종을 말하는데, 상전을 기다리면서 밖에서 고기 한 조각을 얻어 양념하지 않고 즉석에서 소금만 뿌려 구워 먹은 데서 유래하였다고 한다.

059 식품검수 방법의 연결이 틀린 것은?

① 화학적 방법 : 영양소의 분석, 첨가물, 유해성분 등을 검출하는 방법

② 검경적 방법 : 식품의 중량, 부피, 크기 등을 측정하는 방법

③ 물리학적 방법 : 식품의 비중, 경도, 점도, 빙점 등을 측정하는 방법

④ 생화학적 방법 : 효소반응, 효소활성도, 수소이온농도 등을 측정하는 방법

해설 검경적 방법이란 식품의 세포나 조직의 모양, 협잡물, 병원균, 기생충란의 존재를 검사하는 방법

060 한천 젤리를 만든 후 시간이 지나면 내부에서 표면으로 수분이 빠져나오는 현상은?

① 삼투현상(osmosis)

② 이장현상(sysnersis)

③ 님비현상(nimby)

④ 노화현상(retrogradation)

해설 ① 삼투현상 : 농도가 낮은 곳에서 높은 곳으로 선택적 투과성 막을 통한 물의 이동 현상

② 이장현상 : 겔에 함유되어 있는 분산매가 겔 밖으로 분리되어 나오는 현상으로 팽윤과 반대의 현상이다.

③ 님비현상 : 공공의 이익은 되지만 자신이 속한 지역에는 이익이 되지 않는 일을 반대하는 이기적인 행동

④ 노화현상 : 호화된 전분을 실온에 방치하면 β-전분으로 되돌아 가는 현상

MEMO

MEMO

★ CRAFTSMAN COOK, KOREAN FOOD ★

★ NCS(국가직무능력표준) 교육과정반영

★ 한국산업인력공단의 출제기준에 맞춘 내용 구성

★ 30여 년간 현장 강의를 토대로 교재 집필

★ 예상문제 각 문항마다 설명을 달아 쉽게 이해할 수 있도록 구성

★ 상세한 조리과정을 수록하여 실습이 가능하도록 구성

NCS 기반
한식
조리기능사
[필기·실기]

http://www.yeamoonsa.com

NCS
(국가직무능력표준)
교육과정반영
★ ★ ★

NCS 기반

한권으로
OK!

한식
조리기능사

[실기]

김경옥·신지해 저

예문사

NCS 기반
한식
조리기능사
[실기]

예문사

CONTENTS

 한식조리기능사 실기 공개문제

🥣 한식조리기능사 실기시험 출제기준

직무 분야	음식서비스	중직무 분야	조리	자격 종목	한식조리기능사

- 직무내용 : 한식메뉴 계획에 따라 식재료를 선정, 구매, 검수, 보관 및 저장하며 맛과 영양을 고려하여 안전하고 위생적으로 음식을 조리하고 조리기구와 시설관리를 수행하는 직무이다.
- 수행준거
  1. 음식조리 작업에 필요한 위생 관련 지식을 이해하고, 주방의 청결 상태와 개인위생 · 식품위생을 관리하여 전반적인 조리작업을 위생적으로 수행할 수 있다.
  2. 한식조리를 수행함에 있어 칼 다루기, 기본 고명 만들기, 한식 기초 조리법 등 기본적인 지식을 이해하고 기능을 익혀 조리업무에 활용할 수 있다.
  3. 쌀을 주재료로 하거나 혹은 다른 곡류나 견과류, 육류, 채소류, 어패류 등을 섞어 물을 붓고 강약을 조절하여 호화되게 밥을 조리할 수 있다.
  4. 곡류 단독으로 또는 곡류와 견과류, 채소류, 육류, 어패류 등을 함께 섞어 물을 붓고 불의 강약을 조절하여 호화되게 죽을 조리할 수 있다.
  5. 육류나 어류 등에 물을 많이 붓고 오래 끓이거나 육수를 만들어 채소나 해산물, 육류 등을 넣어 한식 국 · 탕을 조리할 수 있다.
  6. 육수나 국물에 장류나 젓갈로 간을 하고 육류, 채소류, 버섯류, 해산물류를 용도에 맞게 썰어 넣고 함께 끓여서 한식 찌개를 조리할 수 있다.
  7. 육류, 어패류, 채소류 등의 재료를 익기 쉽게 썰고 그대로 혹은 꼬치에 꿰어서 밀가루와 달걀을 입힌 후 기름에 지져서 한식 전 · 적 조리를 할 수 있다.
  8. 채소를 살짝 절이거나 생것을 양념하여 생채 · 회조리를 할 수 있다.

실기검정방법	작업형	시험시간	70분 정도

실기 과목명	주요항목	세부항목	세세항목
한식 조리 실무	1. 한식 위생관리	1. 개인 위생 관리하기	1. 위생관리기준에 따라 조리복, 조리모, 앞치마, 조리안전화 등을 착용할 수 있다. 2. 두발, 손톱, 손 등 신체청결을 유지하고 작업수행 시 위생습관을 준수할 수 있다. 3. 근무 중의 흡연, 음주, 취식 등에 대한 작업장 근무수칙을 준수할 수 있다. 4. 위생 관련 법규에 따라 질병, 건강검진 등 건강상태를 관리하고 보고할 수 있다.
		2. 식품 위생 관리하기	1. 식품의 유통기한 · 품질 기준을 확인하여 위생적인 선택을 할 수 있다. 2. 채소 · 과일의 농약 사용 여부와 유해성을 인식하고 세척할 수 있다. 3. 식품의 위생적 취급기준을 준수할 수 있다. 4. 식품의 반입부터 저장, 조리과정에서 유독성, 유해물질의 혼입을 방지할 수 있다.
		3. 주방 위생 관리하기	1. 주방 내에서 교차오염 방지를 위해 조리생산 단계별 작업공간을 구분하여 사용할 수 있다. 2. 주방 위생에 있어 위해요소를 파악하고, 예방할 수 있다. 3. 주방 시설 및 도구의 세척, 살균, 해충 · 해서 방제작업을 정기적으로 수행할 수 있다. 4. 시설 및 도구의 노후 상태나 위생 상태를 점검하고 관리할 수 있다. 5. 식품이 조리되어 섭취되는 전 과정의 주방 위생 상태를 점검하고 관리할 수 있다. 6. HACCP 적용업장의 경우 HACCP 관리기준에 의해 관리할 수 있다.

실 기 과목명	주요항목	세부항목	세세항목
한식 조리 실무	2. 한식 안전관리	1. 개인 안전 관리하기	1. 안전관리 지침서에 따라 개인 안전관리 점검표를 작성할 수 있다. 2. 개인 안전사고 예방을 위해 도구 및 장비의 정리정돈을 상시 할 수 있다. 3. 주방에서 발생하는 개인 안전사고의 유형을 숙지하고 예방을 위한 안전수칙을 지킬 수 있다. 4. 주방 내 필요한 구급품이 적정 수량 비치되었는지 확인하고 개인 안전 보호장비를 정확하게 착용하여 작업할 수 있다. 5. 개인이 사용하는 칼에 대해 사용안전, 이동안전, 보관안전을 수행할 수 있다. 6. 개인의 화상사고, 낙상사고, 근육팽창과 골절사고, 절단사고, 전기기구에 인한 전기 쇼크 사고, 화재사고와 같은 사고 예방을 위해 주의사항을 숙지하고 실천할 수 있다. 7. 개인 안전사고 발생 시 신속 정확한 응급조치를 실시하고 재발 방지 조치를 실행할 수 있다.
		2. 장비ㆍ 도구 안전 작업하기	1. 조리장비ㆍ도구에 대한 종류별 사용방법에 대해 주의사항을 숙지할 수 있다. 2. 조리장비ㆍ도구를 사용 전 이상 유무를 점검할 수 있다. 3. 안전장비류 취급 시 주의사항을 숙지하고 실천할 수 있다. 4. 조리장비ㆍ도구를 사용 후 전원을 차단하고 안전수칙을 지키며 분해하여 청소할 수 있다. 5. 무리한 조리장비ㆍ도구 취급은 금하고 사용 후 일정한 장소에 보관하고 점검할 수 있다. 6. 모든 조리장비ㆍ도구는 반드시 목적 이외의 용도로 사용하지 않고 규격품을 사용할 수 있다.
		3. 작업환경 안전관리 하기	1. 작업환경 안전관리 시 작업환경 안전관리 지침서를 작성할 수 있다. 2. 작업환경 안전관리 시 작업장 주변 정리 정돈 등을 관리ㆍ점검할 수 있다. 3. 작업환경 안전관리 시 제품을 제조하는 작업장 및 매장의 온ㆍ습도관리를 통하여 안전사고요소 등을 제거할 수 있다. 4. 작업장 내의 적정한 수준의 조명과 환기, 이물질, 미끄럼 및 오염을 방지할 수 있다. 5. 작업환경에서 필요한 안전관리시설 및 안전용품을 파악하고 관리할 수 있다. 6. 작업환경에서 화재의 원인이 될 수 있는 곳을 자주 점검하고 화재진압기를 배치하고 사용할 수 있다. 7. 작업환경에서의 유해, 위험, 화학물질을 처리기준에 따라 관리할 수 있다. 8. 법적으로 선임된 안전관리책임자가 정기적으로 안전교육을 실시하고 이에 참여할 수 있다.
	3. 한식 기초 조리 실무	1. 기본 칼 기술 습득하기	1. 칼의 종류와 사용 용도를 이해할 수 있다. 2. 기본 썰기 방법을 습득할 수 있다. 3. 조리 목적에 맞게 식재료를 썰 수 있다. 4. 칼을 연마하고 관리할 수 있다.
		2. 기본 기능 습득하기	1. 한식 기본 양념에 대한 지식을 이해하고 습득할 수 있다. 2. 한식 고명에 대한 지식을 이해하고 습득할 수 있다. 3. 한식 기본 육수조리에 대한 지식을 이해하고 습득할 수 있다. 4. 한식 기본 재료와 전처리 방법, 활용방법에 대한 지식을 이해하고 습득할 수 있다.

실기 과목명	주요항목	세부항목	세세항목
한식 조리 실무	3. 한식 기초 조리 실무	3. 기본 조리법 습득하기	1. 한식 음식 종류와 상차림에 대한 지식을 이해하고 습득할 수 있다. 2. 조리도구의 종류 및 용도를 이해하고 적절하게 사용할 수 있다. 3. 식재료의 정확한 계량방법을 습득할 수 있다. 4. 한식 기본 조리법과 조리원리에 대한 지식을 이해하고 습득할 수 있다. 5. 조리 업무 전과 후의 상태를 점검하고 정리할 수 있다.
	4. 한식 밥 조리	1. 밥 재료 준비하기	1. 쌀과 잡곡의 비율을 필요량에 맞게 계량할 수 있다. 2. 쌀과 잡곡을 씻고 용도에 맞게 불리기를 할 수 있다. 3. 부재료는 조리법에 맞게 손질할 수 있다. 4. 돌솥, 압력솥 등 사용할 도구를 선택하고 준비할 수 있다.
		2. 밥 조리 하기	1. 밥의 종류와 형태에 따라 조리시간과 방법을 조절할 수 있다. 2. 조리도구, 조리법과 쌀, 잡곡의 재료 특성에 따라 물의 양을 가감할 수 있다. 3. 조리도구와 조리법에 맞도록 화력조절, 가열시간 조절, 뜸 들이기를 할 수 있다.
		3. 밥 담기	1. 조리 종류와 색, 형태, 인원수, 분량 등을 고려하여 그릇을 선택할 수 있다. 2. 밥을 따뜻하게 담아 낼 수 있다. 3. 조리 종류에 따라 나물 등 부재료와 고명을 얹거나 양념장을 곁들일 수 있다.
	5. 한식 죽 조리	1. 죽 재료 준비하기	1. 사용할 도구를 선택하고 준비할 수 있다. 2. 쌀 등 곡류와 부재료를 필요량에 맞게 계량할 수 있다. 3. 조리법에 따라서 쌀 등 재료를 갈거나 분쇄할 수 있다. 4. 부재료는 조리법에 맞게 손질할 수 있다. 5. 사용할 도구를 선택하고 준비할 수 있다.
		2. 죽 조리 하기	1. 죽의 종류와 형태에 따라 조리시간과 방법을 조절할 수 있다. 2. 조리 도구, 조리법, 쌀과 잡곡의 재료 특성에 따라 물의 양을 가감할 수 있다. 3. 조리도구와 조리법, 재료 특성에 따라 화력과 가열시간을 조절할 수 있다.
		3. 죽 담기	1. 조리 종류와 색, 형태, 인원수, 분량 등을 고려하여 그릇을 선택할 수 있다. 2. 죽을 따뜻하게 담아 낼 수 있다. 3. 조리 종류에 따라 고명을 올릴 수 있다.
	6. 한식 국·탕 조리	1. 국·탕 재료 준비 하기	1. 조리 종류에 맞추어 도구와 재료를 준비할 수 있다. 2. 조리에 사용하는 재료를 필요량에 맞게 계량할 수 있다. 3. 재료에 따라 요구되는 전처리를 수행할 수 있다. 4. 찬물에 육수재료를 넣고 끓이는 시간과 불의 강도를 조절할 수 있다. 5. 끓이는 중 부유물을 제거하여 맑은 육수를 만들 수 있다. 6. 육수의 종류에 따라 냉온으로 보관할 수 있다.
		2. 국·탕 조리하기	1. 물이나 육수에 재료를 넣어 끓일 수 있다. 2. 부재료와 양념을 적절한 시기와 분량에 맞춰 첨가할 수 있다. 3. 조리 종류에 따라 끓이는 시간과 화력을 조절할 수 있다. 4. 국·탕의 품질을 판정하고 간을 맞출 수 있다.
		3. 국·탕 담기	1. 조리 종류와 색, 형태, 인원수, 분량 등을 고려하여 그릇을 선택할 수 있다. 2. 국·탕은 조리 종류에 따라 온·냉 온도로 제공할 수 있다. 3. 국·탕은 국물과 건더기의 비율에 맞게 담아낼 수 있다. 4. 국·탕의 종류에 따라 고명을 활용할 수 있다.

실기 과목명	주요항목	세부항목	세세항목
한식 조리 실무	7. 한식 찌개 조리	1. 찌개 재료 준비하기	1. 조리 종류에 맞추어 도구와 재료를 준비한다. 2. 조리에 사용하는 재료를 필요량에 맞게 계량한다. 3. 재료에 따라 요구되는 전처리를 수행할 수 있다. 4. 찬물에 육수 재료를 넣고 서서히 끓일 수 있다. 5. 끓이는 중 부유물과 기름이 떠오르면 걷어내어 제거할 수 있다. 6. 조리 종류에 따라 끓이는 시간과 불의 강도를 조절할 수 있다.
		2. 찌개 조리 하기	1. 채소류 중 단단한 재료는 데치거나 삶아서 사용할 수 있다. 2. 조리법에 따라 재료는 양념하여 밑간할 수 있다. 3. 육수에 재료와 양념을 첨가 시점을 조절하여 넣고 끓일 수 있다.
		3. 찌개 담기	1. 조리 종류와 색, 형태, 인원수, 분량 등을 고려하여 그릇을 선택할 수 있다. 2. 조리 특성에 맞게 건더기와 국물의 양을 조절할 수 있다. 3. 온도를 뜨겁게 유지하여 제공할 수 있다.
	8. 한식 전·적 조리	1. 전·적 재료 준비 하기	1. 전·적의 조리 종류에 따라 도구와 재료를 준비할 수 있다. 2. 조리에 사용하는 재료를 필요량에 맞게 계량할 수 있다. 3. 전·적의 종류에 따라 재료를 전처리하여 준비할 수 있다.
		2. 전·적 조리하기	1. 밀가루, 달걀 등의 재료를 섞어 반죽 물 농도를 맞출 수 있다. 2. 조리의 종류에 따라 속 재료 및 혼합재료 등을 만들 수 있다. 3. 주재료에 따라 소를 채우거나 꼬치를 활용하여 전·적의 형태를 만들 수 있다. 4. 재료와 조리법에 따라 기름의 종류·양과 온도를 조절하여 지져 낼 수 있다.
		3. 전·적 담기	1. 조리 종류와 색, 형태, 인원수, 분량 등을 고려하여 그릇을 선택할 수 있다. 2. 전·적의 조리는 기름을 제거하여 담아 낼 수 있다. 3. 전·적 조리를 따뜻한 온도, 색, 풍미를 유지하여 담아낼 수 있다.
	9. 한식 생채·회 조리	1. 생채·회 재료 준비 하기	1. 생채·회의 종류에 맞추어 도구와 재료를 준비할 수 있다. 2. 조리에 사용하는 재료를 필요량에 맞게 계량할 수 있다. 3. 재료에 따라 요구되는 전처리를 수행할 수 있다.
		2. 생채·회 조리하기	1. 양념장 재료를 비율대로 혼합, 조절할 수 있다. 2. 재료에 양념장을 넣고 잘 배합되도록 무칠 수 있다. 3. 재료에 따라 회·숙회로 만들 수 있다.
		3. 생채·회 담기	1. 조리 종류와 색, 형태, 인원수, 분량 등을 고려하여 그릇을 선택할 수 있다. 2. 생채·회 그릇에 담아낼 수 있다. 3. 회는 채소를 곁들일 수 있다.
	10. 한식 구이 조리	1. 구이 재료 준비하기	1. 구이의 종류에 맞추어 도구와 재료를 준비할 수 있다. 2. 조리에 사용하는 재료를 필요량에 맞게 계량할 수 있다. 3. 재료에 따라 요구되는 전처리를 수행할 수 있다.
		2. 구이 조리 하기	1. 구이 종류에 따라 유장처리나 양념을 할 수 있다. 2. 구이 종류에 따라 초벌구이를 할 수 있다. 3. 온도와 불의 세기를 조절하여 익힐 수 있다. 4. 구이의 색, 형태를 유지할 수 있다.
		3. 구이 담기	1. 조리 종류와 색, 형태, 인원수, 분량 등을 고려하여 그릇을 선택할 수 있다. 2. 조리한 음식을 부서지지 않게 담을 수 있다. 3. 구이 종류에 따라 따뜻한 온도를 유지하여 담을 수 있다.

실 기 과목명	주요항목	세부항목	세세항목
11. 한식 조림·초 조리	1. 조림·초 재료 준비 하기		1. 조림·초 조리에 따라 도구와 재료를 준비할 수 있다. 2. 조리에 사용하는 재료를 필요량에 맞게 계량할 수 있다. 3. 조림·조리의 재료에 따라 전처리를 수행할 수 있다. 4. 양념장 재료를 비율대로 혼합, 조절할 수 있다. 5. 필요에 따라 양념장을 숙성할 수 있다.
	2. 조림·초 조리하기		1. 조리 종류에 따라 준비한 도구에 재료를 넣고 양념장에 조릴 수 있다. 2. 재료와 양념장의 비율, 첨가 시점을 조절할 수 있다. 3. 재료가 눌어붙거나 모양이 흐트러지지 않게 화력을 조절하여 익힐 수 있다. 4. 조리 종류에 따라 국물의 양을 조절할 수 있다.
	3. 조림·초 담기		1. 조리 종류와 색, 형태, 인원수, 분량 등을 고려하여 그릇을 선택할 수 있다. 2. 조리 종류에 따라 국물 양을 조절하여 담아낼 수 있다. 3. 조림, 초 조리에 따라 고명을 얹어 낼 수 있다.
12. 한식 볶음 조리	1. 볶음 재료 준비하기		1. 볶음 조리에 따라 도구와 재료를 준비할 수 있다. 2. 조리에 사용하는 재료를 필요량에 맞게 계량할 수 있다. 3. 볶음 조리의 재료에 따라 전처리를 수행할 수 있다. 4. 양념장 재료를 비율대로 혼합, 조절하여 만들 수 있다. 5. 필요에 따라 양념장을 숙성할 수 있다.
	2. 볶음 조리 하기		1. 조리 종류에 따라 준비한 도구에 재료와 양념장을 넣어 기름으로 볶을 수 있다. 2. 재료와 양념장의 비율, 첨가 시점을 조절할 수 있다. 3. 재료가 눌어붙거나 모양이 흐트러지지 않게 화력을 조절하여 익힐 수 있다.
	3. 볶음 담기		1. 조리 종류와 색, 형태, 인원수, 분량 등을 고려하여 그릇을 선택할 수 있다. 2. 그릇 형태에 따라 조화롭게 담아낼 수 있다. 3. 볶음 조리에 따라 고명을 얹어 낼 수 있다.
13. 한식 숙채 조리	1. 숙채 재료 준비하기		1. 숙채의 종류에 맞추어 도구와 재료를 준비할 수 있다. 2. 조리에 사용하는 재료를 필요량에 맞게 계량할 수 있다. 3. 재료에 따라 요구되는 전처리를 수행할 수 있다.
	2. 숙채 조리 하기		1. 양념장 재료를 비율대로 혼합, 조절할 수 있다. 2. 조리법에 따라서 삶거나 데칠 수 있다. 3. 양념이 잘 배합되도록 무치거나 볶을 수 있다.
	3. 숙채 담기		1. 조리 종류와 색, 형태, 인원수, 분량 등을 고려하여 그릇을 선택할 수 있다. 2. 숙채의 색, 형태, 재료, 분량을 고려하여 그릇에 담아낼 수 있다. 3. 조리 종류에 따라 고명을 올리거나 양념장을 곁들일 수 있다.

한식조리기능사 실기시험 수험자 유의사항

1. 만드는 순서에 유의하며, 위생과 숙련된 기능평가를 위하여 조리작업 시 맛을 보지 않습니다.

2. 지정된 수험자 지참 준비물 이외의 조리기구나 재료를 시험장 내에 지참할 수 없습니다.

3. 지급재료는 시험 전 확인하여 이상이 있을 경우 시험위원으로부터 조치를 받고 시험 중에는 재료의 교환 및 추가 지급은 하지 않습니다.

4. 요구사항의 규격은 '정도'의 의미를 포함하며, 지급된 재료의 크기에 따라 가감하여 채점합니다.

5. 위생 상태 및 안전관리 사항을 준수합니다.

6. 다음 사항에 대해서는 **채점대상에서 제외**하니 특히 유의하시기 바랍니다.

---

1) 기권 : 수험자 본인이 시험 도중 시험에 대한 포기의사를 표현하는 경우

2) 실격

　⑴ 가스레인지 화구를 2개 이상(2개 포함) 사용한 경우

　⑵ 불을 사용하여 만든 조리작품이 작품 특성에 벗어나는 정도로 타거나 익지 않은 경우

　⑶ 시험 중 시설 · 장비(칼, 가스레인지 등) 사용 시 감독위원 및 타 수험자의 시험 진행에 위협이 될 것으로 감독위원 전원이 합의하여 판단한 경우

3) 미완성

　⑴ 시험시간 내에 과제 두 가지를 제출하지 못한 경우

　⑵ 문제의 요구사항대로 과제의 수량이 만들어지지 않은 경우

4) 오작

　⑴ 구이를 찜으로 조리하는 등과 같이 조리방법을 다르게 한 경우

　⑵ 해당 과제의 지급재료 이외의 재료를 사용하거나 석쇠 등 요구사항의 조리도구를 사용하지 않은 경우

5) 요구사항에 표시된 실격, 미완성, 오작에 해당하는 경우

---

7. 항목별 배점은 위생 상태 및 안전관리 5점, 조리기술 30점, 작품의 평가 15점입니다.

한식조리기능사 실기시험 수험자 지참 준비물

연번	재료명	규격	단위	수량	비고
1	가위	조리용	EA	1	
2	간판	조리용	EA	1	
3	계량스푼	사이즈별	SET	1	
4	계량컵	200	EA	1	
5	공기	소	EA	1	
6	국대접	소	EA	1	
7	김발	20 정도	EA	1	
8	냄비	조리용	EA	1	시험장에도 준비되어 있음
9	도마	흰색 또는 나무도마	EA	1	시험장에도 준비되어 있음
10	뒤집개	–	EA	1	
11	랩, 호일	조리용	EA	1	
12	밀대	소	EA	1	
13	비닐봉지, 비닐백	소형	장	1	
14	비닐팩	–	EA	1	
15	석쇠	조리용	EA	1	시험장에도 준비되어 있음
16	소창 또는 면포	3030 정도	장	1	
17	쇠조리(또는 체)	조리용	EA	1	시험장에도 준비되어 있음
18	숟가락	스테인리스제	EA	1	
19	앞치마	백색(남녀 공용)	EA	1	
20	위생모 또는 머리수건	백색	EA	1	
21	위생복	상의(백색), 하의(긴 바지, 색상 무관)	벌	1	위생복장을 제대로 갖추지 않을 경우 감점처리
22	위생타월	면 또는 키친타월 등	매	1	
23	이쑤시개	–	EA	1	
24	젓가락	나무 또는 쇠젓가락	EA	1	
25	종이컵	–	EA	1	
26	칼	조리용 칼, 칼집 포함	EA	1	눈금 표시칼 사용 불가
27	키친페이퍼		EA	1	
28	프라이팬	소형	EA	1	시험장에도 준비되어 있음

실기시험 응시자가 알아야 할 내용

1. 수험표에 명시된 시험장소, 시험일자, 시험시간을 확인하여 30분 전에 수검자 대기실에 도착하여 시험 진행위원의 안내와 지시에 따른다.

2. 시계와 반지, 귀걸이 등의 장신구를 제거한 후 규격에 맞는 위생복(가운), 앞치마, 위생모자(머리수건)를 단정하게 착용하고 대기한다.

   ※ 짙은 화장, 인조손톱, 인조눈썹, 반지, 시계, 팔찌 등의 장신구와 반바지, 높은 구두, 화려한 복장 등은 하지 않는다.

3. 진행위원의 호명에 따라 수험표와 신분증을 확인하고 등번호를 교부받아 실기시험장으로 입실한다.

4. 자신의 등번호가 표시된 조리대에 위치하여 준비한 수험자 준비물을 사용하기 편리한 위치에 정리한다.

5. 실기시험 감독관의 주의사항을 정확하게 경청하고 따르도록 한다.

6. 지급된 재료와 지급재료 목록을 비교하여 부족하거나 상태가 좋지 않은 재료는 즉시 지급 또는 교환받도록 한다(시험 중에는 교환 또는 추가 지급이 되지 않는다).

7. 주어진 과제의 '요구사항'을 정확히 읽고 숙지하여 실기시험 감독관의 시작 신호와 함께 정해진 시간 내에 조리작품을 만들어 제출할 수 있도록 한다.

8. 가스레인지의 화구는 1개만 사용하여야 하고 2개 이상 사용하는 경우 실격된다.

9. 정해진 시간 내에 과제 두 가지를 제출하지 못한 경우와 요구사항대로 수량이 만들어지지 않은 경우에는 미완성으로 채점대상에서 제외된다.

10. 불을 사용하는 조리작품이 심하게 타거나 익지 않은 경우 실격된다.

11. 조리방법을 다르게 하거나 지급된 재료 이외의 재료를 사용하는 경우, 요구사항의 조리도구를 사용하지 않는 경우에는 채점대상에서 제외된다.

12. 정해진 시간 내에 조리작품을 만들어 제출하지 못한 경우 채점대상에서 제외된다. 따라서 시간 배분을 잘하여 조리하고, 시간 내에 완성하지 못한 경우라도 제출해야만 채점을 받을 수 있다.

13. 조리작업 중 안전사고에 유의하고, 손을 베이는 경우 소지한 일회용 밴드 등으로 지혈하고 차분하게 조리작업을 계속 한다.

14. 조리작업 중 발생되는 쓰레기를 지저분하게 두지 말고 처리하며, 조리작품을 제출한 후에는 본인이 사용한 조리대, 가스레인지, 양념통 등을 깨끗이 청소하고 사용한 조리도구들도 정리 · 정돈한다.

15. 채점은 각 과제별 '위생 상태 및 안전관리 5점', '조리기술 30점', '작품 평가 15점'으로 과제 두 가지 합하여 100점 만점에 60점 이상이면 합격한다.

한식조리기능사
실기

CRAFTSMAN COOK, KOREAN FOOD

재료 썰기

시험시간
25분

🧑‍🍳 요구사항

❖ 주어진 재료를 사용하여 다음과 같이 **재료 썰기**를
  하시오.

가. 무, 오이, 당근, 달걀지단을 썰기 하여 전량 제출하시
   오(단, 재료별 써는 방법이 틀렸을 경우 실격).

나. 무는 채 썰기, 오이는 돌려 깎기 하여 채 썰기, 당근은
   골패 썰기를 하시오.

다. 달걀은 흰자와 노른자를 분리하여 알끈과 거품을 제거
   하고 지단을 부쳐 완자(마름모꼴) 모양으로 각 10개를
   썰고, 나머지는 채 썰기를 하시오.

라. 재료 썰기의 크기는 다음과 같이 하시오.
   1) 채 썰기 : 0.2cm×0.2cm×5cm
   2) 골패 썰기 : 0.2cm×1.5cm×5cm
   3) 마름모형 썰기 : 한 면의 길이가 1.5cm 연번

🧂 지급 재료

무 100g, 오이(길이 25cm 정도) 1/2개,
당근(길이 6cm 정도) 1토막,
달걀 3개, 식용유 20mL, 소금 10g

 **만드는 법**

1 황 · 백 지단 부치기

2 지단 마름모꼴 썰기, 채 썰기

3 무 채 썰기

4 오이 돌려 깎기

5 오이 돌려 깎기

6 당근 편 썰기

준비하기

01 오이는 소금으로 문질러 깨끗이 씻고, 무와 당근은 깨끗이 씻어 껍질을 벗긴다.

02 달걀은 흰자와 노른자를 분리하여 알끈을 제거한 후 각각 소금으로 간하여 잘 풀어 준 다음 거품을 제거한다.

황 · 백 지단 부치기,
썰기

03 프라이팬을 달구어 식용유를 살짝 두르고 약한 불에 황 · 백 지단을 부친다.

04 완자(마름모꼴) 모양은 한 면의 길이가 1.5cm로 각 10개를 썰고, 나머지는 0.2cm×0.2cm×5cm로 채 썰기 한다.

무, 오이, 당근 썰기

05 무는 직육면체 모양으로 잡아 편 썰기 하여 겹쳐 놓고 0.2cm×0.2cm×5cm로 결 방향(길이 방향)으로 채 썰기 한다.

06 오이는 2〜3바퀴 정도 돌려 깎기 하여 0.2cm×0.2cm×5cm로 채 썰기 한다.

07 당근은 직육면체 모양으로 잡아 0.2cm×0.2cm×5cm로 편 썰기 한다.

담아내기

08 채 썬 재료는 양옆을 일정하게 맞추어 정리한 후 가지런히 담는다.

09 완자(마름모꼴) 모양으로 썬 황 · 백 지단은 각 10개를 가지런히 담는다.

TIP

❶ 달걀은 노른자와 흰자를 분리할 때 노른자가 터지지 않도록 주의한다.

❷ 달걀 지단을 깨끗하게 부치기 위해서는 거품은 반드시 제거한다.

❸ 지단을 부칠 때는 프라이팬에 기름을 살짝 두른 후 닦아내고 약한 불에서 부치는 것이 좋다. 뒤집을 때 찢어지지 않도록 주의한다.

❹ 오이를 돌려 깎기 할 때에는 칼을 위아래로 조금씩 흔들어주면 잘 깎아진다.

콩나물밥

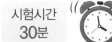

시험시간
30분

요구사항

◐ 주어진 재료를 사용하여 다음과 같이 **콩나물밥**을
만드시오.

가. 콩나물은 꼬리를 다듬고 소고기는 채 썰어 간장양념을
하시오.
나. 밥을 지어 전량 제출하시오.

지급 재료

쌀(불린 쌀) 150g, 콩나물 60g, 소고기(살코기) 30g,
대파(흰 부분, 길이 4cm 정도) 1/2토막,
마늘(中, 깐 것) 1쪽, 진간장 5mL, 참기름 5mL

 만드는 법

1 불린 쌀 물 빼기

2 콩나물 다듬기

3 파, 마늘 다지기

4 소고기 채 썰기

5 소고기 양념하기

6 밥 짓기 완성하기

재료 준비하기

01 불린 쌀은 찬물에 헹구고 체에 밭쳐 물기를 뺀다.

02 콩나물은 꼬리만 다듬고 깨끗이 씻어 물기를 뺀다.

03 파와 마늘은 다진다.

04 소고기는 핏물을 없애고 채 썰어 양념한다.

밥 짓기

05 냄비에 불린 쌀, 콩나물, 양념한 소고기를 넣고 쌀과 동량의 밥물을 부어 밥을 짓는다.

06 끓기 시작하면 중불로 낮추고 익는 소리가 나면 약불로 낮추어 3~4분 정도 뜸을 들인다.

담아내기

07 콩나물밥이 완성되면 고루 잘 섞어 그릇에 조화롭게 담는다.

❶ 콩나물은 꼬리를 다듬고, 상한 부위와 껍질 등을 제거한다.

❷ 콩나물에서 물이 빠져 나오므로 밥물의 양은 조금 적게 잡는다.

❸ 밥이 끓기 시작하면 불 조절을 하여 충분히 뜸을 들인다.

❹ 밥을 짓는 동안에 뚜껑을 열지 않는다.

비빔밥

시험시간
50분

요구사항

○ 주어진 재료를 사용하여 다음과 같이 **비빔밥**을 만드시오.

가. 채소, 소고기, 황·백 지단의 크기는 0.3cm×0.3cm×5cm로 써시오.

나. 호박은 돌려 깎기 하여 0.3cm×0.3cm×5cm로 써시오.

다. 청포묵의 크기는 0.5cm×0.5cm×5cm로 써시오.

라. 소고기는 고추장 볶음과 고명에 사용하시오.

마. 밥을 담은 위에 준비된 재료들을 색 맞추어 돌려 담으시오.

바. 볶은 고추장은 완성된 밥 위에 얹어 내시오.

지급 재료

쌀(불린 쌀) 150g, 애호박(中, 길이 6cm) 60g,
도라지(찢은 것) 20g, 고사리(불린 것) 30g,
청포묵(中, 길이 6cm), 소고기(살코기) 30g, 달걀 1개,
건다시마(5cm×5cm) 1장, 고추장 40g, 식용유 30mL,
대파(흰 부분, 길이 4cm 정도) 1토막, 마늘(中, 깐 것) 2쪽,
진간장 15mL, 흰 설탕 15g, 깨소금 5g,
검은 후춧가루 1g, 참기름 5mL, 소금(정제염) 10g

How to make 만드는 법

1 불린 쌀 물 빼기

2 재료 썰기

3 청포묵을 썰어 데친 후 양념하기

4 소고기 채 썰기, 다지기

5 재료 볶기

6 약고추장 만들기

밥 짓기

01 불린 쌀과 동량의 물을 붓고 센 불에서 끓기 시작하면 중불로 낮추고 익는 소리가 나면 약불로 낮추어 3~4분 정도 뜸을 들인다.

재료 준비하기

02 파, 마늘은 다진다.

03 애호박은 돌려 깎기 하여 0.3cm×0.3cm×5cm로 썰어 소금을 뿌려 절인 후 물기를 짠다.

04 도라지는 같은 크기로 썰어 소금으로 주물러 쓴맛을 뺀다.

05 고사리는 억센 줄기를 다듬고 5cm로 잘라 간장, 다진 파, 다진 마늘, 깨소금, 참기름, 후춧가루로 양념한다.

06 청포묵은 0.5cm×0.5cm×5cm 크기로 썰어 끓는 물에 데친 후 찬물에 헹구어 소금, 참기름으로 무친다.

07 소고기의 일부는 곱게 다져 고추장볶이로 쓰고, 나머지는 5cm 길이로 채 썰어 양념한다.

조리하기

08 달걀은 황·백 지단을 부쳐 0.3cm×0.3cm×5cm 크기로 썬다.

09 팬에 식용유를 두르고 애호박 → 도라지 → 고사리 → 소고기의 순서로 볶는다.

10 다시마는 타지 않게 기름에 튀겨서 잘게 부순다.

11 팬에 다진 소고기를 볶다가 고추장 → 설탕 → 물 → 참기름을 넣어서 부드럽게 볶아 약고추장을 만든다.

담아내기

12 그릇에 밥을 담고 그 위에 준비된 재료를 색 맞추어 돌려 담은 후 약고추장과 다시마튀각을 얹어낸다.

❶ 밥은 고슬하게 짓도록 하고, 밥이 눌지 않도록 불 조절을 잘해야 한다.
❷ 나물은 보기 좋게 색 맞추어 담는다.

장국죽

 시험시간
30분

요구사항

➡ 주어진 재료를 사용하여 다음과 같이 **장국죽**을 만드시오.

가. 불린 쌀을 반 정도로 싸라기를 만들어 죽을 쑤시오.
나. 소고기는 다지고 불린 표고는 3cm 정도의 길이로 채 써시오.

지급 재료

쌀(불린 쌀) 100g, 소고기(살코기) 20g,
건표고버섯(지름 5cm 정도, 불린 것) 1개,
대파(흰 부분, 길이 4cm 정도) 1토막, 마늘(中, 깐 것) 1쪽,
진간장 10mL, 깨소금 5g, 검은 후춧가루 1g,
참기름 10mL, 국간장 10mL

만드는 법

1 쌀 싸라기 만들기

2 파, 마늘 다지기

3 표고버섯 채 썰기, 소고기 다지기

4 양념하기

5 재료 볶기

6 죽 끓이기

재료 준비하기

01 불린 쌀을 밀대를 밀거나 두드려서 쌀알 반 정도 크기의 싸라기로 잘게 부순다.

02 파, 마늘은 곱게 다진다.

03 소고기는 곱게 다지고, 불린 표고는 3cm 길이로 가늘게 채 썰어 간장, 다진 파, 다진 마늘, 참기름, 깨소금, 후춧가루로 양념한다.

죽 끓이기

04 냄비에 참기름을 두르고 소고기와 표고버섯을 볶다가 싸라기로 부순 쌀을 넣어 쌀알이 반투명해질 때까지 충분히 볶는다.

05 04에 쌀 분량의 5~6배의 물을 붓고 눋지 않도록 나무주걱으로 저어 가면서 끓인다.

06 쌀이 퍼지기 시작할 때까지는 눌어 붙지 않게 저으면서 쌀알이 퍼질 때까지 끓인다.

07 국간장으로 색을 보며 간을 맞추고 넘치지 않게 끓인다.

담아내기

08 농도를 잘 맞추어 조화롭게 담아낸다.

❶ 처음 쌀을 넣었을 때 두어 번 저어주고, 그 후에는 가능한 한 젓지 말고 보글보글 끓인다.
❷ 죽을 너무 미리 끓여 놓으면 농도가 되직하게 되므로 내기 직전에 농도를 잘 맞추어 적당한 양을 담아낸다.

완자탕

시험시간
30분

요구사항

❍ 주어진 재료를 사용하여 다음과 같이 **완자탕**을 만드시오.

가. 완자는 직경 3cm 정도로 6개를 만들고, 국 국물의 양은 200mL 이상 제출하시오.
나. 달걀은 지단과 완자용으로 사용하시오.
다. 고명으로 황·백 지단(마름모꼴)을 각 2개씩 띄우시오.

지급 재료

소고기(살코기) 50g, 소고기(사태부위) 20g, 달걀 1개,
대파(흰 부분, 길이 4cm 정도) 1토막,
밀가루(중력분) 10g, 마늘(中, 깐 것) 2쪽,
식용유 20mL, 소금(정제염) 10g, 검은 후춧가루 2g,
두부 15g, 키친타월(종이, 주방용, 小 18cm×20cm),
국간장 5mL, 참기름 5mL, 깨소금 5g, 흰 설탕 5g

⟨How to make⟩ 만드는 법

1 육수 준비하기

2 완자 반죽하기

3 황·백 지단 고명 준비하기

4 완자 빚어 밀가루, 달걀물 묻히기

5 팬에서 완자 지지기

6 육수에 완자 넣고 끓이기

육수 준비하기

01 소고기 중 사태는 깨끗이 씻어 핏물을 빼고 물 3컵, 대파, 마늘과 같이 넣고 끓인 후 면포에 걸러 육수를 만든다.

완자 빚기

02 파와 마늘은 곱게 다진다.

03 소고기는 핏물을 뺀 후 곱게 다지고, 두부는 물기를 꼭 짠 후 곱게 으깬다.

04 다진 소고기와 으깬 두부를 합하여 소금, 다진 파, 다진 마늘, 설탕, 깨소금, 참기름, 후춧가루를 넣고 양념하여 끈기 있게 치대어 반죽하여 직경 3cm 크기의 완자를 6개 빚는다.

황·백 지단 부치기

05 달걀은 황·백으로 분리하여 일부를 남겨두고 황·백 지단을 부쳐 1.5cm× 1.5cm 크기의 마름모꼴로 2개씩 썬다.

완자 지져내어 끓이기

06 **04**의 완자에 밀가루, 달걀물을 입힌 후 프라이팬에 식용유를 두르고 완자의 모양을 살려 굴리면서 고르게 지져낸다.

07 육수는 국간장으로 색을 내고 소금으로 간을 맞춘 후 끓으면 완자를 넣어 잠시 끓인다.

담아내기

08 그릇에 완자를 담고 1컵(200mL) 분량의 육수를 담은 후 황·백 지단을 띄운다.

TIP
❶ 달걀은 지단용과 완자용으로 구분하여 사용한다.
❷ 프라이팬에서 지져낸 완자의 기름기를 없애도록 한다.

생선찌개

시험시간
30분

요구사항

❑ 주어진 재료를 사용하여 다음과 같이 **생선찌개를** 만드시오.

가. 생선은 4~5cm 정도의 토막으로 자르시오.
나. 무, 두부는 2.5cm×3.5cm×0.8cm로 써시오.
다. 호박은 0.5cm 반달형, 고추는 통 어슷 썰기, 쑥갓과 파는 4cm로 써시오.
라. 고추장, 고춧가루를 사용하여 만드시오.
마. 각 재료는 익는 순서에 따라 조리하고, 생선살이 부서지지 않도록 하시오.
바. 생선머리를 포함하여 전량 제출하시오.

지급 재료

동태(300g 정도) 1마리, 무 60g, 애호박 30g,
두부 60g, 풋고추(길이 5cm 이상) 1개,
홍고추(생) 1개, 쑥갓 10g, 마늘(中, 깐 것) 2쪽,
생강 10g, 실파(2뿌리) 40g,
고추장 30g, 소금(정제염) 10g, 고춧가루 10g

만드는 법

1 생선 손질하여 토막 내기

2 무, 두부 썰기

3 애호박 썰기

4 고추, 실파, 쑥갓 썰기

5 고추장 풀고 무 넣어 끓이기

6 생선 넣고 끓이다가 채소 넣기

재료 준비하기

01 생선은 비늘을 긁고, 지느러미는 떼어내고 손질하여 4~5cm 토막으로 썰며, 내장도 먹는 부분은 골라낸다.

02 무, 두부는 2.5cm x 3.5cm x 0.8cm 크기로 썰고, 호박은 0.5cm 두께의 반달형으로 썬다.

03 실파와 쑥갓은 4cm 길이로 썰고, 고추는 통 어슷 썰기한 후 씨를 털어낸다.

04 마늘과 생강은 다진다.

조리하기

05 냄비에 물 3컵을 붓고 고추장을 푼 다음 무를 넣어 끓인다.

06 무가 반쯤 익으면 생선과 고춧가루를 넣고 끓어오르면 호박, 두부와 홍고추, 풋고추, 마늘, 생강을 넣고 간을 맞춘다.

07 거품을 걷어내고 생선 맛이 잘 우러나면 실파와 쑥갓을 넣고 불을 끈다.

담아내기

08 그릇에 생선살이 부서지지 않도록 담는다.

09 건더기가 국물에 잠길 정도로 건더기와 국물의 비율은 2 : 3 정도의 비율로 담는다.

TIP

❶ 찌개는 간을 맞추는 재료에 따라 고추장찌개, 된장찌개, 새우젓찌개 등으로 나눈다.

❷ 찌개는 건더기와 국물의 비율이 2 : 3으로 국물은 건더기가 잠길 정도로 담는다.

❸ 생선살이 부서지지 않도록 국물이 끓을 때 생선을 넣는다.

❹ 국물을 끓이는 중간중간에 떠오르는 거품을 숟가락으로 걷어낸다.

두부젓국찌개

시험시간
20분

요구사항

● 주어진 재료를 사용하여 다음과 같이 **두부젓국찌개**를 만드시오.

가. 두부는 2cm×3cm×1cm로 써시오.
나. 홍고추는 0.5cm×3cm, 실파는 3cm 길이로 써시오.
다. 간은 소금과 새우젓으로 하고, 국물을 맑게 만드시오.
라. 찌개의 국물은 200mL 이상 제출하시오.

지급 재료

두부 100g, 생굴(껍질 벗긴 것) 30g, 실파(1뿌리) 20g,
홍고추(생) 1/2개, 새우젓 10g, 마늘(中, 깐 것) 1쪽,
참기름 5mL, 소금(정제염) 5g

1 굴 손질하여 물기 빼기

2 두부 썰기

3 홍고추, 실파, 두부 준비하기

4 새우젓 다져 국물 거르기

5 두부 먼저 넣고 끓이기

6 굴, 새우젓 국물 넣고 끓이다 홍고추, 실파 넣기

재료 준비하기

01 굴은 연한 소금물에 흔들어 씻어 이물질을 골라내고 깨끗이 준비한다.

02 두부는 2cm×3cm×1cm 크기로 썬다.

03 실파는 3cm 길이로, 홍고추는 씨를 뺀 뒤 0.5cm×3cm로 썰고, 마늘은 곱게 다진다.

04 새우젓은 곱게 다져서 면포에 짠 후 국물만 사용한다.

조리하기

05 냄비에 물을 1½컵 정도 붓고 소금으로 심심하게 간을 하여 끓으면 두부를 넣고 끓인 후 굴, 다진 마늘, 홍고추를 넣은 후 새우젓 국물로 간을 맞춘다.

담아내기

06 마지막에 실파, 참기름을 넣고 그릇에 국물이 1컵(200mL) 정도 되도록 담는다.

TIP

❶ 너무 오래 끓이면 두부가 풀어져 국물이 탁해지기 쉽다.

❷ 굴이 동그랗게 부풀 정도에서 불을 끈다.

❸ 간은 새우젓과 소금으로 맞춘다.

❹ 새우젓은 곱게 다져 국물(즙)만 쓴다.

생선전

시험시간 25분

요구사항

❍ 주어진 재료를 사용하여 다음과 같이 **생선전**을 만드시오.

가. 생선전은 0.5cm×5cm×4cm로 만드시오.
나. 달걀은 흰자, 노른자를 혼합하여 사용하시오.
다. 생선전은 8개 제출하시오.

지급 재료

동태(400g 정도) 1마리, 밀가루(중력분) 30g,
달걀 1개, 소금(정제염) 10g,
흰 후춧가루 2g, 식용유 50mL

1 생선 3장 뜨기

2 껍질 벗기기

3 포 뜨기

4 밑간하기

5 밀가루, 달걀물 묻히기

6 노릇하게 지지기

재료 준비하기

01 생선은 지느러미, 머리, 내장을 제거하고 깨끗이 씻어 물기를 닦아낸 다음 세 장 뜨기 한다.

02 껍질 쪽을 밑으로 가도록 두고 꼬리 쪽에 칼을 넣어 생선살이 부서지지 않게 껍질을 벗긴다.

03 손질한 생선은 0.5cm×5cm×4cm 크기로 포를 뜨고 소금과 흰 후춧가루를 뿌려 밑간한다.

04 달걀에 소금을 약간 넣고 풀어 달걀물을 만든다.

전 부치기

05 생선포의 물기를 닦고 밀가루를 묻혀 여분의 가루는 털어내고 달걀물을 입힌다.

06 프라이팬에 식용유를 두르고 은근한 불에서 노릇노릇하게 지진다.

담아내기

07 지져낸 생선전은 기름기를 제거하여 8개를 그릇에 조화롭게 담는다.

TIP

❶ 밀가루가 두꺼우면 좋지 않으며 달걀물은 넉넉히 입히는 것이 좋다.

❷ 흰자의 양을 줄이고 노른자를 조금 넉넉히 사용하는 것이 색이 곱다.

❸ 자주 뒤적이지 말고 한쪽이 거의 익었을 때 뒤집는다.

육원전

시험시간
20분

 요구사항

○ 주어진 재료를 사용하여 다음과 같이 **육원전**을 만
  드시오.

가. 육원전은 지름 4cm, 두께 0.7cm 정도가 되도록 하시오.
나. 달걀은 흰자, 노른자를 혼합하여 사용하시오.
다. 육원전은 6개를 제출하시오.

 지급 재료

소고기(살코기) 70g, 두부 30g, 밀가루(중력분) 20g,
달걀 1개, 대파(흰 부분, 길이 4cm 정도) 1토막,
검은 후춧가루 2g, 참기름 5mL, 소금(정제염) 5g,
마늘(中, 깐 것) 1쪽, 식용유 30mL,
깨소금 5g, 흰 설탕 5g

 **만드는 법**

1 소고기 다지고 두부 으깨기

2 파, 마늘 다지기

3 완자 반죽하기

4 완자 빚기

5 밀가루, 달걀물 묻히기

6 완자 지지기

재료 준비하기

01 소고기는 핏물을 없앤 후 곱게 다지고, 두부는 물기를 짜서 칼등으로 곱게 으깬다.

02 파, 마늘은 다진다.

03 소고기와 두부를 합하여 소금, 다진 파, 다진 마늘, 설탕, 참기름, 깨소금, 후춧가루로 양념을 한 후 끈기 있게 치대어 완자반죽을 만든다.

04 달걀에 소금을 약간 넣고 풀어 달걀물을 만든다.

완자 빚어 팬에 지져내기

05 **03**의 완자반죽으로 지름 4cm, 두께 0.7cm로 둥글납작하게 완자를 빚는다.

06 완자에 밀가루를 묻힌 후 달걀물을 씌워 프라이팬에 식용유를 두르고 약한 불에서 노릇하게 지져낸다.

담아내기

07 완성한 육원전은 6개를 접시에 조화롭게 담아낸다.

❶ 전을 할 때는 밀가루를 골고루 얇게 묻히고, 달걀물은 넉넉히 묻히는 것이 좋다.
❷ 달걀물이 지저분하지 않게 정리하고, 번철은 깨끗한 것을 사용한다.
❸ 노른자를 조금 넉넉히 사용하면 전의 색깔이 곱다.
❹ '돈전'이라고도 한다.

표고전

시험시간
20분

 요구사항

❖ 주어진 재료를 사용하여 다음과 같이 **표고전**을 만드시오.

가. 표고버섯과 속은 각각 양념하여 사용하시오.
나. 표고전은 5개를 제출하시오.

지급 재료

건표고버섯(불린 것, 지름 2.5~4cm 정도) 5개,
소고기(살코기) 30g, 두부 15g, 밀가루(중력분) 20g,
달걀 1개, 대파(흰 부분, 길이 4cm 정도) 1토막,
검은 후춧가루 1g, 참기름 5mL, 소금(정제염) 5g,
깨소금 5g, 마늘(中, 깐 것) 1쪽, 식용유 20mL,
진간장 5mL, 흰 설탕 5g

 만드는 법

1 표고 손질하여 밑간하기

2 소고기 다지고 두부 으깨기

3 소 재료 섞어 치대기

4 표고에 소 채우기

5 밀가루, 달걀물 묻히기

6 곱게 지지기

재료 준비하기

01 불린 표고버섯은 기둥을 떼고 물기를 짜서 간장, 설탕, 참기름으로 밑간한다.

02 소고기는 핏물을 제거한 후 곱게 다지고, 두부는 물기를 꼭 짜서 으깬다.

03 파, 마늘은 곱게 다진다.

04 다진 소고기와 으깬 두부를 합하여 다진 파, 다진 마늘, 소금, 설탕, 깨소금, 참기름, 후춧가루를 넣고 섞어 잘 치대어 소를 만든다.

05 달걀에 소금을 약간 넣고 풀어 달걀물을 만든다.

조리하기

06 표고버섯 안쪽에 밀가루를 묻히고 **04**의 소를 편편하게 채운다.

07 소가 들어간 쪽에 밀가루와 달걀물을 묻힌다.

08 프라이팬에 식용유를 두르고 소가 들어간 쪽을 지져 속까지 익힌다.

담아내기

09 지져낸 표고전은 5개를 접시에 조화롭게 담아낸다.

❶ 마른 표고버섯은 따뜻한 물에 불려 물기를 꼭 짜서 기둥을 떼고 양념한다.

❷ 표고버섯의 색깔을 살리면서 고기소를 완전히 익혀야 한다.

풋고추전

요구사항

❍ 주어진 재료를 사용하여 다음과 같이 **풋고추전**을
만드시오.

가. 풋고추는 5cm 길이로, 소를 넣어 지져내시오.
나. 풋고추는 잘라 데쳐서 사용하며, 완성된 풋고추전은 8개
를 제출하시오.

지급 재료

풋고추(길이 11cm 이상) 2개, 소고기(살코기) 30g,
두부 15g, 밀가루(중력분) 15g, 달걀 1개,
대파(흰 부분, 길이 4cm 정도) 1토막,
검은 후춧가루 1g, 참기름 5mL, 소금(정제염) 5g,
깨소금 5g, 마늘(中, 깐 것) 1쪽,
식용유 20mL, 흰 설탕 5g

 **만드는 법**

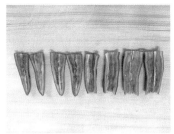

1 풋고추 손질하기

2 풋고추 데치기

3 소 만들기

4 풋고추에 소 채우기

5 밀가루, 달걀물 묻히기

6 곱게 지지기

재료 준비하기

01 풋고추 데칠 물을 냄비에 붓고 불에 올린다.

02 풋고추는 길이로 반을 갈라 씨를 발라내고 5cm 길이로 잘라 끓는 물에 소금을 약간 넣고 살짝 데쳐 찬물에 헹군 다음 물기를 닦는다.

03 파, 마늘은 다진다.

04 소고기는 핏물을 제거하여 곱게 다지고, 두부는 물기를 꼭 짜서 으깬 후 함께 섞어 소금, 다진 파, 다진 마늘, 설탕, 참기름, 깨소금, 후춧가루로 양념하여 치대어 소를 만든다.

05 달걀은 소금을 약간 넣고 풀어둔다.

소 채우고 지져내기

06 풋고추 안쪽에 밀가루를 뿌리고 고기소를 편편하게 채운다.

07 소를 넣은 쪽에 밀가루를 묻히고 달걀물을 묻힌다.

08 프라이팬에 식용유를 두르고 소를 넣은 쪽을 먼저 노릇하게 지져낸다.

담아내기

09 지져낸 풋고추전의 기름기를 제거하고 8개를 접시에 조화롭게 담는다.

❶ 풋고추는 반으로 갈라 씨를 털어내고 손질하여 안쪽에 밀가루를 묻힌다.

❷ 고기와 두부는 곱게 다져 끈기 있게 치대어 만드는 것이 모양이 좋다.

❸ 고추의 한쪽은 파랗게, 다른 한쪽은 노랗게 부쳐낸다.

섭산적

요구사항

○ 주어진 재료를 사용하여 다음과 같이 **섭산적**을 만 드시오.

가. 소고기와 두부의 비율을 3 : 1 정도로 하시오.

나. 다져서 양념한 소고기는 크게 반대기를 지어 석쇠에 구우시오.

다. 완성된 섭산적은 0.7cm×2cm×2cm로 9개 이상 제 출하시오.

지급 재료

소고기(살코기) 80g, 두부 30g,
대파(흰 부분, 길이 4cm 정도) 1토막, 마늘(中, 깐 것) 1쪽,
소금(정제염) 5g, 흰 설탕 10g, 깨소금 5g, 참기름 5mL,
검은 후춧가루 2g, 잣(깐 것) 10개, 식용유 30mL

만드는 법

1 소고기 다지고, 두부 으깨기

2 파, 마늘 다지기

3 재료 양념하여 섞어 치대기

4 반대기 만들어 잔 칼집 넣기

5 석쇠에 굽기

6 잣가루 만들기

재료 준비하기

01 소고기는 기름기와 핏물을 제거하여 곱게 다지고, 두부는 물기를 짠 후 칼 등으로 곱게 으깬다.

02 파, 마늘은 곱게 다진다.

03 소고기와 두부의 비율을 3 : 1 정도로 고루 섞은 후 소금, 다진 파, 다진 마늘, 설탕, 참기름, 깨소금, 후춧가루를 넣고 끈기 있게 치댄다.

산적 모양 만들어 굽기

04 03의 양념한 고기를 0.7cm 두께로 네모지게 반대기를 만들고 가로, 세로로 잔 칼집을 고르게 넣는다.

05 석쇠를 달구어 식용유를 바르고 고기가 타지 않게 굽는다.

고명 얹어 담아내기

06 잣은 고깔을 떼어내고 종이 위에 곱게 다져 잣가루를 만든다.

07 구운 섭산적이 식으면 2cm×2cm 크기로 썰어 9개 이상을 접시에 담고 잣가루를 뿌린다.

TIP

❶ 섭산적(攝散炙) : 산적의 일종으로 꼬치에 꿰지 않고 다져서 구운 음식이다. 간장에 다시 졸이는 것은 장산적 이라 한다.

❷ 섭산적을 구울 때 석쇠에 달라붙지 않도록 하고 색이 고르게 나도록 굽는다.

❸ 섭산적이 식은 후 가로, 세로 길이를 각각 2cm가 되도록 반듯하게 썬다.

화양적

요구사항

➔ 주어진 재료를 사용하여 다음과 같이 **화양적**을 만드시오.

가. 화양적은 0.6cm×6cm×6cm로 만드시오.

나. 달걀 노른자로 지단을 만들어 사용하시오(단, 달걀 흰자 지단을 사용하는 경우 오작 처리).

다. 화양적은 2꼬치를 만들고 잣가루를 고명으로 얹으시오.

지급 재료

소고기(살코기, 길이 7cm) 50g,
건표고버섯(지름 5cm 정도, 물에 불린 것) 1개,
당근(길이 7cm 정도, 곧은 것) 50g,
오이(가늘고 곧은 것, 길이 20cm 정도) 1/2개,
통도라지(껍질 있는 것, 길이 20cm 정도) 1개,
산적꼬치(길이 8~9cm 정도) 2개, 진간장 5mL,
대파(흰 부분, 길이 4cm 정도) 1토막, 마늘(中, 깐 것) 1쪽,
소금(정제염) 5g, 흰 설탕 5g, 깨소금 5g,
참기름 5mL, 검은 후춧가루 2g, 잣(깐 것) 10개,
A4 용지 1장, 달걀 2개, 식용유 30mL

 만드는 법

1 파, 마늘 다지기

2 당근, 도라지 썰어 데치기

3 소고기, 표고 손질하여 양념하기

4 황 지단 부치기

5 재료 볶기

6 재료 꿰기

재료 준비하기

01 파, 마늘은 다진다.

02 당근과 통도라지는 0.6cm×1cm×6cm로 썰어 끓는 물에 소금을 넣고 데친 후 냉수에 헹구어 건진다.

03 오이는 6cm 길이로 썰어 세 갈래로 잘라 씨를 뺀 후 0.6cm×1cm×6cm로 썰어 소금에 살짝 절인다.

04 소고기는 핏물을 제거하고 0.6cm×1cm×6cm 크기로 썰어 잔 칼집을 넣고 양념한다(소고기는 익으면서 크기가 줄어들므로 이를 고려하여 조금 크게 자른다).

05 표고버섯도 같은 크기로 썰어 양념한다.

06 달걀은 황·백으로 분리하여 노른자에 소금을 약간 넣고 풀어 체에 내린다.

재료 익히기

07 프라이팬에 식용유를 두르고 황 지단을 만들어 0.6cm×1cm×6cm 크기로 썬다.

08 프라이팬에 식용유를 두른 후 먼저 오이를 볶고 도라지와 당근, 표고버섯, 소고기를 볶는다.

꼬치에 꿰기

09 산적꼬치에 준비한 재료를 색 맞추어 끼우고 꼬치의 양끝이 1cm 남도록 자른다.

고명 얹어 담아내기

10 잣은 고깔을 떼어내고 종이 위에 곱게 다져 잣가루를 만든다.

11 완성된 화양적은 접시에 2꼬치를 담고 위에 잣가루를 고명으로 얹어낸다.

❶ 각 재료의 길이와 두께가 일정하도록 한다.

❷ 각 재료 고유의 색을 살려서 지진다.

지짐누름적

시험시간
35분

요구사항

❍ 주어진 재료를 사용하여 다음과 같이 **지짐누름적**을
만드시오.

가. 각 재료는 0.6cm×1cm×6cm로 하시오.

나. 누름적의 수량은 2개를 제출하고, 꼬치는 빼서 제출하
시오.

지급 재료

소고기(살코기, 길이 7cm) 50g,
건표고버섯(지름 5cm 정도, 물에 불린 것) 1개,
당근(길이 7cm 정도, 곧은 것) 50g, 쪽파(中) 2뿌리,
통도라지(껍질 있는 것, 길이 20cm 정도) 1개,
밀가루(중력분) 20g, 달걀 1개, 참기름 5mL,
산적꼬치(길이 8~9cm 정도) 2개, 식용유 30mL,
소금(정제염) 5g, 진간장 10mL, 흰 설탕 5g,
대파(흰 부분, 길이 4cm 정도) 1토막, 마늘(中, 깐 것) 1쪽,
검은 후춧가루 2g, 깨소금 5g

How to make 만드는 법

1 당근, 도라지 썰어 데치기

2 소고기, 표고 손질하여 양념하기

3 재료 볶기

4 재료 꿰기

5 밀가루, 달걀물 묻히기

6 팬에서 지지기

재료 준비하기

01 파, 마늘은 다진다.

02 당근과 통도라지는 0.6cm×1cm×6cm로 썰어 끓는 물에 소금을 넣고 살짝 데친 후 찬물에 헹구어 건진다.

03 쪽파는 6cm 길이로 썰어 소금, 참기름으로 무쳐 둔다.

04 소고기는 핏물을 제거하여 0.6cm×1cm×6cm로 썰어 잔 칼집을 넣어 갖은 양념을 한다(소고기는 익으면서 크기가 줄어들므로 이를 고려하여 조금 크게 자른다).

05 표고버섯은 0.6cm×1cm×6cm 크기로 썰어 양념한다.

재료 볶기

06 프라이팬에 식용유를 두르고 도라지와 당근을 볶으면서 소금으로 간을 하고 표고버섯과 소고기도 볶는다.

07 산적꼬치에 준비한 재료를 색 맞추어 끼워 밀가루를 묻히고 달걀물을 씌워 팬에 식용유를 두르고 지진다.

담아내기

08 지짐누름적이 식으면 꼬치를 돌려가며 빼내고 접시에 2개를 조화롭게 담아낸다.

 TIP

❶ 각 재료의 색깔을 살리도록 한다.

❷ 가장자리가 벌어지지 않도록 밀가루와 달걀물을 골고루 입혀 지져낸다.

❸ 접시에 담을 때는 꼬치를 빼서 담는다.

무생채

요구사항

◎ 주어진 재료를 사용하여 다음과 같이 **무생채**를 만
드시오.

가. 무는 0.2cm×0.2cm×6cm 정도 크기로 썰어 사용하
시오.
나. 생채는 고춧가루를 사용하시오.
다. 무생채는 70g 이상 제출하시오.

지급 재료

무(길이 7cm 정도) 100g, 소금(정제염) 5g,
고춧가루 10g, 흰 설탕 10g, 식초 5mL,
대파(흰 부분, 길이 4cm 정도) 1토막,
마늘(中, 깐 것) 1쪽, 깨소금 5g, 생강 5g

1 무 채 썰기

2 무 채 썰기

3 파, 마늘, 생강 다지기

4 고춧가루 체에 내리기

5 무채에 고춧가루 물들이기

6 양념 넣고 버무리기

재료 준비하기

양념하기

담아내기

01 무는 0.2cm×0.2cm×6cm 크기로 결을 살려 채 썬다.

02 파, 마늘, 생강은 곱게 다진다.

03 채 썬 무에 고춧가루를 체에 내려 넣고 무쳐 빨갛게 색을 낸 다음 다진 파, 다진 마늘, 다진 생강(생강즙), 소금, 식초, 설탕, 깨소금을 넣고 고루 무친다.

04 완성된 무생채는 70g 이상을 접시에 조화롭게 담아낸다.

TIP

❶ 무채는 곱게 써는 것이 중요하다.

❷ 무에 먼저 고춧가루 양념을 하여 무치면 색이 곱게 된다.

❸ 소금간을 한 후 고춧가루를 넣으면 삼투압의 원리에 의해 물이 잘 들지 않는다.

❹ 무쳐 놓은 생채가 싱싱하도록 담기 직전에 양념하여 살살 무쳐낸다.

도라지생채

시험시간
15분

요구사항

○ 주어진 재료를 사용하여 다음과 같이 도라지생채를
만드시오.

가. 도라지는 0.3cm×0.3cm×6cm로 써시오.
나. 생채는 고추장과 고춧가루 양념으로 무쳐 제출하시오.

지급 재료

통도라지(껍질 있는 것) 3개,
소금(정제염) 5g, 고추장 20g, 흰 설탕 10g,
식초 15mL, 대파(흰 부분, 길이 4cm 정도) 1토막,
마늘(中, 깐 것) 1쪽, 깨소금 5g, 고춧가루 10g

만드는 법

1 통도라지 껍질 손질하기

2 도라지 채 썰기

3 소금물에 주물러 씻어 쓴맛 제거한 후 물기 빼기

4 파, 마늘 다지기

5 양념장 만들기

6 양념장 넣고 버무리기

재료 준비하기

01 통도라지는 껍질을 돌려가며 벗기고 0.3cm×0.3cm×6cm 크기로 썰어 소금물에 주물러 씻어 쓴맛을 없애고 물에 헹구어 물기를 꼭 짠다.

02 파, 마늘은 곱게 다진다.

양념 만들어 생채 무치기

03 고추장에 고춧가루, 다진 파, 다진 마늘, 설탕, 식초, 깨소금을 넣어 양념장을 만든다.

04 물기를 짠 도라지에 양념을 조금씩 넣어가며 고루 무친다.

담아내기

05 완성된 도라지생채는 그릇에 조화롭게 담아낸다.

TIP

❶ 도라지는 일정한 크기로 채 썰어 소금으로 주물러 맑은 물에 헹구어 쓴맛을 뺀다.
❷ 물이 생기지 않도록 제출하기 직전에 무친다.

CHAPTER
07 한식 생채 · 회 조리

더덕생채

 요구사항

❍ 주어진 재료를 사용하여 다음과 같이 **더덕생채**를 만드시오.

가. 더덕은 5cm로 썰어 두드려 편 후 찢어서 쓴맛을 제거하여 사용하시오.

나. 고춧가루로 양념하고, 전량 제출하시오.

 지급 재료

통더덕(껍질 있는 것, 길이 10∼15cm 정도) 2개,
마늘(中, 깐 것) 1쪽, 흰 설탕 5g,
식초 5mL, 대파(흰 부분, 길이 4cm 정도) 1토막,
소금(정제염) 5g, 깨소금 5g, 고춧가루 20g

 만드는 법

1 더덕 손질하기

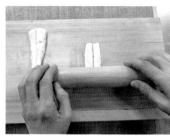

2 더덕 편편하게 펴기

3 더덕 가늘게 찢기

4 소금물에 담가 쓴맛 제거하기

5 고춧가루로 색 내기

6 양념하여 버무리기

재료 준비하기

01 더덕은 돌려가면서 껍질을 벗기고 5cm 길이로 자른 후 반으로 갈라 방망이로 밀거나 자근자근 두드려 편편하게 편다.

02 더덕을 가늘게 찢어 소금물에 담가 쓴맛을 우려내고 물기를 제거한다.

03 파, 마늘은 곱게 다진다.

양념 만들어 생채 무치기

04 더덕은 고춧가루로 먼저 색을 내고, 다진 파, 다진 마늘, 설탕, 식초, 깨소금을 넣고 섞어 양념을 만든다.

05 고춧가루로 색을 낸 더덕에 양념을 조금씩 넣어가며 버무린다.

담아내기

06 완성된 더덕생채는 그릇에 조화롭게 담아낸다.

❶ 더덕은 껍질을 벗기고 반으로 갈라 방망이로 두드려 편다. 이때 부서지지 않도록 주의한다.
❷ 더덕을 가늘고 길게 찢어 소금물에 담가 쓴맛을 뺀다.
❸ 양념이 고루 잘 배고 질퍽하지 않게 버무려 무쳐 소복하게 부풀려 담아낸다.

겨자채

시험시간
35분

요구사항

◆ 주어진 재료를 사용하여 다음과 같이 **겨자채**를 만드시오.

가. 채소, 편육, 황·백 지단, 배는 0.3cm×1cm×4cm로 써시오.
나. 밤은 모양대로 납작하게 써시오.
다. 겨자는 발효시켜 매운맛이 나도록 하여 간을 맞춘 후 재료를 무쳐서 담고, 잣은 고명으로 올리시오.

지급 재료

양배추(길이 5cm) 50g,
오이(가늘고 곧은 것, 길이 20cm) 1/3개,
당근(길이 7cm, 곧은 것) 50g,
소고기(살코기, 길이 5cm) 50g,
밤(中, 생것, 껍질 깐 것) 2개, 달걀 1개,
배(中, 길이로 등분 1/8개) 50g, 흰 설탕 20g,
잣(깐 것) 5개, 소금(정제염) 5g, 식초 10mL,
진간장 5mL, 겨자가루 6g, 식용유 10mL

1 겨자 개기

2 소고기 편육 삶기

3 겨자 발효시키기

4 재료 썰기

5 황·백 지단 부쳐 썰기

6 재료에 겨자집 넣고 버무리기

재료 준비하기

01 겨자가루에 따뜻한 물 1작은술을 넣어 잘 개어둔다.

02 냄비에 물을 붓고 물이 끓으면 소고기를 덩어리째 넣고 편육을 만든다. 이 때 냄비의 뚜껑 위에 개어둔 겨자를 엎어 올려서 발효시킨다.

03 양배추, 오이, 당근, 편육, 배는 0.3cm×1cm×4cm 크기로 썰고, 배는 설탕 물에 담그고, 채소는 찬물에 담근다.

04 밤은 생긴 모양대로 납작하게 썬다.

05 달걀은 황·백 지단을 부쳐 채소와 같은 크기(0.3cm×1cm×4cm)로 썬다.

06 잣은 고깔을 뗀다.

겨자집 만들어 버무리기

07 발효시킨 겨자에 소금, 간장, 설탕을 넣고 잘 섞은 후 식초와 물을 넣고 겨 자집을 만든다.

08 준비된 재료들의 물기를 제거하고 겨자집을 넣어 가면서 고루 버무린다.

담아내기

09 잘 버무린 겨자채를 그릇에 조화롭게 담고 잣을 고명으로 얹는다.

 TIP

❶ 채소는 싱싱하고 아삭한 맛을 얻을 수 있도록 일정한 크기로 썰어 물에 담가둔다.

❷ 겨자는 발효시켜 사용하는 것이 좋으므로, 겨자를 따뜻한 물로 되게 개서 더운 곳에 엎어둔다.

❸ 겨자집 : 겨자(발효한 것) 1큰술, 식초 1큰술, 설탕 2작은술, 소금 1/3작은술, 물 1작은술

육회

 시험시간 20분

요구사항

❖ 주어진 재료를 사용하여 다음과 같이 **육회**를 만드시오.

가. 소고기는 0.3cm×0.3cm×6cm로 썰어 소금 양념으로 하시오.
나. 마늘은 편으로 썰어 장식하고 잣가루를 고명으로 얹으시오.
다. 소고기는 손질하여 전량 사용하시오.

지급 재료

소고기(살코기) 90g, 배(中) 1/4개(100g 정도),
잣(깐 것) 5개, 소금(정제염) 5g, 마늘(中, 깐 것) 3쪽,
대파(흰 부분, 4cm 정도) 2토막, 검은 후춧가루 2g,
참기름 10mL, 흰 설탕 30g, 깨소금 5g

 만드는 법

1 소고기 손질하여 채 썰기

2 마늘 편 썰기

3 배 채 썰어 설탕물에 담그기

4 잣 고깔 떼고 다지기

5 소고기 양념하기

6 배 돌려 담기

재료 준비하기

01 소고기는 핏물을 없앤 후 0.3cm×0.3cm×6cm로 채 썬다.

02 마늘 일부는 얇게 편으로 썰고, 나머지 마늘과 파는 다진다.

03 배는 껍질을 벗기고 채 썰어 설탕물에 담근다.

04 잣은 고깔을 떼고 다진다.

**양념장 만들어
소고기 무치기**

05 소금, 다진 파, 다진 마늘, 설탕, 참기름, 깨소금, 후춧가루를 넣어 양념장을 만들어 채 썬 소고기를 무친다. 보통 고기 양념보다 참기름과 마늘을 많이 쓴다.

담아내기

06 **03**의 배를 건져 물기를 제거하고 그릇의 가장자리에 돌려 담는다.

07 가운데 육회를 소복하게 담고 편으로 썬 마늘을 고기에 기대어 돌려 담는다.

08 잣가루를 고명으로 올린다.

❶ 소고기는 핏물을 완전히 없애고 깨끗이 손질하여 결 반대 방향으로 부드럽게 썬다.

❷ 배는 채 썰어 두면 갈변되므로 설탕물 또는 소금물에 담갔다가 건져 물기를 뺀 후 사용한다.

❸ 육회는 날것으로 먹는 음식이므로 위생에 특히 주의해야 한다.

❹ 소고기의 핏물이 배에 배지 않도록 접시에 배를 먼저 담고 내기 직전에 고기를 얹는다.

미나리강회

시험시간
35분

요구사항

○ 주어진 재료를 사용하여 다음과 같이 **미나리강회**를 만드시오.

가. 강회의 폭은 1.5cm, 길이는 5cm 정도로 하시오.
나. 붉은 고추의 폭은 0.5cm, 길이는 4cm 정도로 하시오.
다. 강회는 8개 만들어 초고추장과 함께 제출하시오.

지급 재료

소고기(살코기, 길이 7cm) 80g,
미나리(줄기 부분) 30g, 홍고추(생) 1개, 달걀 2개,
고추장 15g, 식초 5mL, 흰 설탕 5g,
소금(정제염) 5g, 식용유 10mL

 **만드는 법**

1 미나리 손질하여 데치기

2 소고기 편육 삶기

3 편육 썰기

4 황·백 지단 부쳐 썰기

5 미나리로 감아 묶기

6 초고추장 만들기

재료 준비하기

01 미나리는 뿌리와 잎을 다듬어 줄기 부분만 끓는 물에 소금을 넣고 살짝 데 친 후 바로 찬물에 헹구어 물기를 짠다.

02 소고기는 끓는 물에 삶아 편육을 만들어 결대로 1.5cm×5cm×0.3cm 크기 로 썬다.

03 달걀은 황·백으로 나누어 두껍게 지단을 부쳐 편육과 같은 크기로 썬다.

04 홍고추는 반으로 갈라 씨를 제거하고 4cm×0.5cm 크기로 썬다.

미나리강회 만들기

05 편육 → 백지단 → 황지단 → 홍고추의 순서로 가지런히 포개어 잡고 미나 리로 길이의 1/3 정도를 말아 미나리의 끝부분은 편육 아래쪽에 끼워 넣어 마무리한다.

초고추장 만들기

06 고추장에 식초, 설탕을 넣어 초고추장을 만든다.

담아내기

07 미나리강회 8개를 그릇에 조화롭게 담고 초고추장을 곁들여 낸다.

 TIP

❶ 육류, 어패류, 채소 등을 초간장, 초고추장에 찍어 먹는 음식으로 날것을 회(膾), 익힌 것을 숙회(熟鱠)라 한다.
❷ 각 재료의 크기를 일정하게 썰어 모양이 같도록 한다.
❸ 미나리는 한 가닥만 들고 편육, 황·백 지단, 붉은 고추를 가지런히 잡고 감아 보기 좋게 마무리한다.
❹ 초고추장 : 고추장 1큰술, 식초 1큰술, 설탕 1/2큰술, 물 적량

너비아니구이

시험시간 25분

요구사항

❍ 주어진 재료를 사용하여 다음과 같이 **너비아니구이**를 만드시오.

가. 완성된 너비아니는 0.5cm×4cm×5cm로 하시오.
나. 석쇠를 사용하여 굽고, 6쪽 제출하시오.
다. 잣가루를 고명으로 얹으시오.

지급 재료

소고기(안심 또는 등심, 덩어리) 100g, 진간장 50mL,
대파(흰 부분, 길이 4cm 정도) 1토막,
마늘(中, 깐 것) 2쪽, 검은 후춧가루 2g, 흰 설탕 10g,
깨소금 5g, 참기름 10mL, 배 1/8개(50g),
식용유 10mL, 잣(깐 것) 5개, A4 용지 1장

 **만드는 법**

1 소고기 썰어 칼등으로 두드리기

2 배 강판에 갈아 배즙 만들기

3 파, 마늘 다지기

4 양념장 만들기

5 양념장에 소고기 재우기

6 석쇠에 굽기

재료 준비하기

01 소고기(안심 또는 등심)는 기름기와 핏물을 제거하고 0.5cm×4cm×5cm 크기로 잘라서 칼등으로 자근자근 두드려 부드럽게 한다.
(소고기는 익으면서 크기가 줄어들므로 이를 고려하여 조금 크게 자른다.)

02 배는 껍질을 벗기고 강판에 갈아 배즙을 준비하여 일부는 소고기에 버무려 재워둔다.

03 파, 마늘은 곱게 다진다.

04 잣은 고깔을 떼고 다져 잣가루를 만든다.

양념장 만들어 고기 재우기

05 진간장에 배즙, 설탕, 다진 파, 다진 마늘, 깨소금, 참기름, 후춧가루를 넣어 양념장을 만든다.

06 양념장에 소고기를 한 장씩 담가서 양념장이 고루 배도록 재운다.

고기 굽기

07 석쇠를 달군 후 식용유를 발라 고기를 가지런히 놓고 타지 않게 앞뒤로 굽는다.

담아내기

08 잘 구워진 너비아니 6쪽을 그릇에 조화롭게 담는다.

09 잣가루를 고명으로 얹는다.

❶ 고기는 반드시 결 반대 방향으로 얇게 썰어야 한다.
❷ 얇게 저민 고기가 부서지지 않도록 주의해야 한다.
❸ 소고기는 핏물을 완전히 빼고 양념해서 구워야 색이 검어지지 않는다.

제육구이

시험시간
30분

요구사항

❍ 주어진 재료를 사용하여 다음과 같이 **제육구이**를 만드시오.

가. 완성된 제육은 0.4cm×4cm×5cm 정도로 하시오.
나. 고추장 양념하여 석쇠에 구우시오.
다. 제육구이는 전량 제출하시오.

지급 재료

돼지고기(등심 또는 볼깃살) 150g,
고추장 40g, 진간장 10mL,
대파(흰 부분, 길이 4cm 정도) 1토막,
마늘(中, 깐 것) 2쪽, 검은 후춧가루 2g, 흰 설탕 15g,
깨소금 5g, 참기름 5mL, 생강 10g, 식용유 10mL

How to make 만드는 법

1 돼지고기 썰어 칼등으로 두드리기

2 파, 마늘, 생강 다지기

3 고추장 양념 만들기

4 돼지고기에 양념장 바르기

5 양념장 골고루 발라 재우기

6 석쇠에 굽기

재료 준비하기

01 돼지고기는 기름기와 핏물을 제거한 후 0.4cm×4cm×5cm 크기로 썰고 잔 칼집을 넣어 오그라들지 않게 한다.
(돼지고기는 익으면서 크기가 줄어들므로 이를 고려하여 조금 크게 자른다)

02 파, 마늘, 생강은 곱게 다진다.

양념장 만들어 고기 재우기

03 고추장에 간장, 다진 파, 다진 마늘, 생강(즙), 설탕, 깨소금, 참기름, 후춧가루를 넣어 양념장을 만든다.

04 손질한 돼지고기에 양념장을 골고루 무쳐 간이 배도록 한다.

굽기

05 석쇠를 달군 후 식용유를 발라 양념한 돼지고기를 타지 않게 앞뒤로 굽는다.

06 완성된 제육구이를 그릇에 조화롭게 담는다.

담아내기

❶ 구울 때 오그라들지 않도록 손질을 잘한다.
❷ 고기는 결 반대 방향으로 썬다.
❸ 너무 센 불에서 구우면 속은 익지 않고 겉만 타므로 불 조절을 잘하여야 한다.
❹ 석쇠를 달군 후 고기를 구워야 눌어붙지 않는다.

북어구이

요구사항

◯ 주어진 재료를 사용하여 다음과 같이 **북어구이**를 만드시오.

가. 구워진 북어의 길이는 5cm로 하시오.
나. 유장으로 초벌구이 하고, 고추장 양념으로 석쇠에 구우시오.
다. 완성품은 3개를 제출하시오(단, 세로로 잘라 3/6토막 제출할 경우 수량 부족으로 미완성 처리).

지급 재료

북어포(껍질이 있는 것) 1마리(40g),
진간장 20mL, 대파(흰 부분, 길이 4cm 정도) 1토막,
마늘(中, 깐 것) 2쪽, 고추장 40g, 흰 설탕 10g,
깨소금 5g, 참기름 15mL, 검은 후춧가루 2g,
식용유 10mL

1 북어포를 물에 불려 손질하기

2 북어를 5cm 길이로 3토막 썰기

3 유장 만들어 북어포 재우기

4 고추장 양념장 만들기

5 초벌구이하기

6 양념장 발라 석쇠에 굽기

재료 준비하기

01 북어포는 물에 잠깐 불려 물기를 눌러 짠 후 머리, 지느러미와 꼬리를 잘라
내고 뼈를 발라 낸 후 5cm 길이로 잘라 껍질 쪽에 잔 칼집을 넣는다.
(익으면서 크기가 줄어들므로 이를 고려하여 조금 크게 자른다)

02 손질한 북어포는 유장에 재운다.

03 파, 마늘은 곱게 다진다.

양념장 만들기

04 고추장, 간장, 다진 파, 다진 마늘, 깨소금, 설탕, 참기름, 후춧가루를 넣어 양
념장을 만든다.

굽기

05 석쇠를 달구어 식용유를 발라 유장처리 한 북어포를 살짝 초벌구이 한다.

06 석쇠를 달구어 식용유를 바르고 초벌구이 한 북어포를 고추장 양념을 발라
타지 않게 굽는다.

담아내기

07 완성된 북어구이 3개를 접시에 조화롭게 담는다.

❶ 북어포를 너무 오래 물에 불리면 부서지기 쉬우므로 주의한다.

❷ 북어포가 오그라들지 않도록 껍질에 가로, 세로로 칼집을 넣는다.

❸ 고추장 양념장을 두어 번 발라서 윤기나게 굽는다.

❹ 유장 : 참기름 1/2큰술, 간장 1/2작은술

더덕구이

시험시간
30분

🍳 요구사항

◆ 주어진 재료를 사용하여 다음과 같이 더덕구이를
만드시오.

가. 더덕은 껍질을 벗겨 사용하시오.
나. 유장으로 초벌구이 하고, 고추장 양념으로 석쇠에 구
우시오.
다. 완성품은 전량 제출하시오.

🧂 지급 재료

통더덕(껍질 있는 것, 길이 10∼15cm 정도) 3개,
진간장 10mL, 대파(흰 부분, 길이 4cm 정도) 1토막,
마늘(中, 깐 것) 1쪽, 고추장 30g, 흰 설탕 5g,
깨소금 5g, 참기름 10mL, 소금(정제염) 10g,
식용유 10mL

1 통더덕 껍질 벗기기

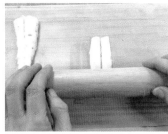
2 더덕을 펴서 쓴맛 제거하기

3 파, 마늘 다지기

4 유장을 만들어 더덕 유장처리 하기

5 초벌구이 하기

6 양념장 발라 석쇠에 굽기

재료 준비하기

01 더덕은 깨끗이 씻어 껍질을 돌려가면서 벗긴 후 반으로 잘라 방망이로 밀거나 자근자근 두들겨 편편하게 편다.

02 손질한 더덕은 소금물에 담가 쓴맛을 없앤다.

03 파, 마늘은 곱게 다진다.

04 고추장에 다진 파, 다진 마늘, 간장, 설탕, 참기름, 깨소금을 넣고 섞어 양념장을 만든다.

유장처리 하기

05 더덕의 물기를 제거하고 유장에 재운다.

초벌구이 하기

06 석쇠를 달구어 식용유를 바르고 유장처리 한 더덕을 초벌구이 한다.

굽기

07 석쇠를 정리하여 식용유를 바르고 초벌구이 한 더덕에 고추장 양념장을 고루 바르고 타지 않게 굽는다.

담아내기

08 완성한 더덕구이 전량을 그릇에 조화롭게 담아낸다.

TIP
❶ 더덕은 손질 시 부서지지 않도록 주의한다.
❷ 유장을 발라 애벌구이 한 후 고추장 양념을 두어 번 발라 윤기나고 타지 않게 굽는다.
❸ 유장 : 참기름 1/2큰술, 간장 1/2작은술

생선양념구이

시험시간
30분

🧑‍🍳 요구사항

❍ 주어진 재료를 사용하여 다음과 같이 **생선양념구이**
를 만드시오.

가. 생선은 머리와 꼬리를 포함하여 통째로 사용하고 내장
은 아가미 쪽으로 제거하시오.
나. 유장으로 초벌구이 하고, 고추장 양념으로 석쇠에 구
우시오.
다. 생선구이는 머리 왼쪽, 배 앞쪽 방향으로 담아내시오.

📋 지급 재료

조기(100g~120g 정도) 1마리, 진간장 20mL,
대파(흰 부분, 길이 4cm 정도) 1토막,
마늘(中, 깐 것) 1쪽, 고추장 40mL, 흰 설탕 5g,
깨소금 5g, 참기름 5mL, 소금(정제염) 20g,
검은 후춧가루 2g, 식용유 10mL

만드는 법

1 생선 내장 제거하기

2 생선에 칼집 넣기

3 양념장 만들기

4 유장 만들어 유장처리 하기

5 초벌구이 하기

6 양념장 발라 석쇠에 굽기

재료 준비하기

01 생선은 비늘을 긁고 지느러미를 제거한 후 배를 가르지 말고 아가미 쪽으로 내장을 빼내어 씻는다.

02 생선의 등 쪽에 칼집 3번을 넣은 후 소금을 약간 뿌린다.

03 파, 마늘은 곱게 다진다.

04 고추장에 다진 파, 다진 마늘, 간장, 설탕, 참기름, 깨소금, 후춧가루를 넣고 섞어 양념장을 만든다.

**유장처리 하여
초벌구이 하기**

05 유장을 만들어 생선의 물기를 닦고 고루 발라 재운다.

06 석쇠를 달구어 식용유를 바르고 유장처리 한 생선을 초벌구이 한다.

굽기

07 석쇠를 정리하여 식용유를 바르고 초벌구이 한 생선에 고추장 양념장을 고루 바르고 타지 않게 굽는다.

담아내기

08 생선의 머리는 왼쪽, 배는 앞쪽 방향으로 가도록 하여 그릇에 조화롭게 담는다.

TIP
❶ 생선의 내장은 배를 가르지 말고, 아가미 쪽으로 빼내어 생선의 원형을 그대로 유지하도록 한다.
❷ 고추장 양념장을 두어 번 바르면서 구워야 윤기가 있고 촉촉하다.

두부조림

시험시간
25분

요구사항

❍ 주어진 재료를 사용하여 다음과 같이 두부조림을
만드시오.

가. 두부는 0.8cm×3cm×4.5cm로 써시오.

나. 8쪽을 제출하고, 촉촉하게 보이도록 국물을 약간 끼얹
어 내시오.

다. 실고추와 파채를 고명으로 얹으시오.

지급 재료

두부 200g, 대파(흰 부분, 길이 4cm 정도) 1토막,
실고추(길이 10cm, 1~2줄기) 1g,
검은 후춧가루 1g, 참기름 5mL,
소금(정제염) 5g, 마늘(中, 깐 것) 1쪽,
식용유 30mL, 진간장 15mL, 깨소금 5g, 흰 설탕 5g

1 두부 썰기

2 두부에 소금 뿌려 두기

3 파, 마늘, 실고추 준비하기

4 양념장 만들기

5 두부 지지기

6 두부에 양념장 끼얹어 가며 조리기

재료 준비하기

01 두부는 0.8cm×3cm×4.5cm 크기로 네모지게 썰어 소금을 뿌린다.

02 파의 반은 3cm 정도의 크기로 채 썰고, 나머지 파와 마늘은 곱게 다진다.

03 실고추는 3cm 정도의 길이로 자른다.

양념장 만들기

04 간장에 설탕, 다진 파, 다진 마늘, 깨소금, 참기름, 후춧가루, 물 1/2컵을 섞어 양념장을 만든다.

조림 만들기

05 프라이팬에 식용유를 두르고 뜨거워지면 두부의 물기를 제거하고 앞뒤로 노릇하게 지진다.

06 냄비에 지진 두부를 넣고 양념장을 골고루 끼얹은 후 간이 들게 조리다가 채 썬 파와 실고추를 고명으로 얹는다.

담아내기

07 그릇에 두부 8쪽을 조화롭게 담고 촉촉하게 국물을 끼얹는다.

❶ 두부를 프라이팬에서 노릇하게 잘 지져야 양념장을 넣고 조렸을 때 색깔이 곱다.

❷ 두부가 어느 정도 조려졌을 때 채 썬 파와 실고추를 고명으로 올려 잠깐 뜸 들여 낸다.

홍합초

시험시간 20분

요구사항

❍ 주어진 재료를 사용하여 다음과 같이 **홍합초**를 만
드시오.

가. 마늘과 생강은 편으로, 파는 2cm로 써시오.
나. 홍합은 전량 사용하고, 촉촉하게 보이도록 국물을 끼
얹어 제출하시오.
다. 잣가루를 고명으로 얹으시오.

지급 재료

생홍합(껍질 벗긴 것) 100g,
대파(흰 부분, 길이 4cm 정도) 1토막, 검은 후춧가루 2g,
참기름 5mL, 마늘(中, 깐 것) 2쪽,
진간장 40mL, 생강 15g, 흰 설탕 10g,
잣(깐 것) 5개, A4 용지 1장

만드는 법

1 홍합 손질하여 데치기

2 마늘, 생강, 파 썰기

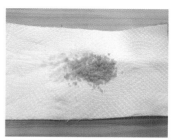

3 잣 고깔 떼고 다지기

4 양념장 만들기

5 양념장 끓이다가 홍합 넣기

6 나머지 재료 넣고 조리기

재료 준비하기

01 생홍합은 수염(잔털)을 제거한 후 깨끗하게 씻어 끓는 물에 데친다.

02 마늘과 생강은 편으로 썰고, 파의 흰 부분은 2cm 토막으로 썬다.

03 잣은 고깔을 떼고 다져 잣가루를 만든다.

조림 만들기

04 냄비에 간장, 설탕, 물을 넣고 끓이면서 데친 홍합과 마늘편, 생강편, 대파를 넣고 중불에서 서서히 조린다.

05 국물이 거의 졸아들면 후춧가루와 참기름을 넣는다.

담아내기

06 완성된 홍합초를 그릇에 담고 조린 국물을 약간 끼얹어 윤기나게 한다.

07 잣가루를 고명으로 얹는다.

TIP

❶ 홍합은 소금을 약간 넣어 깨끗이 씻어 데쳐낸다.
❷ 중간 불에서 은근히 윤기나게 조린다.

오징어볶음

시험시간
30분

요구사항

● 주어진 재료를 사용하여 다음과 같이 **오징어볶음**을
만드시오.

가. 오징어는 0.3cm 폭으로 어슷하게 칼집을 넣고, 크기
는 4cm×1.5cm 정도로 써시오(단, 오징어 다리는
4cm 길이로 자른다).
나. 고추, 파는 어슷 썰기, 양파는 폭 1cm로 써시오.

지급 재료

물오징어(250g 정도) 1마리, 소금(정제염) 5g,
진간장 10mL, 흰 설탕 20g, 참기름 10mL, 깨소금 5g,
풋고추(길이 5cm 이상) 1개, 홍고추(생) 1개,
양파(中, 150g 정도) 1/3개, 마늘(中, 간 것) 2쪽,
대파(흰 부분, 길이 4cm 정도) 1토막, 생강 5g,
고춧가루 15g, 고추장 50g, 검은 후춧가루 2g,
식용유 30mL

만드는 법

1 오징어 껍질 벗기고 칼집 넣기

2 오징어 썰기

3 양파, 풋고추, 홍고추, 대파 어슷 썰기

4 양념장 만들기

5 양파 볶다가 오징어 넣고 볶기

6 양념장과 채소 넣고 볶기

재료 준비하기

01 오징어는 먹물이 터지지 않게 깨끗이 손질하여 껍질을 벗긴다.

02 몸통의 안쪽에 0.3cm 폭으로 가로, 세로로 어슷하게 칼집을 넣어 4cm×1.5cm 크기로 자르고, 다리는 4cm 길이로 자른다.

03 양파는 1cm 굵기로 썰고, 풋고추와 홍고추는 어슷 썰어 씨를 털어내며, 대파도 어슷 썬다.

04 마늘과 생강은 곱게 다진다.

양념장 만들기

05 고추장에 고춧가루, 간장, 다진 마늘, 다진 생강, 설탕, 후춧가루, 깨소금, 참기름을 넣어 양념장을 만든다.

볶기

06 프라이팬에 식용유를 두르고 양파를 볶다가 오징어를 넣고 볶으면서 양념장을 넣고 홍고추, 풋고추, 대파를 넣어 양념이 고루 배도록 볶는다.

07 마지막에 참기름을 약간 넣어 맛을 낸다.

담아내기

08 그릇에 오징어의 칼집이 보이도록 하여 양파, 홍고추, 풋고추, 대파가 조화롭게 보이도록 담는다.

TIP
❶ 오징어 손질 시 먹물이 터지지 않도록 주의한다.
❷ 오징어는 가로, 세로로 어슷하게 솔방울 모양으로 칼집을 넣어 손질한다.
❸ 채소를 먼저 볶은 후 오징어를 넣고 볶으면서 마지막에 양념장을 넣고 살짝 볶는다.

잡채

시험시간
35분

요구사항

◆ 주어진 재료를 사용하여 다음과 같이 **잡채**를 만드시오.

가. 소고기, 양파, 오이, 당근, 도라지, 표고버섯은 0.3cm×0.3cm×6cm 정도로 썰어 사용하시오.
나. 숙주는 데치고 목이버섯은 찢어서 사용하시오.
다. 당면은 삶아서 유장처리 하여 볶으시오.
라. 황·백 지단은 0.2cm×0.2cm×4cm로 썰어 고명으로 얹으시오.

지급 재료

당면 20g, 소고기(살코기, 길이 7cm) 30g,
건표고버섯(불린 것, 지름 5cm 정도) 1개,
건목이버섯(불린 것, 지름 5cm 정도) 2개,
양파(中, 150g 정도) 1/3개, 오이(가늘고 곧은 것, 길이 20cm 정도) 1/3개, 당근(곧은 것, 7cm) 50g,
통도라지(껍질 있는 것, 길이 20cm 정도) 1개,
숙주(생것) 20g, 흰 설탕 10g, 마늘(中, 깐 것) 2쪽,
대파(흰 부분, 길이 4cm 정도) 1토막, 진간장 20mL,
식용유 50mL, 깨소금 5g, 검은 후춧가루 1g,
참기름 5mL, 소금(정제염) 15g, 달걀 1개

How to make 만드는 법

1 당면 불려두고, 재료 썰기

2 당면 데쳐 물기 제거하기

3 재료 볶아내기

4 당면 볶기

5 볶은 재료와 당면 버무리기

6 고명 얹기

재료 준비하기

01 당면은 물에 불린다.

02 파와 마늘은 곱게 다지고, 숙주는 머리와 꼬리를 뗀다.

03 오이는 돌려 깎기 하여 0.3cm×0.3cm×6cm 정도로 채 썰어 소금에 절였다가 물기를 꼭 짠다.

04 당근, 양파는 채 썬다.

05 도라지는 0.3cm×0.3cm×6cm 길이로 썰어 소금으로 주물러 씻는다.

06 소고기는 같은 크기로 썰어 갖은 양념을 한다.

07 표고버섯은 채 썰고 불린 목이버섯은 손으로 찢은 후 간장, 설탕, 참기름으로 양념한다.

조리하기

08 숙주는 끓는 물에 데친 후 찬물에 헹구어 소금, 참기름으로 양념한다.

09 물에 불린 당면은 끓는 물에 삶아 찬물에 헹구어 건져 간장, 참기름으로 유장처리 한다.

10 달걀은 황·백 지단을 부쳐 0.2cm×0.2cm×4cm로 채 썬다.

11 프라이팬에 식용유를 두르고 도라지 → 양파 → 오이 → 당근 → 표고버섯 → 목이버섯 → 소고기 → 당면 순서로 각각 간을 하면서 볶는다.

담아내기

12 황·백 지단을 제외한 모든 재료를 합하여 색을 보면서 간장, 설탕, 참기름을 넣고 골고루 버무려 그릇에 조화롭게 담는다.

13 황·백 지단을 고명으로 얹어 완성한다.

TIP
❶ 채소의 길이와 굵기가 같도록 채 썰고, 각 재료의 볶는 순서에 유의한다.
❷ 채소는 각각의 색이 변하지 않게 곱게 볶아서 보기 좋게 섞이도록 한다.

탕평채

시험시간
35분

요구사항

❶ 주어진 재료를 사용하여 다음과 같이 **탕평채**를 만드시오.

가. 청포묵은 0.4cm×0.4cm×6cm로 썰어 데쳐서 사용하시오.

나. 모든 부재료의 길이는 4~5cm로 써시오.

다. 소고기, 미나리, 거두절미한 숙주는 각각 조리하여 청포묵과 함께 초간장으로 무쳐 담아내시오.

라. 황·백 지단은 4cm 길이로 채 썰고, 김은 구워 부셔서 고명으로 얹으시오.

지급 재료

청포묵(中, 길이 6cm) 150g,
소고기(살코기, 길이 5cm) 20g, 숙주(생것) 20g,
미나리(줄기 부분) 10g, 달걀 1개, 김 1/4장,
진간장 20mL, 마늘(中, 깐 것) 2쪽,
대파(흰 부분, 길이 4cm 정도) 1토막, 검은 후춧가루 1g,
참기름 5mL, 흰 설탕 5g, 깨소금 5g,
식초 5mL, 소금(정제염) 5g, 식용유 10mL

 만드는 법

1 청포묵 썰어 데치기

2 숙주 손질하여 데치기

3 미나리 손질하여 데치기

4 소고기 채 썰어 양념하여 볶기

5 황 · 백 지단 부쳐 채 썰기

6 초간장 만들어 재료 버무리기

재료 준비하기

01 재료 데칠 물을 불에 올린다.

02 청포묵은 0.4cm×0.4cm×6cm 크기로 썰어 끓는 물에 데친 다음 찬물에 헹구어 물기를 제거한 후 소금, 참기름으로 밑간을 한다.

03 숙주는 머리와 꼬리를 떼고 끓는 물에 소금을 약간 넣고 데친 후 찬물에 헹군다.

04 미나리는 줄기만 다듬어 끓는 물에 소금을 약간 넣고 데친 후 찬물에 헹구어 4cm 길이로 자른다.

05 파, 마늘은 곱게 다진다.

소고기 손질하여 볶기

06 소고기는 4~5cm로 가늘게 채 썰어 간장, 다진 파, 다진 마늘, 설탕, 깨소금, 참기름, 후춧가루로 양념하여 볶는다.

고명, 초간장 만들기

07 김은 살짝 구워 부수고, 달걀은 황 · 백 지단을 부쳐 4cm 길이로 채 썬다.

08 간장에 식초, 설탕을 넣어 초간장을 만든다.

담아내기

09 청포묵, 숙주, 미나리, 소고기를 초간장으로 버무려 그릇에 조화롭게 담는다.

10 황 · 백 지단과 김을 고명으로 얹는다.

❶ 청포묵을 썰 때 칼날에 물기가 있으면 일정한 크기로 썰기 쉽다.

❷ 무칠 때 청포묵이 부서지지 않도록 주의한다.

칠절판

시험시간 40분

 요구사항

○ 주어진 재료를 사용하여 다음과 같이 **칠절판**을 만드시오.

가. 밀전병은 직경 8cm가 되도록 6개를 만드시오.
나. 채소와 황·백 지단, 소고기는 0.2cm×0.2cm×5cm 정도로 써시오.
다. 석이버섯은 곱게 채를 써시오.

 지급 재료

소고기(살코기, 길이 6cm) 50g,
오이(가늘고 곧은 것, 길이 20cm 정도) 1/2개,
당근(곧은 것, 7cm 정도) 50g, 달걀 1개,
석이버섯(마른 것) 5g, 밀가루(중력분) 50g,
진간장 20mL, 마늘(中, 깐 것) 2쪽,
대파(흰 부분, 길이 4cm 정도) 1토막, 검은 후춧가루 1g,
참기름 10mL, 흰 설탕 10g, 깨소금 5g, 식용유 30mL,
소금(정제염) 10g

 만드는 법

1 석이버섯 물에 불려 채 썰어 밑간하기

2 오이 돌려 깎기 하여 채 썰기

3 소고기 채 썰어 양념하기

4 밀가루 체에 내려 밀전병 반죽 만들기

5 밀전병 부치기

6 재료 볶기

재료 준비하기

01 석이버섯은 따뜻한 물에 불려서 깨끗이 손질한 뒤 돌돌 말아 곱게 채 썰어 소금, 참기름으로 밑간한다.

02 오이는 5cm 길이로 돌려 깎기 하여 폭과 두께 각각 0.2cm의 채로 썰어 소금에 살짝 절인 후 물기를 짜 둔다.

03 당근은 0.2cm×0.2cm×5cm로 채 썰고, 파와 마늘은 다진다.

04 소고기는 결대로 0.2cm×0.2cm×5cm 크기로 곱게 채 썰어 다진 파, 다진 마늘, 간장, 설탕, 깨소금, 참기름, 후춧가루로 양념한다.

05 달걀은 황·백 지단을 부쳐 0.2cm×0.2cm×5cm로 곱게 채 썬다.

밀전병 만들기

06 밀가루에 소금 ⅓작은술, 물 6큰술을 넣고 잘 풀어 체에 내린다.

07 프라이팬에 식용유를 두르고 밀전병 반죽을 한 숟가락씩 떠서 지름 8cm 크기로 둥글게 6개를 부친다.

재료 볶기

08 프라이팬에 식용유를 두르고 오이 → 당근 → 석이버섯 → 소고기 순서로 각각 볶는다.

담아내기

09 그릇의 중앙에 밀전병 6개를 담고 6가지 볶은 재료들을 색 맞추어 돌려 담는다.

❶ 밀전병 반죽은 밀가루와 물의 비율을 1:1로 하고, 밀가루를 체에 내려 멍울이 없게 한다.
❷ 재료를 볶을 때는 깨끗한 색의 재료부터 볶는다.

한국음식의 특징

한 민족의 식생활 문화는 지리적 · 사회적 · 경제적 환경에 의해 형성되고 발전되어 간다.
우리나라는 사계절이 뚜렷한 반도로서 지역마다 기후의 차이가 있으며 각 지방의 산물이 다양하여 이에 따라 여러 산물을 이용한 조리법이 다양하게 발달되었다.
또한 한국음식은 다른 나라 음식에 비해 노력과 정성이 많이 필요하므로 음식을 만드는 사람의 수련이 요구되며 음식을 다루는 태도와 맛을 내는 요령이 필요하다.

❖ 조리상 특징

1. 주식과 부식이 뚜렷이 분리되어 발달하였다.
2. 곡물을 이용한 조리법이 발달하였다.
3. 음식의 간을 중요시하였다.
4. 조미료와 향신료를 이용하여 맛의 조화를 중요시하였다.
5. 약식동원(藥食同原)의 기본이 조리법에 배어 있다.
6. 섬세한 손동작이 필요하다.

❖ 제도상 특징

1. 유교 의례를 중히 여겨 상차림과 식사 예법이 발달하였다.
2. 일상식은 독상 중심이었으며 조반과 석반을 중히 여겼다.
3. 명절식과 시식의 풍습이 있다.

❖ 풍속상 특징

1. 의례를 중히 여겨 통과의례식이 발달하였다.
2. 공동체 의식의 풍속이 발달하였다.
3. 저장식품이 발달하였다.
4. 주체성과 풍류성이 뛰어났다.

한국음식의 양념과 고명

❖ 양념

양념은 모든 음식에 있어서 맛을 내는 중요한 요소로 조미료의 양과 배합에 따라 그 음식 맛이 달라진다. 서양요리에는 소금·후추·버터 등 두세 가지의 조미료를 사용하는 것이 일반적이지만, 우리나라에서는 적어도 다섯 가지 이상의 조미료를 사용하므로 다른 나라 음식에서는 맛볼 수 없는 독특한 맛을 가지고 있다.

1. 된장

된장은 예로부터 음력 정월에서 3월 초 사이에 담그는데, 특히 정월의 장맛을 최고로 꼽았다. 여러 가지 국이나 찌개에 이용되는 된장은 소화하기 쉬운 단백질 공급원이며, 소금과 더불어 식염의 공급원이기도 하다.

재래식 된장은 처음부터 넣고 오래 끓여야 맛있고, 개량 된장은 끓고 난 후에 넣어 잠깐 끓여야 제맛이 난다.

2. 고추장

고추장 제조에 관한 최초 문헌은 '만초장'(증보산림경제 增補山林經濟, 1767)에 기록되어 있다. 여기에는 오늘날의 고추장과 다름없이 콩의 구수한 맛, 찹쌀의 단맛, 고추의 매운맛, 청장에서 오는 짠맛의 조화미를 갖춘 고추장을 선보이고 있으며 맛을 더하기 위해 참깨를 첨가하고 있다. 또한 별법에는 건어, 다시마를 넣어 구수한 맛을 내는 방법까지 기술하고 있다.

고추장은 우리나라 고유의 된장, 간장과 함께 입맛을 돋우는 저장성 조미료이다. 전통적으로 담그는 재래식 고추장은 쌀이나 찹쌀 또는 보리쌀로 밥을 지어 메줏가루, 곱게 빻은 고춧가루와 소금, 물을 넣고 잘 섞어 간을 맞추어 발효 숙성시킨 것으로 고추장 그 자체가 반찬이 되기도 하고 여러 음식에 조미료로 이용된다. 메주 대신 전분 및 단백질 분해력이 강한 콩 코지를 사용하여 만드는 개량 고추장은 재래식 고추장에 비해 당화 및 단백질 분해가 잘 되어 단맛이 더하고 짠맛과 구수한 맛, 매운맛 등이 잘 조화되어 있다.

3. 간장

음식 맛에서 제일 중요한 것은 간을 맞추는 일이다. 우리가 사용하는 간장은 간을 맞추는 데 필요하지만 특별한 향미가 있어 더욱 좋다. 간장은 국·구이·볶음 등에 주로 사용하는 재래식 간장과 조림에 많이 사용하는 진간장으로 나뉘는데, 진간장은 재래식 간장보다 싱거우며 색이 더 까맣고 단맛이 강하다.

흔히 간장독에 숯과 고추를 띄우는데 이는 숯이 잡냄새를 없애고 고추는 잡귀를 쫓아낸다고 실제로 믿어서이다. 숯은 아플라톡신과 같은 혼입된 독성물질을 상당히 흡수·제거하는 역할을 한다.

4. 소금

소금은 음식의 맛을 내는 기본 조미료이다. 주성분은 염화나트륨($NaCl$)으로 불순물의 제거 정도에 따라 호염, 제재염, 식탁염으로 나뉜다. 호염은 불순물이 많고 거칠어 김치나 젓갈 또는 장을 담글 때 많이 쓰고, 제재염은 식염으로서 결정이 곱고 색이 희다.

채소를 데칠 때는 빛깔을 더욱 선명하게 유지하게 하며, 재료의 물기를 없애주고 두부같이 부스러지기 쉬운 것은 처음부터 넣고 조리하면 단단해져서 부스러지는 것을 방지할 수도 있다. 또한 소금과 설탕을 함께 넣어야 하는 경우에는 설탕을 먼저 넣고 나중에 소금을 넣어야 음식이 연하고 맛있게 조리된다.

5. 고추

우리나라의 고추는 전북지방은 재래종, 충북지방은 개량종이 많다. 태양초라 하여 햇볕에 건조한 것으로 빛이 곱고 선명하며, 표피가 매끈하고 주름이 없고 꼭지가 붙어 있고 크기와 모양이 균일한 것이 좋은 상품으로 건조상태가 우선적으로 좋아야 한다. 인공 건조한 고추는 자줏빛이 나고 감미로운 맛이 적으며 음식에 넣었을 때 감칠맛이 적다. 고춧가루를 만들 때는 고추를 마른 행주로 깨끗이 닦아 꼭지를 떼고 씨를 뺀 다음 굵게 또는 곱게 빻는다.

6. 후추

후추는 매운맛을 내는 자극성 조미료로서 주로 육류 및 어류 요리에 사용된다. 가루로 만들어 생선이나 고기의 누린내 및 비린내를 없애는 데 사용하는 자극제로서 음식의 맛을 돋우며 식욕을 증진시킨다. 가정에서는 주로 검정 후추를 사용하는데 이것은 열매를 통째로 갈아서 만든 것이고, 껍질을 벗기고 속만을 갈아서 만든 흰 후춧가루는 검은 후춧가루에 비해 냄새가 온화하며 검은색을 내면 안 되는 음식에 사용한다. 후춧가루는 통후추를 준비하여 필요할 때 갈아서 사용하는 것이 좋다.

7. 생강

생강은 생선 비린내와 육류 누린내를 없애는 등 각종 요리에 다양하게 사용되며, 한방에서는 몸을 따뜻하게 해준다고 하여 차로도 만들며 약제로도 사용한다. 조미료로는 곱게 다지거나 즙을 내어 사용하고, 향신료로서는 편으로 썰어서 사용하며, 고명으로는 곱게 채 썰어 사용한다. 고기나 생선을 조리할 때 생강을 넣으면 생선이나 고기 중의 단백질이 생강의 탈취력을 약하게 하므로 가열하여 단백질을 변성시킨 후 넣는 것이 좋다.

8. 마늘

육쪽으로 잘 여물고 단단하며 매운맛이 있는 것이 좋으며, 논마늘보다는 밭마늘이 단단하고 좋다. 표피색깔은 재배지역의 토양색에 따라 달라지는데 보편적으로 백마늘은 수분이 많은 논에서 재배되고, 통마늘은 황토흙에서 재배된다.

마늘은 항균·정장·강장작용이 있으며, 소화촉진과 혈액순환을 돕는다. 육류나 생선요리에서는 누린내 및 비린내를 없애고 풋채소의 냄새를 제거하는 데에도 거의 빠지지 않는다. 김치를 비롯한 각종 부식용, 조미용으로 많이 이용되고 있다.

9. 파

파는 신선채소로 저장성이 약하고 수분이 90% 정도이며, 소화를 돕고 해열제로서 땀을 잘 나게 하며 식욕증진과 백내장 예방에도 좋다. 고기의 누린내 제거와 생선 비린내를 없애기 위해 사용한다. 파뿌리가 반듯하고 흰 부분과 푸른 부분의 구별이 뚜렷하며 잎의 끝부분은 시든 것 없이 농녹색으로 부드럽고 탄력 있는 것이 좋다. 파는 오래 끓이면 쓴맛을 내므로 좋지 않다. 다져 쓸 때는 흰 부분을 주로 사용하며 고명으로 쓸 때에는 곱게 채 썰어 사용한다.

10. 설탕

설탕은 당 성분으로 이루어진 조미료 중 일상생활에 가장 많이 사용된다. 설탕의 제조는 사탕수수에서 불순물을 제거하여 나온 자당의 원액을 계속 가열하여 원하는 양의 자당이 결정으로 침전될 때까지 수분을 증발시킨다. 다음에는 이 액을 원심분리하여 설탕의 결정체를 분리하는데, 이때 침반된 결정체는 암갈색이고 그것을 원당이라고 한다. 이런 과정을 되풀이하면 거의 100%의 백당이 된다. 그 외에도 가공에 따라 다양한 종류가 있다.

11. 꿀

천연 감미료로서는 가장 오래되고 좋은 조미료이다. 소화성이 좋은 대표적인 식품으로 노인이나 위장이 약한 사람에게 좋다. 조과류에 많이 사용되며 화채, 약과, 약식 등에 사용한다.

12. 조청

조청은 녹말을 당화효소 또는 산으로 분해해서 만든 점윤성이 있는 감미물질로 묽은 엿을 말한다. 감미가 설탕에 비해 부드럽고 흡습성이 있으며, 설탕과 합쳐서 사용하면 뭉치는 것을 방지할 수 있다. 혀에 닿는 감촉이 좋아서 과자나 조림에 많이 이용된다.

13. 식초

식초는 신맛을 내는 조미료로서 여름에는 시원한 맛을 준다. 입맛을 돋우고 생선살을 단단하게 하기도 한다. 식초는 엽록소를 누렇게 만들므로 나물에 식초를 넣을 때는 먹기 직전에 넣는 것이 좋다. 밥과 누룩으로 만든 자연 식초와 화학제품인 빙초산의 두 종류가 있다. 식초는 방부작용을 하는데 미생물은 산성조건에서는 잘 번식하지 못하므로 그 원리를 이용하여 마늘장아찌와 피클 등을 만든다.

14. 겨자

겨자씨를 말려 갈아서 가루로 사용하며 식초, 소금, 설탕물 등을 넣고 개어 매운맛을 낸 후음식에 넣어 사용한다. 겨자는 개면 갤수록 매운맛이 나는데 매운맛 성분인 시니그린(sinigrin)이 분해되어 자극이 강해진다. 색깔에 따라 흑겨자와 백겨자(양겨자)로 나뉘는데흑겨자는 향은 강하지만 매운맛이 약하고, 백겨자는 매운맛이 강하다. 겨자는 효소작용에 의해 매운맛이 강해지므로 반죽하여 잠시 두었다가 사용하면 매운맛이 더 강해진다.

※ 개는 법 : 1큰술의 겨자가루에 따뜻한 물 1큰술을 넣고 갠 후 밀봉하여 따뜻한 곳에 20~30분 두었다가 매운 향이 풍기면 사용한다.

15. 깨소금

깨소금은 고소한 맛과 냄새를 주어 어육류 및 채소류 등 여러 가지 음식을 조미할 때 많이 사용하는 조미료이다. 깨를 깨끗이 씻어 일어 건져서 물기를 뺀 다음 냄비나 번철에 넣고 볶는데 한 번에 너무 많은 양을 볶지 않도록 한다. 손으로 만져 잘 부서지도록 볶은 후 빻아서 밀폐용기에 담아 고소한 향이 나가지 않도록 잘 보관하여 사용한다. 깨는 그 색깔에 따라 검정깨와 참깨(흰깨)로 나누는데 영양상의 큰 차이는 없으며, 통통하게 잘 여물고 입자가 고른 것이 좋다.

16. 참기름

참깨를 볶아서 짠 기름으로 음식에 고소한 맛과 부드러운 맛을 주어 한국음식의 나물요리에 가장 많이 사용된다. 참기름은 독특한 향기가 있어 외국에서는 사용하지 않는 반면 우리는 귀한 조미료로 사용하고 있으며, 불포화지방산이 풍부하고 지용성 비타민의 흡수를 도와 영양가가 높다. 참깨를 볶으면 수분이 제거되고 맑은 기름이 짜지며 향미가 커지는데 너무 많이 볶으면 색이 검게 되어 음식의 색을 좋지 않게 하므로 고온에서 살짝 볶아야 한다.

17. 들기름

나물 볶을 때나 채소구이, 적, 부치기 등의 가열조리에 많이 쓰인다. 들기름은 짜서 오래 두면 산화하므로 가급적 빨리 먹도록 한다.

18. 계피

계수나무의 줄기와 껍질을 빻아서 가루로 한 것으로 일반적인 요리에는 많이 사용하지 않으나 편류, 약밥, 유과류, 정과류, 강정류, 수정과 등에 쓰인다. 잘 봉해 놓고 습기 없는 곳에 보관하는 것이 좋다. 통계피는 향미만을 얻기 위해서도 많이 사용한다.

19. 산초

산초는 열매와 잎사귀 전부를 향신료로 쓴다. 특히, 어린 싹은 향기가 강해 생선요리에 많이 쓰이고 열매의 가루는 생선이나 육류의 냄새를 없애는 데 쓰인다. 건위 및 구충작용을 하며 식욕을 돋운다.

20. 초간장

초간장은 간장과 식초를 주재료로 하여 만든 양념간장으로 식초에 설탕을 넣고 잘 저은 다음 간장을 넣고 잘 섞은 뒤 잣가루를 뿌려 만들며 주로 전을 낼 때 곁들인다. 또는 파의 흰 부분을 곱게 다져 식초 · 고춧가루 · 간장 · 설탕 · 깨소금을 넣고 고루 섞어 만들기도 하며, 식초나 여름귤의 신맛을 이용하여 귤즙을 만들어 간장 · 설탕 · 꿀 · 곱게 다진 파를 넣어 만들기도 한다.

21. 초고추장

고추장과 식초를 주재료로 만든 양념 고추장으로 식초나 밀감즙에 꿀을 넣어 잘 저은 다음 고추장 · 생강즙 · 배즙을 넣어 잘 섞은 후 참기름을 약간 떨어뜨려 만든다.
주로 육류나 어패류 회에 곁들이며, 식초에 설탕을 넣고 잘 저은 다음 고추장과 간장을 넣어 만들어 강회에 곁들이기도 한다.

❖ 고명

고명이란 만들어 놓은 음식을 돋보이게 하는 장식품이라 할 수 있어 음식의 겉모양을 좋게 하기 위해 음식 위에 뿌리거나 올리는 것을 말한다.

1. 달걀 지단

달걀을 흰자와 노른자로 분리하여 소금을 약간 넣고 거품이 일지 않게 잘 저은 후 프라이팬에 기름을 약간 두르고 약한 불에서 깨끗하게 부친다. 지단은 채 썰거나 골패 모양 또는 마름모꼴로 썰어서 사용한다. 채 썬 것은 나물에, 골패 모양의 것은 탕 · 찜 · 전골 등에 사용하고, 마름모꼴은 탕 · 면 · 만두 · 찜 등에 주로 사용한다.

2. 알쌈

소고기를 곱게 다져 갖은 양념을 하여 콩알만큼씩 떼어 빚어 번철에 지져 소를 만들고, 달걀을 풀어 번철에 한 숟가락씩 떠놓은 다음 소를 한쪽에 놓고 반으로 접어 반달 모양으로 지져 만든다. 신선로, 된장찌개 등에 고명으로 사용하고 술안주로도 사용한다.

3. 고기완자 · 고기고명

소고기의 살코기를 곱게 다져 갖은 양념을 하고 두부를 꼭 짜서 으깨어 소고기와 함께 섞은 다음 지름 1cm 정도로 완자를 만든다. 이때 완자의 크기는 음식에 따라 조절한다. 완자에 밀가루와 달걀물을 씌워 프라이팬에 기름을 두르고 굴리면서 지져 만든다. 신선로, 면, 전골, 완자탕 등에 쓴다. 고기고명은 소고기를 곱게 다지거나 채 썰어 양념하여 볶아 떡국, 국수장국 등에 고명으로 쓴다.

4. 미나리 · 실파 · 쑥갓 초대

미나리를 잎과 뿌리를 떼고 줄기만 깨끗이 씻어 꼬챙이에 가지런히 꿰어 밀가루를 묻힌 다음 달걀 물을 씌워 번철에 지지거나, 실파의 뿌리를 자르고 꼬챙이에 꿰어 밀가루와 달걀물을 묻혀 팬에 지져 만든다. 이것을 음식에 따라 골패 모양이나 마름모꼴로 썰어 고명으로 쓴다. 쑥갓으로 초대를 만들어 사용하기도 한다.

5. 통잣 · 비늘잣 · 잣가루

잣은 고깔을 떼고 마른 행주로 닦아 그대로 쓰기도 하고 비늘잣이나 잣가루로 만들어 쓰기도 한다. 통잣은 화채 · 수정과 · 식혜 등에 띄워 내기도 하는데 여러 음식의 고명으로 쓸 수 있다. 잣가루는 손질한 잣을 한지를 깐 도마 위에 놓고 예리한 칼날로 곱게 다져 만든다. 종이에 기름이 배면 다른 종이로 갈아가며 보송보송하게 곱게 다진다. 잣가루는 육류, 회, 잡누르미, 구절판, 육포, 전복초, 홍합초 등에 뿌리거나 초간장에 넣기도 한다.
비늘잣은 잣을 2~3쪽으로 쪼개어 어만두, 규아상, 어선 등에 쓴다.

6. 은행

겉껍질을 깨서 나온 은행알을 냄비나 번철에 기름을 두르고 골고루 굴려가면서 살짝 볶는다. 파랗게 되면 마른 행주나 종이로 문질러 속껍질을 벗겨서 깨끗이 하여 사용한다.
신선로와 찜 등에 고명으로 쓰고, 꼬챙이에 꿰어 마른안주로도 쓴다.

7. 호두

호두는 알맹이가 반으로 쪼개지도록 겉껍데기를 자근자근 깨어서 알맹이를 꺼낸다. 미지근한 물에 담가 불려서 꼬챙이 등 뾰족한 것으로 속껍질을 벗긴다. 물에 너무 오래 담가두면 부서지기 쉬우므로 양이 많을 때는 조금씩 담가 벗긴다. 신선로, 찜 등에 쓴다.

8. 표고버섯

마른 표고버섯은 더운 물에 불려 꼭지를 떼고 쓴다. 이때 물은 표고버섯의 맛이 우러나 있으므로 찌개 국물 등으로 사용해도 좋으며 여러 번 다른 물에 헹구지 않도록 한다. 음식에 따라 골패형 또는 채 썰어 양념하고 번철에 볶아 고명으로 쓴다. 살이 두꺼운 것으로 가늘게 채 썰 때에는 속살을 저며 채 써는 것이 좋다. 찜·볶음·국 등에 쓴다.

9. 석이버섯·목이버섯

따뜻한 물에 불려 보들보들하게 되면 손바닥에 놓고 싹싹 비벼서 속의 이끼를 깨끗이 벗기고 다시 깨끗한 물에 헹구어 배꼽을 떼고 용도에 맞춰 적당히 썰어서 쓴다. 돌돌 말아서 가늘게 채 썰거나 골패 모양으로 썰어 신선로나 전골에 넣기도 하고 가루를 내어 석이단자를 만들기도 한다. 목이버섯은 그대로 또는 채 썰어 볶아 고명으로 쓴다.

10. 통깨

참깨는 알이 굵은 것으로 골라 물에 담가 불린 다음 양이 많을 때에는 물기 있는 채로 절구에 넣고 살살 쓸어서 물에 담가 껍질을 벗기고, 작을 때에는 손으로 문질러서 하얗게 껍질을 벗긴 다음 일어 건져서 물기를 빼고 볶는다. 보통은 껍질을 벗기지 않고 사용한다. 통깨를 그대로 쓰거나 소금을 조금 넣고 빻아 깨소금으로 만들어 쓰기도 한다.

11. 실고추·다홍고추

실고추는 맏물고추를 햇볕에 말려 꼭지를 떼고 반으로 갈라 씨를 뺀 다음 젖은 행주로 깨끗이 닦아 젖은 행주에 싸두었다가 2개씩 돌돌 말아서 채 썰어 김치나 나물 등에 쓴다.
다홍고추는 씨를 빼고 씻어서 물기를 닦고 곱게 채 썰어 사용한다.

한국음식의 상차림

상차림이란 한 상에 차려지는 주식류와 찬품을 배선하는 방법을 말한다. 일상식에는 반상과 죽상, 면상, 만두상, 떡국상, 교자상, 주안상, 다과상이 있다. 의례적인 상차림에는 돌상, 혼례상, 큰상, 회갑, 수연상, 제사상, 차례상 등이 있다.

한식에서는 외상 또는 독상이 기본으로 되어 있으나 근래에는 겸상, 두레상 등을 많이 사용한다. 상차림에 있어서는 밥그릇은 왼쪽, 국그릇은 오른쪽에 놓으며 숟가락과 젓가락은 국그릇의 위 또는 옆에 가지런히 놓는다. 김치는 우리나라 부찬의 중심이 되는 것이므로 뒷줄의 중심에 놓고, 양념 종지는 가운데 놓아 음식을 찍어 먹기 편하게 한다.

1. 반상(飯床)

밥을 주식으로 하는 정식 상차림으로 밥·국(탕)·김치·조치(찌개)·종지를 제외한 반찬의 수를 첩수라 하고 첩수에 따라 반상의 종류가 정해지며, 종지란 반찬을 먹는 데 필요한 간장·초간장·초고추장 등을 말한다.

3첩·5첩·7첩·9첩·12첩 반상 등이 있으며, 3첩 반상은 일반적인 서민들의 상차림이고, 5첩 반상은 어느 정도 여유가 있는 서민들의 상차림이었다. 또한 7첩과 9첩 반상은 반가(班家)의 상차림이며, 12첩 반상은 궁에서 차리는 수라상으로 12첩 이상이어도 관계가 없었다.

1) 3첩 반상

밥, 국, 김치(2가지), 종지 외에 나물(생채 또는 숙채), 구이 또는 조림, 장아찌

2) 5첩 반상

밥, 국, 김치(2가지), 종지(간장, 초간장), 조치 외에 나물(생채 또는 숙채), 구이 또는 조림, 전, 마른반찬, 장아찌

3) 7첩 반상

밥, 국, 김치(2가지), 조치(2가지), 종지(간장, 초간장, 초고추장) 외에 생채, 숙채, 구이, 조림, 전, 마른반찬, 장아찌

4) 9첩 반상

밥, 국, 김치(3가지), 종지(간장, 초간장, 초고추장), 조치(2가지), 찜, 전골 외에 생채, 숙채, 구이, 조림, 전, 마른반찬, 젓갈, 회, 장아찌

5) 12첩 반상

밥, 국, 김치, 장, 조치, 찜, 전골 외에 12가지 이상의 찬품을 내는 반상으로 수라상이다.

2. 죽상

아침 식사 전 이른 아침에 죽, 미음, 응이 등의 유동식을 내거나 간단히 차리는 상으로 국물 김치와 젓국찌개, 마른반찬(북어보푸라기, 어포, 육포, 매듭자반 등)으로 간단하게 차린다. 죽상에는 짜고 매운 반찬은 어울리지 않는다.

3. 장국상

밥 대신 국수나 만두 또는 떡국을 주식으로 반가나 민가의 경사 때 점심상으로 많이 차려진다. 장국상은 주식이 간단한 것이기 때문에 떡류 및 한과, 과일, 음료 등을 곁들여 낸다.

면(온면 또는 냉면), 김치(장김치, 나박김치), 장(간장, 초간장), 생채, 잡채, 전, 편육, 찜, 떡, 한과, 과일, 음청류 등을 차리며, 면상에는 깍두기, 장아찌, 젓갈, 밑반찬 등은 사용하지 않는다.

4. 주안상(酒案床)

술을 대접할 때 차리는 상으로 술의 종류에 따라 안주는 여러 가지 포(육포, 어포, 건어 등)와 전, 편육, 찜, 신선로, 전골, 고추장찌개, 겨자채, 김치 등 적당한 음식을 차린다.

5. 교자상(轎子床)

손님을 대접할 때 차리는 상으로, 축하연이나 회식을 할 때 차리는 상이다. 주식으로는 저녁 식사 때면 밥을 하고 그 외의 경우는 면류로 하는 것이 보통이다. 주식을 밥으로 하는 경우에는 탕을 준비한다. 술의 종류에 따라 신선로, 전골, 찜, 전, 편육, 회, 숙채, 생 채, 마른반찬 등을 준비한다. 계절과 조리법, 요리의 색채, 손님의 식성과 기호 등을 고려하여 조화 있게 음식을 차려낸다.

6. 다과상

식사 대접이 아닌 손님에게 차와 함께 내는 상으로 교자상이나 주안상의 후식으로 각색편, 유과, 다식, 생실과, 숙실과, 화채, 차 등을 차려낸다.

7. 의례(儀禮)음식

사람의 출생, 관례, 혼례, 회갑, 상례, 제례 때마다 그 의례를 상징하는 음식을 차리고 기복, 기원, 경배 등의 뜻을 나타낸다.

1) 출생 · 백일 · 첫돌

임부가 산기가 있으면 소반에 백미를 담고 미역을 올리고 정화수를 떠올려 삼신상(三神床)을 차리고 순산하기를 빈 후 아기가 태어나면 그 쌀로 밥을 지어 미역국과 함께 차려 삼신께 감사하고 아기의 장수를 빈다. 삼칠일에는 흰밥 · 미역국 · 나물을 만들어 친척을 불러 아이의 첫선을 보이며, 백일이 되면 아기의 수명장수와 부정한 것을 막는다는 뜻으로 백설기와 수수팥떡을 만들어 이웃에게 돌린다. 아기가 만 1년이 되는 생일날은 첫돌이라 하여 수명장수와 부귀, 다복을 비는 뜻에서 백설기 · 수수경단 · 찹쌀경단 · 송편 등의 떡을 만들어 돌상을 차린다.

돌상에는 무명실(수명장수), 돈(재물), 쌀 (식복), 국수(수명), 종이 · 붓 · 책(학식), 대추(자손번영), 활(용맹), 자 · 가위(바느질) 등을 놓고, 자와 가위는 남아의 상에는 놓지 않는다.

2) 혼례(婚禮)

혼례는 신랑 · 신부가 부부로 결합하는 예식으로 이때 차리는 상을 교배상(交拜床)이라 한다. 지방이나 가정에 따라 차이가 있으나 대개 한 쌍의 촛대와 소나무가지를 꽂은 화병 두 개, 닭 한 쌍, 술과 쌀, 팥, 콩, 밤, 대추, 곶감, 삼색과일과 떡을 차린다. 대례가 끝나면 친척과 이웃에게 국수로 잔치를 베푼다. 혼례식이 끝나면 신랑에게는 큰 상을 차려 축하하는데, 높이 고이기에 '고배상(高排床)' 또는 바라본다 하여 '망상(望床)'이라고 하며, 신랑 · 신부 앞에는 먹을 수 있는 입매상을 차려준다. 혼례식을 마친 신부가 신랑을 따라 시가로 와서 시집 식구들에게 인사드리는 것을 폐백(幣帛)이라 하며 폐백을 올릴 때는 폐백상을 차리는데, 이때 필요한 음식은 신부가 친정집에서 미리 준비해 가며 폐백음식은 집안이나 지방에 따라 다르다. 폐백음식은 홍색의 겹보자기에 싸는데 얽어 묶지 않고 보자기의 네 귀를 가운데로 모아 '근봉(謹封)'이라고 글을 쓴 간지로 허리를 둘러 붙인다.

3) 회갑(回甲) · 회혼례(回婚禮)

회갑은 만 60세 때의 생신으로 자식이 부모에게 헌수(獻壽)하고 축복하며 혼례 때와 같이 망상(望床)을 차려 올린다. 회혼례는 신랑 신부가 60년을 함께 살고 나면 그 자녀들이 부모의 회혼을 기념하여 차리는 잔치이다.

4) 상례(喪禮) · 제례(祭禮)

부모가 운명하면 출상 때까지 여러 가지의 격식을 갖추게 되는데, 지방과 가풍에 따라 차이가 있다. 이때 차리는 음식은 깨끗하게 정성을 다하여 요란스럽지 않도록 하며, 음식의 재료는 썰지 않고 통으로 하고 양념도 많이 쓰지 않는다. 제기는 조상을 높이 숭상한다는 의미로 다른 그릇과 달리 굽이 높다. 제례는 가문과 지역에 따라 다를 수 있기에 가가례(家家禮)라 한다.

절식(節食)과 시식(時食)

절식은 명절 때마다 먹는 음식을 말하며 시식은 사계절에 나는 식품으로 만드는 음식을 말하는 것으로, 우리나라의 옛 풍습에서는 일 년을 통해 명절 때마다 또는 춘하추동 계절에 따라 특별한 음식을 차리고 때맞추어 갖가지 유희와 오락을 즐기고 액땜을 하는 풍속이 있다.

1. 정월 초하루

새해가 시작되는 첫날을 설날이라 하여 이른 아침부터 새 옷으로 단장하고 가내의 만복을 기원하면서 세찬(歲饌)과 세주(歲酒)를 차려서 조상께 차례를 올리고 어른께 세배하고 어른은 세배를 받으면서 덕담을 해준다. 떡국은 설날의 대표적인 절식으로 떡국과 함께 만두, 약식, 단자, 주악, 인절미, 편육, 전유어, 누름적, 찜, 동치미, 장김치, 강정류, 숙실과, 수정과, 식혜 등이 있다. 떡국을 끓일 때 예전에는 꿩고기를 많이 썼으나 지금은 소고기, 닭고기를 쓴다.

2. 입춘(立春)

봄이 시작하는 날로 집집마다 대문과 기둥에 '입춘대길(立春大吉)'이라는 봄맞이 글귀를 써 붙였다. 입춘에는 눈 밑에서 돋아나는 햇나물(움파, 산갓, 당귀싹, 미나리싹, 무싹 등)을 겨자즙에 무쳐서 오신반을 만들어 진상하고 서로 선물로 주고받았다.

3. 정월 대보름

정월 대보름 저녁에 달을 보면 일 년의 운이 좋다고 하여 달을 보고 기원도 하며 달맞이를 한다. 대표적인 절식으로는 오곡밥(쌀, 차조, 차수수, 팥, 콩)과 각색 나물(취나물, 박고지, 고사리, 고비, 도라지, 말린 가지나물, 시래기 등), 약식, 원소병, 유밀과 등이 있고 '부럼'이라 하여 껍질이 단단한 견과(잣, 호두, 밤, 콩 등)를 준비하여 깨 먹음으로써 일 년 내내 부스럼이 없다고 하였다. 또한 이(齒)에 자극을 주어 이를 단단하게 한다는 뜻으로 '이백기(齒打)'라고도 한다. 아침상에는 '귀밝이술(耳明酒)'이라 하여 찬 술을 준비하여 웃어른이 한 잔씩 따라주며 마시게 하였다.

4. 중화절(中和節)

음력 이월 초하룻날로 이날은 송편을 만들어 노비들에게 나이 수만큼 먹이고 하루 일을 쉬게 하여 '노비일'이라고도 하였다. 중화절의 절식으로는 노비송편(소를 까만콩, 푸른 콩, 팥)과

시래기떡을 먹었으며, 성인이 되는 일꾼들에게 '진사술'이라 하여 막걸리를 대접하였다. 중화절은 일 년의 농사일을 시작하여야 하는 시기에 일꾼들을 위한 풍습이라 할 수 있다.

5. 삼월 삼짇날(重三節食)

강남 갔던 제비가 돌아온다는 날로서 삼동을 갇혀 살다가 화창한 봄을 맞는 기쁨을 즐기는 날이다. 산과 들에 나가 음식을 만들어 먹고 노는 화전놀이를 하였으며, 절식으로는 진달래꽃전, 진달래화채, 탕평채, 절편 등이 있다.

6. 한식(清明節)

한식(寒食)은 동지로부터 105일째 되는 날이다. 이날은 불을 쓰지 않고 찬밥을 먹는다.

우리나라에서는 1년에 네 번 성묘를 지내는데 정초, 한식, 단오, 추석으로서 한식날은 술, 과실, 포, 식혜, 떡, 국수, 탕, 적 등의 음식으로 제사를 지낸다.

7. 사월 초파일(燈夕絶食)

신라와 고려의 불교가 번성하던 시기의 풍습으로 석가모니 탄생을 경축하여 집집마다 등을 달고 손님을 초대하여 소찬(素饌)을 차려 대접한다. 절식으로는 비빔국수, 증편, 전유어, 느티떡, 미나리강회, 볶은 검정콩, 미나리나물 등이 있다.

8. 오월 단오(五月端午)

단오절은 음력 5월 5일로 부녀자들은 창포 달인 물로 머리를 감고 창포 뿌리에 분홍물을 들여 머리에 꽂아 단장을 하고 그네놀이를 즐겼으며, 남자들은 씨름을 하며 즐겼다. 절식으로는 수리치떡(車輪餅), 제호탕(醍醐湯) 등이 있다.

9. 유월 유두(六月流頭)

음력 6월 보름에 동쪽으로 흐르는 물에 가서 머리를 감고 재앙을 푼 다음 음식을 즐기며 물놀이를 하였다. 절식으로는 떡수단, 증편, 편수, 보리수단, 상화병(霜花餅), 상추쌈, 밀 쌈, 어채, 떡수단 등이 있다.

10. 삼복(三伏)

삼복이란 초복, 중복, 말복을 말하는데 여름 중에 가장 더운 때이므로 땀을 흘려 피로를 느끼기 쉬우므로 더위를 잘 이기고자 몸을 보호하는 음식을 먹었다. 절식으로는 육개장, 삼계탕, 편수, 규아상, 떡수단, 장김치, 열무김치 등을 먹었다.

11. 칠월 칠석(七夕)

칠석은 음력 7월 7일로 견우와 직녀별이 만나는 날로 아낙네들은 길쌈과 바느질을 잘하게 해주기를 기원하고 집집마다 옷과 책을 햇볕에 쪼여 거풍하는 관습이 있다. 절식으로는 밀국수, 밀전병, 증편, 잉어구이, 취나물, 고비나물, 복숭아화채, 오이소박이 등이 있다.

12. 추석(秋夕), 한가위(嘉排日)

음력 8월 15일로 햇곡식을 추수하여 떡을 빚고, 밤·대추·감 등의 햇과일로 조상께 예(禮)를 올리고 성묘하는 날로 곡식이 익고 추수가 가까웠으므로 가장 풍성하게 맞는 명절이다. 절식으로는 송편, 토란탕, 화양적(華陽炙), 토란단자, 밤단자, 지짐누름적, 닭찜, 생실과 등이 있다.

13. 중양절(重陽節)

중양절은 음력 9월 9일로서 삼월 삼짇날에 온 제비가 다시 강남으로 떠나는 날로 농가에서는 추수가 한창이고 추석에 하지 못한 성묘를 하는 풍습이 있다. 절식으로는 국화전, 국화주, 전골, 메밀만두, 밀만두, 호박고지시루떡, 단자, 생실과 등이 있다.

14. 10월 무오일(戊午日)

오일(午日)은 말(馬)의 날로 팥 시루떡을 만들어 외양간에서 말의 건강을 기원한다. 10월 중 각 가정마다 길일(吉日)을 택하여 햇곡식으로 시루떡을 만들어 안택고사(安宅告祀)를 지냈는데 무오일이 가장 좋다. 절식으로 붉은 팥 시루떡과 햇곡식으로 빚은 술을 바치고 빈다.

15. 동지(冬至)

동지는 대개 양력 12월 22일께 해당하는데 일 년 중 낮이 가장 짧다. 동짓날에는 팥죽을 쑤어 찹쌀가루로 둥글게 빚은 새알심을 나이 수대로 넣어 먹었다. 귀신을 쫓는다 해서 대문이나 장독대 등에 팥죽을 뿌리기도 하였으며 절식으로는 갖은 경단, 식혜, 수정과, 동치미 등이 있다.

16. 납일(섣달그믐)

납일(臘日)은 동지를 지내고 셋째 미일(未日)로 종묘와 사직에서 큰 제사를 지냈다. 한 해 동안 지은 농사 형편을 신에게 고하는 제사를 말한다. 절식으로는 비빔밥, 떡국, 만두, 갖은 전골, 보쌈김치, 장김치, 골무병, 주악, 식혜 등이 있다.

한국음식의 식기(食器)

식기는 식사에 사용하는 그릇을 의미하지만 수저 등의 도구도 포함하며, 만든 재질에 따라 유기, 은, 스테인리스 등의 금속으로 만든 식기와 흙을 빚어 구운 토기·도기·자기가 있으며, 유리 그릇, 대나무로 만든 죽제품, 나무로 만든 목기가 있다. 또한 모양과 용도에 따라 사발, 주발, 탕기, 바리 등 그 종류를 구분한다.

반상기(飯床器)는 일상의 반상 차림에 사용하는 그릇으로 담는 음식의 종류에 따라 밥을 담는 주발, 국을 담는 탕기, 숭늉을 담는 대접, 김치를 담는 보시기, 찌개를 담는 조치보, 간장 같은 장류를 담는 것은 종지, 반찬을 담는 쟁첩 등으로 나눌 수 있다.

계절에 따라 여름철과 겨울철의 식기를 구별하여 사용하는데, 단옷날부터 추석까지는 여름철의 식기로 도자기로 된 것을 사용하고, 그 외의 계절에는 유기나 은기를 사용한다. 반상기는 밥주발·탕기·조치보·김치보·종지·쟁첩·대접으로 이루어져 있으며, 형태는 일반적인 주발의 형태와 바리·합의 모양을 따서 한 벌이 같은 형태와 문양으로 되어 있다.

1. 주발

유기나 사기, 은기로 된 밥그릇으로 주로 남성용이며 사기 주발을 사발이라 한다. 아래는 좁고 위는 차츰 넓어지며 뚜껑이 있다.

2. 바리

유기로 된 여성용 밥그릇으로 주발보다 밑이 좁고 배가 부르고 위쪽은 좁아들고 뚜껑에 꼭지가 있다.

3. 탕기

국이나 찌개 등을 담는 그릇으로 모양이 주발과 비슷하지만 주발보다 운두가 좀 더 낮고 넓적한 모양이다.

4. 대접

위가 넓고 운두가 낮은 그릇으로 국이나 숭늉, 국수를 담는 그릇으로 밥그릇과 한 벌이 되는 것으로 모양과 크기는 일정하지 않다.

5. 조치보

찌개나 찜을 담는 그릇으로 주발과 같은 모양으로 탕기보다 한 치수 작은 크기로 뚜껑이 있다.

6. 보시기

김치류를 담는 그릇이지만 찌개 등 국물이 많은 음식을 담기도 한다. 쟁첩보다 약간 크고 조치보다는 운두가 낮다.

7. 쟁첩

전, 구이, 나물, 장아찌, 마른반찬 등 대부분의 찬을 담는 그릇으로 작고 납작하며 뚜껑이 있다. 반상기의 그릇 중에 가장 많은 수를 차지하며 반상의 첩수에 따라 한 상에 올리는 숫자가 정해진다.

8. 종지

간장·초장·초고추장 등의 장류와 꿀을 담는 그릇으로 담기는 양념에 따라 간장종지, 초장종지 등으로 불린다. 주발의 모양과 같고 기명 중에 크기가 제일 작다.

9. 합

밑이 넓고 평평하며 위로 갈수록 직선으로 차츰 좁아지고, 뚜껑의 위가 평평한 모양으로 유기나 은기가 많다. 작은 합은 밥그릇으로도 쓰고, 큰 합은 떡·약식·면·찜 등을 담는다.

10. 조반기

아침식사 전에 먹는 죽이나 미음 등 무른 음식을 담는 그릇으로 대접처럼 운두가 낮고 위가 넓은 모양으로 꼭지가 달리고 뚜껑이 있다. 떡국·면·약식 등을 담는다.

11. 반병두리

위는 넓고 아래는 조금 평평한 양푼 모양의 유기나 은기의 대접으로 면·떡국·떡·약식 등을 담는다.

12. 접시

운두가 낮고 납작한 그릇으로 찬·과실·떡 등을 담는다.

13. 옴파리

사기로 만든 입이 작고 오목한 바리이다.

14. 밥소라

떡 · 밥 · 국수 등을 담는 큰 유기그릇으로 위가 벌어지고 굽이 있으며 둘레에 전이 달려 있다.

15. 쟁반

운두가 낮고 둥근 모양으로 다른 그릇이나 주전자 · 술병 · 찻잔 등을 담아 놓거나 나르는 데 쓰며 사기 · 유기 · 목기 등으로 만든다.

16. 놋양푼

보통의 그릇에 비해 바닥이 편평하고 음식을 담거나 데우는 데 쓰는 등 다양한 용도로 쓰이는 놋그릇으로 운두가 낮고 입구가 넓어 반병두리와 같은 모양이나 크기가 크다.

17. 수저

숟가락과 젓가락은 같은 재질의 금속으로 되어 있으며, 은수저 · 유기수저 · 백동수저 · 스테인리스 수저 등이 있다.

참고문헌

- **김경옥** 한국요리(예문사, 2004)
- **김경옥** 핵심조리기능사(예문사, 2017)
- **강인희** 한국식생활사(삼영사, 1993)
- **한복려** 조선왕조 궁중음식(궁중음식연구원, 2004)
- **한복진** 우리가 정말 알아야 할 우리 음식 100가지(현암사, 1998)
- **한국직업능력개발원 NCS 학습모듈**(https://www.ncs.go.kr)
- **한국산업인력공단**(http://www.q-net.or.kr)
- **국가법령정보센터**(https://www.law.go.kr)
- **구성회 외** 공중보건학(고문사, 1987)
- **장지현 외** 식품위생학(수학사, 1987)
- **정희곤** 식품위생학(세진사, 1995)
- **한명규** 식품학(형성출판사, 2002)
- **박일화** 식품과 조리원리(수학사, 1992)
- **모수미 외** 조리학(교문사, 2007)

NCS 기반 한식조리기능사
필기 · 실기

초 판 발 행   2021년 1월 22일

저   자   김경옥 · 신지해
발 행 인   정용수
발 행 처   예문사
주   소   경기도 파주시 직지길 460(출판도시) 도서출판 예문사
T E L   031) 955-0550
F A X   031) 955-0660

등 록 번 호   11-76호

정   가   27,000원

홈페이지 http://www.yeamoonsa.com

I S B N   978-89-274-3760-4   [13590]

이 도서의 국립중앙도서관 출판예정도서목록(CIP)은 서지정보유통지원시스템 홈페이지(http://seoji.nl.go.kr)와 국가자료공동목록시스템(http://www.nl.go.kr/kolisnet)에서 이용하실 수 있습니다.
(CIP제어번호: CIP2020047338)